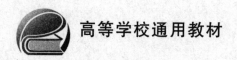 高等学校通用教材

微细成形理论与技术

孟 宝 编著

北京航空航天大学出版社

内 容 简 介

本书根据微机电系统工程、航空宇航制造、智能制造等专业人才的培养需求,认真分析"微细成形理论与技术"课程教学要求,重点突出微细成形的理论基础、前沿微细成形工艺和数值模拟方法。全书共 12 章,第 1 章介绍微细成形基本概念和应用领域;第 2 章介绍塑性微细成形的理论基础;第 3~8 章详细介绍微细成形的尺寸效应以及前沿工艺;第 9 章介绍微细成形模具与装备;第 10 章介绍微装配技术;第 11 章介绍微细成形工艺数值模拟方法;第 12 章分析微细成形相关理论与技术的发展趋势。

本书既可作为高等院校机械工程等专业的研究生教材或参考书,也可供研究单位的技术人员学习、参考。

图书在版编目(CIP)数据

微细成形理论与技术 / 孟宝编著. -- 北京 : 北京航空航天大学出版社,2022.3
ISBN 978 - 7 - 5124 - 3762 - 3

Ⅰ. ①微… Ⅱ. ①孟… Ⅲ. ①成型-工艺 Ⅳ.
①TG39

中国版本图书馆 CIP 数据核字(2022)第 052680 号

微细成形理论与技术

孟 宝 编著

策划编辑 蔡 喆 责任编辑 杨 昕

*

北京航空航天大学出版社出版发行

北京市海淀区学院路 37 号(邮编 100191) http://www.buaapress.com.cn
发行部电话:(010)82317024 传真:(010)82328026
读者信箱:goodtextbook@126.com 邮购电话:(010)82316936
涿州市新华印刷有限公司印装 各地书店经销

*

开本:787×1 092 1/16 印张:20.5 字数:525 千字
2022 年 3 月第 1 版 2022 年 3 月第 1 次印刷 印数:2 000 册
ISBN 978 - 7 - 5124 - 3762 - 3 定价:69.00 元

若本书有倒页、脱页、缺页等印装质量问题,请与本社发行部联系调换。联系电话:(010)82317024

前　言

随着微纳米科学和微机电系统的发展,微纳制造已成为 21 世纪制造领域的关键技术。微细成形是一种采用塑性变形方法制造微型构件的微纳制造技术,所成形构件尺寸或特征尺寸至少在两个方向上小于 1 mm。该技术继承了传统塑性加工技术的优点,具有成形效率高、成本低、工艺简单且成形构件性能优异等特点,是解决轻质薄壁高性能微构件制造的有效途径,也是低成本批量制造各种微结构和微型构件的重要加工方法,在航空航天、集成电路、生物医疗、武器装备等领域具有广泛的应用前景。

包括北京航空航天大学在内的国内多所高校均开授了微细成形制造相关的课程,在促进学科交叉、拓宽学生专业知识等方面发挥了重要作用。然而,目前市面上该方面的教材品种有限,不能很好地满足教学要求。本书根据微机电系统工程、机械工程、智能制造工程、航空宇航制造工程等专业人才的培养要求,认真分析了微细成形理论与技术课程的教学要求,重点突出了微细成形技术的理论基础、尺寸效应、前沿的微细成形工艺技术和数值模拟方法等。

全书共 12 章,第 1 章主要介绍微细成形基本概念和应用领域;第 2 章主要介绍微细成形的理论基础,包括微塑性力学以及材料塑性变形微观机理等,使学生对微细成形有一个整体的认识并快速掌握基础知识,可根据专业教学情况选学;第 3～8 章是本书的主体,主要介绍微细成形的尺寸效应以及各种前沿微细成形工艺,如板材微细成形(微冲裁、微拉深、微弯曲、液压微成形、微增量成形)、微构件体积成形(微挤压、微锻造、级进微成形等)、管材微细成形、微注射成型(微注塑成型、金属粉末微注射成型)、特种能场辅助微细成形(电场、温度场、电磁场、超声场、激光等);第 9 章介绍微细成形的装备及模具特点、加工方法等;第 10 介绍微装配技术;第 11 章结合具体实例介绍了微细成形工艺的数值模拟方法;第 12 章分析了微细成形相关理论与工艺技术的发展趋势。

本书编写过程中吸收了同类教材、专著的精髓,并在此基础上根据编者的教学和研究经验对教学内容进行了必要的精简和扩充。比如,本书介绍了特种能场辅助微细成形技术、数值模拟、先进功能材料等新兴领域的最新研究成果,能够有效拓宽读者的思路。本书系统总结了编者团队近年来在微细成形方面的教学与科研成果,结合医疗器械、航空发动机、集成电路、深空探测器等高端装备中的实际微型零件,详细介绍了微细成形的工艺特点、技术原理以及实施方法,提供了行之有效的工程实例。本书涵盖材料性能表征、微细成形工艺、微装配、数值模拟等内容,始终贯穿设计/材料/制造/装配一体化的思想,注重将数字化技术融入传统工艺中,可作为高等院校机械工程相关专业课程的教材或参考书,并可供研究单位的技术人员学习、参考使用。

本书在编写过程中,参考了大量的图文资料及网络素材,在此谨对相关文献的作者深表谢意!同时,万敏教授、李东升教授对本书的相关内容提出了宝贵意见,研究生门明良、吴双鑫、刘义哲、韩子健、秦瑞等对书中的文字、图表进行了校核与编辑工作,在此一并表示感谢!

由于编者水平有限,书中若有不妥之处,敬请广大读者批评指正。

编　者

2022 年 3 月

本书配有教学课件,供任课教师选用,请发邮件至 goodtextbook@126.com 申请索取,如有其他问题请致电 010 - 82317036 联系。

目　　录

第1章 绪 论

1.1 微型零件与微细成形的基本概念

随着环境污染、能源短缺等问题的日益突出,微型构件及产品的市场需求显著增加。在产品微型化和功能集成化的背景下,微型产品广泛应用于电子通信、航空航天、精密仪器、汽车、生物医疗、新能源等众多领域。以用于血管再造手术的血管支架为例,全球心血管介入类耗材2017 年市场规模为 501 亿美元,预计 2022 年可达到 699 亿美元。图 1-1 列举了微型产品主要的应用实例。在这些系统或产品中,大部分零件在两维方向上的尺寸都小于 1 mm。为实现这些微型产品的精密制造,各种微细制造技术相继被提出,如微机械加工、微电火花加工(μ-EDM)、LIGA(即光刻、电铸和注塑)技术、微注塑成型等。尽管微机械加工和微注塑成型等微制造技术发展相对迅速和完善,但在加工效率、可加工材料和零件种类等方面均存在不同程度的不足,不适用于金属薄壁微型零件的制造。此外,虽然以 LIGA 为代表的面向极端尺寸的微制造技术在半导体、微型电子和微机电系统(MEMS)等领域得到广泛应用,但目前其应用对象仅为有限的几种半导体材料,难以制造出复杂三维形状和良好机械性能的微小型金属零件。

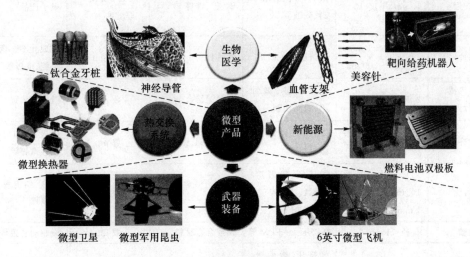

图 1-1 微型零件的典型应用

近 20 年,微塑性成形(microforming,也称微(细)成形)技术得到了广泛重视。它作为一项多学科交叉的工艺技术,已成为先进制造技术领域的研究热点。微塑性成形技术是利用材料的塑性变形来生产至少在两维方向上尺寸处于亚毫米级的零件或结构的加工方法,非常适合微小型金属零件大批量生产。作为一种大有潜力的微加工方法,它具有成本低、效率高、材料利用率高、制件性能好等优点,且能克服其他微细加工技术的缺点,如生产效率低、难以制造复杂的几何形状、适用范围窄等,在 MEMS、电子通信、医疗、航空航天、武器装备等领域拥有广泛的应用前景和巨大的经济潜力。

1.1.1　微型零件的定义

微型零件一般指零件轮廓尺寸在两个方向上均小于 1 mm。然而,有些零部件整体尺寸很大,但局部特征尺寸小于 1 mm,在加工这些微小特征时同样具备微型零件的特点。因此,广义的微型零件定义为零件整体或局部特征尺寸在两个方向上均小于 1 mm。

1.1.2　常见微型零件及制造工艺

表 1-1 列举了常见微型零件的制造工艺及应用。可见,微细成形技术在不同微型构件的加工制造中占有相当的比重。按被加工材料的增减,制造工艺可分为等材制造、减材制造、增材制造、连接工艺以及复合工艺,如表 1-2 所列。其中,等材制造是指通过铸、锻、焊等方式生产制造产品,材料重量基本不变,已有两千多年的历史。微细成形技术属于等材制造的一种工艺方法。

表 1-1　微型零件的典型应用

零　件	尺寸范围	制造工艺	材　料	制造精度	应　用
2.5D 表面功能结构	100 nm～10 μm	热压印等	高分子、铝、铜、玻璃等	10 nm～数 μm	光学、微流控、传感等
引线架	局部尺寸小至数 10 μm,厚度 10～300 μm	微冲压、激光切割、刻蚀	铜、铝、镍等	数 μm 或厚度的 10%	电子产品
微针	直径 0.2～1 mm,壁厚 50～200 μm	微挤压、μ-EDM	各种材料	<5 μm	集成电路、微设备装配、电极等
电热机械执行器	2.5D/3D 结构	化学刻蚀、微冲压、激光切割	形状记忆合金	数 μm	微执行装置
微杯	直径<1 mm,多种壁厚	微拉深、微旋压、微机加等	钼、铝、铜、钢等	数 μm	电极、压力传感器、惯性微靶等
微齿轮	局部尺寸小至数 10 μm,直径小于 1 mm	微挤压、微锻造、LIGA、微铸造、μ-EDM 等	高分子、金属材料等	数 μm	手表、纳卫星、星际探测器
微轴	直径<1 mm	微挤压、μ-EDM 等	钢或合金材料	数 μm	微驱动装置等
微螺钉	直径 0.1～0.5 mm	微挤压、微锻造、LIGA、微机加等	各种材料	数 μm	微装配
微器件外壳	箔材,厚度 0.01～0.1 mm	微拉深、微冲压、液压成形等	不锈钢、铝、铜等金属材料	数 μm	医疗器件、化工设备等
微管构件	管外径<1 mm,壁厚>20 μm	微拉拔、微滚弯、微弯曲、液压成形等	金属材料等	数 μm	换热器、医疗器件
微型模具	凹模内径<1 mm,凸模直径 0.05～1 mm	μ-EDM、微机加、烧结等	钢或合金材料	数 μm	各种成形模具等

表 1-2 制造工艺分类

制造工艺	内 容
等材制造	微细成形(冲压、挤压、锻造、弯曲、拉深、增量成形、超塑成形、液压成形等)、热压印、微纳复制等
增材制造	表面涂覆、铸造、喷射成形、烧结、直写
减材制造	微切削、激光加工、微细电火花等
连接工艺	激光焊接、钎焊、扩散连接
复合工艺	各种工艺的组合

1.1.3 微细成形分类

微细成形是一种低成本、批量生产微型器件的制造技术,已成为世界各国竞相研究的热点和 21 世纪先进制造技术发展的一个重要方向。欧盟 Horizon2020 中将微细成形技术作为一个重要研究方向,美国国防部制造规划将微细成形视为其关注的关键技术之一,我国的中长期科学和技术发展规划将包括微细成形的微纳制造列为重点方向。

根据所成形的材料的形态,微细成形工艺可以分为固态成形和流体成形两大类。固态成形根据坯料形态的不同,可分为体积成形、板材成形和管材成形。其中,体积成形包括模锻、正反挤压、压印等;板材成形包括拉深、冲裁、胀形等;而管材成形主要包括拉拔、弯曲等。流体成形包括塑料注射成型、金属陶瓷粉末注射成型、铸造等。

1.2 微细成形系统

传统的成形工艺有着上千年的悠久历史。与传统的成形工艺一样,微细成形工艺系统也由材料、成形过程、工装模具、设备和产品 5 部分构成,如图 1-2 所示。其中,材料受尺度影响,微塑性成形过程中材料变形行为与常规尺寸的材料有所区别,往往具有较强的各向异性和性能波动性。成形过程的材料流动、变形机制以及界面摩擦特性等均与传统成形方式有所区

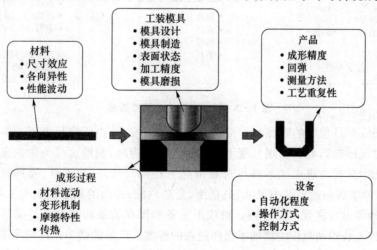

图 1-2 微成形系统的组成

别。在工装模具设计制造方面,由于较高的精度和强度要求,微细成形模具的设计、制造、热处理以及磨损等也与宏观尺寸模具不同。在微细成形装备方面,其自动化程度、操作和控制方式均受尺寸限制。在最终产品方面,其成形精度、回弹规律、测量方法以及零件质量稳定性也表现出独有的特点。

1.3 微细成形中的尺寸效应

随着产品尺寸的微型化,微细尺度下材料的一些力学特征不同于传统尺度下的特性。那些在宏观加工中与尺寸无关的力学量,在微尺度下已不再是独立的,而是表现出对尺寸的依赖性,这就是所谓的"尺寸效应"(size effect)。由于尺寸效应的存在,宏观下适用的传统塑性成形理论不能简单地按照等比缩小的原则应用于微塑性变形过程中。如图1-3所示,宏观拉深工艺中的毛料直径为100 mm,冲头直径为50 mm,在压边力100 kN的条件下能够拉深出完整的杯形件,当把所有参数缩小至原尺寸的1/10,即毛料尺寸为10 mm时,也能拉深出完整的杯形件。然而,再将所有参数缩小至1/10,即毛料尺寸变为1 mm,则无法拉深出合格的杯形件,这是由于尽管各种工艺参数和边界条件都按一定比例缩小了,但有些条件(如材料密度、微观组织等)却没有跟随改变,导致出现非预期的结果,这也是尺寸效应产生的根本原因。

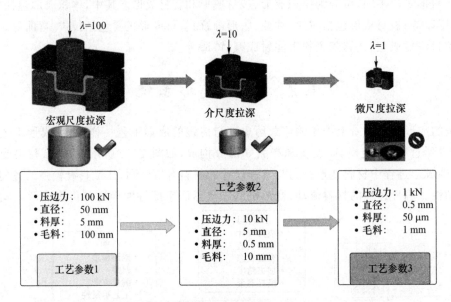

图1-3 微细成形中的尺寸效应

此外,微细成形过程中的摩擦和润滑条件也发生了变化,由于微尺度下表面积和体积之比增大,摩擦力对成形的影响比宏观尺度下要大得多。相应地,润滑也成为微细成形工艺中一个十分重要的因素,且润滑机理也不再与宏观情况下相同。另外,在工具、模具制造方面也表现出不同的特点,即如何制造出微小尺寸、高精度、复杂内腔、外凸的成形模具与工装。此外,模具材料与使用寿命等也与常规模具不同。对成形设备和操作装备而言主要是成形和传输速度问题。微型零件和工装的黏附作用增加了操作过程的难度。产品的微型化在精度测量与控制方面也带来难度,而且对加工场地也有特殊要求。在理论层面,经典塑性力学的基本假设之一是一点的应力只取决于该点的应变或应变历史,但在微细成形中,非均匀塑性变形的特征长度为微米级,材料具有很强的尺寸效应。在这种情况下,一点的应力不仅与该点的应变及应变历史有关,还与该点的应变梯度及应变梯度历史有关,材料表现为二阶特性。材料方面的影响主要表现在成形过程中的流动应力、各向异性、伸长率及成形极限,它们都与材料的微观组织及产品的微小结构尺寸有关。对材料的影响进一步波及具体的工艺过程,成形力、摩擦、回弹以及制品精度等都表现出与宏观工艺不同的特性,甚至在使用有限元分析模拟中也必须考虑这些影响。

1.4　微细成形技术的典型应用

1.4.1　高超声速强预冷发动机

微细成形技术可用于高效制造毛细管、阵列微流道等换热器单元件,用于解决高超声速飞行器的极端热问题。比如,英国提出的新型高超声速强预冷发动机,采用高效紧凑换热器对进入发动机的高温空气进行冷却,使温度降低到航空涡轮发动机能正常工作的温度,从原理上可解决极端热问题。强预冷发动机的热力学循环系统主要包括进气段预冷器、氢-氦换热器和预燃室排气换热器,如图 1-4 所示。其中,进气段预冷器由数万根直径为 0.9 mm、壁厚为 50 μm 的高温合金超薄壁毛细管制造而成,服役于高温度梯度(123~1 273 K)、高压(在 900 K 温度下为 10 MPa)、高效(0.01 s 瞬间将 100 kg/s 空气的温度由 1 270 K 冷却至 120 K)等极端环境。氢-氦换热器由交错排布的阵列微流道结构扩散连接而成,通道宽度(50 μm×50 μm)以及通道与基底之间的厚度(10 μm)均为微米级,高温氦介质的入口温度为 673 K,低温氢介质的入口温度为 43 K,中间流体压力为 20 MPa,材料为 SUS304L 不锈钢或钛合金。预燃室换热器因其工作温度(1 373 K)和耐压(20 MPa)极高,结构采用复合材料与 Nb-W-Mo 合金微细管焊接而成。这 3 种换热器中的毛细管以及阵列微流道均可通过微细成形技术实现高性能制造。英国 Reaction Engines Ltd.(REL)公司经过近 30 年研究,研制出由上万根外径为 0.96 mm、壁厚为 40 μm 的薄壁高温合金毛细管构成的预冷器样机,并于 2019 年完成了模拟 $Ma=3.3$(Ma 为马赫数)来流温度条件下的地面高温考核实验。2021 年 2 月,英国 REL 公司宣布在预燃室换热器的制造与测试方面取得重大进展,研制出世界上首台预燃室换热器,并完成了 1 399 K 高温下的考核验证。

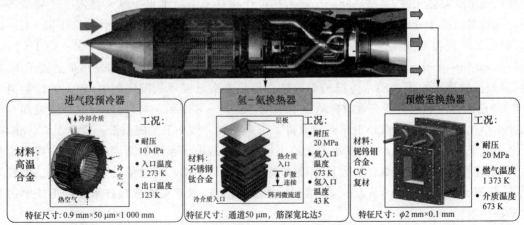

图 1-4　强预冷发动机中的轻质高效紧凑式换热器

1.4.2 航空航天超薄壁构件

高温合金具有较高的高温强度、良好的抗氧化性、耐腐蚀性、抗疲劳性和抗断裂韧性，是航空发动机的首选材料，在现代航空工业的发展中处于不可替代的位置。高温合金超薄壁微构件在航空发动机和运载火箭上占有相当的比重，在结构减量、性能提升等方面发挥着日益重要的作用。图 1-5 列举了用于航空发动机的异型截面封严环和用于运载火箭蓄压器的超薄膜片。这些高温合金构件的壁厚通常在 0.3 mm 以下。由于具有成本低、效率高、材料利用率高、制件性能好等优点，超薄板微细成形技术是薄壁构件批量化生产的首选。

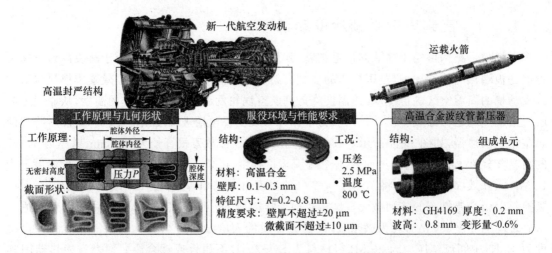

图 1-5 用于航空航天领域的高温合金超薄壁构件

1.4.3 深空探测器热控管理系统

随着航空航天科学技术的快速发展，深空探测的战略价值受到越来越多的重视，深空探测器成为各国研究的热点。2020 年 7 月 23 日，我国首次火星探测任务"天问一号"探测器发射升空，开启了火星探测之旅，迈出了我国自主开展行星探测的第一步。随着深空探测器内部电路集成度的大幅度提高，内部仪器设备级的热控管理受到越来越多的重视。对于航天器内部的高热流密度发热元件，其散热问题已成为热设计和热实施的难点。航天器内电子集成器件的可靠性对温度十分敏感，器件温度在 70~80 ℃水平上每增加 1 ℃，可靠性就会下降 5%。比如，目前我国正在研制的某型星载 CCD(Charge Coupled Device)相机和 TDI-CCD(Time Delay and Integration-Charge Coupled Devices)器件，其内部关键元件的发热量达到了 10 W 级，温差控制要求小于 20 ℃，传统的铜导热索散热方案已经不能解决问题，较大的传热温差(26 ℃)已成为限制航天器有效载荷的技术瓶颈，如图 1-6 所示。另外，随着电子集成和有效载荷小型化技术的进步，微小卫星研制取得了飞速发展。微小卫星的质量一般小于 100 kg，最小至十几 kg，甚至几 kg。由于微小卫星的小尺寸和星载电子系统的高度集成，其热流密度非常大，很容易导致局部高温。如大功率微波集成电路(MMIC)、高通量处理器、激光二极管等设备，热流密度可达 1~10 W/cm^2，其散热问题极为严重，靠常规的散热技术已经不能解决温度平衡问题。

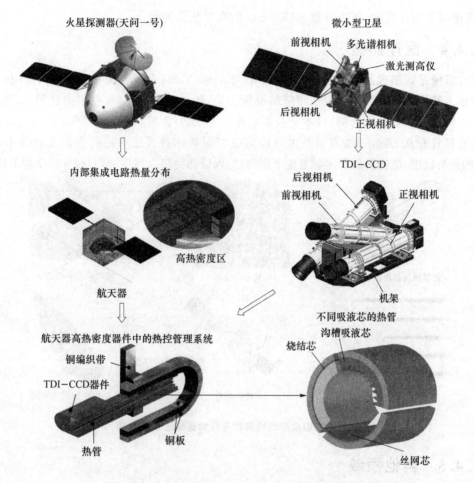

火星探测器(天问一号)

微小型卫星
前视相机 多光谱相机
激光测高仪
后视相机 正视相机

内部集成电路热量分布

TDI-CCD
后视相机
前视相机 正视相机

机架

高热密度区

航天器

航天器高热密度器件中的热控管理系统
铜编织带
TDI-CCD器件
热管
铜板

不同吸液芯的热管
沟槽吸液芯
烧结芯
丝网芯

图 1-6 深空探测器和微小卫星中高热流密度仪器的热控管理

因此,解决高热流密度器件的散热问题已成为深空探测器和微小卫星亟须解决的首要问题。热管(heat pipe)被誉为"热的超导体",其导热系数为铜的数千倍,且几乎没有热损耗,可以将大量热量通过很小的截面远距离传输出去,而无需任何辅助动力。由于微小卫星内部往往结构紧凑、构造复杂,传统的热管很难直接采用,因此需要发展微型的、柔性的、轻质的热管技术。微型热管(micro heat pipe)一般外径为 $2\sim5$ mm,对高热流密度器件的散热很有吸引力,比如随着微处理器芯片的快速发展及相应能耗增加到 20 W,常规的散热技术已不能满足要求,利用轻质高效微型热管传递微处理器的热量就显得很有价值。微型热管的特点,即小的空间尺寸、有一定的柔性、大的热流密度承受能力、较大的热传输能力,正好适应和满足新一代航天器内部热控的要求。热管内的液态工质在吸液芯空隙内,当蒸发段受热时,液态工质吸热蒸发成气态工质进入热管空腔。由于空腔两端存在压差,气态工质传输到冷凝段。随后,气态工质在冷凝段遇冷,释放热量液化成液态工质并进入吸液芯结构中。最后,液态工质在吸液芯的毛细压力作用下回流到蒸发段,构成了热管的工质循环。

考虑到热管加工工艺、可靠性及在轨服役环境,微小卫星等航天器一般采用整体沟槽式的微型热管。热管的沟槽形式一般有三角形、矩形、梯形和"Ω"形等。在如此小尺度下的热管制造工艺要求非常严苛,难度也非常大。目前,我国已经制造出直径 3 mm、长度 100 mm 量级的热管,并进行了验证实验,正在开展直径 2 mm 的微型热管的研发。

1.4.4 医疗器械

医疗器械是微型成品应用的一大领域。微细成形的零件在生物医疗领域中的应用主要包括微型植入器件外壳、钛合金牙桩、可降解血管支架、神经导管、胰岛素注射微针等,如图 1-7 所示。以胰岛素注射微针为例,日本企业泰尔茂(Terumo)公司利用微细成形技术制造的注射针头外直径只有 0.18 mm,能有效帮助糖尿病患者缓解在自我注射过程中的疼痛和不适,其 3 mm 的针头长度,能让胰岛素注射至皮下脂肪层,保证药物吸收速度均匀,减少低血糖的风险。

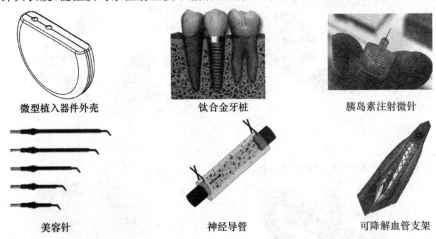

微型植入器件外壳　　　　　　钛合金牙桩　　　　　　胰岛素注射微针

美容针　　　　　　　　　神经导管　　　　　　　可降解血管支架

图 1-7　微细成形的微构件在生物医学上的典型应用

1.4.5 其他领域

微细成形技术制造的微零件还广泛应用于圆珠笔、集成电路冷却器、新能源电池、手表、惯性开关弹簧片、磁盘驱动器悬挂等领域。比如,日常使用的圆珠笔球座体和圆珠需要 20 多道工序来完成。笔头顶端放置球珠的球座体,其壁厚最薄处仅有 0.03 mm,相当于一张打印纸厚度的 1/3,精度要求在 0.002 mm。每条导墨槽的宽度只有 0.08 mm,精度要求在 1 μm,其精细程度相当于头发丝粗细的 1/50,如图 1-8 所示。2016 年,李克强总理发出了"圆珠笔之问",圆珠笔头的制造工艺及材料引起广泛关注。在圆珠笔球座体的制造过程中,丝材切断、微冲压等工序均属于微细成形范畴。此外,微细成形的构件还可应用于手机、可穿戴电子产品等消费电子产品以及核工业的激光惯性约束核聚变微靶和冷却器等。

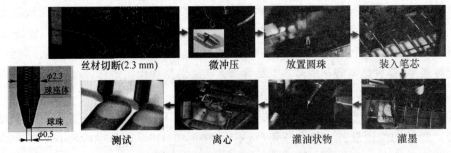

丝材切断(2.3 mm)　　　微冲压　　　　放置圆珠　　　　装入笔芯

测试　　　　　　离心　　　　　灌油状物　　　　　灌墨

图 1-8　微细成形的微构件在日常生活中的应用

习 题

1. 下列不属于塑性微细成形技术优点的是( )。
(A) 成形的零件精度高　　　　　　　(B) 制造效率高
(C) 制件性能好　　　　　　　　　　(D) 工艺过程简单
2. 试述微细成形的定义及特点。
3. 微型零件在成形制造过程中有何特点？
4. 塑性微细成形技术有哪些典型应用？

第2章 微细成形的理论基础

2.1 微细成形的物理基础

塑性成形是一种最常用的工艺方法。材料经过塑性变形使其具有需要的形状和性能,才能体现出它的价值。材料加工的目的有两个:一是改变材料的形状,二是改善其性能。

金属材料的性能(包括力学性能、物理性能和化学性能)在使用条件(不同温度、加载速度、应力状态、环境介质等)一定时,是由其成分和组织结构决定的。在材料成分一定的情况下(例如在选定钢种时)通过冷、热加工,热处理和形变热处理可以在很大范围内改变金属材料的组织结构,从而就可以在很大范围内改变金属材料的性能。掌握了形变、相变、形变过程中金属材料组织结构的变化规律,就可以利用这些规律,通过加工、热处理、形变热处理的手段获得满足使用性能要求所需的组织结构。而这些规律就是材料在塑性变形过程中的物理基础。

2.1.1 金属材料晶体结构与缺陷

金属材料,尤其是钢铁材料,由于本身具有比其他材料优越的综合性能而被广泛使用。其中的金属元素、原子集合体的结构以及内部组织是决定金属材料性能的基本因素。

1. 金属材料的晶体结构

用肉眼或不同放大倍数的显微镜可以观察到金属内部的结构,也就是金属的组织。如放大几十倍的放大镜或用肉眼所观察的组织为低倍组织或宏观组织;用放大 100～2 000 倍的显微镜观察的组织为高倍组织或显微组织;用放大几千倍到几十万倍的电子显微镜所观察到的组织为电镜组织或精细组织。

对组织的研究是微细成形物理基础的重要内容,晶粒是组织的基本组成单位,由晶界把不同的晶粒结合在一起。一个完整的晶粒或亚晶是由同类或不同比例的异类原子,按一定规律结合在一起,并可以用严格的几何图案表达。这里面涉及以下基本概念(如图 2-1 所示):

晶体:原子按一定的几何规律在空间作周期性排列,晶体有一定的熔点,且性能呈各向异性;

晶格:用直线将原子中心连接起来,构成的空间格架;

空间点阵:在空间由点排列起来的无限阵列,其中每点都与其他所有的点具有相同的环境;

晶胞:只包含一个阵点的六面体,描述晶胞大小与形状的几何参数称为晶格常数;

晶界:晶粒和晶粒之间的界面;

晶面:晶体中由原子组成的平面;

晶向:由原子组成的直线。

金属材料一般为多晶体,常见的种类分为三大类,即面心立方晶体(Face Centered Cubic, FCC)、体心立方晶体(Body Centered Cubic, BCC)和密排六方晶体(Hexagonal Close Packing, HCP),它们在空间的结构特征也大不相同,如图 2-2～图 2-4 所示。不同晶体类型的滑移系也不同,如表 2-1 所列。

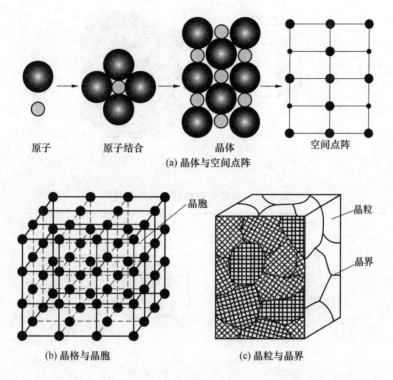

原子
原子结合
晶体
空间点阵
(a) 晶体与空间点阵
晶胞
晶粒
晶界
(b) 晶格与晶胞
(c) 晶粒与晶界

图 2-1　金属的晶体结构

a
2R
a
a
a
a
原子

图 2-2　面心立方

a
R
a
a
a
a
原子

图 2-3　体心立方

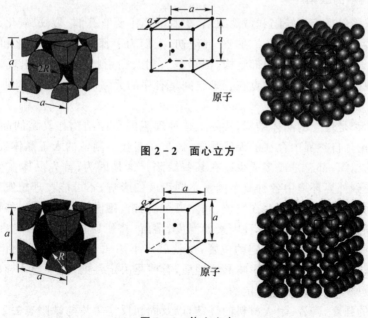

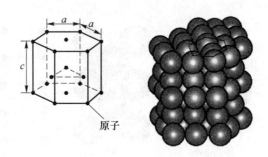

图 2-4　密排六方

表 2-1　典型金属晶体结构的滑移系

晶体结构	面心立方(FCC)		体心立方(BCC)		密排六方(HCP)	
滑移面	$\{111\}$	$\{111\}$	$\{110\}$	$\{110\}$	$\{0001\}$	$\{0001\}$
滑移方向	$\langle 110\rangle$	$\langle 110\rangle$	$\langle 111\rangle$	$\langle 111\rangle$	$\langle \bar{1}\bar{1}20\rangle$	$\langle \bar{1}\bar{1}20\rangle$
滑移系数目	$6\times 2=12$		$4\times 3=12$		$1\times 3=3$	
常见金属	Cu、Al、Ag、Au、Ni		α-Fe、W、Mo		Zn、Mg、α-Ti	

2. 金属材料中的缺陷

材料中的缺陷包括宏观缺陷和微观缺陷,宏观缺陷主要有孔洞、裂纹、氧化、腐蚀、杂质等,而微观缺陷主要指的是晶体缺陷。在 20 世纪初,人们为了探讨物质的变化和性质产生的原因,纷纷从微观角度来研究晶体内部结构,特别是 X 射线衍射技术手段的出现,揭示出晶体内部质点排列的规律性,认为内部质点在三维空间呈有序的无限周期重复性排列,即所谓空间点阵结构学说。

前面讲到的都是理想的晶体结构,实际上这种理想的晶体结构在真实的晶体中是不存在的。事实上,无论是自然界中存在的天然晶体,还是在实验室制备的人工晶体或是陶瓷和其他硅酸盐制品中的组织,都总是或多或少存在某些缺陷。这是因为,首先晶体在生长过程中,总是不可避免地受到外界环境中各种复杂因素不同程度的影响,不可能按理想发育,即质点排列不严格服从空间点阵规律,可能存在空位、间隙离子、位错、镶嵌结构等缺陷,外形可能不规则。此外,晶体形成后,还会受到外界各种因素如温度、溶解、挤压、扭曲等的影响。如晶体中进入了一些杂质,这些杂质也会占据一定的位置,这就破坏了原质点排列的周期性。20 世纪中期发现了晶体中缺陷的存在,它严重影响晶体性质,有些是决定性的,如半导体导电性质,几乎完全是由外来杂质原子和存在缺陷决定的。

另外,固体的强度,陶瓷、耐火材料的烧结,以及固相反应等均与缺陷有关。晶体缺陷是近年来国内外科学研究十分关注的一个内容,对屈服强度、断裂强度、塑性、电阻率、磁导率等产生重要影响,与扩散、相变、塑性变形、再结晶等有密切关系。

根据几何特征,晶体缺陷可分为点缺陷、线缺陷、面缺陷和体缺陷,具体如下:

点缺陷(point defect):三维空间的各个方向均很小,是零维缺陷(zero dimensional defect);

线缺陷(line defect):在两个方向尺寸均很小,是一维缺陷(one-dimensional defect);

面缺陷(plane defect):在一个方向上尺寸很小,是二维缺陷(two-dimensional defect);

体缺陷(volume defect):在三个方向上尺寸较大,是三维缺陷(three-dimensional defect),如镶嵌块、沉淀相、空洞、气泡等。

在本小节中主要介绍点缺陷和线缺陷。

(1) 点缺陷

点缺陷是最简单的晶体缺陷,其表现为在结点上或邻近的微观区域内偏离晶体结构的正常排列。由于在空间三维方向上的尺寸都很小,约为一个或几个原子间距,又称零维缺陷。点缺陷包括空位、间隙原子和异质原子,如图 2-5 所示。

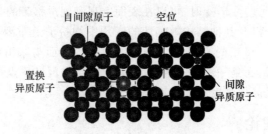

图 2-5　不同的点缺陷

点缺陷的形成原因主要有:①热运动产生热平衡缺陷,产生与消亡达到平衡;②冷加工、高温淬火;③高能粒子辐照产生过饱和缺陷。在热运动中,会产生能量起伏,当某些质点的能量大于平均动能时,原子就会脱离原来的平衡位置而迁移别处,在原来的位置上留下一个空位(vacancy)而形成缺陷,这种方式形成的缺陷有以下两种基本形式:

1) 肖特基缺陷

表面层原子获得较大能量,离开原来格点位跑到表面外新的格点位,在原来位置形成空位,这样晶格深处的原子就依次填入,结果表面上的空位逐渐转移到内部,如图 2-6 所示。肖特基缺陷的特点为体积增大,对离子晶体、正负离子空位成对出现,数量相等,结构致密。

2) 弗兰克尔缺陷

具有足够大能量的原子(离子)离开平衡位置后,挤入晶格间隙中,形成间隙原子或离子,而在原来位置上留下空位,如图 2-7 所示。弗兰克尔缺陷的特点为空位与间隙粒子成对出现,数量相等,晶体体积不发生变化。

图 2-6　肖特基缺陷示意图

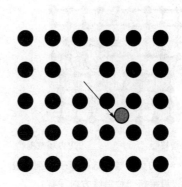

图 2-7　弗兰克尔缺陷示意图

点缺陷会对晶体性能产生一定的影响,如电阻增大、体积膨胀、密度减小,有利于原子扩散,而且过饱和缺陷可提高机械性能,如屈服强度等。

(2) 线缺陷

实际晶体在结晶时受到杂质、温度变化或振动产生的应力作用,或由于晶体受到打击、切削、研磨等机械应力的作用,使晶体内部质点排列变形、原子行列间相互滑移,不再符合理想晶格的有秩序的排列而形成线状的缺陷,称为线缺陷,也称为位错(dislocation)。

位错的概念于 1934 年提出,但直到 20 世纪 50 年代,随着透射电子显微镜(TEM)的发展,可直接观察到位错的存在,这一概念才被广大学者所接受,并得到深入的研究和发展。位错模型最开始是为了解释材料的强度性质而提出的。在进行材料拉伸变形时,当应力超过弹性限度而使晶体材料发生塑性形变时,可以在表面上观察到滑移带的条纹。迄今,位错在晶体的塑性、强度、断裂、相变以及其他结构敏感性的问题中均扮演着重要角色。其理论也成为材料科学的基础理论之一。位错的直观定义是晶体中已滑移面与未滑移面的边界线。但是注意,位错不是一条几何线,而是一个有一定宽度的管道,位错区域质点排列严重畸变,有时会造成晶体面网发生错动,对晶体强度有很大影响。

2.1.2　位错理论

1. 位错的类型

根据几何结构特征,位错可分为刃型位错、螺型位错和混合位错。

(1) 刃型位错(edge dislocation)

刃型位错具有以下特点:

① 有一额外原子面,刃口处的原子列称为位错线,如图 2-8 所示。半原子面在上为正刃型位错,在下为负刃型位错。

② 刃型位错附近的原子面会发生朝位错线方向的扭曲以致错位。刃型位错可由两个量唯一确定:第一个是位错线,即多余半原子面终结的那一条直线,但位错线不一定是直线,可以是折线,也可以是曲线;第二个是伯格斯矢量 b(Burgers vector,简称柏氏矢量),它描述了位错导致的原子面扭曲的大小和方向。对刃型位错而言,其柏氏矢量方向垂直于位错线的方向,如图 2-9 所示。位错线与柏氏矢量构成的面是滑移面,刃型位错的滑移面是唯一的。

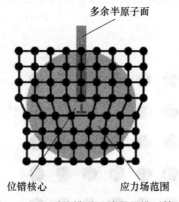

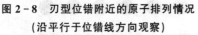

图 2-8　刃型位错附近的原子排列情况
（沿平行于位错线方向观察）

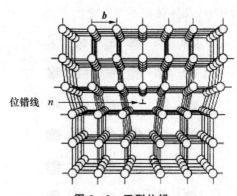

图 2-9　刃型位错

③ 刃型位错周围的晶体产生畸变,上压、下拉,半原子面是对称的,位错线附近畸变大,远

处畸变小。

④ 位错周围的畸变区(畸变区是狭长的管道,故位错可看成是线缺陷)一般只有几个原子宽(一般把点阵畸变程度大于其正常原子间距 1/4 的区域宽度定义为位错宽度,为 2～5 个原子间距)。

刃型位错会吸引间隙原子和置换原子向位错区聚集,如图 2-10 所示。小的间隙原子(红色)往往进入位错管道,置换原子(棕色)则富集在管道周围。这样可以降低晶格的畸变能,同时这些间隙原子和置换原子对位错起了钉扎作用,使位错难以运动,结果可以使晶体的强度、硬度提高。

(2) 螺型位错(screw dislocation)

螺型位错的结构特点如下(见图 2-11):

① 无额外半原子面,原子错排是轴对称的。

② 分左螺旋位错,符合左手法则;右螺旋位错,符合右手法则。

③ 位错线与滑移矢量平行,且为直线,位错线的运动方向与滑移矢量垂直。

④ 滑移面非唯一,凡是包含螺型位错线的晶面都可为滑移面。

⑤ 点阵畸变引起平行于位错线的切应变,无正应变。

⑥ 螺型位错是包含几个原子宽度的线缺陷,位错线附近畸变程度高。

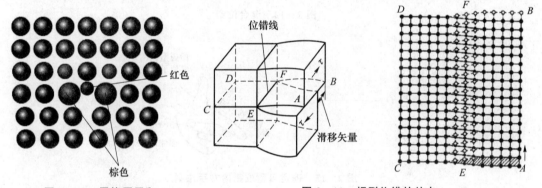

图 2-10　置换原子和间隙原子在刃型位错区的富集

图 2-11　螺型位错的特点

(3) 混合位错(mixed dislocation)

混合位错的结构特点如下:

① 滑移矢量既不平行也不垂直于位错线,而是与位错线相交成任意角度,一般混合位错为曲线形式,故每一点的滑移矢量与位错线的交角不同。

② 位错线是滑移面上已滑动区域与未滑动区域的边界,因此位错线不能终止于晶体内部,只能露头于晶体表面。

如图 2-12 所示,A 与 C 之间,位错线既不垂直也不平行于滑移矢量,每一小段位错线都可分解为刃型和螺型两个分量。

2. 柏氏矢量

柏氏矢量是描述位错性质的一个重要物理量,其表示位错区原子的畸变特征,包括畸变的位置和畸变的程度。其由 Burgers 于 1939 年提出,故称该矢量为"柏格斯矢量"或"柏氏矢量",用 b 表示。柏氏矢量是形成一个位错的晶体滑移矢量。柏氏矢量的确定方法:①人为假定位错线方向,一般是从纸背向纸面或由上向下为位错线正向;②用右手螺旋法则来确定柏格斯回路的旋转方向,使位错线的正向与右螺旋的正向一致(见图2-13);③将含有位错的实际晶体和理想的完整晶体相比较在实际晶体中作柏氏回路,在完整晶体中按相同的路线和步法作回路,路线终点指向起点的矢量,即"柏氏矢量",刃型位错和螺型位错的柏氏矢量的确定分别如图2-14和图2-15所示。

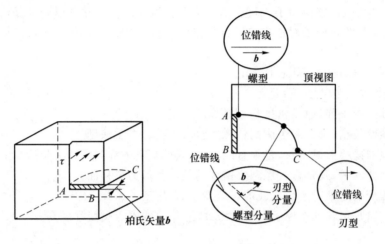

图 2-12　混合位错

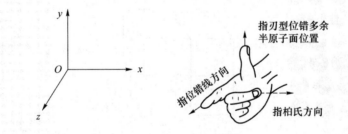

图 2-13　确定刃型位错的右手法则

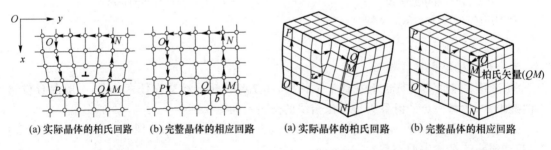

图 2-14　刃型位错柏氏矢量的确定　　　图 2-15　螺型位错柏氏矢量的确定

从柏氏矢量和位错线取向的关系可以确定位错类型,方法如下(见图2-16):

① 刃型位错:柏氏矢量与位错线相垂直;

② 螺型位错:柏氏矢量与位错线相平行,柏氏矢量与位错线同向的为右螺型位错,柏氏矢量与位错线反向的则为左螺型位错;

③ 混合位错:柏氏矢量与位错线成任意角度。

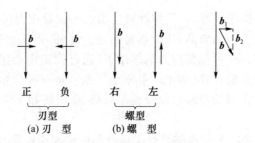

图 2 - 16　位错线与柏氏矢量的位向关系区分位错的类型和性质

不论所做柏氏回路的大小、形状、位置如何变化,怎样任意扩大、缩小或移动,只要它不与其他位错线相交,则对给定的位错所确定的柏氏矢量是一定的。一定位错的柏氏矢量是固定不变的,这一特性叫做柏氏矢量的守恒性。柏氏矢量守恒性的推论如下:

① 同一条位错线上各点处的柏氏矢量均相同;

② 若数条位错线相交于一点(称为位错结点),则指向结点的各位错线的柏氏矢量之和应等于离开结点的各位错线的柏氏矢量之和;

③ 位错线不可能中断于晶体内部,即位错在晶体内部或自成一个闭合的位错环,或与其他位错相交于一个结点,或贯穿整个晶体而终止于晶体表面。

柏氏矢量具有一定的物理意义,具体表现如下:

① 表征位错线的性质。据 **b** 与位错线的取向关系可确定位错线性质。

② 表征总畸变的积累。围绕一根位错线的柏氏回路任意扩大或移动,回路中包含的点阵畸变量的总累和不变,因而由这种畸变总量所确定的柏氏矢量也不改变。

③ 表征位错强度。同一晶体中 **b** 大的位错有严重点阵畸变,能量高且不稳定。位错有许多性质,如位错的能量、应力场、位错受力等,都与 **b** 有关。

④ 指出位错滑移后,晶体上、下部分产生相对位移的方向和大小,即滑移矢量。刃型位错滑移区的滑移方向正好垂直于位错线,滑移量为一个原子间距;螺型位错滑移方向平行于位错线,滑移量也是一个原子间距,和柏氏矢量完全一致;对于任意位错,不管其形状如何,只要知道它的柏氏矢量,就可知晶体滑移的方向和大小,而不必从原子尺度考虑运动细节,为讨论塑性变形提供了便利。

3. 位错的运动

人们为什么会对位错感兴趣呢? 大量位错在晶体中的运动会使晶体产生宏观塑性变形,材料的力学性能如强度、塑性、断裂都与位错运动有关,因此要掌握其运动规律。晶体内部存在位错,位错在切应力作用下可以滑移,位错的运动是有缺陷晶体的局部滑动,就像是毛毛虫的蠕动,位错的运动是逐步传递的,从而使晶体逐步滑移,如图 2 - 17 所示。金属晶体主要就是通过位错的滑移来完成塑性变形的。当位错从一端运动到另一端时,整个晶体错动了一个原子位置,当位错滑出晶体时,晶体恢复完整,但却留下了永久形变。

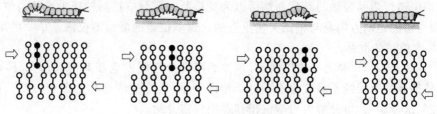

图 2 - 17　位错的运动

由于位错附近有严重原子错排,以及弹性畸变引起的长程应力场,因此在位错附近的原子平均能量比其理想晶格位置上的要高,比较容易运动。另外,由于运动是逐步进行的,实际剪切应力比理论值要低得多。在外加切应力的作用下,通过位错中心附近的原子沿柏氏矢量方向在滑移面上不断地做少量的位移(小于一个原子间距),是一种位错沿着由位错线和柏氏矢量所决定的平面的运动。位错的滑移可以分为单滑移、多滑移和交滑移。三者的特点如下(见图 2-18):

① 单滑移:当只有一个特定的滑移系处于最有利的位置而优先开动时,形成单滑移。

② 多滑移:由于变形时晶体转动的结果,有两组或几组滑移面同时转到有利位向,使滑移可能在两组或更多的滑移面上同时或交替地进行,形成"双滑移"或"多滑移"。

③ 交滑移:晶体在两个或多个不同滑移面上沿同一滑移方向进行的滑移。

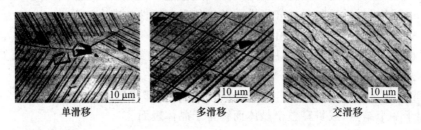

| 单滑移 | 多滑移 | 交滑移 |

图 2-18　滑移的表面痕迹

晶体在不同的应力状态下,其滑移方式也不同,且不同类型的位错在滑移时具有不同的特征。

(1) 刃型位错的滑移

晶体在大于屈服值的切应力 τ 作用下,以 $ABCD$ 为滑移面发生滑移。AB 是晶体已滑移部分和未滑移部分的交线,犹如砍入晶体的一把刀的刀刃(称为刃型位错)。位错线(已滑移区和未滑移区的边界线)与滑移矢量构成的面是滑移面,刃型位错的滑移面是唯一的。滑移时,刃型位错的运动方向始终垂直于位错线,而平行于柏氏矢量,如图 2-19 所示。

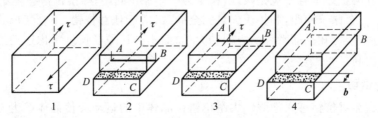

图 2-19　刃型位错的滑移

(2) 螺型位错的滑移

图 2-20 中,晶体在切应力 τ 作用下沿 $ABCD$ 面滑移,AB 是已滑移部分和未滑移部分的分界处。由于位错线周围的一组原子面形成了一个连续的螺旋线坡面,从而形成螺型位错。凡是以螺型位错线为晶带轴的晶带面都可以为滑移面。螺型位错的柏氏矢量是与位错线平行的,但螺型位错的运动方向是与柏氏矢量垂直的。螺型位错的滑移不仅限于单一的滑移面上。

(3) 混合位错的滑移

如图 2-21 所示,在外力 τ 的作用下,晶体的两部分之间发生相对滑移,在晶体内部已滑移和未滑移部分的交线既不垂直也不平行于柏氏矢量,这样的位错称为混合位错。位错线上任一点,经矢量分解后,可分解为刃型位错和螺型位错分量。

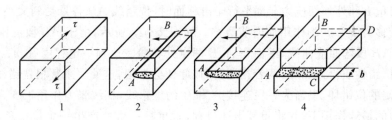

图 2-20　螺型位错的滑移

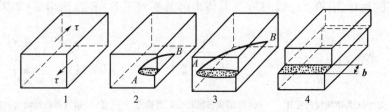

图 2-21　混合位错的滑移

4. 位错的产生和增殖

刚从熔体中生长出来的晶体或经过充分退火的晶体，都存在着大量的位错，此时位错密度一般为 10^4 mm^{-2} 量级，以三维网格形式存在。在变形过程中，位错不断从晶体内部滑移到表面，形成台阶，但在晶体变形过程中，其内部的位错密度会随着变形量的增加而增加，位错密度可增加到 10^8 mm^{-2} 至 10^{10} mm^{-2}，这说明在晶体塑性变形过程中，位错以某种机制增殖了。

（1）位错的产生（formation of dislocations）原因

① 凝固时在晶体长大相遇处，因位向略有差别而形成。

② 因熔体中杂质原子在凝固过程中不均匀分布使晶体的先后凝固部分成分不同，从而点阵常数也有差异，而在过渡区出现位错。

③ 流动液体冲击、冷却时局部应力集中导致位错的萌生。

④ 晶体裂纹尖端、沉淀物或夹杂物界面、表面损伤处等都易产生应力集中，这些应力也促使位错的形成。

⑤ 过饱和空位的聚集成片也是位错的重要来源。

（2）位错的增殖（generation of dislocations）

塑性变形时，有大量位错滑出晶体，所以变形以后晶体中的位错数目应当减少。但实际上，位错密度随着变形量的增加而加大，在经过剧烈变形以后甚至可增加 4～5 个数量级。因此，变形过程中位错肯定是以某种方式不断增殖，而能增殖位错的地方称为位错源。位错增殖机制有多种，如下：

1）弗兰克-瑞德（Frank-Rend）源

弗兰克和瑞德于 1950 年提出并已为实验所证实的位错增殖机构称为弗兰克-瑞德（Frank-Rend）源，简称 F-R源。设想晶体中某滑移面上有一段刃型位错 $DABC$，在空间形成三维位错网络，AB 段位于滑移面内，而 DA、BC 段不在滑移面内，如图 2-22 所示。

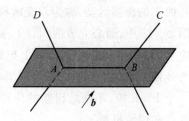

图 2-22　弗兰克-瑞德源的结构

当柏氏矢量 b 和外加切应力 τ 都平行于滑移面时,位错线 AB 各处受到大小相等,且与位错线垂直的滑移力 $F=\tau b$ 的作用而向前滑移。如图 2-23 所示,由于 AB 段的两端被位错网结点钉住,故 AB 段弯曲成曲线,继而在 A、B 两点处卷曲。达到一定程度后 m、n 两处同属纯螺型位错,但位错性质恰好相反,两者相遇时,彼此便会抵消,这使原来整根位错线断开成两部分,外面为封闭的位错环,里面为一段连接 A 和 B 的位错线,在线张力作用下变直恢复到原始状态。在外力的继续作用下,它将重复上述过程,每重复一次就产生一个位错环,从而造成位错的增殖,并使晶体产生可观的滑移量,AB 位错线段便成为一个位错增殖源。F-R 位错增殖机制已为实验所证实,在 Si、Al-Cu 等晶体中都观察到了 F-R 位错增殖,如图 2-24 所示。

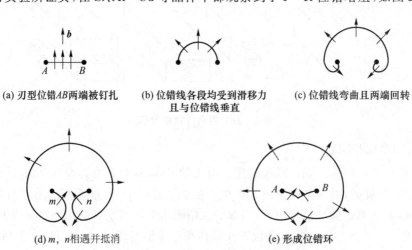

(a) 刃型位错AB两端被钉扎　　(b) 位错线各段均受到滑移力　　(c) 位错线弯曲且两端回转
　　　　　　　　　　　　　　　且与位错线垂直

(d) m, n相遇并抵消　　　　　　　　　　(e) 形成位错环

图 2-23　F-R 源动作过程

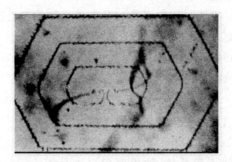

图 2-24　Si 单晶中的 F-R 源
(以 Cu 沉淀缀饰后用红外显微镜观察)

2) 双交滑移位错增殖

通常把螺型位错由原始滑移面转至相交的滑移面,然后又转移到与原始滑移面平行的滑移面上的滑移运动,称为双交滑移运动。此位错增殖机制称为位错的双交滑移增殖机制。在图 2-25 中,面心立方的(111)面上有一个柏氏矢量为 $b=[\bar{1}01]$ 的平面小位错环。在外加应力的作用下,在(111)面上扩展,然后转向面(1$\bar{1}$1)上扩展,形成刃型割阶 CA 和 DB,CD 为纯螺型位错。当它回到与原滑移面平行的面继续扩展时,CD 两端被锚住,此时 CD 段形成一个 F-R 源,不断放出新的位错,这就是双交滑移位错增殖。由此可见,双交滑移是一种更有效的增殖机制。

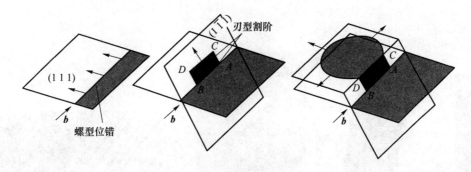

图 2 – 25   双交滑移位错增殖机制

2.1.3   金属材料的塑性变形机制

金属塑性变形的基本方式有晶内变形和晶间变形两种,主要方式是晶内变形。晶内变形的主要方式是滑移,即晶体的一部分沿着一定的晶面和晶向相对于晶体的另一部分产生相对移动。滑移通常是沿着晶格中原子密度大的晶面(滑移面)和原子密度最大的晶向(滑移方向)发生的。但是实际变形过程具有复杂性,往往是几种机理同时起作用,并且各种机理的具体作用受许多因素影响,如晶体结构、化学成分、相状态等材料的内在因素,以及变形温度、变形速度、应力状态等外部条件。因此,要研究和控制材料的变形过程,掌握基本的塑性变形机理很有必要。

1. 晶体塑性变形

(1) 单晶体塑性变形

单晶体塑性变形的主要方式为滑移和孪生。

1) 滑   移

滑移是指在切应力作用下,晶体的一部分沿一定晶面(滑移面)和晶向(滑移方向)相对另一部分发生相对移动和切变,且不破坏晶体内部原子排列规律性而产生宏观的塑性变形。滑移面为原子排列密度最大的晶面,滑移方向为原子排列密度最大的方向,而滑移系则是由一个滑移面及其面上的一个滑移方向构成的,其表示晶体在进行滑移时可能采取的空间取向。滑移系主要与晶体结构有关,晶体结构不同,滑移系也不同,而且晶体中的滑移系越多,滑移越容易进行,金属塑性也越好。滑移面和滑移方向往往是晶体中原子最密排的晶面和晶向,这是由于最密排面的面间距最大,因而点阵阻力最小,容易发生滑移,而沿最密排方向上的点阵间距最小,从而使导致滑移的位错的柏氏矢量也最小。位错就是在切应力作用下,在特定的滑移面上沿特定的滑移方向滑移,位错的滑移面就是该晶体的密排面,滑移方向就是其密排方向。

面心立方晶格是原子最紧密的排列方式,而体心立方晶体是一种非密排结构,因此其滑移面并不稳定,一般在低温时多为{1 1 2},中温时多为{1 1 0},而高温时多为{1 2 3},不过其滑移方向很稳定,总为⟨1 1 1⟩,其滑移系可能有12～48 个。密排六方晶体滑移系数量较少,其塑性通常都不太好。因此,面心立方的塑性＞体心立方的塑性＞密排六方的塑性。

单晶体在拉伸情况下,表面总是出现很多带痕,表示被拉长晶体表面的带纹就是作平动滑移的面在表面上造成台阶的痕迹,称为滑移带,如图 2 - 26 所示。通过电子显微镜对滑移带的形态和结构进行观察,发现每个滑移带实际上是由一簇很接近的细线所构成的,如图 2 - 27

所示。

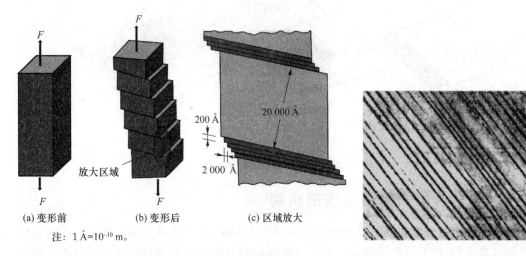

注：1 Å=10⁻¹⁰ m。

图 2 - 26　滑移线和滑移带示意图　　　　　**图 2 - 27　滑移带金相照片**

　　在外力的作用下，晶体中滑移是在一定滑移面上沿一定滑移方向进行的。因此，对滑移真正有贡献的是在滑移面上沿滑移方向上的分切应力，也只有当这个分切应力达到某一临界值时，滑移过程才能开始进行，这时的分切应力称为临界分切应力。

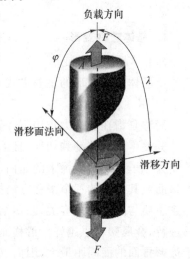

　　图 2 - 28 所示为圆柱形单晶体在轴向拉伸载荷作用下的情况。假设其横截面积为 A，φ 为滑移面法线与中心轴线的夹角，λ 为滑移方向与外力的夹角，则外力在滑移方向上的分力为 $F\cos\lambda$，而滑移面的面积则为 $A/\cos\varphi$，此时在滑移方向上的分切应力 τ 为

$$\tau = \frac{F\cos\lambda}{A/\cos\varphi} = \frac{F}{A}\cos\lambda\cos\varphi = \sigma\cos\lambda\cos\varphi \quad (2.1)$$

　　当式（2.1）中的分切应力达到临界值时，晶面间的滑移开始，这也与宏观上的屈服相对应，因此这时 F/A 应当等于 σ_s，即

$$\tau_s = \sigma_s\cos\lambda\cos\varphi \quad (2.2)$$

图 2 - 28　单晶滑移理论模型

　　当滑移面法线方向、滑移方向与外力轴三者共处一个平面，且 $\varphi=45°$ 时，$\cos\lambda\cos\varphi=1/2$，此取向最有利于滑移，即以最小的拉应力就能达到滑移所需的分切应力，称此取向为软取向。当外力与滑移面平行或垂直（$\varphi=90°$ 或 $\varphi=0°$）时，$\sigma_s\to\infty$，晶体无法滑移，称此取向为硬取向。取向因子 $\cos\lambda\cos\varphi$ 对 σ_s 的影响在只有一组滑移面的密排六方结构中尤为明显。

　　图 2 - 29 所示是密排六方结构的镁单晶拉伸的取向因子-屈服强度关系图，图中曲线为按式（2.2）的计算值，而圆圈则为实验值。从图 2 - 29 中可以看出前述规律，而且计算值与实验值吻合较好。由于镁晶体在室温变形时只有一组滑移面（0 0 0 1），故晶体位向的影响十分明显。

　　图 2 - 30 所示为晶体滑移示意图，当轴向拉力 F 足够大时，晶体各部分将发生如图 2 - 30

所示的分层移动。如果两端自由,则滑移的结果将使晶体的轴线发生偏移。不过,通常晶体的两端并不能自由横向移动,或者说拉伸轴线保持不变,这时单晶体的取向必须进行相应转动,转动的结果使滑移面逐渐趋向于平行轴向,同时滑移方向逐渐与应力轴平行。而由于夹头的限制,晶面在接近夹头的地方会发生一定程度的弯曲。此时转动的结果将使滑移面和滑移方向趋于与拉伸方向平行。

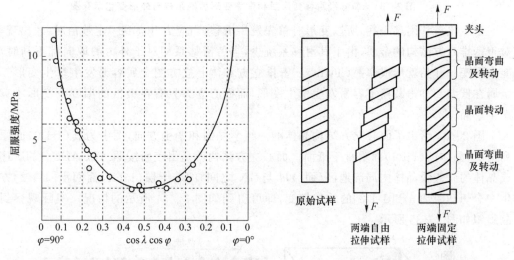

图 2-29　镁单晶拉伸的取向因子-屈服强度关系图　　　　图 2-30　晶体滑移示意图

同样的道理,晶体在受压变形时,晶面也要发生相应的转动,转动的结果是使滑移面逐渐趋向于与压力轴线相垂直,如图 2-31 所示。由于滑移过程中晶面的转动,滑移面上的分切应力值也随之发生变化,当压力与滑移面法线的夹角 φ 为 45°时,此滑移系上的分切应力最大。但压缩变形时晶面的转动将使 φ 值增大,故若 φ 原先是小于 45°,则滑移的进行将使其逐渐趋向于 45°,分切应力逐渐增加;若 φ 原先是等于或大于 45°,则滑移的进行使其值更大,而分切应力却逐渐减小,此滑移系的滑移就会趋于困难。

2) 孪　生

孪生是晶体塑性变形的另一种常见方式,是指在切应力作用下,晶体的一部分相对于另一部分沿着一定的晶体学平面和方向产生的切变,如图 2-32 所示。

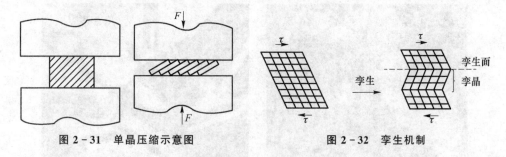

图 2-31　单晶压缩示意图　　　　图 2-32　孪生机制

图 2-33 所示为在切应力作用下,晶体经滑移变形后和孪生变形后的结构与外形变化示意图。由图 2-33 可见,孪生是一种均匀切变过程,而滑移则是不均匀切变。发生孪生的部分与原晶体形成了镜面对称关系,而滑移则没有位向变化。

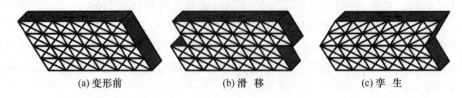

(a) 变形前   (b) 滑 移   (c) 孪 生

图 2 - 33　晶体经滑移变形后和孪生变形后的结构与外形变化示意图

　　孪生比滑移困难一些,所以变形时首先发生滑移,当应力升高到一定数值时,才出现孪生。对于密排六方结构的金属,由于其滑移系统少,当各滑移系相对于外力的取向都不利时,也可能在形变一开始就形成孪晶(Twin)。密排立方和体心立方的金属容易发生孪生变形。一般金属在低温和冲击载荷下容易发生孪生变形,而面心立方只有在极低的温度下变形才有可能产生孪晶。

　　图 2 - 34 给出了面心立方结构晶体的一组孪晶面和孪生方向,图中为其(1 1 0)面原子排列情况,晶体的(1 1 1)面垂直于纸面。面心立方结构就是由该面按照 $ABCABC\cdots$ 的顺序堆垛成晶体的。假设晶体内局部地区(面 AH 与 GN 之间)的若干层(1 1 1)面间沿 $[1\,1\,\overline{2}]$ 方向产生一个切动距离 $a/6[1\,1\,\overline{2}]$ 的均匀切变,即可得到如图 2 - 34 所示的情况。实际观察到的孪晶组织如图 2 - 35 所示。

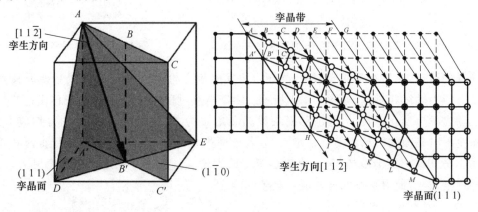

图 2 - 34　FCC 晶体孪生变形

(a) 锌晶体中的形变孪晶   (b) 铜晶体中的退火孪晶组织

图 2 - 35　锌晶体中的形变孪晶和铜晶体中的退火孪晶组织

（2）多晶体塑性变形

在实际使用的金属材料中,绝大多数都是多晶材料。虽然多晶体塑性变形的基本方式与单晶体相同,但实验发现,通常多晶的塑性变形抗力都较单晶体高,尤其对密排六方的金属更显著。这主要是由于多晶体一般是由许多不同位向的晶粒所构成的,每个晶粒在变形时都要受到晶界和相邻晶粒的约束,不是处于自由变形状态,所以在变形过程中,既要克服晶界的阻碍,又要与周围晶粒发生相适应的变形,以保持晶粒间的结合及体积上的连续性。多晶体相邻晶粒位向不同,导致多晶体金属塑性变形有以下两个特点:

1）各晶粒变形的不同时性

软取向的晶粒,首先开始滑移,而周围晶粒位向不同,滑移系取向不同,运动的位错不能越过晶界,在晶界处产生位错塞积。位错塞积造成很高的应力集中,使相邻晶粒中某些滑移系开动,使应力集中松弛,变形从一个晶粒传向另一个晶粒。随着变形量的增大,各晶粒发生转动和旋转,原软取向变成硬取向,而停止滑移,同时原硬取向变成软取向,而发生滑移。随外力的持续,多晶体金属中的晶粒分批地、逐步地发生塑性变形。

2）各晶粒变形的相互协调性

多晶体的每个晶粒都处于其他晶粒的包围之中。要保持晶粒之间的结合和整个晶体的连续性,其变形必须与周围的晶粒相互协调,就使多晶体的塑性变形较单晶体困难,其屈服应力也高于单晶体。多晶体塑性变形时,要求晶粒至少能在 5 个独立的滑移系上进行滑移,才能使各晶粒间的变形得到很好的协调。任何变形都可用 6 个应变分量来表示。由于塑性变形时体积不变,因此只有 5 个独立的应变分量。独立的应变分量由一个独立的滑移系来产生,需要 5 个独立滑移系产生 5 个独立应变分量,以保证晶粒间变形的协调和晶体的连续。面心立方和体心立方金属滑移系多,能满足上述条件,有较好的塑性。而密排六方金属滑移系少,晶粒间的应变协调性差,当密排六方单晶体处于软取向时,应变可达 100%～200%,但多晶体塑性都很差,而强度则较高。

晶界对晶粒变形具有阻碍作用。拉伸试样变形后在晶界处呈竹节状,如图 2 - 36 所示,也就是说,在晶界处的晶体部分变形较小,而晶内变形量则大得多,整个晶粒的变形不均匀。这是由于导致晶体产生变形的位错滑移在晶界处受阻,如图 2 - 37 所示。

图 2 - 36　多晶体变形的竹节现象

每个晶粒中的滑移带均终止于晶界附近,晶界附近产生位错塞积,塞积数目 n 为

$$n = \frac{k\pi\tau L}{Gb} \tag{2.3}$$

式中:τ 为外力在滑移方向上的分切应力;L 为障碍物到位错源的距离(近似看作位错塞积群长度);k 为系数,对于螺型位错 $k=1$。n 的表达式用不同方法推导,可能略有出入(常数可能有所不同),但 n 正比于 τL 的结论是一致的。

位错塞积导致位错密度增高,材料强度提高。因此,晶粒越细,晶界越多,材料强度就越高,称为细晶强化(grain size strengthening),其屈服应力 σ_s 与晶粒尺寸 d 的关系如下:

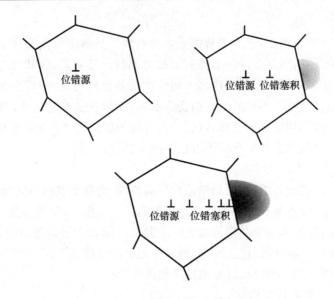

图 2 - 37　位错塞积在晶界的情况

$$\sigma_s = \sigma_0 + \frac{k}{\sqrt{d}} \qquad (2.4)$$

式(2.4)即为经典的 Hall‐Petch 关系,具有广泛的适用性。细小而均匀的晶粒使材料具有较高的强度和硬度,同时具有良好的塑性和韧性,即具有良好的综合力学性能。晶粒越多,变形均匀性越高,由应力集中导致的开裂机会就会越少,可承受更大的变形量,表现出高塑性。在细晶材料中,应力集中小,裂纹不易萌生;晶界多,裂纹不易传播,在断裂过程中可吸收较多能量,表现出高韧性。

2. 合金塑性变形

实际使用的材料绝大多数都是合金,根据合金元素存在的情况,合金的种类一般有固溶体、金属间化合物以及多相混合型等,不同种类合金的塑性变形存在着一些不同之处。

(1) 单相固溶体合金塑性变形

固溶体中存在溶质原子,其作用主要表现在固溶强化(solid solution strengthening),提高塑性变形抗力方面。图 2‐38 所示为在铜(Cu)中加入适当镍(Ni)形成的固溶体合金机械性能与成分的关系。可见,由于溶质原子的加入使材料的强度、硬度(HB)等提高,同时提高了加工硬化率,延伸率(σ)有所降低。

影响固溶强化的因素主要有以下几个方面:①溶质原子类型及浓度;②溶质原子与基体金属的原子尺寸差,相差大时强化作用大;③间隙型溶质原子比置换型溶质原子固溶强化效果好;④溶质原子与基体金属价电子数差,价电子数差越大,强化作用越大。

固溶强化的实质是溶质原子与位错的弹性交互作用、化学交互作用和静电交互作用,固溶强化是由于多方面的作用引起的,主要包括:

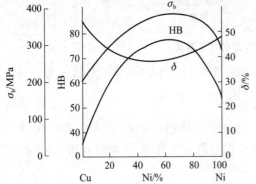

图 2 - 38　固溶体合金机械性能与成分的关系

① 溶质原子与位错发生弹性交互作用,固溶体中的溶质原子趋向于在位错周围的聚集分布,称为溶质原子气团,也就是柯氏气团,它将对位错的运动起到钉扎作用,从而阻碍位错运动。

② 静电交互作用,一般认为,位错周围畸变区的存在将对固溶体中的电子云分布产生影响。由于该畸变区应力状态不同,溶质原子的额外自由电子从点阵压缩区移向拉伸区,并使压缩区呈正电,而拉伸区呈负电,即形成了局部静电偶极。其结果导致电离程度不同的溶质粒子与位错区发生短程的静电交互作用,溶质离子或富集在压缩区产生固溶强化。

③ 化学交互作用,这与晶体中的扩展位错有关,由于层错能与化学成分相关,因此晶体中层错区的成分与其他地方存在一定的差别,这种成分的偏差也会导致位错运动受阻,而且层错能下降会导致层错区增宽,这也会产生强化作用。

图 2-39 所示是低碳钢拉伸应力-应变曲线,与前述不同,在这根曲线上出现了一个平台,即是屈服点。当试样开始屈服时(上屈服点),应力发生突然下降,然后在较低水平上作小幅波动(下屈服点),当产生一定变形后,应力又随应变的增加而增加,出现通常的规律。

在屈服过程中,试样中各处的应变是不均匀的。当应力达到上屈服点时,首先在试样的应力集中处开始塑性变形,这时能在试样表面观察到与拉伸轴成 45° 的应变痕迹,称为吕德斯带(Lüders bands),同时应力下降到下屈服点。然后,吕德斯带开始扩展,当吕德斯带扩展到整个试样截面后,这个平台延伸阶段就结束了。拉伸曲线上的波动表示形成新的吕德斯带的过程。一般认为,在固溶体中,溶质或杂质原子在晶体中造成点阵畸变,溶质原子的应力场和位错应力场会发生交互作用,作用的结果是溶质原子将聚集在位错线附近,形成柯氏气团。由于这种交互作用,体系的能量处于较低状态,只有在较大的应力作用下,位错才能脱离溶质原子的钉扎,表现为应力-应变曲线上的上屈服点。当位错挣脱气团的束缚,继续滑移时,就不需要开始时那么大的应力,表现为应力-应变曲线上的下屈服点。

研究发现,在低碳钢中,如果在实验之前对试样进行少量的预塑性变形,则屈服点可暂时不出现。但是如果经少量预变形后,将试样放置一段时间或者稍微加热后,再进行拉伸就又可以观察到屈服平台现象,不过此时的屈服强度会有所提高,这就是应变时效现象,如图 2-40 所示。这主要是由于柯氏气团的存在、破坏和重新形成的结果。当卸载后,短时间内由于位错已经挣脱溶质原子的束缚,所以继续加载时不会出现屈服平台现象。当卸载后经历较长时间或短时加热后,溶质原子又会通过扩散重新聚集到位错线附近,所以继续进行拉伸时,又会出现屈服平台现象。

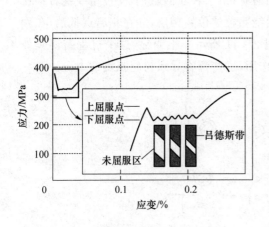

图 2-39　低碳钢拉伸应力-应变曲线

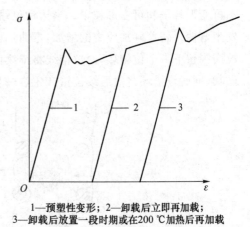

1—预塑性变形; 2—卸载后立即再加载;
3—卸载后放置一段时期或在200 ℃加热后再加载

图 2-40　低碳钢的拉伸实验

（2）多相合金的塑性变形

多相合金的组织可分为聚合型两相合金和弥散分布型两相合金两大类。聚合型两相合金是由塑性相近、晶粒尺寸也相近的两相（固溶体）组成的合金，也称为第一类多相合金，其强化方式为固溶强化。弥散分布型两相合金是由塑性较好的固溶体基体及其上分布的硬脆性相所组成的合金，也称为第二类多相合金，其强化方式为固溶强化和第二相强化。第二相的引入一般是通过加入合金元素并经过随后的加工或热处理等工艺过程获得的。第二相的引入使得多元合金的塑性变形行为更加复杂，在影响塑性变形的因素中，除了基体相和第二相的本身属性，如强度、塑性、应变硬化特征等，还包括第二相的尺寸、形状、比例、分布以及两相间的界面匹配、界面能、界面结合等。

1）聚合型两相合金的塑性变形

该类合金具有较好的塑性，合金的变形能力取决于两相的体积分数。可按照等应力（应变）理论来计算合金在一定条件下的平均流动应力和在一定条件下的平均应变。而实际上当两相合金塑性变形时，滑移首先发生在较弱的相中，如果较强相很少，则变形基本都发生在较弱相中，只有当较强相比例较大（＞30％），较弱相不能连续时，两相才会以接近的应变发生变形；当较强相含量很高（＞70％），成为基体时，合金变形的主要特征将由较强相来决定。

如果聚合型合金两相中一个为塑性相，另一个为硬脆相，则合金在塑性变形过程中所表现的性能与第二相的相对含量有关，还与第二相的形状、大小、分布有关。

① 若硬脆相连续分布在塑性相（基体）晶界上，则经少量变形后会发生沿晶脆断。脆性相越多，网状越连续，塑性越差，如过共析钢中的二次 Fe_3C 呈网状分布于铁素体晶界上。

② 两相呈层片状分布，变形主要集中在基体相中，位错的移动被限制在很短的距离内，增加了继续变形的阻力，使其强度提高。

③ 若硬脆相呈粒状分于基体中，则基体相连续，第二相对基体变形的阻碍作用大大减弱，具有强度和塑性的配合。

2）弥散分布型两相合金的塑性变形

该合金中第二相粒子是通过对位错运动的阻碍作用而表现出来的。第二相粒子通常分为不可变形粒子和可变形粒子。当运动位错与颗粒相遇时，由于颗粒的阻挡，使位错线绕着颗粒发生弯曲。随着外加应力的增加，弯曲加剧，最终围绕颗粒的位错相遇，并在相遇点抵消，在颗粒周围留下一个位错环，而位错线将继续前进，如图 2-41 所示。很明显，这个过程需要额外做功，同时位错环将对后续位错产生进一步的阻碍作用，这些都将导致材料强度的上升。

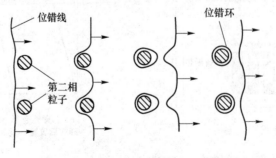

图 2-41　位错绕过第二相粒子的示意图

根据前述位错理论,位错弯曲至半径 R 时所需切应力为

$$\tau = \frac{Gb}{2R} \tag{2.5}$$

而当 R 为颗粒间距(λ)的一半时,所需切应力最小:

$$\tau = \frac{Gb}{\lambda} \tag{2.6}$$

这是一临界值,只有外加切应力大于上述临界值时,位错线才能绕过去。因此,$\tau \propto 1/\lambda$,粒子越多,λ 越小,τ 越大,强化效果越明显。减小粒子尺寸或提高粒子的体积分数都可以提高合金强度。例如,利用粉末冶金方法再加上冷挤压加工得到在 Al 基体上分布着 Al_2O_3 粒子的合金,具有很高的强度和优良的耐热性。

当第二相颗粒为可变形颗粒时,位错将切过颗粒,如图 2-42 所示。此时强化作用主要取决于粒子本身的性质以及其与基体的联系,其强化机制较复杂。

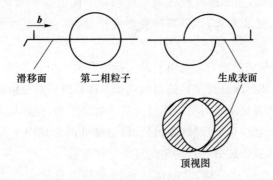

图 2-42　位错切过粒子示意图

可变形粒子的主要作用有以下几方面:

① 位错切过粒子时,粒子产生宽度为 b 的台阶,出现了新的表面积,界面能升高。

② 当粒子为有序结构时,位错切过粒子会产生反相畴界(antiphase boundary),使能量提高。

③ 位错切过粒子时引起滑移面上原子错排,给位错运动带来困难。

④ 粒子周围产生弹性应力场与位错发生交互作用,阻碍位错运动。

⑤ 位错切过后产生割阶,阻碍位错运动。

⑥ 若扩展位错通过后,其宽度发生变化,则引起能量升高。

以上这些作用使合金的强度提高。

3. 塑性变形对材料组织的影响

金属材料经塑性变形后,其显微组织会发生变化,出现大量的滑移带和孪晶带。晶粒形状会发生变化,随变形量增大,晶粒会被拉长,如等轴状晶粒在压缩后变成扁平晶粒,进一步压缩后会变成纤维组织(fiber microstructure),纤维组织分布方向是材料流变伸展方向,如图 2-43 所示。当金属中组织不均匀,如有枝晶偏析或夹杂物时,塑性变形使这些区域伸长,这在后序的热加工或热处理过程中会出现带状组织(band microstructure)。

(a) 30%压缩率　　　　　　　(b) 50%压缩率　　　　　　　(c) 99%压缩率

图 2-43　不同压缩量下的组织(3 000×)

金属晶体在塑性变形过程中,位错密度迅速提高。通过透射电子显微镜对薄膜样品的观察可以发现,经塑性变形后多数金属晶体中的位错分布不均匀。当形变量较小时,形成位错缠结构,当变形量继续增加时,大量位错发生聚集,形成胞状亚结构,如图 2-44 所示。胞壁由位错构成,胞内位错密度较低,相邻胞间存在微小取向差。随着变形量的增加,这种胞的尺寸减小,数量增加。如果变形量非常大,如强烈冷变形或拉丝,则会构成大量排列紧密的细长条状形变胞。

研究表明,胞状亚结构的形成与否与材料的层错能有关。一般来说,高层错能晶体易形成胞状亚结构,而低层错能晶体形成这种结构的倾向较小。这是由于对层错能高的金属而言,在变形过程中,位错不易分解,在遇到阻碍时可以通过交滑移继续运动,直到与其他位错相遇缠结,从而形成位错聚集区域(胞壁)和少位错区域(胞内)。层错能低的金属由于其位错易分解,不易交滑移,其运动性差,因而通常只形成分布较均匀的复杂位错结构。

如同单晶形变时晶面转动一样,多晶体变形的滑移也将使滑移面发生转动。由于转动是有一定规律的,因此当塑性变形量不断增大时,多晶体中原本取向随机的各个晶粒会逐渐调整到一定取向,这样就使经过强烈变形后的多晶材料形成了择优取向,即形变织构,如图 2-45 所示。

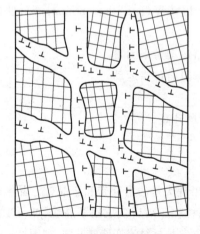 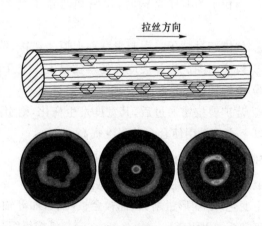

图 2-44　晶粒亚结构示意图　　　　**图 2-45　丝织构**

2.1.4　金属材料韧性断裂的物理机制

金属材料在塑性成形过程中,随着材料内部的空洞损伤累积或者试样表面发生拉伸失稳等现象,导致金属材料塑性变形过程不能继续进行,最终发生断裂或失稳现象。金属产品成形制造中面临的一个重要问题是成形失效(局部颈缩、破裂与起皱等),这些问题的出现都将直接导致产品的报废,不但增加了制造成本,还大大降低了成形工艺的可靠性和效率。其中尤其以破裂失效最为关键,因此在工艺设计和制造过程中必须考虑到材料的可成形性。在微尺度下,随着板料厚度的减薄,其断裂行为与宏观成形中有着较为明显的区别,国内有很多学者对此展开了研究。

断裂类型根据断裂的分类方法不同而有很多种,它们是依据一些各不相同的特征来分类的。根据金属材料断裂前所产生的宏观塑性变形的大小可将断裂分为韧性断裂与脆性断裂。韧性断裂的特征是断裂前发生明显的宏观塑性变形;脆性断裂在断裂前基本上不发生塑性变形,是一种突然发生的断裂,没有明显征兆,因而危害性很大。通常,脆断前也产生微量塑性变形,一般规定光滑拉伸试样的断面收缩率小于 5％为脆性断裂,大于 5％为韧性断裂。可见,金属材料的韧性与脆性是依据一定条件下的塑性变形量来规定的。随着条件的改变,材料的韧性与脆性行为也将发生变化。多晶体金属断裂时,裂纹扩展的路径可能是不同的。沿晶断裂一般为脆性断裂,而穿晶断裂既可以是脆性断裂(低温下的穿晶断裂),也可以是韧性断裂(如室温下的穿晶断裂)。沿晶断裂是晶界上的一薄层连续或不连续脆性第二相、夹杂物,破坏了晶界的连续性所造成的,也可能是杂质元素向晶界偏聚引起的。应力腐蚀、氢脆、回火脆性、淬火裂纹、磨削裂纹都是沿晶断裂。有时沿晶断裂和穿晶断裂可以混合发生。

按断裂机制又可分为解理断裂与剪切断裂两类。解理断裂是金属材料在一定条件下(如体心立方金属、密排六方金属、合金处于低温或冲击载荷作用),当外加正应力达到一定数值后,以极快速率沿一定晶体学平面产生的穿晶断裂。解理面一般是低指数或表面能最低的晶面。对于面心立方金属来说(比如铝),在一般情况下不发生解理断裂,但面心立方金属在非常苛刻的环境条件下也可能产生解理破坏。通常,解理断裂总是脆性断裂,但脆性断裂不一定是解理断裂。剪切断裂是金属材料在切应力作用下,沿滑移面分离而造成的滑移面分离断裂,它又分为滑断(又称切离或纯剪切断裂)和微孔聚集型断裂。纯金属尤其是单晶体金属常发生滑断断裂。钢铁等工程材料多发生微孔聚集型断裂,如低碳钢拉伸所致的断裂即为这种断裂,是一种典型的韧性断裂。

根据断裂面取向又可将断裂分为正断型或切断型两类。若断裂面取向垂直于最大正应力,即为正断型断裂,如解理断裂或塑性变形受较大约束下的断裂。断裂面取向与最大切应力方向相一致,而与最大正应力方向约成 45°角,为切断型断裂,如塑性变形不受约束或约束较小情况下的断裂。

按受力状态、环境介质不同,又可将断裂分为静载断裂(如拉伸断裂、扭转断裂、剪切断裂等)、冲击断裂、疲劳断裂。根据环境不同又分为低温冷脆断裂、高温蠕变断裂、应力腐蚀和氢脆断裂,而磨损和接触疲劳则为一种不完全断裂。

常用的断裂分类方法及其特征如表 2-2 所列。

表 2-2　常用的断裂分类方法及其特征

分类方法	名　称	特　征
断裂前塑性 变形大小	脆性断裂	断裂前没有明显的塑性变形,断口形貌是光亮的结晶状
	韧性断裂	断裂前产生明显的塑性变形,断口形貌是暗灰色纤维状
断裂面的取向	正断	断裂的宏观表面垂直于 σ_{max} 方向
	切断	断裂的宏观表面平行于 τ_{max} 方向
裂纹扩展途径	穿晶断裂	裂纹穿过晶粒内部
	沿晶断裂	裂纹沿晶界扩展
断裂机理	解理断裂	无明显塑性变形沿解理面分离,穿晶断裂
	微孔聚集型断裂	沿晶界微孔聚合,沿晶断裂在晶内微孔聚合,穿晶断裂
	纯剪切断裂	沿滑移面分离剪切断裂(单晶体),通过缩颈导致最终断裂(多晶体、高纯金属)

　　对于板材,一般 3 mm 以上为厚板,0.5～3 mm 为薄板,0.1～0.5 mm 为带材,0.1 mm 以下为箔材。对于厚度小于 0.5 mm 的箔带材而言,其断裂机理与宏观条件存在明显差异。如 Vollertsen 等研究了厚度为 20 μm 铝合金箔材在液压胀形过程中的破裂行为,表明 20 μm 厚的铝合金箔材在冲头力远小于预测值的情况下就发生了破裂。这是因为当板料很薄时,厚度方向晶粒个数不足一个,这时材料的性能取决于该处附近的几个晶粒,呈现出很大的不均匀性,断裂首先在材料性能薄弱的地方,而不一定在应变最大的地方发生。图 2-46 所示的有限元模拟结果很好地说明了这一点,当厚度很小时薄板变形表现出非常明显的不均匀性,破裂位置不再位于中间而是随机分布在变形区域,表现出与宏观变形明显的不同。

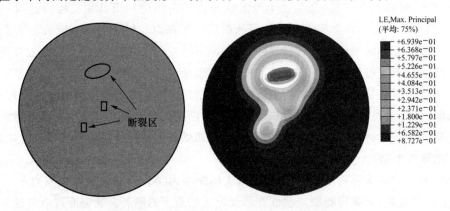

图 2-46　有限元模拟铝合金箔材胀形破裂过程

　　图 2-47 所示为不同厚度(t)和晶粒尺寸(d)的 SUS304 箔带材的断口形貌。通过截面的金相图可以观察到拉伸试样断裂后的波纹状断口,这是试件产生局部颈缩的标志。随着晶粒尺寸的增加,断裂点处的材料变得更加细长。然而,随着厚度的减小,该现象逐渐消失。对于 100 μm 和 50 μm 厚的 SUS304 箔材,随着晶粒尺寸的增大,逐渐显现出刀口状横截面,具有剪切破坏的特点。可见,随着板材厚度方向参与变形的晶粒数的减少,材料断裂模式将由常规拉

伸断裂转变为纯剪切断裂。

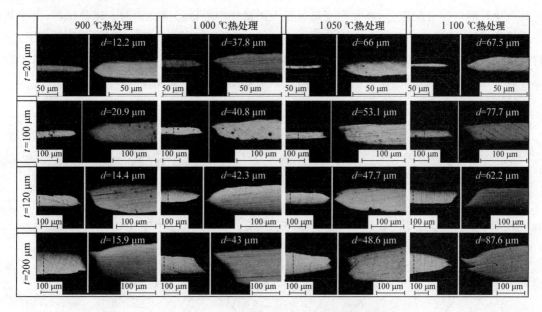

图 2 - 47　拉伸变形后断裂点的横截面形态

进一步地,通过如图 2 - 48 所示的试样断口的 SEM 微观形貌图可以看出,断口截面上的韧窝和微孔洞数量随着晶粒尺寸的增大而减小,断面变得更为光滑、平整。这是因为微孔洞倾向于在晶界和夹杂物处形核,当在厚度方向上只有几个晶粒时,晶界的比例减小,微孔洞的数量也随之减少。当板料厚度方向晶粒数(λ)减小至 1.41 时,由于在厚度方向上几乎只存在一个左右的晶粒,因此断面形貌发生很大变化。此时微孔洞的数量已经十分稀少,可以观察到明显的单晶滑移面,这表明此时的断裂形式已经转变为剪切主导的断裂。

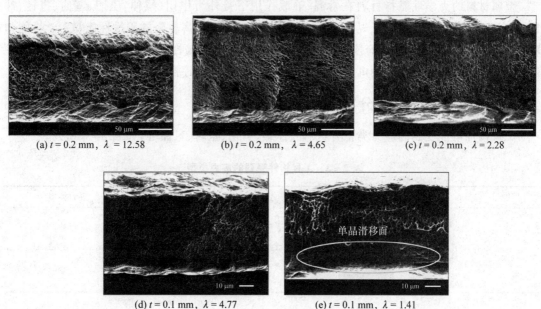

图 2 - 48　试件的断口微观形貌

图 2-49 为晶粒尺寸大小对箔带材断裂行为影响的示意图。随着塑性变形增长,细晶试样具有更好的应变分配能力,裂纹在变形量较大的试样中心区形成。而对于粗晶试样,由于其各向异性增强,变形高度集中在单个晶粒中,中心区不再是断裂起始区。另外,在微尺度下,箔材内部晶粒的比例减少,断面上微孔洞的数量减少。在这种情况下,贯穿厚度的剪切带易于形成并且加速了裂纹的形成,断裂机理逐渐转变为剪切断裂模式,如图 2-49 所示。

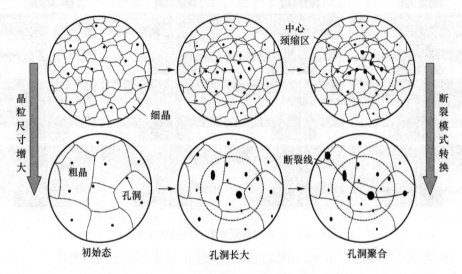

图 2-49 尺寸效应对箔带材断裂的影响机理

2.2 微细成形的力学基础

金属材料的力学性能指材料在常温、静载作用下受外力作用(拉伸、压缩、弯曲、扭转、冲击、交变应力等)表现出来的宏观力学特性(变形或断裂)。金属材料的服役性能与力学性能相关,金属材料的力学性能主要有刚度、强度、塑性、硬度、冲击韧性和疲劳强度等。这些力学性能需采用标准试样在材料试验机上按照规定的实验方法和程序测定。

2.2.1 应力-应变分析

工程构件可能受到的应力类型有:拉伸、压缩、剪切、扭转、弯曲等,如表 2-3 所列。

表 2-3 工程构件受到的应力类型

力	变形方式		应力类型
单向应力		伸长	拉伸
		压缩	压缩

续表 2 - 3

力	变形方式		应力类型
剪切应力		剪切	剪切
扭转力矩		扭转	扭转
弯曲力矩		弯曲	弯曲

在室温下,以平稳缓慢的加载方式进行测试,称为常温静载实验,是测定材料力学性能的基本实验。单向拉伸的应力状态简单,受单向拉应力,是最基本的、应用最广泛的力学性能。拉伸实验反映的信息有弹性变形、塑性变形和断裂(三种基本力学行为),能综合评定材料的力学性能。

为了方便比较不同材料的实验结果,对试样的形状、加工精度、加载速度、实验环境等,国家标准都有统一的规定。在微细成形过程中,所用的材料一般为超薄板,材料的厚度在 0.3 mm 以下,单拉试样的形状和尺寸可参照 ASTME8 - 08134 进行设计。

低碳钢拉伸的应力-应变曲线是说明材料力学性能的最明显的示例。有一低碳钢圆柱标准试样,在拉伸试验机上对试样轴向施加静拉力 F,使试样产生变形直至断裂,可测出试样的拉伸力与伸长量的 $F - \Delta L$ 拉伸曲线图。为消除试件尺寸对材料性能的影响,定义应力 $\sigma = F/A$(单位面积上的拉力),应变 $\varepsilon = \Delta L/L$(单位长度的伸长量)代替 F 和 ΔL,得到应力-应变曲线,如图 2 - 50 所示。

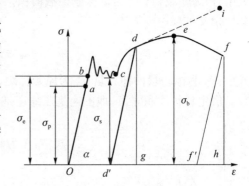

图 2 - 50　应力-应变曲线

(1) 弹性阶段(Ob 段)

在拉伸的初始阶段,应力-应变曲线(Oa 段)为一直线,应力与应变成正比,满足胡克定律,此阶段称为线性阶段,a 点对应的应力 σ_p 称为比例极限。线性阶段后,应力-应变曲线不为直线(ab 段),应力与应变不再成正比,但若在整个弹性阶段卸载,应力-应变曲线会沿原曲线返回,载荷卸载到零时,变形完全消失。金属材料受外力作用时产生变形,当外力去掉后能恢复其原来形状的性能称为弹性,这种随外力去除而消失的变形称为弹性变形。b 点对应的应力 σ_e 为产生弹性变形的最大应力,称为材料的弹性极限。

(2) 屈服阶段(bc 段)

继续拉伸,应力几乎不变,只是在某微小范围内上下波动,而应变却急剧增长,这种现象称为屈服。使材料发生屈服的应力 σ_s 称为屈服应力。

(3) 硬化阶段(ce 段)

继续拉伸,应力-应变曲线呈现上升趋势,材料的抗变形能力又增强了,这种现象称为应变硬化。若在此阶段卸载,则卸载过程的应力-应变曲线为一条斜线(如 dd'),其斜率与线性阶段的直线段斜率大致相等。当载荷卸载到零时,变形并未完全消失,这种不能随外力去除而消失的残余变形称为塑性变形。对卸载后已有塑性变形的试样重新进行加载,应力-应变曲线基本上沿卸载时的直线变化,其弹性极限得到提高,这一现象称为冷作硬化。在硬化阶段,应力-应变曲线存在一最高点 e,对应的应力 σ_b 称为材料的强度极限。强度极限 σ_b 只是名义上材料所能承受的最大应力并非材料内的真实最大应力。如果用试件断裂时的真实面积衡量,则真实最大应力为图 $2-50$ 中虚线 $d\sim i$ 段所对应 i 点的应力值。在工程实践中,基于简单、实用、安全的原因,仍采用 σ_b 表示材料所能承受的最大应力。但是,当用计算机模拟材料的非线性力学行为时,必须采用真应力-应变曲线。

（4）颈缩阶段(ef 段）

继续拉伸,试样出现局部显著收缩,这种现象称为颈缩。颈缩出现后,使试样继续变形,所需的载荷减小,应力-应变曲线呈现下降趋势,直至最后在 f 点断裂。

大多数实验数据常常是用名义应力和名义应变值给出的,而在实际研究或在模拟分析中必须用真实应力和真实应变定义塑性。这时,必须应用公式将塑性材料的名义应力(变)转为真实应力(变)。

定义工程应力为

$$\sigma_{eng} = \frac{F}{A_0} \tag{2.7}$$

式中:F 为外载荷;A_0 为试样原始截面积。

定义工程应变为

$$\varepsilon_{eng} = \frac{\Delta l}{l_0} = \frac{l - l_0}{l_0} \tag{2.8}$$

式中:Δl 为标距段的伸长量;l_0 为原始标距;l 为瞬时标距段长度。

假定材料体积守恒,即不论是压缩还是拉伸,材料体积既不发生减小也不发生增大:

$$l_0 A_0 = lA \tag{2.9}$$

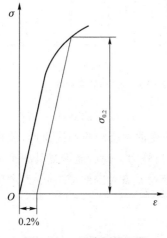

式中:A 为瞬时截面积,则当前面积与原始面积的关系为

$$A = A_0 \frac{l_0}{l} \tag{2.10}$$

因此,通过实验测得的名义值来转化至真实值,可以通过下面两个公式进行名义应力-应变向真实应力-应变的转化:

$$\varepsilon_{true} = \ln(1 + \varepsilon_{eng}) \tag{2.11}$$

$$\sigma_{true} = \frac{F}{A} = \frac{F}{A_0}\frac{l}{l_0} = \sigma_{eng}\left(\frac{l}{l_0}\right) = \sigma_{eng}(1 + \varepsilon_{eng}) \tag{2.12}$$

一些塑性材料的应力-应变曲线中没有明显的屈服阶段,对于没有明显"屈服平台"的塑性材料,通常人为地规定,把产生残余应变 $\varepsilon_p = 0.2\%$ 时所对应的应力作为名义屈服点,并用 $\sigma_{0.2}$ 表示,如图 $2-51$ 所示。

图 2-51 没有明显屈服平台的屈服强度

2.2.2 屈服准则

单向拉伸实验可得到应力-应变曲线。在单向拉伸实验中,质点处于单向应力状态,只要单向应力达到材料的屈服点,该质点即进入塑性状态。材料在单向均匀拉伸时,当拉伸应力达到该材料的屈服应力,即 $\sigma = \sigma_s$ 时,试样进入塑性变形。

材料所受应力为复杂应力状态时，问题就变得复杂。某一点的应力状态是由 6 个应力分量确定的，显然不应该任意选取某一个应力分量的数值作为判断材料是否进入塑性状态的标准。金属材料在一定的变形温度和变形速度下，屈服完全取决于金属所处的应力状态，当各应力分量之间符合一定关系时，质点才开始进入塑性状态，这种关系称为屈服准则，也称塑性条件。它是描述受力物体中不同应力状态下的质点进入塑性状态并使塑性变形继续进行所必须遵守的力学条件。

屈服条件一般来说可以写为 $\phi(\sigma_{ij}, \varepsilon_{ij}, t, T) = C$，称为屈服准则。若以 σ_{ij} 的 6 个应力分量为坐标轴，则在应力空间中表示一个包含原点的曲面，称为屈服表面。当应力点在此曲面内时，材料处于弹性状态；当应力点在此曲面上时，材料开始屈服。但在任何情况下都不存在 $f(\sigma_{ij}) > C$ 的状态，也就是说，不存在"超过"屈服准则的应力状态。

在金属塑性成形理论中，屈服准则是一非常重要的概念，它定义了应力空间中弹性和塑性区域的分界面，即屈服表面。同时，在关联流动假设下，屈服准则也决定了材料的塑性流动方向。因此，研究金属材料的屈服轨迹，开发出适合于描述屈服行为的屈服准则至关重要。对传统金属材料屈服行为的研究很早就已经展开，从 1864 年 Tresca 提出最大剪应力理论到如今已经经历了 150 多年的历史，针对不同材料所表现出的不同屈服行为，学者们提出了众多分别适用于不同材料的屈服准则。此外，随着微细成形技术在微制造领域的推广，宏观屈服准则在微尺度下金属箔带材塑性成形中的应用也日益受到关注。然而，考虑到屈服行为与尺寸效应之间的关系，常规屈服准则在微尺度下的适用性等方面依然缺乏深入系统的研究，这也阻碍了微细成形工艺的进一步发展。

由于金属板材在轧制过程中容易发生晶粒择优取向等现象，在宏观上表现为明显的各向异性。按照屈服准则能否预测金属板材各向异性行为，唯象学（phenomenogical）屈服准则可以分为两个类别，即各向同性屈服准则和各向异性屈服准则。在各向同性屈服准则中，常用的主要包括 Tresca、Mises 和 Hosford 屈服准则等。1864 年，Tresca 在金属挤压实验中观察到金属塑性流动的痕迹与最大剪应力方向一致，基于此提出了 Tresca 最大切应力准则；1870 年 Saint Venant 将此理论做了进一步发展，提出了这一理论的数学表达式。为了克服由 Tresca 准则描述的塑性流动方向变化不连续的缺点，1913 年，Von Mises 对 Tresca 准则的数学形式进行了修改，提出了 Mises 屈服准则。1949 年，Drucker 提出了静水应力敏感的各向同性屈服准则，该准则多用于描述岩石、土壤等抗压强度远大于抗拉强度的颗粒状材料，其屈服面在应力空间中介于 Mises 和 Tresca 之间。1972 年，Hosford 基于 Bishop - Hill 多晶体塑性模型研究了面心立方（FCC）和体心立方（BCC）多晶体材料的宏观屈服轨迹，提出了 Hosford 各向同性屈服准则，各向同性屈服准则如表 2-4 所列。

表 2-4　各向同性屈服准则

作　者	年　份	屈服准则形式
Tresca Saint Venant	1864、 1870	$\tau_{12} = \pm \dfrac{\sigma_s}{2}$,　$\tau_{23} = \pm \dfrac{\sigma_s}{2}$,　$\tau_{31} = \pm \dfrac{\sigma_s}{2}$ 主应力形式为 $\max(\|\sigma_1 - \sigma_2\|, \|\sigma_2 - \sigma_3\|, \|\sigma_3 - \sigma_1\|) = \sigma_s$
Mises	1913	$(\sigma_1 - \sigma_2)^2 + (\sigma_2 - \sigma_3)^2 + (\sigma_3 - \sigma_1)^2 = 2\sigma_s^2$

作　者	年　份	屈服准则形式
H. Hencky	1924	等式左端为 $$\frac{1+\mu}{6E}[(\sigma_1-\sigma_2)^2+(\sigma_2-\sigma_3)^2+(\sigma_3-\sigma_1)^2]$$ 等式右端为 $$\frac{1+\mu}{6E}\times 2\sigma_s^2=\frac{1+\mu}{3E}\sigma_s^2=常数$$
Hosford	1972	$f=\mid\sigma_1-\sigma_2\mid^m+\mid\sigma_2-\sigma_3\mid^m+\mid\sigma_3-\sigma_1\mid^m=2\sigma^m$

注：表中符号说明，$\tau_{ij}(i,j=1,2,3)$ 为剪应力，$\sigma_i(i=1,2,3)$ 为应力张量中的 3 个主应力，σ_s 为屈服应力，E 为弹性模量，μ 为泊松比，m 为与材料晶体结构相关的参数。

各向异性屈服准则是在各向同性屈服准则的基础上通过引入各向异性系数得到的，按照其发展脉络进行归纳，可大致分为三类：Hill 系列、Hosford 系列和 Drucker 系列，分别如表 2 - 5、表 2 - 6 和表 2 - 7 所列。

表 2 - 5　Hill 系列屈服准则

作　者	年　份	屈服准则形式
Hill	1948	$2f(\sigma_{ij})=F(\sigma_{yy}-\sigma_{zz})^2+G(\sigma_{zz}-\sigma_{xx})^2+H(\sigma_{xx}-\sigma_{yy})^2+2L\tau_{yz}^2+2M\tau_{zx}^2+2N\tau_{xy}^2=1$
	1979	$f\mid\sigma_2-\sigma_3\mid^m+g\mid\sigma_3-\sigma_1\mid^m+h\mid\sigma_1-\sigma_2\mid^m+a\mid 2\sigma_1-\sigma_2-\sigma_3\mid^m+$ $b\mid 2\sigma_2-\sigma_1-\sigma_3\mid^m+c\mid 2\sigma_3-\sigma_1-\sigma_2\mid^m=\bar\sigma^m$
	1990	$\mid\sigma_{xx}+\sigma_{yy}\mid^m+\left(\frac{\sigma_b}{\tau}\right)^m\mid(\sigma_{xx}-\sigma_{yy})^2+4\sigma_{xy}^2\mid^{m/2}+\mid\sigma_{xx}^2+\sigma_{yy}^2+2\sigma_{xy}^2\mid^{m/2-1}\cdot$ $[-2a(\sigma_{xx}^2-\sigma_{yy}^2)+b(\sigma_{xx}-\sigma_{yy})^2]=(2\sigma_b)^m$
	1993	$\frac{\sigma_1^2}{\sigma_0^2}-\frac{c\sigma_1\sigma_2}{\sigma_0\sigma_{90}}+\frac{\sigma_2^2}{\sigma_{90}^2}+\left(p+q-\frac{p\sigma_1+q\sigma_2}{\sigma_b}\right)\frac{\sigma_1\sigma_2}{\sigma_0\sigma_{90}}=1,$ 其中 $\frac{c}{\sigma_0\sigma_{90}}=\frac{1}{\sigma_0^2}+\frac{1}{\sigma_{90}^2}-\frac{1}{\sigma_b^2}$
Chu	1995	$c\mid\sigma_{xx}+b\sigma_{yy}\mid^m+h\mid(\sigma_{xx}-b\sigma_{yy})^2+(2d\sigma_{xy})^2\mid^{m/2}=\bar\sigma^m$
Lin 和 Ding	1996	$\mid\sigma_1+\sigma_2\mid^m+(1+2R)\mid\sigma_1-\sigma_2\mid^m+\mid\sigma_1^2+\sigma_2^2\mid^{m-s/2}[-2a(\mid\sigma_1\mid^s-\mid\sigma_2\mid^s)+$ $b\mid\sigma_1-\sigma_2\mid^s\cos 2\theta]\cos 2\theta=(2\sigma_b)^m$
胡卫龙	2003	$f(\sigma_{ij})=f_x(\sigma_{ij})f_y(\sigma_{ij})=(A_x\sigma_{xx}^2+B_x\sigma_{yy}^2+C_x\sigma_{xx}\sigma_{yy}+D_x\tau_{xy}^2)\cdot$ $(A_x\sigma_{xx}^2+B_x\sigma_{yy}^2+C_x\sigma_{xx}\sigma_{yy}+D_x\tau_{xy}^2)=1$
	2005	$f(\sigma_{ij})=X_1(\sigma_{xx}-\sigma_{zz})^4+X_2(\sigma_{xx}-\sigma_{zz})^3(\sigma_{yy}-\sigma_{zz})+X_3(\sigma_{xx}-\sigma_{zz})^2(\sigma_{yy}-\sigma_{zz})^2+$ $X_4(\sigma_{xx}-\sigma_{zz})(\sigma_{yy}-\sigma_{zz})^3+X_5(\sigma_{yy}-\sigma_{zz})^4+X_6(\sigma_{xy}^2+\sigma_{yz}^2+\sigma_{zx}^2)\cdot$ $[(\sigma_{xx}-\sigma_{zz})^2+(\sigma_{yy}-\sigma_{zz})^2-(\sigma_{xx}-\sigma_{zz})(\sigma_{yy}-\sigma_{zz})]+X_7(\sigma_{xy}^2+\sigma_{yz}^2+\sigma_{zx}^2)^2-1=0$
	2007	$f=[\sigma_\theta^4 X_1\cos^8\theta+X_2\cos^6\theta\sin^2\theta+X_3\cos^4\theta\sin^4\theta+X_4\cos^2\theta\sin^6\theta+X_5\sin^8\theta+$ $X_6\cos^2\theta\sin^2\theta(C_1\cos^4\theta+C_2\sin^4\theta-C_3\cos^2\theta\sin^2\theta)+X_7\cos^4\theta\sin^4\theta]=1$
Verma	2011	$a(\sigma_x^2-A\sigma_x\sigma_y+B\sigma_y^2+C\tau_{xy}^2)^{1/2}+(k_1\sigma_x+k_2\sigma_y)=\bar\sigma$

注：$\sigma_{ij}(i,j=x,y,z)$ 为应力张量中相应的应力分量，$\sigma_i(i=1,2,3)$ 为应力张量中的 3 个主应力，σ_0、σ_{90}、σ_b 分别为与轧制方向成 $0°$、$90°$ 的单向拉伸屈服应力及等向双拉屈服应力，$\bar\sigma$ 为等效应力，σ_θ 为面内与轧制方向夹角为 θ 的单向拉伸屈服应力，m 和 s 为与材料晶体结构相关的参数，R 为厚向异性系数。其余参数为各向异性状态的特征量，即屈服准则的待定参数。

表 2 - 6　Hosford 系列屈服准则

作　者	年　份	屈服准则形式
Barlat 和 Lian	1989	$\phi = a\mid K_1 + K_2\mid^m + a\mid K_1 - K_2\mid^m + (2-a)\mid 2K_2\mid^m = 2\bar{\sigma}^m$ 式中:$K_1 = \dfrac{\sigma_{xx} + h\sigma_{yy}}{2}, K_2 = \sqrt{\left(\dfrac{\sigma_{xx} - h\sigma_{yy}}{2}\right)^2 + p^2\sigma_{xy}^2}$
Barlat	1991	$\phi = \mid S_1 - S_2\mid^m + \mid S_2 - S_3\mid^m + \mid S_3 - S_1\mid^m = 2\bar{\sigma}^m$ 式中:$S_{xx} = [c(\sigma_{xx} - \sigma_{yy}) - b(\sigma_{zz} - \sigma_{xx})]/3, S_{yy} = [a(\sigma_{yy} - \sigma_{zz}) - c(\sigma_{xx} - \sigma_{yy})]/3,$ $S_{zz} = [b(\sigma_{zz} - \sigma_{xx}) - a(\sigma_{yy} - \sigma_{zz})]/3, S_{yz} = f\sigma_{yz}, S_{zx} = g\sigma_{zx}, S_{xy} = h\sigma_{xy}$
Karaillis 和 Boyce	1993	$\phi = (1-c)\phi_1 + c\,\dfrac{3^m}{2^{m-1}+1}\phi_2 = 2\bar{\sigma}^m$ 式中: $\phi_1 = \mid s_1 - s_2\mid^m + \mid s_2 - s_3\mid^m + \mid s_3 - s_1\mid^m = 2\bar{\sigma}^m$ $\phi_2 = \mid s_1\mid^m + \mid s_2\mid^m + \mid s_3\mid^m = \dfrac{2^m + 2}{3^m}\bar{\sigma}^m,\quad \boldsymbol{S} = \boldsymbol{L\sigma}$ $\boldsymbol{L} = \begin{bmatrix} \dfrac{c_3 + c_2}{3} & \dfrac{-c_3}{3} & \dfrac{-c_2}{3} & 0 & 0 & 0 \\ \dfrac{-c_3}{3} & \dfrac{c_1 + c_3}{3} & \dfrac{-c_1}{3} & 0 & 0 & 0 \\ \dfrac{-c_2}{3} & \dfrac{-c_1}{3} & \dfrac{c_1 + c_2}{3} & 0 & 0 & 0 \\ 0 & 0 & 0 & c_4 & 0 & 0 \\ 0 & 0 & 0 & 0 & c_5 & 0 \\ 0 & 0 & 0 & 0 & 0 & c_6 \end{bmatrix}$
Barlat (Yld94)	1997	$\phi = \alpha_x\mid S_y - S_z\mid^m + \alpha_y\mid S_z - S_x\mid^m + \alpha_z\mid S_x - S_y\mid^m = 2\bar{\sigma}^m$ $\boldsymbol{S} = \boldsymbol{L\sigma}\begin{cases} S_x = \dfrac{c_3 + c_2}{3}\sigma_{xx} - \dfrac{c_3}{3}\sigma_{yy} - \dfrac{c_2}{3}\sigma_{zz} \\ S_y = -\dfrac{c_3}{3}\sigma_{xx} + \dfrac{c_3 + c_1}{3}\sigma_{yy} - \dfrac{c_1}{3}\sigma_{zz} \\ S_z = -\dfrac{c_3}{3}\sigma_{xx} - \dfrac{c_1}{3}\sigma_{yy} + \dfrac{c_1 + c_2}{3}\sigma_{zz} \end{cases}$
Barlat (Yld96)	1997	$\phi = \alpha_1\mid S_1 - S_2\mid^m + \alpha_2\mid S_2 - S_3\mid^m + \alpha_3\mid S_3 - S_1\mid^m = 2\bar{\sigma}^m$ 式中:$\boldsymbol{S} = \boldsymbol{L\sigma}$。 $\alpha_k = \alpha_x p_{1k}^2 + \alpha_y p_{2k}^2 + \alpha_z p_{3k}^2, \alpha_z = \alpha_{z0}\cos^2 2\beta + \alpha_{z1}\sin^2 2\beta,\quad k = 1,2,3$ $\boldsymbol{L}$ 同 Karafillis 和 Boyce 1993 屈服准则中的 $\boldsymbol{L}$
Barlat	2003	$\phi = \phi' + \phi'' = 2\bar{\sigma}^m$ 式中:$\phi' = \mid X_1' - X_2'\mid^m, \phi'' = \mid 2X_2'' + X_1''\mid^m + \mid 2X_1'' + X_2''\mid^m$,其中, $\boldsymbol{X}' = \boldsymbol{C'S} = \boldsymbol{C'T\sigma} = \boldsymbol{L'\sigma},\quad \boldsymbol{X}'' = \boldsymbol{C''S} = \boldsymbol{C''T\sigma} = \boldsymbol{L''\sigma}$ $\begin{bmatrix} X_{xx}' \\ X_{yy}' \\ X_{xy}' \end{bmatrix} = \begin{bmatrix} C_{11}' & C_{12}' & 0 \\ C_{21}' & C_{22}' & 0 \\ 0 & 0 & C_{66}' \end{bmatrix}\begin{bmatrix} s_{xx} \\ s_{yy} \\ s_{xy} \end{bmatrix}$ $\begin{bmatrix} X_{xx}'' \\ X_{yy}'' \\ X_{xy}'' \end{bmatrix} = \begin{bmatrix} C_{11}'' & C_{12}'' & 0 \\ C_{21}'' & C_{22}'' & 0 \\ 0 & 0 & C_{66}'' \end{bmatrix}\begin{bmatrix} s_{xx} \\ s_{yy} \\ s_{xy} \end{bmatrix},\quad \boldsymbol{T} = \begin{bmatrix} \dfrac{2}{3} & -\dfrac{1}{3} & 0 \\ -\dfrac{1}{3} & \dfrac{2}{3} & 0 \\ 0 & 0 & 1 \end{bmatrix}$

作 者	年 份	屈服准则形式
Bron 和 Besson	2003	$$\bar{\sigma} = \left(\sum_{k=1}^{2} \alpha^k (\bar{\sigma}^k)^a \right)^{1/a}$$ 式中: $\bar{\sigma}^k = (\psi^k)^{1/b^k}$,其中, $$\psi^1 = \frac{1}{2} \left(\mid S_2^1 - S_3^1 \mid^{b^1} + \mid S_3^1 - S_1^1 \mid^{b^1} + \mid S_1^1 - S_2^1 \mid^{b^1} \right)$$ $$\psi^2 = \frac{3^{b^2}}{2^{b^2}+2} \left(\mid S_1^2 \mid^{b^2} + \mid S_2^2 \mid^{b^2} + \mid S_3^2 \mid^{b^2} \right), \quad S^k = L^k : \sigma$$ $$L^k = \begin{bmatrix} \dfrac{c_2^k + c_3^k}{3} & \dfrac{-c_3^k}{3} & \dfrac{-c_2^k}{3} & 0 & 0 & 0 \\[2mm] \dfrac{-c_3^k}{3} & \dfrac{c_3^k + c_1^k}{3} & \dfrac{-c_1^k}{3} & 0 & 0 & 0 \\[2mm] \dfrac{-c_2^k}{3} & \dfrac{-c_1^k}{3} & \dfrac{c_1^k + c_2^k}{3} & 0 & 0 & 0 \\[2mm] 0 & 0 & 0 & c_4^k & 0 & 0 \\[1mm] 0 & 0 & 0 & 0 & c_5^k & 0 \\[1mm] 0 & 0 & 0 & 0 & 0 & c_6^k \end{bmatrix}$$
Aretz	2004	$$\phi = (\sigma_1')^m + (\sigma_2')^m + (\sigma_1'' - \sigma_2'')^m = 2\bar{\sigma}^m$$ 式中: $\sigma_1', \sigma_2' = \dfrac{a_8 \sigma_{xx} + a_1 \sigma_{yy}}{2} \pm \sqrt{\left(\dfrac{a_2 \sigma_{xx} - a_3 \sigma_{yy}}{2} \right)^2 + a_4^2 \sigma_{xy}^2}$, $$\sigma_1'', \sigma_2'' = \dfrac{\sigma_{xx} + \sigma_{yy}}{2} \pm \sqrt{\left(\dfrac{a_5 \sigma_{xx} - a_6 \sigma_{yy}}{2} \right)^2 + a_7^2 \sigma_{xy}^2}$$
Aretz 和 Barlat (Yld2005 - 18p)	2005	$\phi = \mid S_1' - S_1'' \mid^m + \mid S_1' - S_2'' \mid^m + \mid S_1' - S_3'' \mid^m + \mid S_2' - S_1'' \mid^m + \mid S_2' - S_2'' \mid^m +$ $\mid S_2' - S_3'' \mid^m + \mid S_3' - S_1'' \mid^m + \mid S_3' - S_2'' \mid^m + \mid S_3' - S_3'' \mid^m = 4\bar{\sigma}^m$ 式中: $\tilde{S}' = C' T_1 \sigma, \tilde{S}'' = C'' T_1 \sigma$,其中, $$C' = \begin{bmatrix} 0 & -c_{12}' & -c_{13}' & 0 & 0 & 0 \\ -c_{21}' & 0 & -c_{23}' & 0 & 0 & 0 \\ -c_{31}' & -c_{32}' & 0 & 0 & 0 & 0 \\ 0 & 0 & 0 & c_{44}' & 0 & 0 \\ 0 & 0 & 0 & 0 & c_{55}' & 0 \\ 0 & 0 & 0 & 0 & 0 & c_{66}' \end{bmatrix}$$ $$C'' = \begin{bmatrix} 0 & -c_{12}'' & -c_{13}'' & 0 & 0 & 0 \\ -c_{21}'' & 0 & -c_{23}'' & 0 & 0 & 0 \\ -c_{31}'' & -c_{32}'' & 0 & 0 & 0 & 0 \\ 0 & 0 & 0 & c_{44}'' & 0 & 0 \\ 0 & 0 & 0 & 0 & c_{55}'' & 0 \\ 0 & 0 & 0 & 0 & 0 & c_{66}'' \end{bmatrix}$$ $$T_1 = \frac{1}{3} \begin{bmatrix} 2 & -1 & -1 & 0 & 0 & 0 \\ -1 & 2 & -1 & 0 & 0 & 0 \\ -1 & -1 & 2 & 0 & 0 & 0 \\ 0 & 0 & 0 & 3 & 0 & 0 \\ 0 & 0 & 0 & 0 & 3 & 0 \\ 0 & 0 & 0 & 0 & 0 & 3 \end{bmatrix}$$

作　者	年　份	屈服准则形式
Aretz 和 Barlat（Yld2005 - 13p）	2005	$\phi = \mid \tilde{S}_1' - \tilde{S}_2' \mid^m + \mid \tilde{S}_2' - \tilde{S}_3' \mid^m + \mid \tilde{S}_3' - \tilde{S}_1' \mid^m - \{\mid \tilde{S}_1' \mid^m + \mid \tilde{S}_2' \mid^m + \mid \tilde{S}_3' \mid^m\} + \mid \tilde{S}_1'' \mid^m + \mid \tilde{S}_2'' \mid^m + \mid \tilde{S}_3'' \mid^m = 2\bar{\sigma}^m$ 式中:$\tilde{S}' = C'T_1\sigma, \tilde{S}'' = C''T_1\sigma$,其中, $$C' = \begin{bmatrix} 0 & -1 & -c_{13}' & 0 & 0 & 0 \\ -c_{21}' & 0 & -c_{23}' & 0 & 0 & 0 \\ -1 & -1 & 0 & 0 & 0 & 0 \\ 0 & 0 & 0 & c_{44}' & 0 & 0 \\ 0 & 0 & 0 & 0 & c_{55}' & 0 \\ 0 & 0 & 0 & 0 & 0 & c_{66}' \end{bmatrix}$$ $$C'' = \begin{bmatrix} 0 & -c_{12}'' & -c_{13}'' & 0 & 0 & 0 \\ -c_{21}'' & 0 & -c_{23}'' & 0 & 0 & 0 \\ -1 & -1 & 0 & 0 & 0 & 0 \\ 0 & 0 & 0 & c_{44}'' & 0 & 0 \\ 0 & 0 & 0 & 0 & c_{55}'' & 0 \\ 0 & 0 & 0 & 0 & 0 & c_{66}'' \end{bmatrix}$$ T_1 同 Yld2005 - 18p 屈服准则中的 T_1
Banabic	2000	$\bar{\sigma} = [a(b\Gamma + c\Psi)^{2k} + a(b\Gamma - c\Psi)^{2k} + (1-a)(2c\phi)^{2k}]^{1/2k}$ 式中:$\Gamma = M\sigma_{xx} + N\sigma_{yy}, \Psi = \sqrt{(P\sigma_{xx} + Q\sigma_{yy})^2 + R\sigma_{xy}\sigma_{yx}}$
Banabic	2003	$\bar{\sigma} = [a(\Gamma + \Psi)^{2k} + a(\Gamma - \Psi)^{2k} + (1-a)(2\psi)^{2k}]^{1/2k}$ 式中:$\Gamma = M\sigma_{xx} + N\sigma_{yy}, \Psi = \sqrt{(P\sigma_{xx} - Q\sigma_{yy})^2 + R^2\sigma_{xy}\sigma_{yx}}$
Paraianu	2003 BBC2002	$\bar{\sigma} = [a(\Gamma + \Psi)^{2k} + a(\Gamma - \Psi)^{2k} + (1-a)(2\Lambda)^{2k}]^{1/2k}$ 式中:$\Gamma = M\sigma_{xx} + N\sigma_{yy}, \Psi = \sqrt{(P\sigma_{xx} - Q\sigma_{yy})^2 + R^2\sigma_{xy}\sigma_{yx}}$, $\Lambda = \sqrt{(P\sigma_{xx} - S\sigma_{yy})^2 + T^2\sigma_{xy}\sigma_{yx}}$
Banabic	2005	$\bar{\sigma} = [a(\Gamma + \Psi)^{2k} + a(\Gamma - \Psi)^{2k} + (1-a)(2\Lambda)^{2k}]^{1/2k}$ 式中:$\Gamma = \dfrac{\sigma_{xx} + M\sigma_{yy}}{2}, \Psi = \sqrt{\dfrac{(N\sigma_{xx} - P\sigma_{yy})^2}{4} + Q^2\sigma_{xy}\sigma_{yx}}$, $\Lambda = \sqrt{\dfrac{(R\sigma_{xx} - S\sigma_{yy})^2}{4} + T^2\sigma_{xy}\sigma_{yx}}$
Banabic	2008	$\dfrac{\bar{\sigma}^{2k}}{w-1} = \sum_{r=1}^{s} \{w^{r-1}\{[L^{(r)} + M^{(r)}]^{2k} + [L^{(r)} - M^{(r)}]^{2k}\} + w^{s-r}\{[M^{(r)} + N^{(r)}]^{2k} + [M^{(r)} - N^{(r)}]^{2k}\}\}$ 式中: $L^{(r)} = l_1^{(r)}\sigma_{11} + l_2^{(r)}\sigma_{22}$ $M^{(r)} = \sqrt{[m_1^{(r)}\sigma_{11} - m_2^{(r)}\sigma_{22}]^2 + [m_3^{(r)}(\sigma_{12} + \sigma_{21})]^2}$ $N^{(r)} = \sqrt{[n_1^{(r)}\sigma_{11} - n_2^{(r)}\sigma_{22}]^2 + [n_3^{(r)}(\sigma_{12} + \sigma_{21})]^2}$ $k, s \in \mathbf{N}\backslash\{0\}, w = (3/2)^{1/s} > 1, l_1^{(r)}, l_2^{(r)}, m_1^{(r)}, m_2^{(r)}, m_3^{(r)}, n_1^{(r)}, n_2^{(r)}, n_3^{(r)} \in \mathbf{R}$

注:$S_{ij}(i,j=x,y,z)$为转变后的应力矩阵中的应力分量,$\tilde{S}'$和$\tilde{S}''$为两种不同线性转化后的应力张量,S_i、S_i'、$\tilde{S}''(i=1, 2,3)$分别为不同线性转化后的应力矩阵的主应力,m、k、$b^i(i=1,2)$、a分别是与材料晶体结构相关的参数,β为各向异性主轴与应力主轴的夹角,$p_{ij}(i,j=1,2,3)$为各向异性主轴与应力主轴的矩阵分量。其余参数为各向异性状态的特征量,即屈服准则的待定参数。

表 2-7　Drucker 系列屈服准则

作　者	年　份	屈服准则形式
Cazacu 和 Barlat	2001	$f_2^0 = \left[\dfrac{1}{6}(a_1+a_3)\sigma_{xx}^2 - \dfrac{a_1}{3}\sigma_{xx}\sigma_{yy} + \dfrac{1}{6}(a_1+a_2)\sigma_{yy}^2 + a_4\sigma_{xy}^2\right]^3 -$ $c\left\{\dfrac{1}{27}(b_1+b_2)\sigma_{xx}^3 + \dfrac{1}{27}(b_3+b_4)\sigma_{yy}^3 - \dfrac{1}{9}(b_1\sigma_{xx}+b_4\sigma_{yy})\sigma_{xx}\sigma_{yy} -\right.$ $\left.\dfrac{1}{3}\sigma_{xy}^2\left[(b_5-2b_{10})\sigma_{xx}-b_5\sigma_{yy}\right]\right\}^2 = 18\left(\dfrac{Y}{3}\right)^6$
	2003	$\left[\dfrac{1}{3}(\sigma_1^2-\sigma_1\sigma_2+\sigma_2^2)\right]^{3/2} - \dfrac{c}{27}\left[2\sigma_1^3+\sigma_2^3-3(\sigma_1+\sigma_2)\sigma_1\sigma_2\right] = \tau_Y^3$
	2004	$f_2^0 = \left[\dfrac{1}{6}(a_1+a_3)\sigma_{xx}^2 - \dfrac{a_1}{3}\sigma_{xx}\sigma_{yy} + \dfrac{1}{6}(a_1+a_2)\sigma_{yy}^2 + a_4\sigma_{xy}^2\right]^{3/2} -$ $c_1\left\{\dfrac{1}{27}(b_1+b_2)\sigma_{xx}^3 + \dfrac{1}{27}(b_3+b_4)\sigma_{yy}^3 - \dfrac{1}{9}(b_1\sigma_{xx}+b_4\sigma_{yy})\sigma_{xx}\sigma_{yy} -\right.$ $\left.\dfrac{1}{3}\sigma_{xy}^2\left[(b_5-2b_{10})\sigma_{xx}-b_5\sigma_{yy}\right]\right\} = \tau_Y^3,$ $c_1 = \dfrac{3\sqrt{3}(\sigma_T^3-\sigma_C^3)}{2(\sigma_T^3+\sigma_C^3)}$
Clazacu	2006	$g(\Sigma_1,\Sigma_2,\Sigma_3) = (\mid\Sigma_1\mid-k\Sigma_1)^m + (\mid\Sigma_2\mid-k\Sigma_2)^m + (\mid\Sigma_3\mid-k\Sigma_3)^m$ 式中:$\boldsymbol{\Sigma} = \boldsymbol{CT}_1\boldsymbol{\sigma}$, $\boldsymbol{C} = \begin{bmatrix} C_{11} & C_{12} & C_{13} & 0 & 0 & 0 \\ C_{21} & C_{22} & C_{23} & 0 & 0 & 0 \\ C_{31} & C_{32} & C_{33} & 0 & 0 & 0 \\ 0 & 0 & 0 & C_{44} & 0 & 0 \\ 0 & 0 & 0 & 0 & C_{55} & 0 \\ 0 & 0 & 0 & 0 & 0 & C_{66} \end{bmatrix}$, $\quad k = \dfrac{1-\left[\dfrac{2^m-2(\sigma_T/\sigma_C)^m}{(2\sigma_T/\sigma_C)^m-2}\right]^{1/m}}{1+\left[\dfrac{2^m-2(\sigma_T/\sigma_C)^m}{(2\sigma_T/\sigma_C)^m-2}\right]^{1/m}}$ T_1 同 Yld2005-18p 屈服准则中的 $\boldsymbol{T}_1$
Plunkett	2006	$F(\boldsymbol{\sigma},\bar{\varepsilon}_p) = \Gamma(\boldsymbol{\sigma},\bar{\varepsilon}_p) - \Pi(\bar{\varepsilon}_p)$ 式中:$\Gamma = \xi(\bar{\varepsilon}_p)\bar{\sigma}^j + \left[1-\xi(\bar{\varepsilon}_p)\right]\bar{\sigma}^{j+1}, \Pi = \xi(\bar{\varepsilon}_p)Y^j + \left[1-\xi(\bar{\varepsilon}_p)\right]Y^{j+1}$
	2008	$F(\boldsymbol{\Sigma},\boldsymbol{\Sigma}') = (\mid\Sigma_1\mid-k\Sigma_1)^m + (\mid\Sigma_2\mid-k\Sigma_2)^m + (\mid\Sigma_3\mid-k\Sigma_3)^m + (\mid\Sigma_1'\mid-k'\Sigma_1')^m +$ $(\mid\Sigma_2'\mid-k'\Sigma_2')^m + (\mid\Sigma_3'\mid-k'\Sigma_3')^m$ 其中,$\boldsymbol{\Sigma} = \boldsymbol{CT}\boldsymbol{\sigma}, \boldsymbol{\Sigma}' = \boldsymbol{C}'\boldsymbol{T}\boldsymbol{\sigma}$, $\boldsymbol{C}' = \begin{bmatrix} C_{11}' & C_{12}' & C_{13}' & 0 & 0 & 0 \\ C_{21}' & C_{22}' & C_{23}' & 0 & 0 & 0 \\ C_{31}' & C_{32}' & C_{33}' & 0 & 0 & 0 \\ 0 & 0 & 0 & C_{44}' & 0 & 0 \\ 0 & 0 & 0 & 0 & C_{55}' & 0 \\ 0 & 0 & 0 & 0 & 0 & C_{66}' \end{bmatrix}$ $\boldsymbol{C}$ 为 Cazacu2006 屈服准则中的 $\boldsymbol{C}$,$\boldsymbol{T}$ 同 Barlat(2003) 中的 $\boldsymbol{T}$

注:Y 为屈服极限应力,τ_Y 为纯剪切屈服应力,σ_T 和 σ_C 分别为单向拉伸屈服应力和单向压缩屈服应力,Y^j 和 Y^{j+1} 分别为第 j 个和第 $j+1$ 个累积应变水平的屈服表面函数,$\bar{\varepsilon}_p$ 为等效塑性应变,$\xi(\bar{\varepsilon}_p)$ 为权重因子,$\bar{\sigma}^j$ 和 $\bar{\sigma}^{j+1}$ 分别为第 j 个和第 $j+1$ 个累积应变水平的等效应力,m 为与材料晶体结构相关的参数。其余参数为各向异性状态的特征参量,即屈服准则的待定参数。

Hill 于 1948 年第一次将各向异性的概念引入 Mises 屈服准则中,提出了正交各向异性 Hill48 屈服准则。由于该准则具有形式简单、参数确定方便等优点,从而被广泛应用于描述黑色金属合金屈服行为。相关研究表明,对于厚向异性系数 $r<1$ 的材料(如铝合金等),Hill48 的预测精度相对较低,存在"反常现象"。为了解决 Hill48 在 $r<1$ 条件下的低精度问题,Hill 于 1979 年提出了 Hill79 屈服准则,但是其函数形式中缺乏剪应力分量,只适用于材料各向异性主轴和应力主轴重合的情形。1990 年,Hill 进一步对 Hill79 进行了改进,提出了 Hill90 屈服准则,其中包含剪应力分量,这是一种平面应力屈服准则。随后,Hill 于 1993 年提出了参数确定更为灵活的 Hill93 屈服准则。随着 Hill 系列屈服准则的发展,函数形式越来越复杂,引入的参数也不断增多,给理论和数值计算带来很大困难。因此,目前实际使用较多的依然是 Hill48 屈服准则。

Hosford 系列是在 Hosford 各向同性屈服准则的基础上,针对金属材料各向异性行为进行的修改。1979 年,Hosford 和 Logan 在 1972 年研究的基础上,提出了 Hosford 系列的第一个各向异性屈服准则 Hsoford79。1989 年,Barlat 和 Lian 为了分析平面应力状态下金属板材的塑性各向异性,提出了 Barlat89 屈服准则。随后,Barlat 于 1991 年将 Barlat89 引入到三维应力状态,提出了 Barlat91 屈服准则。然而在准则的参数标定中没有使用材料参数 r 值,其在预测材料塑性流动方向时与实验结果存在较大偏差。基于 Karafillis 和 Boyce 提出的各向同性塑性等效(IPE)思想,Barlat 通过在主应力空间引入一个线性变换,分别提出了 Yld94 和 Yld96 屈服准则。由于屈服准则中引入了非线性变化,屈服函数的外凸性无法得到保证,导致数值求解可能会出现不收敛的情况。2003 年,Barlat 在 Hosford 准则的基础上,在应力空间引入两个线性变换,提出了适用于平面应力状态的 Yld2000 – 2d 各向异性屈服准则。由于该屈服函数具有外凸性,并且引入了等双拉应力状态下的材料参数,所以其仿真精度得到大幅提高。随后,为了描述三维应力状态下的屈服行为,Aretz 和 Barlat 又相继提出 Yld2004 – 13p、Yld2004 – 18p、Yld2011 – 18p 和 Yld2011 – 27p 屈服准则。考虑到这些屈服准则引入的参数较多,给实验标定带来一定的困难,因此制约了其推广应用。与此同时,Banabic 等通过修改 Barlat89 准则,相继提出了 BBC2000、BBC2003 和 BBC2008 等一系列各向异性屈服准则。

Drucker 系列是通过将各向异性引入偏应力张量不变量中,在 Drucker 准则的基础上拓展为一般性的各向异性准则。Drucker 系列准则可以描述密排六方(HCP)金属由于孪生塑性变形机理导致的拉压不对称性。Cazacu 和 Barlat 将 Drucker 准则扩展到正交各向异性、横向各向同性、立方对称和正交各向异性等情况,提出了 Cazacu – Barlat 2001 和 Cazacu – Barlat 2003 屈服准则。改进的屈服准则可以很好地预测冷挤压铝合金棒材的各向异性屈服行为。2004 年,Cazacu 在 Cazacu – Barlat 2001 准则的基础上引入拉压不对称参数,提出了 Cazacu – Barlat 2004 各向异性屈服准则。2006 年,Cazacu 等人参考 IPE 思想,对 Cazacu – Barlat 2004 准则进行改进,提出了 CPB06 准则。

此外,许多学者研究发现,当前应力分量水平对材料是否进入屈服状态有影响,同时它还受应变历史、应变速率以及材料温度等的影响。一般来说,屈服函数是应力、应变、时间和温度等的函数。Abedrabbo 等人发现材料的各向异性行为受温度的影响,采用多项式函数拟合了 Yld96 屈服准则中各向异性系数与温度之间的关系,建立起温度关联 Yld96 屈服准则。程诚等人研究发现温度会影响高强钢板的屈服行为,根据不同温度下的单拉和等双拉实验,建立温度相关 Yld2000 – 2d 屈服准则,并通过与热态下实验屈服轨迹对比验证了所建立模型的准确性。Kuwabara 和蔡正阳等人分别研究了铝合金和高强钢不同塑性应变下实验屈服轨迹演化规律，发现不同方向上材料的硬化程度不一样。为了考虑塑性变形对屈服轨迹形状的影响，在 Yld2000 - 2d 屈服准则的基础上，建立了关联塑性应变的 Yld2000 - 2d 准则。

2.2.3 本构关系

为了保证理论的正确性，建立本构关系要遵循一定的原理，主要包括：

① 确定性原理：材料在时刻 t 的行为由物体在该时刻以前的全部运动历史所确定；

② 局部作用原理：物体典型点 P 在时刻 t 的行为只由该点任意小邻域的运动历史所确定；

③ 坐标不变性原理：本构关系与坐标系无关（采用张量记法或抽象记法就自然满足）；

④ 客观性原理：本构关系与持有不同时钟和进行不同运动的观察者无关，即本构关系对于刚性运动的参考标架具有不变性（也称标架无差异原理）。

1. 弹性本构关系

当物体处于受力状态下没有发生屈服，就认为它是完全弹性的。假定金属是各向同性和均匀的。当发生弹性变形时，假定弹性常数不随应变而变化并与应力及应变路径无关。当加载后卸载时可能遇到的滞后回线、Bauschinger 效应皆忽略不计。这意味着，弹性应变状态为瞬时应力状态的单值函数，而与应力状态是怎样达到的无关。这是金属没有流动及没有产生塑性变形的情况。

广义胡克定律是整个弹性理论的基础，应力分量和应变分量之间用以下两个公式相互表达：

$$\begin{cases} \varepsilon_x = \dfrac{1}{E}[\sigma_x - \nu(\sigma_y + \sigma_z)] \\[2mm] \varepsilon_y = \dfrac{1}{E}[\sigma_y - \nu(\sigma_x + \sigma_z)] \\[2mm] \varepsilon_z = \dfrac{1}{E}[\sigma_z - \nu(\sigma_x + \sigma_y)] \end{cases} \qquad (2.13)$$

$$\begin{cases} \sigma_x = \lambda\varepsilon_{aa} + 2G\varepsilon_x, \quad \lambda = \dfrac{\nu E}{(1+\nu)(1-2\nu)} \\[2mm] \sigma_y = \lambda\varepsilon_{aa} + 2G\varepsilon_y, \quad G = \dfrac{E}{2(1+\nu)} \\[2mm] \sigma_z = \lambda\varepsilon_{aa} + 2G\varepsilon_z, \quad \varepsilon_{aa} = \varepsilon_x + \varepsilon_y + \varepsilon_z \end{cases} \qquad (2.14)$$

式中：常数 λ 和 G 称为拉梅（G. Lame）常数；常数 G 称为剪切弹性模量；E 和 ν 分别为杨氏模量和泊松比。在书写有限元用户子程序时，经常用到这些常数以及它们之间的关系。

2. 塑性本构关系

（1）全量理论——形变理论

弹塑性小变形理论又称为形变理论或者全量理论。它针对小弹塑性变形，认为应力-应变状态确定的是塑性应变分量的全量，主要由 Hencky、Nadai 以及伊留申（A. Илъющин）提出。

全量理论是塑性力学中物理关系比较简单的一种。这个理论和弹性力学分析问题的方法是一致的,即要以变形的全量作基础,因此确定物理方程时,就需要保持弹性力学物理方程(广义胡克定律)中的一些特点。建立塑性力学中全量理论的物理方程,需要采用如下几个假定:

① 应力主方向与应变主方向是重合的,即应力 Mohr 圆与应变 Mohr 圆相似,应力 Lode 参数 μ_σ 和应变 Lode 参数 μ_ε 相等,而且在整个加载过程中主方向保持不变。

② 平均应力与平均应变成比例。

③ 应力偏量分量与应变偏量分量成比例。

④ 应力强度是应变强度的函数。而这个函数对每个具体材料都应通过实验来确定,即

$$\sigma_i = E'\varepsilon_i \tag{2.15}$$

这里的 E' 不仅与材料有关,而且与塑性变形程度有关。

上述物理关系,对于塑性体或者对于物理关系是非线性的弹性体在主动变形时都是适用的。只有在卸载时,非线性弹性体才与塑性体有区别。

1924 年 Hencky 仿照弹性范围内的应力-应变关系,提出了全量理论的完整表述。假设应力偏量分量与塑性应变偏量分量成比例,即

$$\varepsilon_{ij}^{p} = \frac{3\varepsilon_i^{p}}{2\sigma_i}S_{ij} = \frac{\phi}{2G} \tag{2.16}$$

$$\phi = \frac{3G\varepsilon_i^{p}}{\sigma_i} \tag{2.17}$$

Hencky 方程所考虑的是理想弹塑性材料,没有考虑硬化想象,只适用于小变形理想弹塑性材料,并且完全忽略了加载历史对塑性应力-应变关系的作用。Nadai 和伊留申先后研究了这一问题,并证明在一定的应变路径和加载条件下,全量理论和增量理论的结果完全一样。

1937 年,Nadai 考虑了强化材料和大应变的情况,他认为八面体剪应力可以用来表示在不同应力状态材料进入塑性状态的准则,而八面体上的法向应力对屈服没有影响,基本方程为

$$\varepsilon_{ij} = \frac{1}{2}\frac{\bar{\gamma}_8}{\tau_8}s_{ij} \tag{2.18}$$

式中:s_{ij} 为偏应力张量分量,硬化条件的确定如下:

$$\tau_8 = \varphi(\bar{\gamma}_8) \tag{2.19}$$

Nadai 理论忽略了总应变中的弹性应变部分,而且考虑的是大变形和强化材料的情况,在使用时要使主应变方向和比例保持不变,即必须是简单加载,且初始应变为零,表示为

$$\frac{\mathrm{d}\varepsilon_1}{\varepsilon_1} = \frac{\mathrm{d}\varepsilon_2}{\varepsilon_2} = \frac{\mathrm{d}\varepsilon_3}{\varepsilon_3} \tag{2.20}$$

1945 年伊留申发展了 Hencky 理论,将之推广用于硬化材料,其理论前提包括:

① 塑性应变是微小的,和弹性变形属于同一数量级;

② 外载荷各分量按比例增加;

③ 应力-应变曲线符合单一曲线假设,且为幂指数形式,$\sigma = A\varepsilon^n$。

在以上前提下,伊留申理论表达式为

$$\varepsilon'_{ij} = \frac{3\mathrm{d}\bar{\varepsilon}}{2\bar{\sigma}}\sigma'_{ij} \tag{2.21}$$

考虑塑性变形是体积不变,$\varepsilon'_{ij} = \varepsilon_{ij}$,上式也可写为

$$\begin{cases} \varepsilon_x = \dfrac{\bar{\varepsilon}}{\bar{\sigma}}\left[\sigma_x - \dfrac{1}{2}(\sigma_y + \sigma_z)\right] \\[3mm] \varepsilon_y = \dfrac{\bar{\varepsilon}}{\bar{\sigma}}\left[\sigma_y - \dfrac{1}{2}(\sigma_z + \sigma_x)\right] \\[3mm] \varepsilon_z = \dfrac{\bar{\varepsilon}}{\bar{\sigma}}\left[\sigma_z - \dfrac{1}{2}(\sigma_y + \sigma_x)\right] \\[3mm] \gamma_{xy} = \dfrac{3\bar{\varepsilon}}{2\bar{\sigma}}\tau_{xy}, \quad \gamma_{yz} = \dfrac{3\bar{\varepsilon}}{2\bar{\sigma}}\tau_{yz}, \quad \gamma_{zx} = \dfrac{3\bar{\varepsilon}}{2\bar{\sigma}}\tau_{zx} \end{cases} \tag{2.22}$$

伊留申理论在小弹塑性变形问题中有广泛的应用。Nadai 理论可用于强化和大变形材料,但它们都要求加载为简单加载,不能解决复杂加载的问题。由于其包括了非线性的物理方程,求解变得复杂。在塑性理论中常常做一些简化,例如略去弹性变形,略去硬化现象等,而增量理论可以解决复杂加载的问题。

(2) 增量理论

增量理论又称流动理论,它着眼于每一加载瞬间,认为应力状态确定的不是塑性应变分量的全量而是它的瞬时增量,抛开了加载历史的影响。

1870 年 S. Venant 指出应变增量主轴与应力主轴重合,给出了应力-应变速率方程:

$$\dot{\varepsilon}_{ij} = \dot{\lambda}\sigma'_{ij} \tag{2.23}$$

式中:$\dot{\lambda} = 1.5\,\dot{\bar{\varepsilon}}/\bar{\sigma}$,其中$\dot{\bar{\varepsilon}}$ 为等效应变速率,卸载时 $\dot{\lambda} = 0$。

M. Levy 在 1871 年和 Mises 在 1913 年把塑性变形当作总的应变,先后建立了应变增量与应力偏量之间的一般关系,称为 Levy – Mises 理论或 S. Venant – Mises 理论。该理论包含以下的假定:

① 材料是理想刚塑性材料;

② 材料符合 Mises 屈服准则;

③ 在每一加载瞬间,应力主轴和应变增量主轴重合;

④ 应变增量与应力偏量成正比,即

$$d\varepsilon_{ij} = \sigma'_{ij}\,d\lambda \tag{2.24}$$

式中:$d\lambda$ 为材料性质与变形程度的瞬时正值比例系数,为

$$d\lambda = \frac{3}{2}\frac{d\bar{\varepsilon}}{\bar{\sigma}} \tag{2.25}$$

$d\lambda$ 在变形过程中是变化的,在卸载时,$d\lambda = 0$。

Prandtl – Reuss 是在 Mises 理论基础上发展起来的,认为对于变形大的问题,忽略弹性应变是可以理解的。但当变形较小时,例如当弹性应变和塑性应变部分属于同一量级时,应考虑弹性变形部分,即总应变增量偏量的分量由两部分组成,其表达式为

$$d\varepsilon_{ij} = d\varepsilon^{p}_{ij} + d\varepsilon^{e}_{ij} \tag{2.26}$$

式中:$d\varepsilon^{p}_{ij}$ 与应力之间的关系和 Levy – Mises 理论相同,即

$$d\varepsilon^{p}_{ij} = d\lambda \cdot \sigma'_{ij} = \frac{3}{2}\frac{d\bar{\varepsilon}^{p}}{\bar{\sigma}}\sigma'_{ij} \tag{2.27}$$

弹性应变增量为

$$d\varepsilon^{e}_{ij} = \frac{1}{2G}d\sigma'_{ij} + \frac{1 - 2\nu}{E}d\sigma_m\delta_{ij} \tag{2.28}$$

在以上的流动理论中,S. Venant 流动方程和 Levy‑Mises 方程基本上是一样的,后者是前者的增量形式,也就是说,如果不考虑应变速率对材料性质的影响,则两者是一致的,它们都适用于理想塑性材料。而 Prandtl‑Reuss 方程适用范围较广,可用于理想弹塑性材料。流动理论更符合实际材料的变形规律,可以用于反向屈服的情况,而形变理论则不行。形变理论在理论上存在缺点,由于它在比例加载情况下与流动理论所得结果相同,因此,形变理论可以用于比例加载路径,或者近似地用于离比例加载路径不远的路径。

3. 单一曲线假设

1945 年 Davis 用铜和中碳钢制成的薄壁筒做过承受拉伸和内压同时作用的实验,得到了八面体剪应力和剪应变之间的关系。实验结果表明,在简单加载或偏离简单加载不大的情况下,尽管应力状态不同,但应力‑应变曲线都可近似地用单向拉伸曲线表示。这两个实验奠定了单一曲线假设的实验基础,将复杂应力状态的应力‑应变曲线和一维的应力‑应变曲线联系了起来。

单一曲线假设认为,对于塑性变形中保持各向同性的材料,在简单加载的情况下,其硬化特性可用等效应力(应力强度)σ_i 和等效应变(应变强度)ε_i 所确定的函数关系来表示,即

$$\sigma_i = \Phi(\varepsilon_i) \tag{2.29}$$

并且认为这个函数的形式与应力状态无关,只与材料的特性有关,所以可以根据在简单应力状态下的材料实验如单向拉伸来确定。

在单向拉伸的状态下,σ_i 正好就是拉伸应力 σ,ε_i 就是拉伸正应变 ε,所以式(2.29)所代表的曲线就是和单向拉伸应力‑应变曲线一致的。在塑性力学研究领域中,对于弹塑性问题的应变到应力的推算问题,不论是实验方面,还是理论推算方面,等效应力‑应变"单一曲线假设"的应用始终占有重要的地位。

不同屈服准则下等效应力和等效应变的表达式不同,等效应力可以结合下式得出,而等效应变需要结合塑性流动规律得出,即

$$f = p\sigma_i^q \tag{2.30}$$

在经典塑性理论中,等效应力的表达式为

$$\sigma_i = \frac{3}{\sqrt{2}}\tau_8 = \sqrt{3J'} = \frac{1}{2}\sqrt{(\sigma_1 - \sigma_2)^2 + (\sigma_2 - \sigma_3)^2 + (\sigma_3 - \sigma_1)^2} \tag{2.31}$$

在等向强化的假设下,单一曲线假设在验证屈服准则、求塑性功等势线方面发挥了很大的作用。经典塑性理论中,等效应变为

$$\varepsilon_i = \frac{\sqrt{2}}{3}\sqrt{(\varepsilon_x - \varepsilon_y)^2 + (\varepsilon_y - \varepsilon_z)^2 + (\varepsilon_z - \varepsilon_x)^2 + \frac{3}{2}(\gamma_{xy}^2 + \gamma_{yz}^2 + \gamma_{zx}^2)} \tag{2.32}$$

有学者指出,该表达式存在局限性,其根据是:伊留申从单一曲线物理关系验证了总应变强度等于弹性应变强度和塑性应变强度之和,即

$$\varepsilon_i = \varepsilon_i^e + \varepsilon_i^p \tag{2.33}$$

每一单向应变分量能严格表示成弹性应变和塑性应变之和,即

$$\varepsilon_{ij} = \varepsilon_{ij}^e + \varepsilon_{ij}^p \tag{2.34}$$

将式(2.32)改用主应变表示代入式(2.31)得到的等效应变表达式为

$$\varepsilon_i = \frac{\sqrt{2}}{3}\{[(\varepsilon_1^e - \varepsilon_2^e)^2 + (\varepsilon_1^p - \varepsilon_2^p)^2] + [(\varepsilon_2^e - \varepsilon_3^e)^2 + (\varepsilon_2^p - \varepsilon_3^p)^2] + [(\varepsilon_3^e - \varepsilon_1^e)^2 + (\varepsilon_3^p - \varepsilon_1^p)^2]\}^{\frac{1}{2}}$$

$$\tag{2.35}$$

而 ε_i^p 与 ε_i^e 之和为

$$\varepsilon_i = \frac{\sqrt{2}}{3}\left[(\varepsilon_1^e - \varepsilon_2^e)^2 + (\varepsilon_2^e - \varepsilon_3^e)^2 + (\varepsilon_3^e - \varepsilon_1^e)^2\right]^{\frac{1}{2}} + \frac{\sqrt{2}}{3}\left[(\varepsilon_1^p - \varepsilon_2^p)^2 + (\varepsilon_2^p - \varepsilon_3^p)^2 + (\varepsilon_3^p - \varepsilon_1^p)^2\right]^{\frac{1}{2}}$$

$$(2.36)$$

显然以上两种结果不等。为了运算方便起见，可将单向拉伸应力-应变实验曲线近似表达为数学函数的形式。而根据单一曲线假设，这些关系也可用来表示复杂应力状态下等效应力和等效应变之间的关系。

（1）理想弹塑性材料

这种计算模型不考虑材料的强化性质，忽略加工硬化现象，如图 2-52 所示，其关系式为

$$\sigma = \begin{cases} E\varepsilon, & \sigma < \sigma_s \\ \sigma_s, & \sigma \geqslant \sigma_s \end{cases} \tag{2.37}$$

（2）弹塑性线性硬化材料

弹塑性线性硬化材料模型考虑了材料的硬化，但认为硬化路线为线性的，如图 2-53 所示，其关系式为

$$\begin{cases} \sigma = E\varepsilon, & \varepsilon < \varepsilon_e \\ \sigma = \sigma_s + E_1(\varepsilon - \varepsilon_e), & \varepsilon \geqslant \varepsilon_e \end{cases} \tag{2.38}$$

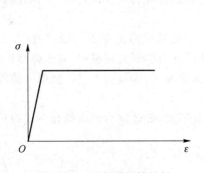

图 2-52　理想弹塑性材料

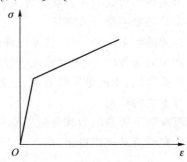

图 2-53　弹塑性线性硬化材料

（3）刚塑性材料

刚塑性材料模型忽略了弹性变形，如图 2-54 所示，关系式为

$$\sigma = E\varepsilon \tag{2.39}$$

（4）刚塑性线性硬化材料

刚塑性线性强化材料忽略了弹性变形，且认为塑性硬化为线性的，如图 2-55 所示，其关系表达式为

$$\sigma = \sigma_s + E_1(\varepsilon - \varepsilon_e) \tag{2.40}$$

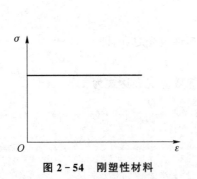

图 2-54　刚塑性材料

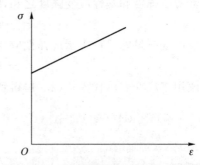

图 2-55　刚塑性线性硬化材料

（5）刚塑性硬化材料

刚塑性硬化材料模型忽略了弹性变形，但认为硬化规律不是线性的，如图 2 - 56 所示，其关系式为

$$\sigma = \sigma_s + E_1 \varepsilon^n \tag{2.41}$$

（6）幂硬化材料

幂硬化材料模型应力-应变曲线如图 2 - 57 所示，关系式为

$$\sigma = K\varepsilon^n \tag{2.42}$$

上式由 Holloman 提出，是目前应用较广的关系式，主要是由于它较好地体现了实际材料的性能，同时应用也较为方便。但在 $\varepsilon = 0$ 时弹性模量为不定值，故对小应变区域近似性较差。

幂硬化材料的另一表达式由 H. W. Swift 提出，表达式为

$$\sigma = c(\varepsilon_0 + \varepsilon)^q \tag{2.43}$$

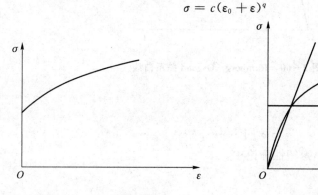

图 2 - 56　刚塑性硬化材料　　　　图 2 - 57　幂硬化材料

（7）两端直线之间用过渡曲线相连接的关系式

如图 2 - 58 所示，曲线部分的表达式为

$$\sigma = \sigma_s - E'(\varepsilon_s - \varepsilon) - (E'' - E') \frac{(\varepsilon_s - \varepsilon)^n}{(\varepsilon_s - \varepsilon_e)^{n-1}} \tag{2.44}$$

式中：

$$n = \frac{E - E'}{E'' - E'} \tag{2.45}$$

式中：E' 是硬化直线的斜率，E'' 是割线模量。

（8）分段折线模型

如图 2 - 59 所示，这种模型由单拉实验的实测结果直接给出，最能逼近真实的实验曲线，只要分界点足够多，可以达到很高的精度。

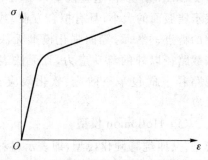
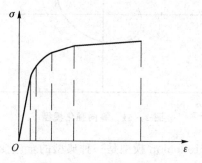

图 2 - 58　两段直线之间用过渡曲线相连接　　　图 2 - 59　分段折线模型

（9）Ramberg‐Osgood 关系式

Ramberg‐Osgood 关系曲线如图 2‐60 所示,其表达式为

$$\varepsilon^{\mathrm{p}} = \frac{1.1\sigma_s}{mE}\left[\left(\frac{\sigma}{1.1\sigma_s}\right)^m - \left(\frac{1}{1.1}\right)^m\right] \tag{2.46}$$

式中:m 对于铝合金可取 10,该式有较高的精度,在弹塑性结构有限元分析中应用比较广泛。

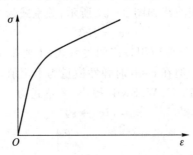

图 2‐60　Ramberg‐Osgood 关系曲线

（10）Voce 表达式

Voce 表达式为

$$\sigma = \sigma_s[1 - \alpha\exp(\beta\varepsilon)] \tag{2.47}$$

式中:常数 $\beta < 0$。该式常用于小弹塑性理论中。

2.2.4　强化模型

单向拉伸的加载曲线表明,塑性变形过程中,拉应力逐渐增大,即材料单元在初始屈服之后继续加载时,随着塑性应变的发展材料的变形抵抗力增大,这种现象称为材料的强化,其后继屈服面的方程可表示如下:

$$f(\sigma_{ij}, Y_1, Y_2, \cdots, Y_n) = 0 \tag{2.48}$$

式中:$Y_1, Y_2, \cdots, Y_n$ 为硬化参量,依赖于材料的当前状态,可以是标量,也可以是张量。当 $Y_1 = Y_2 = \cdots = Y_n = 0$ 时即为初始屈服方程。

1. 等向强化模型

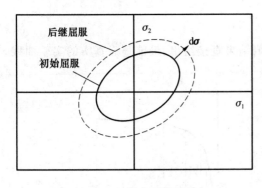

图 2‐61　等向强化模型

等向强化又称各向同性强化,其后继屈服面在应力空间中发生等比例的扩大或缩小,如图 2‐61 所示。目前常用的有 Hollomon、Ludwik、Voce 系列以及 Swift 模型等,这些模型只采用一个标量来表示屈服面的大小,具有拟合方便、数值实现简单的特点。然而,等向强化模型无法描述单向加载路径以外的流动应力,且无法表征复杂加载路径下的包辛格效应、软化效应、交叉硬化效应。

（1）Hollomon 模型

Hollomon 模型是一种典型的全应变外推模型,又叫纯幂硬化模型,即表示材料在变形全过程中以常硬化系数的幂形式增长。Hollomon 模型应力值无上限,属于非饱和模型,其公

式为

$$\bar{\sigma}_Y = A \cdot \bar{\varepsilon}^n \tag{2.49}$$

式中：$\bar{\sigma}_Y$ 为等效应力；$\bar{\varepsilon}$ 为等效真实全应变；A 为材料参数；n 为硬化指数。其中，A,n 为拟合参数。

（2）Ludwik 模型

Ludwik 模型是典型的定初值非饱和外推模型，是由 Hollomon 模型演化而来的，但由于模型不具有过原点的性质，而是必过屈服点，且应力值无上限，其公式为

$$\bar{\sigma}_Y = \sigma_s + A \cdot (\bar{\varepsilon}^p)^n \tag{2.50}$$

式中：σ_s 为初始屈服应力；$\bar{\varepsilon}^p$ 为等效塑性应变；A,n 为拟合参数。

（3）Swift 模型

Swift 模型是从 Hollomon 模型演化而来的。Hollomon 模型的拟合对象是全应变曲线，如果把 Hollomon 模型的拟合对象改为塑性段曲线就变成了 Swift 模型，其公式为

$$\bar{\sigma}_Y = A \cdot (\varepsilon_s + \bar{\varepsilon}^p)^n \tag{2.51}$$

式中：ε_s 为初始屈服应变；A,n,ε_s 为拟合参数。

（4）Voce 模型

Voce 模型是最早出现的一种饱和外推模型，是一种流动应力随应变的增大逐渐趋向定值的外推模型，其公式为

$$\bar{\sigma}_Y = \sigma_s + A \cdot [1 - \exp(-m \cdot \bar{\varepsilon}^p)] \tag{2.52}$$

式中：σ_s,A,m 为拟合参数。该模型必过屈服点，其上限值为 $\lim\limits_{\varepsilon^p \to +\infty} \sigma = \sigma_s + A$。拟合所得的饱和流动应力在抗拉强度 σ_b 附近，而实际饱和流动应力应远大于 σ_b。

（5）Voce＋Voce 模型

为减缓 Voce 模型的饱和速率，有学者提出了 Voce＋Voce 模型，其表达式为

$$\bar{\sigma}_Y = \sigma_s + A_1 \cdot [1 - \exp(-m_1 \cdot \bar{\varepsilon}^p)] + A_2 \cdot [1 - \exp(-m_2 \cdot \bar{\varepsilon}^p)] \tag{2.53}$$

式中：σ_s,A_1,A_2,m_1,m_2 为拟合参数。

（6）Hockett－Sherby 模型

Hockett－Sherby（H－S）模型将硬化因数 n 的概念引入，其公式为

$$\bar{\sigma}_Y = \sigma_s + A \cdot \{1 - \exp[-m \cdot (\bar{\varepsilon}^p)^n]\} \tag{2.54}$$

式中：σ_s,A,m,n 为拟合参数。

（7）Voce++模型

该模型在 Voce 模型的基础上增加了二次方根项和线性项，使得流动应力的上升速率明显提高，是将饱和项和非饱和项加以叠加，形成的非饱和模型，其公式为

$$\bar{\sigma}_Y = \sigma_s + A \cdot [1 - \exp(-m \cdot \bar{\varepsilon}^p)] + B\sqrt{\bar{\varepsilon}^p} + C\bar{\varepsilon}^p \tag{2.55}$$

式中：σ_s,A,B,C,m 为拟合参数。

2. 随动强化模型

随动强化模型是考虑了 Bauschinger 效应的简化模型。该模型假定屈服面在应力平面上不改变形状也不旋转，只产生刚性位移，如图 2－62 所示。

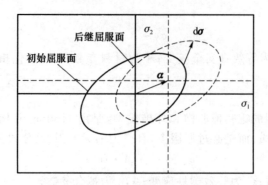

图 2 - 62　随动强化模型

（1）线性随动强化模型

若初始屈服条件为 $f^*(\sigma_{ij}) - K = 0$，则对随动强化模型，后继屈服条件可表示为

$$f(\sigma_{ij} - \alpha_{ij}) = f^*(\sigma_{ij} - \alpha_{ij}) - K = 0 \qquad (2.56)$$

式中：α_{ij} 表示初始屈服面中心的移动，称为背应力，它的大小反映了强化强度，一般为应变量的函数，即

$$\alpha_{ij} = H(\varepsilon_{ij}) \qquad (2.57)$$

1956 年，Prager 提出了 Prager 模型：

$$d\alpha_{ij} = c d\varepsilon_{ij} = \frac{2}{3} E^p d\lambda (s_{ij} - \alpha_{ij}) \qquad (2.58)$$

塑性应变增量的方向是屈服面进行刚性平移的方向，但是移动张量在应力子空间无法描述后继屈服轨迹，会产生一些矛盾。1959 年，Ziegler 对 Prager 模型进行了改进，克服了 Prager 模型中的矛盾，其移动张量表达式为

$$d\alpha_{ij} = c d\varepsilon_{ij} = \frac{2}{3} E^p d\lambda (\sigma_{ij} - \bar{\alpha}_{ij}) \qquad (2.59)$$

图 2 - 63 中，P 为 Prager 模型，Z 为 Ziegler 模型，可以看出，两种模型所表示的背应力的演化方向不同。线性随动强化模型能够反映包辛格效应，但是把包辛格效应夸大了，只能作近似的分析，随动强化模型在很多情况下不能预测真实的结果。

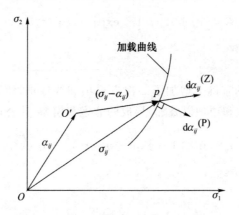

图 2 - 63　两种模型的背应力的演化

（2）Armstrong - Frederick(A - F)模型

针对线性随动强化模型无法描述曲线的瞬时软化问题，Lee 与 Phillips，Drucker 和 Palgen 在前人的基础上，提出了更具一般性的非线性随动强化模型，但该类模型中的参数确定十分复杂。根据这一基本思想，Armstrong 和 Frederick 于 1966 年在 Prager 模型的基础上引入了一个动态回复项，提出了 A - F 模型。该模型为经典的非线性随动强化模型，是后续 Chaboche、ANK 等一系列模型的基础。但由于反向背应力的演化最终与正向相同，因此 A - F 模型不能反映永久软化现象，其背应力可表示为

$$\mathrm{d}\boldsymbol{\alpha} = \frac{C}{\sigma_s}(\boldsymbol{\sigma} - \boldsymbol{\alpha})\mathrm{d}\varepsilon_p - \gamma\boldsymbol{\alpha}\,\mathrm{d}\varepsilon_p \tag{2.60}$$

式中：$\boldsymbol{\alpha}$ 为背应力；σ_s 为当前屈服面的大小；C 为随动强化模量；γ 决定随动强化随应变增大而减小的程度；ε_p 为塑性应变。

（3）Yoshida - Uemori(Y - U)模型

Yoshida 和 Uemori 在 2002 年提出了 Yoshida - Umemori 模型，简称 Y - U 模型。该模型基于双曲面框架，由屈服面和边界面组成，其中屈服面在边界面内移动，如图 2 - 64 所示。其中，屈服面遵循随动强化，边界面遵循各向同性-随动混合强化。此外引入了一个遵循随动强化的附加面，根据边界面与附加面的位置关系来描述加工硬化停滞现象。Y - U 模型通过引入附加面首次反映出循环加载的加工硬化停滞现象，且模型预测精度亦有所提高。

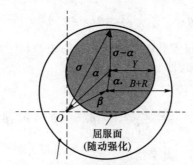

(a) 屈服面和边界面的位置关系

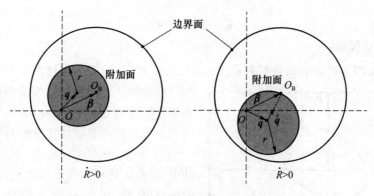

(b) 附加面和边界面的位置关系

图 2 - 64 Y - U 模型的双屈服面

在 Y - U 模型中,屈服面与边界面的相对位置可以表示为

$$
\begin{cases}
\boldsymbol{\alpha}_* = \boldsymbol{\alpha} - \boldsymbol{\beta} \\
\hat{\boldsymbol{\alpha}}_* = C\left[\left(\dfrac{a}{Y}\right)(\boldsymbol{\sigma} - \boldsymbol{\alpha}) - \sqrt{\dfrac{a}{\bar{\alpha}_*}}\,\boldsymbol{\alpha}_*\right]\dot{p} \\
\dot{p} = \sqrt{\dfrac{2}{3}\boldsymbol{D}_\mathrm{p}:\boldsymbol{D}_\mathrm{p}} \\
\bar{\alpha}_* = \phi(\boldsymbol{\alpha}_*) \\
a = B + R - Y
\end{cases}
\tag{2.61}
$$

式中:$\boldsymbol{\beta}$ 为边界面中心;B 和 R 为边界面初始大小和各向同性强化项;Y 为屈服面初始大小;$\dot{p}$ 为等效塑性应变速率;C 为随动硬化速率;符号($\hat{\ }$)表示客观率;$\boldsymbol{D}_\mathrm{p}$ 为塑性变形;ϕ 为屈服函数;a 为材料系数。参数边界面的各向同性强化和随动强化可表示为

$$
\begin{cases}
\dot{R} = k(R_\mathrm{sat} - R)\dot{p} \\
\hat{\boldsymbol{\beta}}' = k\left(\dfrac{2}{3}b\boldsymbol{D}_\mathrm{p} - \boldsymbol{\beta}'\dot{p}\right)
\end{cases}
\tag{2.62}
$$

式中:R_sat 为各向同性强化饱和应力;k 为各向同性强化速率;b 为材料参数;$\hat{\boldsymbol{\beta}}$ 和 $\boldsymbol{\beta}'$ 分别为 $\boldsymbol{\beta}$ 的偏分量及其目标率。附加面可表示为

$$
g_\sigma(\boldsymbol{s},\boldsymbol{q},r) = \frac{3}{2}(\boldsymbol{s} - \boldsymbol{q}):(\boldsymbol{s} - \boldsymbol{q}) - r^2 = 0
\tag{2.63}
$$

式中:$\boldsymbol{q}$ 和 r 分别表示附加面的位置和大小。边界面的中心位于附加面之上或附加面内,当位于附加面内时发生加工硬化停滞,即

$$
g_\sigma(\boldsymbol{\beta}',\boldsymbol{q},r) = 0
\tag{2.64}
$$

$$
\begin{cases}
\dot{R} > 0, \quad \dfrac{\partial g_\sigma(\boldsymbol{\beta}',\boldsymbol{q},r)}{\partial \boldsymbol{\beta}'}:\hat{\boldsymbol{\beta}}' = (\boldsymbol{\beta}' - \boldsymbol{q}):\hat{\boldsymbol{\beta}}' > 0 \\
\dot{R} = 0, \quad \text{其余情况}
\end{cases}
\tag{2.65}
$$

附加面沿着($\boldsymbol{\beta}' - \boldsymbol{q}$)方向随着应变的增加而扩大,从而表征加工硬化停滞随着累积塑性应变的增大而增大的现象:

$$
\hat{\boldsymbol{q}} = \mu(\boldsymbol{\beta}' - \boldsymbol{q})
\tag{2.66}
$$

3. 混合强化模型

随动强化模型虽然能够反映材料的 Bauschinger 效应,但对材料的整体变形行为不能较为准确地描述。混合强化模型将随动强化模型和等向强化模型结合起来,即认为后继屈服面的大小和位置一起随塑性变形的发展而变化:

$$
f = f(\sigma_{ij} - \alpha_{ij}) - k = 0
\tag{2.67}
$$

其中,参数 k 是塑性变形历史的函数,意义同等向强化模型,用于描述屈服面的等向膨胀。图 2 - 65 所示为后继屈服面示意图。混合强化模型能够较好地反映 Bauschinger 效应、初始各向异性以及应力引起的各向异性。

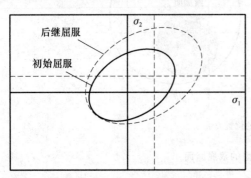

图 2 - 65　混合强化模型

4. 旋转强化模型

旋转强化模型反映了各向异性主轴与加载主轴不重合时,屈服面各向异性主轴会逐渐向加载主轴靠拢的现象,即屈服面旋转而本身形状不变,其本质为描述织构重排和变化对宏观流动应力曲线影响的模型,如图 2-66 所示。此类模型适用于钢,因为其各向异性主轴的旋转较为明显。最有代表性的为 Choi 提出的 RIK(Rotational - Isotropic - Kinematic)模型,其模型由 A-F 随动强化项、塑性自旋理论的旋转项和耦合附加项构成,通过拉-剪和循环剪切实验验证了其反映交叉强化的能力。

屈服函数为随动强化、各向同性强化以及主轴旋转的函数,可以写为

$$\Phi(\tau, y, \bar{\sigma}_y; e_\alpha^\phi) = \varphi(\tau - y; e_\alpha^\phi) + \bar{\sigma}_y \tag{2.68}$$

式中:τ 为基尔霍夫应力张量;y 为背应力张量;$\bar{\sigma}_y$ 为各向同性强化项,不表示屈服面的大小;e_α^ϕ 表示各向异性主轴方向。

5. 畸变强化模型

旋转强化模型假设在塑性变形过程中屈服面的形状不发生变化,但实际上部分材料的微观织构演化作用强烈,屈服面的形状会发生畸变,这就需要畸变强化模型来进一步描述,如图 2-67所示。对于常见的金属材料,如钢、铝合金、铜合金等,在塑性变形过程中均可能发生畸变强化。

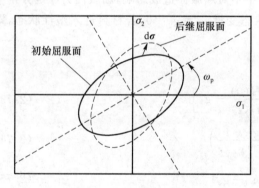

图 2-66　旋转强化模型

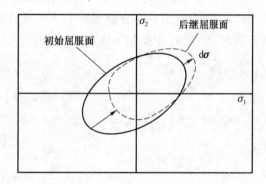

图 2-67　畸变强化模型

关于屈服面的畸变现象,目前使用比较多的是 Barlat 等人于 2011 提出的 HAH(Homogeneity Anisotropic Hardening)模型,该模型不同于随动强化模型的思路,不使用背应力分量,而是根据加载历史控制波动分量从而实现对屈服面的变形控制。经验证该模型对低碳钢、双相钢和铁素体不锈钢材料具有良好的适应性,尤其是较好地描述了低碳钢和双相钢在反向加载下的变形行为。其对屈服面的定义为

$$\Phi(s) = \left[\phi^q + \phi_h^q\right]^{\frac{1}{q}} = \left[\phi^q + f_1^q \left|\hat{h}^s : s - \left|\hat{h}^s : s\right|\right|^q + f_2^q \left|\hat{h}^s : s + \left|\hat{h}^s : s\right|\right|^q\right]^{\frac{1}{q}} = \bar{\sigma} \tag{2.69}$$

式中:屈服面 $\Phi(s)$ 由稳定分量 ϕ 和波动分量 ϕ_h 组成;f_1 和 f_2 是两个状态分量;$\hat{h}^s$ 是规则化后的微结构偏量;q 是常数。稳定分量 ϕ 可以是任何描述材料各向同性或者各向异性的屈服函数,而波动分量 ϕ_h 根据载荷历史对屈服面进行扭曲,当 $f_1 = f_2 = 0$ 时,$\Phi(s)$ 退化为传统意义上的屈服函数。

微结构偏量 $\hat{h}^s$ 的引入是用来记录材料先前的变形历史,其规则化的 $\hat{h}^s$ 定义如下:

$$\hat{h}_{ij}^{s} = \frac{h_{ij}^{s}}{\sqrt{\frac{8}{3}h_{kl}^{s}h_{kl}^{s}}} \quad (2.70)$$

上式的计算采用爱因斯坦求和约定。在材料没有预应变的情况下，微结构偏量 $\hat{h}^{s}$ 的初始值设为初始塑性变形对应的偏应力张量 s。若变形方向改变，则其演变规则定义如下：

$$\frac{d\hat{h}^{s}}{d\bar{\varepsilon}} = \begin{cases} k\left[\hat{s} - \frac{8}{3}\hat{h}^{s}(\hat{h}^{s}:s)\right], & s:\hat{h}^{s} \geqslant 0 \\ k\left[-\hat{s} + \frac{8}{3}\hat{h}^{s}(\hat{h}^{s}:s)\right], & s:\hat{h}^{s} < 0 \end{cases} \quad (2.71)$$

式中：$\hat{s}$ 为规则化后的偏应力；$\bar{\varepsilon}$ 为等效塑性应变；k 为常数。

状态分量 f_1 和 f_2 分别是状态变量 g_1 和 g_2 的函数，其关系式为

$$\begin{cases} f_1 = (g_1^{-q} - 1)^{\frac{1}{q}} \\ f_2 = (g_2^{-q} - 1)^{\frac{1}{q}} \end{cases} \quad (2.72)$$

状态变量 g_1 和 g_2 的物理意义为当前流动应力与相应的各向同性硬化模型应力的比值，即 $s = g_k s_{iso}$，其中根据 $s:\hat{h}^{s}$ 的符号，$k=1$ 或者 $k=2$，s_{iso} 为各向同性硬化时的激活应力状态。

在材料未进入初始塑性变形之前，波动分量中不对屈服面造成影响，屈服面为稳定分量中定义的屈服面，此时状态分量 $f_1 = f_2 = 0$，或者状态变量 $g_1 = g_2 = 0$，若材料进入塑性状态，则状态变量 g_1 和 g_2 根据如下法则进行演化：

若 $s:\hat{h}^{s} \geqslant 0$，则

$$\frac{dg_1}{d\bar{\varepsilon}} = k_2\left[k_3\frac{H(0)}{H(\bar{\varepsilon})} - g_1\right] \quad (2.73)$$

$$\frac{dg_2}{d\bar{\varepsilon}} = k_1\left(\frac{g_3 - g_2}{g_2}\right) \quad (2.74)$$

$$\frac{dg_4}{d\bar{\varepsilon}} = k_5(k_4 - g_4) \quad (2.75)$$

若 $s:\hat{h}^{s} < 0$，则

$$\frac{dg_1}{d\bar{\varepsilon}} = k_1\left(\frac{g_4 - g_1}{g_1}\right) \quad (2.76)$$

$$\frac{dg_2}{d\bar{\varepsilon}} = k_2\left[k_3\frac{H(0)}{H(\bar{\varepsilon})} - g_2\right] \quad (2.77)$$

$$\frac{dg_3}{d\bar{\varepsilon}} = k_5(k_4 - g_3) \quad (2.78)$$

式中：$H(\bar{\varepsilon})$ 为传统各向同性硬化应力-应变曲线；$k_1 \sim k_5$ 是与材料相关的常数，可通过材料力学性能实验获得；g_3 和 g_4 是为了描述包辛格效应中的永久软化现象而引入的两个额外的状态变量，若 $k_4 = 1$ 或 $k_5 = 0$，且 $g_3 = g_4 = 0$，则 HAH 模型无法对永久软化现象进行描述。

HAH 模型对材料硬化行为的描述涉及以下参数：

① 稳定分量 ϕ 表示的屈服函数中含有的参数；

② 各向同性硬化曲线 $H(\bar{\varepsilon})$ 中含有的参数；

③ 指数 q,控制与加载方向相反方向的屈服面的扁平扭曲变形程度;

④ 参数 k,控制微结构偏量 $\hat{h}^s$ 的旋转速率;

⑤ 参数 k_1、k_2 和 k_3,控制着状态变量 g_1 和 g_2 的演化规律;

⑥ 参数 k_4 和 k_5,控制与永久软化有关的状态变量 g_3 和 g_4 的演化规律。

2.2.5　韧性断裂准则

1. 宏观失稳准则

宏观失稳准则是一类经典的塑性失稳理论,其立足板料以拉为主的塑性变形方式,提出板料失效破裂是变形不能稳定进行、局部过度变薄的结果,其本质上是一种非线性结构失稳现象。目前常见的宏观失稳准则有 Swift 分散性失稳准则、Hill 集中性失稳准则、M-K 凹槽失稳准则和 C-H 失稳模型等,如表 2-8 所列。宏观失稳准则在板材塑性成形理论解析中有着广泛的应用,由于其仅立足于以拉为主的塑性变形方式,因而并不能解释剪切应力状态下的断裂现象,此外其并没有体现材料失效破裂的细观机理,对一些韧性较差的金属材料,其预测结果往往并不理想。

表 2-8　宏观失稳准则

名　称	失稳条件
Swift 分散性失稳准则	$d\sigma_1 = \sigma_1 d\varepsilon_1, d\sigma_2 = \sigma_2 d\varepsilon_2$
Hill 集中性失稳准则	$d\sigma_e/\sigma_e = -d\varepsilon_3$
M-K 凹槽失稳准则	$d\varepsilon_1^B/d\varepsilon_1^A > C$
C-H 模型	$d\varepsilon_2 = 0$

在不同宏观失稳准则中,目前使用最多的是 M-K 模型,其假设板料的失效是由其表面的初始几何缺陷所导致的,被广泛地用于预测板料的失效行为。许多学者在原始 M-K 模型的基础上,通过不同的方式对其进行了修正,包括引入不同的屈服准则和硬化模型,改变表面初始几何缺陷的定义方式,修改几何沟槽的角度,引入厚向应力等。随着对板材表面和内部损伤认识的进一步深入,陈光南等提出了板材拉伸失稳是由宏观平面应变状态的实现导致的,即平面应变漂移理论(C-H 模型)。

2. 非耦合韧性断裂准则

非耦合韧性断裂准则是通过应力和应变函数对等效塑性应变的积分来度量细观孔洞对材料的损伤效应,当积分值达到预设阈值时即认定材料已经发生断裂。1950 年,Freudenthal 通过单位体积塑性功的方式来描述金属材料的损伤断裂行为,并提出了第一个非耦合的韧性断裂准则。1968 年,Cockcroft 和 Latham 为了反映加载历史对破裂行为的影响,率先提出了韧性断裂准则的积分数学形式。随后,Rice、Tracey、Brozzo、Oh 和 Oyane 等学者对模型中的积分形式进行修正,以改进模型在不同应力状态下的准确性。韧性断裂准则具有一定的细观断裂机理背景,一些较新的准则(如 Lou-Huh 准则和 MMC 模型)综合考虑了应力三轴度和罗德参数对孔洞演化行为的影响,因此在描述金属破裂行为上也有着不错的表现。然而,在韧性断裂准则中,损伤效应并没有耦合到材料的塑性本构方程中,而仅仅作为判定破裂与否的判据,因此韧性断裂准则并不能表征材料在破裂前由于细观孔洞的不断增长而在宏观层面表现出来的性能劣化现象(损伤效应)。表 2-9 列出了工程中常用的 7 种韧性断裂准则,都采用应力变量沿塑性变形路径积分的形式,即

$$\int_0^{\bar{\varepsilon}_f} F(\sigma_1, \sigma_m, \bar{\sigma}, \cdots) d\bar{\varepsilon} = C \tag{2.79}$$

式中:F 是关于各种应力变量的函数;$\bar{\varepsilon}_f$ 是断裂等效应变;C 是断裂时刻的积分常量。

表 2-9　韧性断裂准则

名　称	表达式
Freudenthal 准则	$\int_0^{\bar{\varepsilon}_f} \bar{\sigma} d\bar{\varepsilon} = C$
Cockcroft - Latham 准则	$\int_0^{\bar{\varepsilon}_f} \sigma_1 d\bar{\varepsilon} = C$
Rice - Tracey 准则	$\int_0^{\bar{\varepsilon}_f} 0.283 \exp\left(\dfrac{3\sigma_m}{2\bar{\sigma}}\right) d\bar{\varepsilon} = C$
Brozzo 准则	$\int_0^{\bar{\varepsilon}_f} \dfrac{2\sigma_1}{3(\sigma_1 - \sigma_m)} d\bar{\varepsilon} = C$
Oh 准则	$\int_0^{\bar{\varepsilon}_f} \dfrac{\sigma_1}{\bar{\sigma}} d\bar{\varepsilon} = C$
Oyane - Sato 准则	$\int_0^{\bar{\varepsilon}_f} \left(C_1 + \dfrac{\sigma_m}{\bar{\sigma}}\right) d\bar{\varepsilon} = C_2$
Lou - Huh 准则	$\int_0^{\bar{\varepsilon}_f} \left(\dfrac{2\tau_{max}}{\bar{\sigma}}\right)^a \left(\dfrac{\langle 1 + 3\sigma_m/\bar{\sigma}\rangle}{2}\right)^b d\bar{\varepsilon} = C$

韧性断裂准则能否准确预测金属板料失效行为的关键之一在于其材料参数的确定。目前材料参数的计算主要有两种方法:假设单拉实验中的加载路径是线性的,利用数值方法计算单拉应力状态下对应的材料参数;基于数值模拟和基础实验相结合的方法,通过有限元仿真来获得材料参数。

3. 耦合型韧性损伤断裂准则

耦合型韧性损伤断裂模型是在多孔介质塑性模型的基础上,通过引入描述孔洞形核、生长和聚合的内变量方程而建立的。相比于韧性断裂准则,耦合型韧性损伤断裂模型的损伤变量与塑性本构方程直接耦合,能够反映损伤效应对材料宏观塑性变形行为的影响。此外,耦合型韧性损伤断裂模型中损伤变量有着比较形象的几何解释(细观孔洞体积分数),所对应的损伤演化模型不再是抽象的数学方程,而被赋予了清晰的物理内涵。

耦合型韧性损伤断裂模型的发展离不开损伤断裂机理的研究,正是由于人们对材料损伤断裂机理的认识越来越深刻,才推动耦合型韧性损伤断裂准则不断向前发展并反映材料失效的本质特征。1977 年,Gurson 最先将圆柱形孔洞和球形孔洞引入宏观塑性势函数中,提出Gurson 孔洞模型。1981 年,Tvergaard 提出了孔洞形核和生长的数学描述,并应用在 Gurson模型上,形成了最初的耦合型韧性损伤断裂模型。1984 年,Tvergaard 和 Needleman 进一步改进了该模型,考虑孔洞的聚合效应,建立了著名的 GTN 模型。随后,Nahshon 和Hutchinson 又发现 GTN 模型无法准确预测剪切状态下金属材料的韧性断裂,并在孔洞演化

函数中添加了剪切机制。此外,Xue 等人也通过应力张量第三不变量对 GTN 模型进行了修正,用以反映剪切机制对韧性断裂行为的影响。除了上述对耦合型韧性损伤断裂准则中孔洞演化函数的不断修正,也有许多学者对多孔介质塑性模型进行深入研究。例如,Benzerga 使用张量函数的分析方法,推导出三维应力状态下 Hill48 的多孔介质塑性势函数,并用于预测板料的成形极限。蔡正阳等人通过最优化方法对基体塑性变形率引入一阶近似,基于严格的数学推导建立了 Yld2000-2d 各向异性基体多孔介质的近似宏观塑性势函数,并用其预测了高强钢板的韧性断裂行为。

(1) GTN 模型

Gurson 首先建立了描述微孔洞对材料塑性变形行为影响的关系,采用孔洞体积分数 f 作为变量来描述孔洞的形核、长大以及聚合过程。Tvergard 引入了校准参数,Tvergaard 和 Needleman 提出了有效孔洞体积分数 f,建立了新的材料损伤模型,即 GTN 模型。GTN 损伤模型通过在屈服势中引入孔洞体积分数这一变量,能够准确描述孔洞的长大、形核和聚集的演变规律。模型表达式为

$$\Phi = \left(\frac{\sigma_{eq}}{\bar{\sigma}_m}\right)^2 + 2q_1 f^* \cosh\left(\frac{3q_2\sigma_H}{2\bar{\sigma}_m}\right) - (1 + q_3 f^{*2}) = 0 \tag{2.80}$$

$$f^* = \begin{cases} f, & f \leqslant f_c \\ f_c + \dfrac{\dfrac{1}{q} - f}{f_F - f_c}(f - f_c), & f_c < f < f_F \end{cases} \tag{2.81}$$

式中:Φ 为屈服函数;σ_{eq} 为宏观 Mises 等效应力;$\bar{\sigma}_m$ 为基体材料的等效应力;σ_H 为宏观静水应力;q_1, q_2, q_3 为 3 个校准参数;f_c 为孔洞开始聚合时的孔洞体积分数;f_F 为断裂时的孔洞体积分数;f^* 为有效孔洞体积分数,是孔洞体积分数 f 的函数,当 $f^* = 0$(初始孔洞体积分数 $f_0 = 0$)时,表示材料没有损伤。

孔洞体积分数的演化过程等于孔洞生长和聚合之和,其表达式为

$$df = df_{growth} + df_{nucleation} \tag{2.82}$$

式中:df_{growth} 为原有孔洞长大变化量;$df_{nucleation}$ 为孔洞形核变化量。

孔洞增长率与塑性应变率中的静水分量有关,其表达式为

$$df_{growth} = (1 - f)d\boldsymbol{\varepsilon}^p : \boldsymbol{I} \tag{2.83}$$

式中:$d\boldsymbol{\varepsilon}^p$ 为宏观塑性应变增量;$\boldsymbol{I}$ 为二阶单位张量。

根据塑性应变控制形核准则,新孔洞形核变化量为

$$df_{nucleation} = Ad\bar{\varepsilon}_m^{pl}$$

$$A = \frac{f_n}{S_N\sqrt{2\pi}} \cdot \exp\left[-\frac{1}{2}\left(\frac{\bar{\varepsilon}_m^{pl} - \varepsilon_N}{S_N}\right)^2\right] \tag{2.84}$$

式中:A 为孔洞形核系数;f_n 为可形核粒子的体积分数;ε_N 为孔洞形核时的平均等效塑性应变;S_N 为形核应变标准差;$\bar{\varepsilon}_m^{pl}$ 为基体材料的累积等效塑性应变。

研究表明,在 GTN 模型实际应用中,对于大部分材料的某些参数是可以确定的。Tvergard 等人建议 $q_1 = 1.5, q_2 = 1, q_3 = q_1^2$。Chu 和 Needleman 指出,$\varepsilon_N = 0.3, S_N = 0.1$ 适用于大多数材料。对于其余的参数 f_0、f_c、f_n 和 f_F,可以通过建立有限元模型进行单轴拉伸数值模拟反向确定。

（2）Lemaitre 模型

Lemaitre 韧性断裂准则是在 Lemaitre 损伤力学的基础上建立的，从热力学的角度通过引入宏观损伤指标（如面积比）来描述损伤的变化规律，该准则可以较好地预测铝合金材料的破裂。考虑均匀介质损伤的简单情况，Lemaitre 的损伤理论有几个重要的基本概念，分别是一维损伤变量、各向同性假设、有效应力和应变等价。

1）一维损伤变量

如图 2-68 所示，考虑受损物体的某典型单元，该单元的方向由法线向量 $\boldsymbol{n}$ 确定。损伤变量的大小衡量材料损伤的程度，受损单元在法向上的损伤变量值表示为

$$D_{\mathrm{n}} = \frac{S - \bar{S}}{S} \tag{2.85}$$

式中：S 为受损单元的截面积；$\bar{S} = S - S_{\mathrm{D}}$ 是除去损伤面积后，材料的实际承载面积，其中 S_{D} 代表截面上细微空穴或其他缺陷的总体损伤面积。

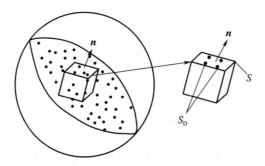

图 2-68　损伤的细观定义

当 $D_{\mathrm{n}} = 0$ 时，材料处于无损状态；当 $D_{\mathrm{n}} = 1$ 时，表示材料完全断裂；当 $0 < D_{\mathrm{n}} < 1$ 时，对应于材料的不同损伤程度。

根据空洞的增长模型，空洞面积与整体面积之比等于空洞体积与整体体积之比，则上式变为

$$D_{\mathrm{n}} = \frac{S_{\mathrm{D}}}{S} = \frac{V_{\mathrm{D}}}{V} \tag{2.86}$$

式中：V_{D} 为受到损伤的体积，即空洞体积；V 为损伤单元的总体积。

2）各向同性假设

材料内部出现的微裂纹和微空穴是有方向性的，一般来说，D_{n} 是与法向量有关的函数。为了简化计算，Lemaitre 模型的各向同性损伤假设忽略了裂纹与微空穴的方向性，损伤变量 D_{n} 退化成一个标量 D。

3）有效应力

如果载荷 F 作用于材料单元截面 S 上，那么 $\sigma = F/S$ 是我们不考虑损伤的柯西应力。然而由于损伤的存在，实际的有效承载面积为 $\bar{S} = S(1 - D)$，因此定义有效应力为

$$\bar{\sigma} = \frac{F}{\bar{S}} = \frac{\sigma}{1 - D} \tag{2.87}$$

类似于 Mises 屈服准则中的等效应力，考虑损伤的屈服准则中的等效应力 σ^* 也有如下表达：

$$\sigma^* = \sqrt{\frac{2}{3}(1+\nu)\bar{\sigma} + 3(1-2\nu)\sigma_{\mathrm{m}}^2} \tag{2.88}$$

式中：ν 表示泊松比；σ_{m} 为平均静水压力。

4）应变等价

为了避免对每种缺陷和每类损伤一一进行力学分析，Lemaitre 模型假设任何对于损伤材料所建立的本构方程都可以在相应材料无损情况下的方式导出，如图 2-69 所示，受损材料 Ⅱ 在应力作用下发生的应变和同种无损材料 Ⅰ 产生的应变相同。

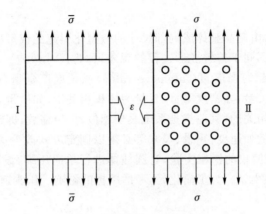

图 2-69　应变等价示意图

Lemaitre 韧性断裂准则是基于连续介质损伤力学（CMD）的韧性断裂准则，将在材料质点范围的损伤和塑性变形耦合到本构方程中，其基本形式为

$$\dot{D} = \frac{\partial F_{\mathrm{D}}(Y, \bar{\varepsilon}, D, \cdots)}{\partial Y} \dot{\bar{\varepsilon}}(1-D) \tag{2.89}$$

式中：$\bar{\varepsilon}$ 和 $\dot{\bar{\varepsilon}}$ 分别为等效应变和等效应变速率；D 为损伤变量；F_{D} 为损伤耗散势；Y 为损伤应变引起的能量释放速率。该模型将损伤定义为材料性能恶化，此不可逆的过程与孔洞形核、长大和夹杂物导致的微裂纹有关。

习　　题

1. 金属材料有哪些缺陷类型，具体表现形式是什么？
2. 常见的金属材料塑性断裂类型及特征有哪些？概括常见的韧性断裂准则。
3. 微细成形本构建模遵循的基本原理有什么？
4. 试简述材料发生后继屈服时，常见的强化模型有哪些。

第3章 微细成形中的尺寸效应

3.1 尺寸效应的定义与分类

1. 定 义

在微细成形过程中,由制品整体或局部尺寸的微型化引起的成形机理、材料变形规律以及摩擦等方面所表现出的不同于传统成形过程的现象,称为尺寸效应。尺寸效应是指当几何尺寸按一定比例缩放时引起的强度量(intensive value)或预期广延量(extensive value)的差异(其中,强度量为体积无关量,如密度等;广延量为体积相关量,如质量等)。尺寸效应的一般描述是与相似性理论密切相关的,其前提是系统表现相似,如果缩放,即改变大小,则根据相似性规则进行。所有的相关量如速度、重量、尺寸等必须以固定方式改变关系,例如通过比例因子 Λ 进行改变。比如,对于简单的镦粗实验,对圆柱体进行单向压缩,设圆柱体试样的初始高度为 h_0,压缩后的最终高度为 h。为了简化,不考虑摩擦的影响。压头速度可以定义为

$$v = \Delta h / \Delta t = (h_0 - h)/\Delta t \tag{3.1}$$

圆柱体的变形速度可表示为

$$\dot{\varphi} = \mathrm{d}\varphi/\mathrm{d}t = \Delta\varphi/\Delta t \tag{3.2}$$

式中:φ 表示对数应变,其表达式为

$$\varphi = \ln(h/h_0) \tag{3.3}$$

如果 h_0 由尺度 1 改变至尺度 2,则在同一材料和相同变形条件下,相同的变形速度对应相同的材料行为(如流动应力 σ_f):

$$\begin{cases} \sigma_{f1} = \sigma_{f2} \\ \dot{\varphi}_1 = \dot{\varphi}_2 \end{cases} \tag{3.4}$$

将式(3.2)代入式(3.4)中,得到

$$\Delta t_1 = \Delta t_2 \tag{3.5}$$

由于 $\Delta h_1 \neq \Delta h_2$,导致 $v_1 \neq v_2$。定义两种条件下圆柱体的初始高度有如下关系:

$$h_{0,1} = \lambda h_{0,2} \tag{3.6}$$

式中:λ 称为"尺寸因子",是无量纲常数。$\lambda = 1$ 表示常规板材厚度为 1 mm,$\lambda = 0.1$ 表示板材厚度减小至 100 μm。由式(3.1)可得两种尺度下的压头移动速度关系:

$$\frac{v_1}{v_2} = \frac{(h_{0,1} - h_1)/\Delta t_1}{(h_{0,2} - h_2)/\Delta t_2} \tag{3.7}$$

联合式(3.5)和式(3.6),可得

$$\frac{v_1}{v_2} = \frac{\lambda h_{0,2} - \lambda h_2}{h_{0,2} - h_2} = \lambda \tag{3.8}$$

根据相似性原则,要获得相似的材料性能,当 $h_{0,1}$ 是 $h_{0,2}$ 的 10 倍($\lambda = 10$)时,压头速度也必须增加 10 倍。事实上,在小尺寸试样(晶粒尺寸与试样直径相当时)塑性变形过程中观察不

到这种相同的材料行为,这种与预期行为的偏差称为尺寸效应。

2. 分 类

尺寸效应产生的根本原因是在缩小零件尺寸的同时,不能保证所有相关量之间的关系不变。因此,尺寸效应不可避免。根据在系统缩放过程中,不改变的相关量类别,可将尺寸效应分为三类。

(1) 密度不变引起

密度不变引起尺寸效应的基本原理基于这样一个事实,即微细特征(例如空隙)的密度不变,也就意味着它们之间的距离恒定。如果试样大小与该距离相比较大,则试样的体积元素中存在此类特征的概率很高。然而,当试样大小或局部尺寸的数量级等于平均特征距离,则试样可能没法包含这样的特征,进而导致不同的变形行为。常见的由密度不变引起的尺寸效应有:①点密度,如孔洞、杂质等;②线密度,如位错密度、位错间距等;③面密度,如单个晶粒的晶界。密度影响如图 3-1 所示。

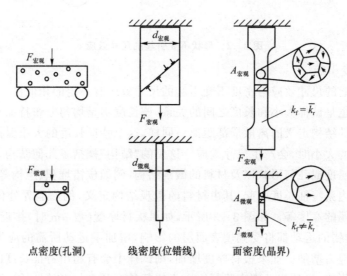

点密度(孔洞)　　　线密度(位错线)　　　面密度(晶界)

图 3-1　密度不变引起的尺寸效应

(2) 形状不变引起

形状不变引起的尺寸效应的特点是形状恒定,主要由表面积与体积之比变化引起的效应。相对表面积随着尺寸的减小而显著增加。比如直径为 1 mm 的球体的总表面积为 3.14 mm^2,表面积与体积之比为 $1/r$(r 为球体半径),但直径为 10 nm 的球体的表面积与体积之比是直径为 1 mm 球体的 2×10^5 倍。形状不变引起的尺寸效应的一般原理是与体积相关的量和与表面积相关的量用于确定观察值,当二者关系随着尺寸的变化而变化时,就会导致不同的结果,比如不同的散热、重量、加速力等。比如,随着尺寸的减小,热损失将变得越来越显著,使微型零件的热成形温度控制变得非常困难。如图 3-2 所示,试样中的所有晶粒将对宏观流动应力产生积极贡献。假设微观组织均匀分布,对流动应力的贡献将取决于每个晶粒在加载方向的取向以及单个晶粒的变形限制。其中,变形限制在晶界处最强烈,而在自由表面处则很低。当试样尺寸较大时,单个晶粒取向的影响可能会平均化,但当试样尺寸减小时,较软的表面层晶粒的影响将导致材料的软化行为,这是因为表面晶粒的相对数量与表面积和体积之比成正比。此外,形状不变引起的尺寸效应还影响工件的平衡效应,最突出的例子是夹具处的工件粘附问题。当试样尺寸减小时,取决于体积的重力以及取决于表面积的范德华力、静电力之间的关系将发生转变,这意味着需要一些新的策略来操作微型零件,以克服增大的附着力。

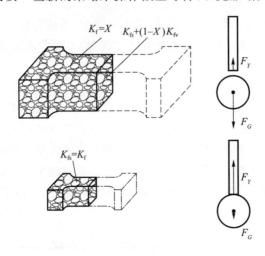

图 3 - 2　形状不变引起的尺寸效应

（3）结构不变引起

结构不变引起的尺寸效应与密度不变引起的尺寸效应有一定的相似性。结构不变引起的尺寸效应的来源也是试样大小和长度之间的关系,该长度不是均匀分布特征之间的平均距离,而是由原子或工件结构定义的离散局部距离。同样,这个特征长度的大小保持不变,当试样大小接近特征长度的大小时,会产生尺寸效应。这里的"结构"概括了几何结构,例如切削工具上切削刃的表面粗糙度或几何形状以及材料的微观结构,例如位错堆积、织构等。结构不变引起的尺寸效应可由内禀特征长度引起,其由材料的微观结构定义,例如晶界处位错堆积的长度、第二相周围应力场的宽度等。如图 3 - 3 所示,如果板材厚度（数 μm 时）接近位错堆积的特征长度,那么任何位错的运动都将受到硬表面层的影响,增加了运动所需的应力,将导致宏观上测量的材料流动应力增加。如果板材厚度增加,则试样中会有超出特征长度的区域,此时位错运动将不受硬层影响,导致流动应力降低。由于特征长度是由材料的性质决定的,不可能通过实验装置改变材料内禀特征长度,因此无法避免特征长度引起的尺寸效应。另外,微观几何形貌特征尺寸也是引起尺寸效应的原因,例如刀具的切削刃半径或有意设计的板材表面上凹坑的直径和深度,用于改善成形过程中的润滑条件。在零件尺寸缩小时,可以改变这些特征尺寸,保持其与工件大小的比例不变。然而,由于实际原因,有时难以缩小微观几何结构尺寸,例如非常锋利的切削刃是不稳定的,不适用于工业用途。板材成形过程中,润滑剂的用量通常用单位表面积的含量来定义。比如,较小表面积的试样,润滑剂的总量将减少,与工件的表面积成比例。一般地,模具表面的微凹坑用于储存润滑剂,随着工件尺寸的减小,微凹坑数量也将减少,那么多余的润滑剂不会储存在微凹坑中,就会产生尺寸效应,如图 3 - 3 所示。

另外,在板材成形过程中,人为地将板料厚度减小或调控微观组织为某一优先取向,在缩放试样大小时会导致偏离预期行为,同样诱发材料变形行为的尺寸效应。

可见,尺寸效应产生的本质原因是,当零件尺寸减小时,无法保持所有相关参数之间的关系不变。例如,在薄板成形工艺中,如果板材厚度减薄,那么板厚与晶粒尺寸的比值将会增加。当然,晶粒尺寸可以减小以保持晶粒尺寸和板材厚度之间的关系为常数,但根据 Hall - Petch

公式,此时材料的强度会增加。因此,缩放所有相关参数是不可能的,尺寸效应是不可避免的。

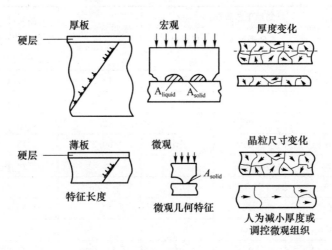

图 3 - 3　结构不变引起的尺寸效应

3.2　材料力学响应的尺寸效应

由于尺寸效应的存在,当金属材料厚度或直径接近晶粒尺寸级别时,其在微塑性变形过程中的变形机理、流动行为以及力学性能等都会表现出与宏观尺寸不一样的结果,导致宏观尺寸下的塑性理论无法完全适用于指导微细成形的工程应用。因此,研究尺寸效应对金属材料力学性能的影响规律具有重要理论意义与工程应用价值。

SUS304 不锈钢箔带材以其良好的耐蚀性、耐热性、优良的机械性能广泛应用于医疗器械和航空航天领域,是塑性微细成形工艺常用的材料之一。SUS304 材料为亚稳态奥氏体不锈钢,是典型的 FCC 晶体结构金属。为了说明微尺度下几何尺寸和晶粒大小对金属箔带材力学性能、屈服行为和失效机制的影响规律,选用 3 种不同厚度的不锈钢箔带材(分别是 $200\ \mu m$、$120\ \mu m$ 和 $50\ \mu m$),并对材料进行 5~6 种工艺路线下的热处理以获得不同的晶粒尺寸(10~$100\ \mu m$ 之间)。相应的热处理工艺路线如表 3 - 1 所列。

表 3 - 1　SUS304 不锈钢箔带材热处理工艺路线

厚度 $t_0/$ μm	热处理工艺参数			平均晶粒尺寸 $d_0/\mu m$	晶粒尺寸偏差相对值 $\Delta d_0/\%$	尺寸因子 $\lambda = t_0/d_0$
	序　号	热处理温度/ ℃	保温时间/ h			
	A - 1	900	0.25	15.36	44.5	13.02
	A - 2	1 000	0.25	29.49	24.7	6.78
200	A - 3	1 000	1	48.98	17.5	4.08
	A - 4	1 050	1	64.83	16.1	3.08
	A - 5	1 100	1.5	94.87	17.1	2.11

续表 3-1

厚度 t_0/ μm	热处理工艺参数			平均晶粒尺寸 d_0/μm	晶粒尺寸偏差相对值 Δd_0/%	尺寸因子 $\lambda = t_0/d_0$
	序 号	热处理温度/℃	保温时间/h			
120	B-1	900	0.25	14.50	47.4	8.27
	B-2	1 000	0.25	30.81	25.7	3.89
	B-3	1 000	1	42.57	20.7	2.81
	B-4	1 050	1	60.27	16.6	1.99
	B-5	1 100	1.5	68.41	22.7	1.75
50	C-1	900	0.25	7.93	61.4	6.31
	C-2	950	0.5	12.85	50.8	3.89
	C-3	1 000	0.25	21.26	33.4	2.35
	C-4	1 000	1	34.90	25.6	1.43
	C-5	1 050	1	52.63	17.4	0.95
	C-6	1 100	1.5	69.10	21.3	0.72

　　不同厚度和热处理工艺路线下 SUS304 箔带材微观组织如图 3-4 所示,其相应的晶粒尺寸通过截线法获得并总结在表 3-1 中。考虑 SUS304 箔带材晶粒大小分布不均匀,在每一组材料状态下做 3 组金相测试,分别测量后取平均值 d_0 和晶粒尺寸偏差相对值 Δd_0。根据所得到的晶粒尺寸 d_0,相应的尺寸因子 λ(箔带材厚度 t_0 与晶粒尺寸 d_0 的比值)也列于表 3-1 中。可以看出,在厚度相同时,随着热处理温度的升高,晶粒尺寸逐渐增大,尺寸因子 λ 相应减小。在热处理温度相同时,随着厚度的减薄,晶粒尺寸逐渐减小,尺寸因子 λ 表现出下降趋势。

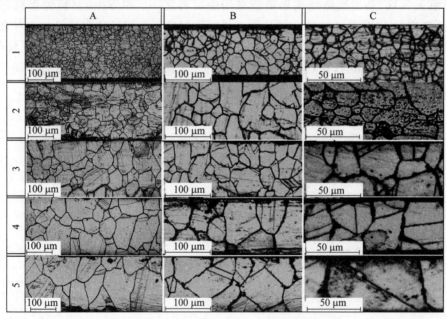

图 3-4　不同状态下 SUS304 箔带材的微观组织

本节通过对具有不同厚度和晶粒尺寸的 SUS304 不锈钢箔带材进行力学性能测试,基于常温下的单向拉伸实验说明不锈钢箔带材力学性能的尺寸依赖性,分析金属箔带材各向异性行为随尺寸因子变化的规律,说明 Hall-Petch 关系在亚多晶和单晶尺度范围内的适用性。同时,根据金属箔带材表面层单晶行为和中心层多晶行为的假设,建立微尺度流动应力本构模型,并从单晶状态出发,通过拟合单晶条件下的应力-应变曲线进而获得微尺度模型参数。为了获得 SUS304 箔带材的力学性能和流动应力-应变曲线,在万能试验机上以 5 mm/min 的速度进行单向拉伸实验。单拉试样的形状和尺寸参照 ASTM E8-08 进行设计,如图 3-5 所示。为了研究 SUS304 箔带材微尺度下的面内各向异性行为,单拉试样分别沿轧制方向(RD)、45°方向(DD)和垂直于轧制方向(TD)进行切割。在加工完成之后再进行后续的热处理以消除机械加工所带来的影响。对于应变的测量,采用散斑非接触测量方法(DIC)以实现微尺度变形中整个应变场的捕捉。实验装置与应变测量系统如图 3-6 所示。

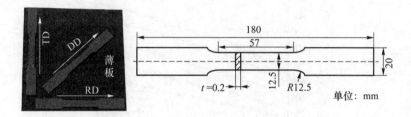

图 3-5　单向拉伸试样的形状和尺寸

图 3-6　单向拉伸实验装置与 DIC 测量系统

3.2.1　流动应力

图 3-7 给出了不同状态下 SUS304 箔带材沿轧制方向流动应力-应变曲线。可见,当厚度保持一致时,SUS304 箔带材的应力-应变曲线随着晶粒尺寸的增大而下降。该现象可用表面层模型进行解释。假设材料的流动应力由两部分组成:内部区域晶粒流动应力和表面层晶粒流动应力。考虑到位错更加容易从自由表面逃逸导致表面层位错密度低于中心层,其相应的流动应力也会低于中心区域晶粒流动应力。随着晶粒尺寸的增加,表面层晶粒所占体积分数上升,最终导致箔带材的流动应力下降。

Hall 和 Petch 最先发现屈服应力与晶粒直径的平方根倒数成线性关系,并开创性地提出了经典的 Hall-Petch 公式:

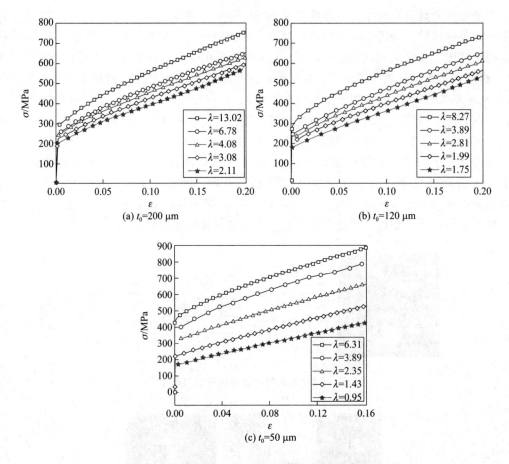

图 3-7 不同状态下 SUS304 箔带材应力-应变曲线

$$\sigma_y = \sigma_{y0} + \frac{k_{hp}}{\sqrt{d_0}} \qquad (3.9)$$

式中：σ_{y0} 是单晶平均屈服应力；k_{hp} 是与晶界相关的常数。

之后，Armstrong 将屈服应力推广到流动应力范畴，描述了在恒定应变下流动应力与晶粒大小之间的关系，即

$$\sigma(\varepsilon) = \sigma_0(\varepsilon) + \frac{k_{hp}(\varepsilon)}{\sqrt{d_0}} \qquad (3.10)$$

式中：$\sigma(\varepsilon)$ 是流动应力；$\sigma_0(\varepsilon)$ 是单晶发生塑性变形时的平均流动应力，随着应变的增加而上升；材料常数 $k_{hp}(\varepsilon)$ 是应变的函数，反映了晶界对变形影响的系数。

图 3-8 给出了 3 种厚度下 SUS304 箔带材广义 Hall-Petch 关系随应变的变化规律，由图可见：

① 对于厚度 200 μm 的 SUS304 带材，随着晶粒长大，流动应力逐渐下降，并且流动应力与晶粒尺寸之间的关系可以用 Hall-Petch 公式准确地拟合成一条直线。

② 对于厚度 120 μm 的 SUS304 带材，虽然随着晶粒尺寸增加，流动应力也表现出逐渐下降的趋势，但是却存在一临界尺寸因子 λ_c 将 Hall-Petch 线性关系分成两段，即 $\lambda_c = 1.99$。当尺寸因子 λ 低于该临界值时，流动应力对晶粒尺寸的依赖性明显增强，晶粒长大导致流动应力

迅速下降。这是由于随着厚向晶粒数的减少，金属带材力学行为趋向于单晶状态，进而引发晶粒内部背应力的迅速下降。而当尺寸因子 λ 高于该临界值时，SUS304 带材力学行为符合亚多晶状态材料属性，流动应力与晶粒尺寸之间的关系可以用 Hall - Petch 公式线性拟合。

③ 对于厚度为 $50~\mu m$ 的 SUS304 箔材，也发现了流动应力随着晶粒尺寸长大而下降的现象，并且也存在一临界尺寸因子 λ_c 将 Hall - Petch 线性关系分成两段。考虑到金属箔材厚度以及晶粒尺寸等影响因素，该临界尺寸因子 λ_c 为 3.89，略高于厚度为 $120~\mu m$ 状态下的临界值。

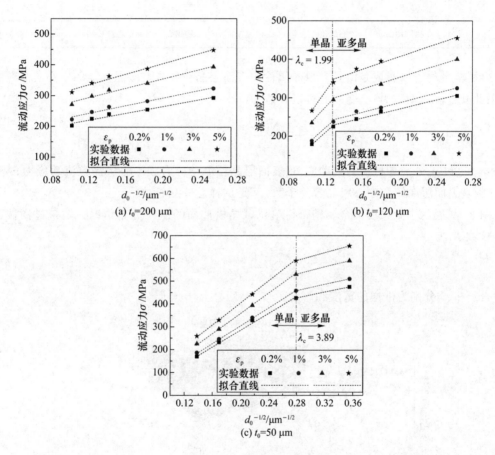

图 3 - 8　Hall - Petch 关系

基于式（3.10）的 Hall - Petch 方程，对 SUS304 箔带材亚多晶状态下流动应力与晶粒尺寸之间的关系进行拟合，获得的拟合系数如表 3 - 2 所列。可以看出，σ_0 随着应变的增加而呈现上升的趋势，符合加工硬化导致单晶平均流动应力升高的假设。不同厚度的 SUS304 箔带材计算得到的 σ_0 数值比较接近，说明 σ_0 所代表的单晶状态下金属箔带材平均流动应力与其所处的材料厚度没有直接关联。此外，k_{hp} 也表现出随着应变增加而上升的趋势。考虑到参数 k_{hp} 不仅与晶体结构有关，而且受晶体剪切模量、位错密度和位错环的影响，SUS304 箔带材塑性变形过程中会发生奥氏体向马氏体转变，相变过程造成的晶格缺陷等会导致位错或孪晶增殖，进而阻碍位错运动。因此，k_{hp} 随着应变增加而上升的现象可能归结于马氏体相变所引发的位错增殖。

表 3 - 2 Hall - Petch 关系拟合系数

$\varepsilon_p / \%$	$t_0 = 200\ \mu m$		$t_0 = 120\ \mu m$		$t_0 = 50\ \mu m$	
	σ_0	k_{hp}	σ_0	k_{hp}	σ_0	k_{hp}
0.2	152.93	555.18	154.51	582.13	246.48	643.49
1	167.06	621.84	163.37	619.35	267.54	682.75
3	201.34	758.90	201.93	755.02	310.18	787.95
5	231.13	856.38	242.67	819.87	351.87	853.62

金属箔带材可以看成是由具有单晶属性的表面层晶粒和具有多晶性能的中心层晶粒所组成,因此其整体流动应力-应变曲线可以表达为

$$\sigma = \frac{N_{sur}\sigma_{sur} + N_{in}\sigma_{in}}{N}, \quad N = N_{sur} + N_{in} \tag{3.11}$$

式中:σ、σ_{sur} 和 σ_{in} 分别是材料的流动应力、表面层晶粒流动应力和中心层晶粒流动应力;N_{sur} 和 N_{in} 分别是表面层晶粒和中心层晶粒的个数;N 是试样总的晶粒数。

图 3-9 展示了微尺度下金属箔带材单拉试样横截面的晶粒分布情况。箔带材横截面的总晶粒数 N 为

$$N = \frac{w_0 t_0}{d_0^2} \tag{3.12}$$

式中:w_0 和 t_0 分别为试样的宽度和厚度。

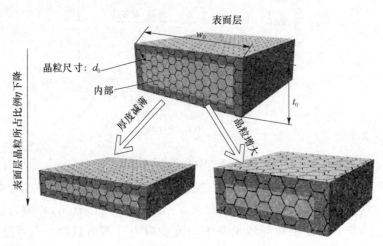

图 3-9 表面层晶粒和中心层晶粒分布

横截面的表面层晶粒数 N_{sur} 可以表示为

$$\begin{cases} N_{sur} = \dfrac{w_0 + t_0}{d_0} - 2 \\ N_{sur} = 1, \quad w_0 = t_0 = d_0 \end{cases} \tag{3.13}$$

随着试样减薄或者晶粒尺寸的增加,表面层晶粒所占比重上升,材料流动行为从中心多晶行为向表面单晶行为发生转变。因此,微尺度下材料流动行为介于单晶和多晶流动行为之间:

$$\sigma_{sig} \leqslant \sigma_{micro/meso} \leqslant \sigma_{ploy} \tag{3.14}$$

式中:σ_{sig} 和 σ_{ploy} 分别是单晶和多晶流动应力;$\sigma_{micro/meso}$ 是微观/介观尺寸流动应力。

为了准确构建 SUS304 箔带材流动应力模型,需要同时考虑处于下界的单晶模型和处于上界的多晶模型。根据晶体塑性理论和 Schmid 法则,当特定滑移面和滑移方向上的切应力达到临界切应力时,该晶体发生剪切滑移。如图 3-10 所示,单晶体的临界切应力 τ_R 可以表达为

$$\tau_R = (\cos\phi\cos\gamma)\sigma = \beta\sigma, \quad 0 < \beta \leqslant 1/2 \tag{3.15}$$

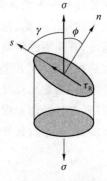

式中:β 是与晶粒取向有关的 Schmid 因子;ϕ 是轴向应力 σ 与滑移面法向方向 n 的夹角;γ 是滑移方向 s 与轴向应力 σ 之间的夹角。

因此,单晶模型可以表示为

$$\sigma_{sig}(\varepsilon) = m_s\tau_R(\varepsilon) \tag{3.16}$$

图 3-10　单晶滑移理论模型

式中:m_s 是方向因子($m_s \geqslant 2$)。

而多晶模型可以借鉴经典的 Hall-Petch 方程来描述,即式(3.10),其中 $\sigma_0(\varepsilon)$ 与单个晶粒中的临界切应力相关,即

$$\sigma_0(\varepsilon) = M_s\tau_R(\varepsilon) \tag{3.17}$$

式中:M_s 属于整个变形系统的方向因子,是构成试样所有晶粒的方向因子的平均值。

结合式(3.10)和式(3.17),多晶体流动应力 σ_{ploy} 与晶粒尺寸 d_0、临界切应力 τ_R 和晶界抗力之间的关系重新表述为

$$\sigma_{ploy}(\varepsilon) = M_s\tau_R(\varepsilon) + \frac{k_{hp}(\varepsilon)}{\sqrt{d_0}} \tag{3.18}$$

根据上面得到的单晶模型和多晶模型以及表面层模型假设,SUS304 不锈钢箔带材流动应力模型由下面两个部分组成:

$$\begin{cases} \sigma_{sur}(\varepsilon) = \sigma_{sig}(\varepsilon) = m_s\tau_R(\varepsilon) \\ \\ \sigma_{in}(\varepsilon) = \sigma_{ploy}(\varepsilon) = M_s\tau_R(\varepsilon) + \frac{k_{hp}(\varepsilon)}{\sqrt{d_0}} \end{cases} \tag{3.19}$$

结合式(3.11)和式(3.19),最终微尺度流动应力本构模型可以写为

$$\sigma(\varepsilon) = \frac{N_{sur}m_s\tau_R(\varepsilon) + N_{in}\left[M_s\tau_R(\varepsilon) + \frac{k_{hp}(\varepsilon)}{\sqrt{d_0}}\right]}{N} \tag{3.20}$$

式中:m_s 和 M_s 分别是表面层和中心层晶粒方向因子。

令 $N_{sur} = \eta N$,微尺度流动应力模型(式(3.20))进一步简化为

$$\sigma(\varepsilon, \eta) = \eta m_s\tau_R(\varepsilon) + (1 - \eta)\left[M_s\tau_R(\varepsilon) + \frac{k_{hp}(\varepsilon)}{\sqrt{d_0}}\right] \tag{3.21}$$

式中：η 是表面层晶粒所占总晶粒数的比例。当 $\eta=0$ 时，式（3.21）变为多晶体流动应力模型；当 $\eta=1$ 时，式（3.21）简化为单晶体流动应力模型。

3.2.2　延伸率

图 3-11 描述了厚度为 $20~\mu m$、$50~\mu m$、$120~\mu m$、$150~\mu m$ 和 $200~\mu m$ 的不锈钢箔带材在不同热处理温度下的延伸率，右边纵坐标表示同一厚度下不同热处理温度（晶粒尺寸）下延伸率的最大波动。可见，随着板料厚度的减薄，不同热处理温度下试样的延伸率逐渐降低，并且厚度越薄，延伸率的降低越明显。在板料厚度相同时，随着热处理温度的升高，试样的延伸率先增大并在 1 000 ℃时达到最大值，然后逐渐减小。这主要是因为从 900 ℃到 1 000 ℃，再结晶已经完成，随着晶粒尺寸的增加，织构更均匀，位错运动的阻力减小，因此伸长率继续增加。然而，随着热处理温度的继续升高，晶粒继续生长，试样趋向于单晶粒的自由变形，变形不均匀性增加，因此导致延伸率降低。此外，随着板料厚度减小，延伸率的波动幅度逐渐增大。

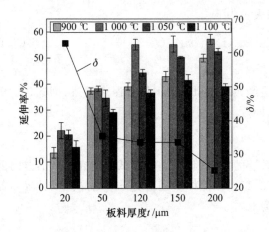

图 3-11　延伸率在不同板料厚度和晶粒尺寸下的变化规律

3.2.3　屈服强度

图 3-12 所示为不同 SUS304 板料厚度和晶粒尺寸下的屈服强度。根据 Hall-Petch 关系式可以看出，材料的屈服强度与晶粒尺寸（$d^{-1/2}$）有着明显的线性关系。在 SUS304 厚度为 $200~\mu m$ 时，系数 k_y 值为 1 061 MPa·$\mu m^{1/2}$。当厚度减小到 $20~\mu m$ 时，k_y 值也降低为 794 MPa·$\mu m^{1/2}$，k_y 值的降低表明晶界对板料屈服强度的影响随着厚度的减薄而降低。图 3-12（b）给出了屈服强度与 t/d 的关系图，并分段线性拟合屈服强度与 t/d 的关系。结果表明，屈服强度随着 t/d 的减小而逐渐减小，当 t/d 值从 10.05 减小到 1.03 时，屈服强度从 350 MPa 降低到 200 MPa，降幅为 43%。然而，当 t/d 值从 1.03 继续减小至 0.54 时，屈服强度从 200 MPa 降低到 75 MPa，降幅为 63%，表明对于 $t/d<1$ 的试样，屈服强度显示出更强的尺寸依赖性。这是由于当 $t/d<1$ 时，试样的厚度方向只有不到一个晶粒，变形模式也从多晶变形转变为单晶的变形行为，此时表面层体积分数急剧增加，晶界数量减少。因此，变形抗力降低，最终导致屈服强度的降低更加显著。

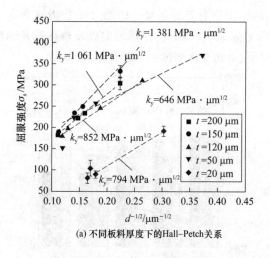
(a) 不同板料厚度下的Hall-Petch关系

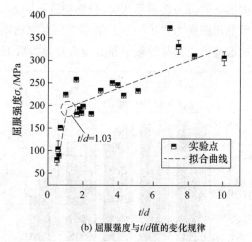
(b) 屈服强度与t/d值的变化规律

图 3-12　材料屈服强度的尺寸效应

3.2.4　各向异性行为

宏观板材在轧制过程中会有晶粒择优取向的现象发生,导致板材呈现出明显的各向异性行为。各向异性行为对于金属板材的塑性流动、应力-应变分布以及成形极限等都有明显的影响。随着尺寸效应的增强,SUS304 箔带材厚度方向晶粒数下降,导致参与塑性变形的晶粒数量减少。此时单个晶粒的形状、取向将会对箔带材的力学性能产生很大影响,进而造成箔带材可能表现出明显的各向异性现象。基于单向拉伸实验结果,可以得到 SUS304 箔带材沿不同方向上的屈服应力 σ_y 和厚向异性系数。

为了便于分析不同材料条件下屈服应力 σ_y 随拉伸方向的变化规律,通过轧制方向屈服应力对其进行归一化处理:

$$\sigma_{归} = \sigma_y / \sigma_0 \tag{3.22}$$

式中:σ_y 是 SUS304 箔带材沿 RD、TD 或 DD 方向的屈服应力;σ_0 是沿 RD 方向的屈服应力。

图 3-13 显示了不同箔带材厚度下归一化屈服应力 $\sigma_{归}$ 随尺寸因子 λ 的变化情况。可见,在尺寸因子 λ 较大时,不同方向之间的 $\sigma_{归}$ 比较接近,箔带材表现出各向同性行为的趋势。而随着尺寸因子 λ 的减小,3 个拉伸方向之间的 $\sigma_{归}$ 差异越来越明显,并且轧制方向屈服应力始终大于其余两个方向的屈服应力。这说明随着尺寸效应的增强,TD 和 DD 方向上的屈服应力越来越弱于 RD 方向上的屈服应力,各向异性行为愈发明显。

为了进一步分析屈服应力各向异性行为随尺寸因子 λ 的演化趋势,定义了屈服应力差异指数 IR:

$$\text{IR} = \frac{2\sigma_{\text{RD}} - \sigma_{\text{DD}} - \sigma_{\text{TD}}}{2\sigma_{\text{RD}}} \times 100\% \tag{3.23}$$

图 3-13 同时给出了屈服应力差异指数 IR 随尺寸因子 λ 的变化趋势。对于这 3 种厚度的 SUS304 箔带材,都表现出随着尺寸因子 λ 的减小,屈服应力差异指数 IR 增加的情况。当尺寸因子 λ 低于某一临界值时,IR 迅速增加,说明此时箔带材呈现出更加强烈的屈服应力各向异性行为。这可能是由于处于这种状态下的 SUS304 箔带材接近于单晶状态,此时单个晶粒取向对其力学行为特征影响更为突出。不同晶粒取向导致开动的滑移系也不一样,而不同滑移系开动所

需要的屈服应力也不尽相同,最终导致不同方向的屈服应力差异明显。比如[1 1 1]滑移方向上的单晶屈服应力要比[0 0 1]滑移方向上的屈服应力高50%。因此,晶体取向以及滑移系开动所需屈服应力的差异导致了屈服应力差异指数IR随尺寸因子λ的减小而迅速增大。

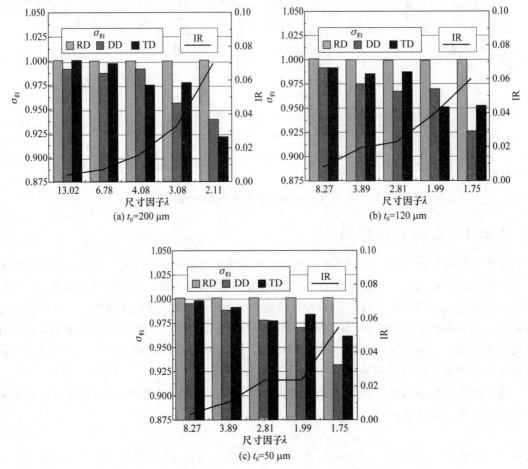

图 3 - 13   归一化屈服应力 $\sigma_{归}$ 随尺寸因子 λ 的变化情况

此外,厚向异性系数 r 值也是评定板料各向异性程度的重要参数,它反映了板料塑性变形过程中厚向变薄的难易程度。图 3 - 14 给出了 SUS304 带材 3 个不同方向上厚向异性系数 r 随尺寸因子 λ 的变化情况。可以发现,随着尺寸因子 λ 的减小,厚向异性系数 r 值逐渐下降并小于 1,表明厚向变薄趋势愈发明显。

大量研究表明,金属板材各向异性行为是由材料内部织构引起的。即使对于退火之后的板材来说,材料内部晶粒也存在不同的择优取向。板材初始织构、退火时间与温度以及加热与冷却速度等都会对再结晶织构产生影响。例如,在铝合金退火处理中,最常出现的是立方织构和少量高斯织构。此外,对于金属箔带材来说,随着厚度减薄以及晶粒尺寸的长大,厚度方向上晶粒数的降低会导致单个晶粒取向影响箔带材整体力学行为。通过电子背散射衍射(EBSD)技术获得了 120 μm 厚度下 SUS304 箔材 3 种晶粒尺寸的标准极图,如图 3 - 15 所示。可以看出,随着晶粒尺寸 d_0 的增加,相应的尺寸因子 λ 减小,初始织构最大密度从 3.4 增加到 9.9,金属箔带材的织构现象显著增强。正是由于材料织构与尺寸因子 λ 之间的交互作用,才引起微尺度下金属箔带材各向异性行为随着尺寸效应增强愈发明显。

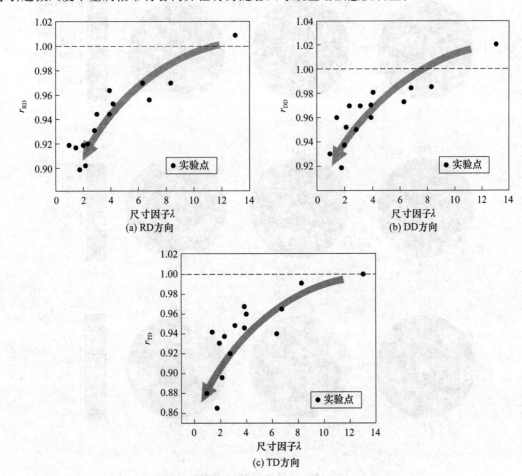

图 3-14　厚向各向异性系数 r 随尺寸因子 λ 的变化情况

3.3　材料循环塑性变形行为的尺寸效应

金属板材在单向加载下的塑性行为可以通过等效应力-应变曲线、屈服准则和流动规律来描述。然而，实际成形时应变路径复杂多变，如材料通过凹模圆角、拉延筋的时候会发生加载—卸载—反向加载，导致材料的屈服应力和流动应力演化不同于单调加载。可以通过单向拉伸实验、循环加载-卸载实验和循环剪切实验来分析其中的尺寸效应。选择 0.2 mm 厚 GH4169（美国 Inconel718）镍基高温合金作为研究对象，其屈服强度高、抗疲劳性好、抗氧化腐蚀性能好，在－250～650 ℃范围内具有良好的综合性能，适用于制造复杂形状的紧固件和弹性元件，在航空航天、核能、石油等工业中具有广泛的应用。为分析不同晶粒尺寸高温合金的力学性能，需要采用不同路线的热处理将材料晶粒处理成不同大小。为防止试件在高温下生成氧化层影响力学性能，处理设备选用真空炉。对高温合金带材进行了 1 100 ℃、1 050 ℃、1 030 ℃、1 000 ℃四种路线的真空退火热处理，冷却方式均采用炉冷。

对热处理后的高温合金薄板进行试样制备、机械抛光、电解腐蚀（腐蚀液为 10 g 草酸和

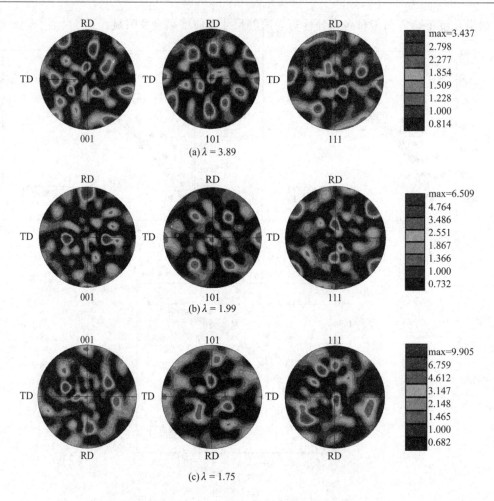

图 3-15　120 μm 厚的 SUS304 箔材标准极图

200 mL 水混合液）和金相观察，获得的金相结果如图 3-16 所示。采用 Image-Pro 软件和截点法确定在 1 100 ℃、1 050 ℃、1 030 ℃、1 000 ℃ 热处理下，材料晶粒由原始的 21.1 μm 分别增大为 70.8 μm、57.9 μm、33.1 μm、24.2 μm。

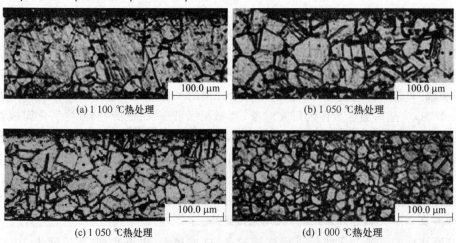

图 3-16　0.2 mm 厚高温合金带材热处理后金相图

3.3.1　循环加载–卸载

循环加载–卸载实验可在万能力学试验机上进行,加载及卸载速度为 5 mm/min,试件与单拉试件相同,应变测量采用 50 mm 标距的引伸计,实验曲线如图 3–17 所示。试验机运行过程可分为加载 A、加载到设定应变停止 M、卸载 B、卸载到设定应力停止 N、再加载 C 五个阶段,整个实验过程重复上述加载卸载过程直到达到设定的最大应变。采用与单拉机配套的软件编制单拉机运行程序,实现上述加载路径。在每个循环中,设定的应变应足够大,保证应变范围内弹性模量会下降到稳定值,同时各个应

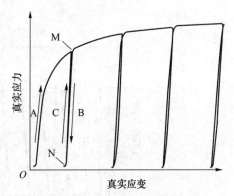

图 3–17　循环加载–卸载实验曲线

变的间隔应当合理,过大会导致后续拟合精度变差,过小会导致数据过于繁杂。最终确定卸载应变为 1.5%、3%、4.5%、6%、7.5%、9%、10.5%、12%、13.5%、15%、16.5%、18%、19.5%。为保证试件有一定拉伸变形,防止卸载后发生屈曲现象,设置卸载到 30 N 时反向加载。实验时用弹片和皮筋将引伸计固定在试件上,防止循环加载卸载时发生打滑现象,固定完成后拔出引伸计销钉并清零。

非线性卸载行为属于循环塑性变形的重要特性,包括非线性回复及弹性模量衰减等现象。经典弹塑性理论中的回弹预测没有考虑非线性卸载行为,这对于低强材料影响不大,但高温合金材料强度高,非弹性回复及弹性模量衰减尤为明显,对有限元仿真对结果影响很大。

图 3–18 所示为一条典型的材料循环加载–卸载实验曲线及其放大图,实验材料为晶粒尺寸 24.2 μm 的 GH4169 带材。从图中可以看出:①加载卸载的时候应力–应变曲线并不重合,都有轻微的弯曲,偏离了一条假想的平均线,呈现明显的非正比关系,即非线性回复现象。②由于曲线不重合而形成的封闭区域被称为弹性滞后环,其表示加载储能与卸载释能之间的差值,称为金属的内耗。从图中封闭区域的面积可以看出,这种内耗随着应变的增加而增大,这与位错钉扎、晶界等因素有关。③每次卸载后再加载,上屈服点会短暂升高(典型的 3 个上屈服点在图中用箭头标出),这与史氏(Snoek)气团有关,流动应力引起溶质原子重排,移动到最小能量位置,减小畸变并降低了体系能量,钉扎位错从而提高了上屈服点强度。④弹性模量明显随着应变的增大而逐渐降低。

图 3–19 所示为不同晶粒尺寸下 0.2 mm 厚 GH4169 带材的循环加载–卸载实验结果,将原始工程应力–应变曲线转换为真实应力–应变,由于非线性回复导致加载和卸载曲线弯曲难以确定弹性模量,因此采用弦线模量(重新加载点与开始卸载点的斜率)作为计算所用弹性模量:

$$E = \frac{\sigma_{开始卸载} - \sigma_{重新加载}}{\varepsilon_{开始卸载} - \varepsilon_{重新加载}} \tag{3.24}$$

为了描述高温合金带材卸载模量随预应变增大而衰减的现象,采用 Yoshida 提出的指数衰减型函数:

$$E = E_0 - (E_0 - E_a)[1 - e^{(-\xi\varepsilon)}] \tag{3.25}$$

式中:E_a 为饱和弹性模量;ξ 为材料系数;E_0 为初始弹性模量。

计算每个循环应变下的弦线模量,并进行拟合,弦线模量曲线如图 3–19 所示,参数拟合结果如表 3–3 所列。

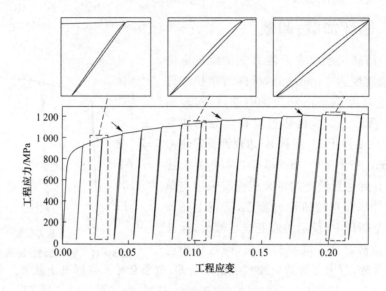

图 3-18　循环加载-卸载实验结果

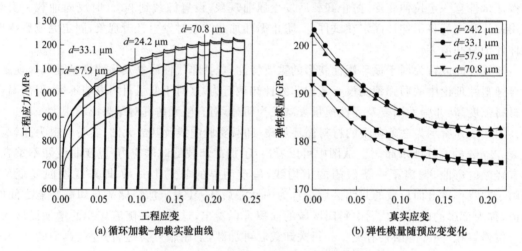

(a) 循环加载-卸载实验曲线　　　　　(b) 弹性模量随预应变变化

图 3-19　不同晶粒尺寸材料的弹性模量衰减分析

表 3-3　弹性模量的指数衰减型函数拟合结果

晶粒尺寸/μm	初始弹性模量 E_0/GPa	饱和弹性模量 E_a/GPa	弹性模量下降量/%	材料系数 ξ
24.2	192.0	170.9	11.0	7.83
33.1	204.1	179.1	12.2	11.96
57.9	203.0	181.5	10.6	14.88
70.8	192.0	174.1	9.3	14.16

　　可见,对于固溶热处理后 0.2 mm 的 GH4169 材料,弹性模量会随着变形程度的增大而逐渐衰减,最终饱和为一个定值,约为初始值的 90%。弹性模量在薄板整个变形过程中发生了较大程度的降低,而回弹大小与弹性模量的比值成正比,如果采用恒定的弹性模量计算回弹则会产生较大误差,因此精准预测回弹大小就必须考虑高温合金材料的弹性模量衰减。另外,不同晶粒尺寸材料的弹性模量衰减规律相差较小,即晶粒尺寸效应对材料弹性模量衰减行为的

影响并不显著。

目前,对这种弹性模量衰减的解释主要包括以下机制:①位错重排机制。这种效应产生于移动位错,当施加在材料上的外力被消除时,这些位错可随它们之间的内部斥力而移动,从而导致弹性模量的减小。位错缠结和位错壁的溶解也会在卸载和反向加载过程中释放更多的移动位错。由于固体中位错的密度随变形应变的增大而增大,这种非线性回弹作用也随应变的增大而加强。②材料损伤、裂纹演化机制。随着应变的增大,微孔和裂纹会扩大而形成孔洞,导致弹性模量降低。③残余应力机制。残余应力随塑性变形的增大而增大,影响弹性回复从而导致弹性模量下降。

3.3.2　循环剪切变形

金属板材在加载—卸载—反向加载中会出现包辛格效应、瞬时软化、永久软化、加工硬化停滞等现象,如图 3-20 所示。以上现象的具体定义如下:①包辛格效应:材料在反向加载过程中出现屈服应力降低的现象;②瞬时软化:反向加载时从弹性到塑性转变过程中出现的快速硬化现象,由不稳定的位错运动导致;③永久软化:反向加载过程中瞬时软化之后的应力恒定低于各向同性强化应力的现象;④加工硬化停滞:反向加载过程中瞬时软化之后一段过程出现应力增加缓慢的现象,由正向加载的位错胞壁消失以及反向加载时位错的重新生成导致。

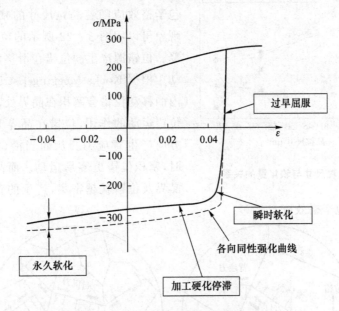

图 3-20　循环加载应力-应变曲线示意图

上述这些现象的根本原因在于微观组织的相互作用和位错演化。

包辛格效应反映出变形历史对材料性能的影响,对循环塑性力学行为分析、循环塑性强化模型的建立及回弹预测具有重要作用。

为了更好地量化和研究包辛格效应,引入了软化量、包辛格系数、包辛格应力系数、包辛格硬化系数四个参数。软化量 $\Delta\sigma$ 及背应力 σ_b 定义为

$$\Delta\sigma = \sigma_{fs} - \sigma_{rs} \tag{3.26}$$

$$\sigma_b = \frac{\Delta\sigma}{2} \tag{3.27}$$

软化量和背应力是包辛格效应的直接表征形式,软化量及背应力越大,包辛格效应越明显。包辛格系数 β 为反向屈服应力与正向屈服应力的比值:

$$\beta = \frac{\sigma_{rs}}{\sigma_{fs}} \tag{3.28}$$

包辛格应力系数 β_σ 为反向屈服应力与正向预应力的比值:

$$\beta_\sigma = \frac{\sigma_{pre} - \sigma_{rs}}{\sigma_{pre}} \tag{3.29}$$

包辛格硬化系数 β_h 为

$$\beta_h = \frac{\sigma_{fs} - \sigma_{rs}}{\sigma_{pre} - \sigma_{rs}} \tag{3.30}$$

式中:σ_{pre} 为预应变处应力;σ_{fs} 为正向屈服应力;σ_{rs} 为反向屈服应力,其定义为 0.02% 反向应变处的应力,其值为正。

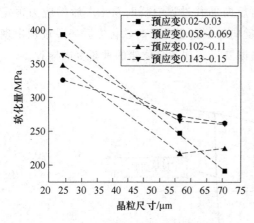

图 3 - 21　晶粒尺寸与软化量的关系

图 3 - 21 所示为晶粒尺寸对包辛格参数的影响。可以看出,不管预应变大小,GH4169 带材的应力软化量随着晶粒尺寸的减小而增大,即包辛格效应随着晶粒尺寸的减小而增大。这种现象可以用图 3 - 22 所示的位错密度理论来解释。位错源产生的位错在滑移面上沿(1)方向移动。根据 Kocks-Mecking-Estrin 理论,晶界或晶内的移动位错会塞积在晶界处,而晶界起着阻碍位错运动的作用,位错在晶界上的塞积会在(2)方向产生背应力。从而当沿(2)方向反向加载时,塞积位错更容易运动。而晶粒越小,上述的晶界及位错就越密集,产生的背应力就越大,从而产生更明显的包辛格效应。

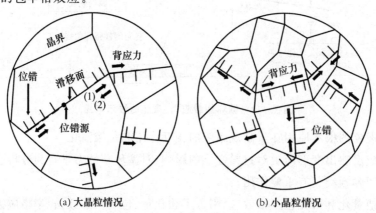

(a) 大晶粒情况　　　　　　　　(b) 小晶粒情况

图 3 - 22　晶粒尺寸对包辛格效应的解释

3.4 屈服行为的尺寸效应

在金属塑性成形理论中,屈服准则是一个非常重要的概念,它定义了应力空间中弹性和塑性区域的分界面,即屈服表面。同时在关联流动假设下,屈服准则也决定了材料的塑性流动方向。因此,研究金属材料的屈服轨迹,开发出适合于描述屈服行为的屈服准则至关重要。随着微细成形技术的推广,宏观屈服准则在微细成形中的应用也日益受到关注。

考虑到实验装置的局限性,当前针对金属箔带材尺寸效应的研究大多集中于单向拉伸应力状态下流动应力与尺寸因子之间的关系。然而,在实际微细成形过程中,金属箔带材经常处于复杂应力状态下,此时材料的塑性变形行为很难用单向拉伸实验进行表征。因此,如何检测多轴应力状态下金属箔带材尺寸效应是微细成形中不可避免的问题。

本节基于所开发的适用于金属箔带材双向加载实验平台和优化后的十字形试样,对不同状态下的 SUS304 箔带材进行双向拉伸实验,得到不同载荷比下的双向拉伸应力-应变曲线。根据单位体积塑性功相等原理,建立 SUS304 箔带材实验初始屈服轨迹,并与常用屈服准则的理论屈服轨迹进行对比,分析现有屈服准则的精度,以评估宏观屈服准则在微尺度下的适用性。

3.4.1 微尺度双向拉伸实验

1. 微尺度双向加载实验平台

根据产生多轴应力状态的方式不同,双向拉伸装置可以分为两类:伺服控制的双轴加载实验系统和连杆形式的双轴拉伸实验系统。在第二类实验系统中,双轴拉伸比例只能通过改变试样的形状或者实验机构配置获得。而对于复杂的载荷或者位移比例控制,只能通过第一类实验系统进行实现。基于第一类实验系统的思路,笔者开发了一套单轴独立控制的双向加载实验平台,以实现金属箔带材双向拉伸实验。

参考双向拉伸实验国际标准和其他学者关于常规板材双向加载实验平台设计经验,笔者设计和制造了一套适用于微尺度下金属箔材双向加载实验平台,如图 3-23 所示。该实验平台包括平面机架、4 个伺服电机(安装在相互垂直的两个方向上)、4 个夹钳(分配在每一个伺服电机上)和 2 个力传感器(布置在两个正交轴上)以及一套应变测量系统。伺服电机可以稳定提供 0~20 kN 的载荷,力传感器的额定载荷为 5 kN。该实验平台是在实现单轴闭环控制的基础上采用多轴同步控制策略,以提高四轴同步控制精度。图 3-24 给出了双向加载实验平台的位移比例同步误差 e_L 和载荷比例同步误差 e_F,其分别小于 0.012 mm 和 45 N(载荷 5 kN以内),能够满足双向拉伸实验要求,即小于 0.02 mm 和 50 N(载荷 5 kN 以内)。

相比于其他的应变测量手段,非接触测量技术(DIC)由于具有实验设备简单、测量精度高和可靠性高等优点,被广泛用于测量材料的位移和变形场。为了能够同时获得金属箔带材双向拉伸实验过程中 RD 和 TD 方向的应变,采用 DIC 方法来测量微尺度变形中的整个应变场。如图 3-25 所示,DIC 装置主要包括 LED 光源、相机(Stringray-F-145B)和电源控制器。在实验之前,白漆和黑漆被依次喷在十字形试样中心区域,形成随机散斑图案。实验过程中,相机以力传感器的数据采集频率连续记录图片。通过匹配前后两幅图片中散斑的变化模式,得到整个十字形试样中心变形区域的应变场。

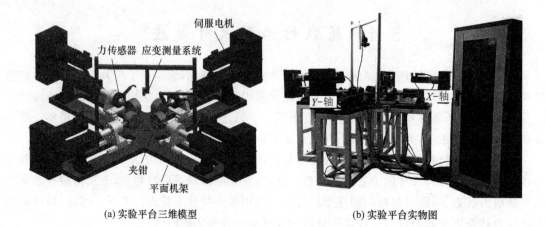

(a) 实验平台三维模型   (b) 实验平台实物图

图 3-23　双向加载实验平台

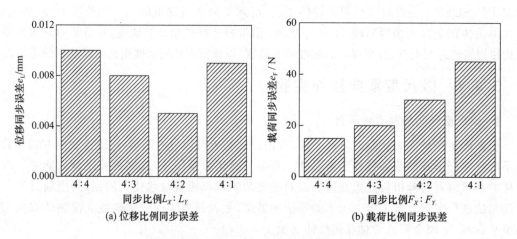

(a) 位移比例同步误差   (b) 载荷比例同步误差

图 3-24　位移和载荷比例同步误差

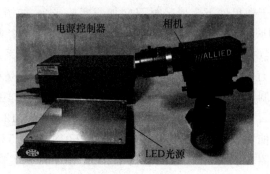

图 3-25　DIC 装置

2. 微尺度十字形试样优化

十字形试样优化设计是双向拉伸实验最重要的环节之一,直接关系实验结果。它需要同时满足以下条件:①十字形试样中心区的双向拉应力状态分布均匀,测量区无切应力;②双拉变形区域内的应变最大化。对于传统板材,可以通过在每一条臂上开缝或者减薄中心区域的厚度来优化十字形试样的形状。目前有关金属箔带材十字形试样优化设计问题的研究很少。

考虑到在金属箔带材中心区域减薄厚度非常困难,将通过改变臂部缝数来优化十字形试样。

在微尺度下单向拉伸时试样宽度变化会对金属箔带材的屈服强度产生影响。为了确定微尺度下试样宽度变化对不锈钢箔带材屈服强度的影响程度,以便为微尺度下双向拉伸实验所用到的十字形试样宽度设计提供基础。针对 SUS304 箔带材设计了 5 种宽度的单拉试样,分别为 12.5 mm、20 mm、30 mm、40 mm 和 48 mm,并依次进行单向拉伸实验。实验之前,所有试样按照 1 000 ℃保温 0.25 h 的工艺路线进行热处理。图 3 - 26 所示为 3 种厚度下材料屈服应力随试样宽度 w 的变化情况。可以看出,在同一厚度条件下,不同宽度试样屈服应力

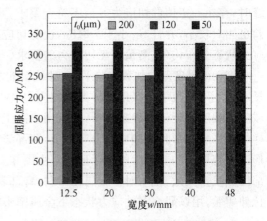

图 3 - 26　试样宽度对屈服应力的影响

几乎一致,说明在该特征尺寸范围内,试样的宽度对屈服应力的影响可以忽略。考虑到双向加载实验平台的夹钳宽度为 50 mm,十字形试样的臂部宽度设计为 48 mm。

根据臂宽和夹钳间距,十字形试样臂部长度确定为 100 mm。通过参考双向拉伸实验的国际标准,臂部缝数应该为奇数,并且均布于臂上。对 0、1、3、5 和 7 缝的十字形试样进行等双拉应力状态下的数值仿真,通过分析十字形试样中心区域内的应力分布情况来优化十字形试样。具有 5 缝的十字形试样几何形状和尺寸如图 3 - 27(a)所示。鉴于材料性能和边界条件的对称性,只对十字形试样的四分之一模型采用 Abaqus S4R 壳单元进行建模,其厚向积分点为 5 个。在数值仿真过程中,采用表 3 - 1 中材料状态 A - 4 的流动应力-应变曲线和 Mises 屈服准则作为本构模型。将 2.0 kN 载荷分别施加于两条臂部的末端,而十字形试样中心区域的边界固定。臂部带有 5 缝的十字形试样等双拉数值仿真结果如图 3 - 27(b)所示。

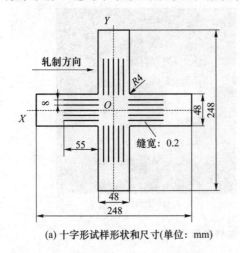

(a) 十字形试样形状和尺寸(单位: mm)

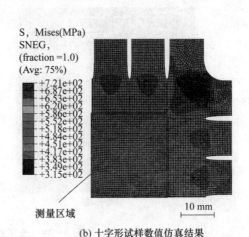

(b) 十字形试样数值仿真结果

图 3 - 27　具有 5 缝的十字形试样

参考国际标准中双向拉伸实验的应变测量位置,该十字形试样的应变测量范围确定为长度 17 mm 的中心区域,如图 3 - 27(b)所示。为了分析臂部缝数对中心区域应力分布的影响,将应变测量范围内的主应力 S_{11} 和切应力 S_{12} 从数值仿真结果中提取出来。图 3 - 28 对比了不

同缝数下十字形试样中心区域 S_{11} 和 S_{12} 的平均值和标准差。可以看出,臂上不开缝和开 1 条缝时,存在一定值的切应力 S_{12},不符合要求;开 3、5 和 7 缝十字形试样的 S_{11} 比较接近,其标准差也相对较小,并且 S_{12} 小于 7 MPa,说明切应力的影响很小,满足十字形试样中心区的双向拉应力状态分布均匀、测量区无切应力的要求。

借助微尺度双向加载实验平台,对 3、5 和 7 缝十字形试样进行了等双轴拉伸实验。图 3-29 显示了不同缝数下十字形试样等双拉应力-应变曲线。注意到具有 5 缝的十字形试样中心区域变形程度接近于 3 缝条件下,并且明显高于 7 缝状态下的十字形试样。综合考虑十字形试样中心区域变形程度和应力分布情况,臂部缝数最终确定为 5。图 3-30 显示了具有 5 缝十字形试样变形前和变形后的实际形状。由图 3-30(b)可见,十字形试样在变形过程中最先于臂部区域发生失效,说明对于金属箔带材,臂部具有 5 缝的十字形试样可以用来进行微尺度双向拉伸实验,用以研究多轴应力状态下金属箔带材的屈服行为。

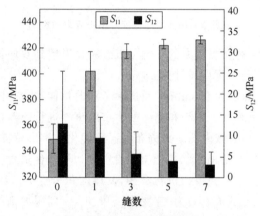

图 3-28 具有不同缝数的
十字形试样中心区应力分析

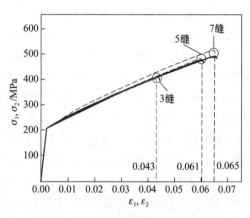

图 3-29 不同缝数下十字形试样等
双拉应力-应变曲线

(a) 变形前

(b) 变形后

图 3-30 十字形试样实际形状

3. SUS304 不锈钢箔带材双向拉伸实验

基于前面所优化的十字形试样,在所开发的微尺度双向加载实验平台上进行 SUS304 箔带材双向拉伸实验。为了获得金属箔带材应力空间内的实验屈服轨迹,进行了包含 9 个固定载荷比的双轴拉伸实验。这里载荷比定义为 RD 方向载荷(F_1)与 TD 方向载荷(F_2)的比例,

$F_1:F_2=1:0$、$4:1$、$2:1$、$4:3$、$1:1$、$3:4$、$1:2$、$1:4$ 和 $0:1$。需要注意的是,载荷比为 $1:0$ 和 $0:1$ 的双轴拉伸实验分别由上述提到的沿 RD 方向和 TD 方向的单向拉伸实验代替。每一种材料状态和载荷比下的双向拉伸实验重复进行 3 次。

在实验过程中,沿着两个正交的轴-1 和轴-2 的拉伸载荷(F_1,F_2)以及名义应变分量(ε_{N-1},ε_{N-2})分别由力传感器和 DIC 系统进行记录。试样中心区真实应变的计算为

$$\varepsilon_1 = \ln(1+\varepsilon_{N-1})$$
$$\varepsilon_2 = \ln(1+\varepsilon_{N-2}) \tag{3.31}$$

沿着轴-1 和轴-2 的真实应力的计算为

$$\sigma_1 = \frac{F_1}{A_{S1}}(1+\varepsilon_{N-1})$$
$$\sigma_2 = \frac{F_2}{A_{S2}}(1+\varepsilon_{N-2}) \tag{3.32}$$

式中:A_{S1} 和 A_{S2} 是垂直于轴-1 和轴-2 的十字形试样中心区域原始横截面积。

图 3-31、图 3-32 和图 3-33 分别给出了 3 种厚度下 SUS304 箔带材沿不同载荷比的双向拉伸应力-应变曲线。其中材料状态如表 3-1 所列,对于厚度 $t_0=200~\mu m$,分别为 A-1、A-2、A-3、A-4、A-5;对于厚度 $t_0=120~\mu m$,分别为 B-1、B-2、B-3、B-4、B-5;对于厚度 $t_0=50~\mu m$,分别为 C-1、C-2、C-3、C-4、C-5。

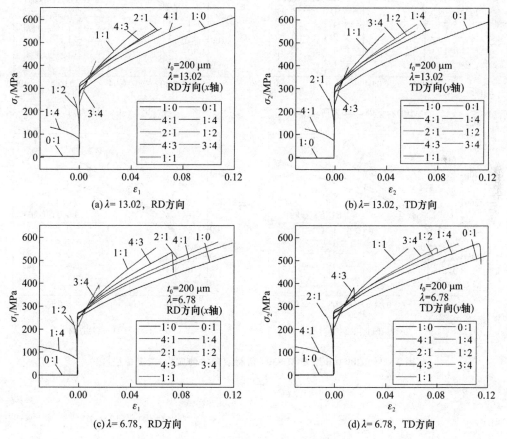

图 3-31　200 μm 厚度 SUS304 带材双向拉伸应力-应变曲线

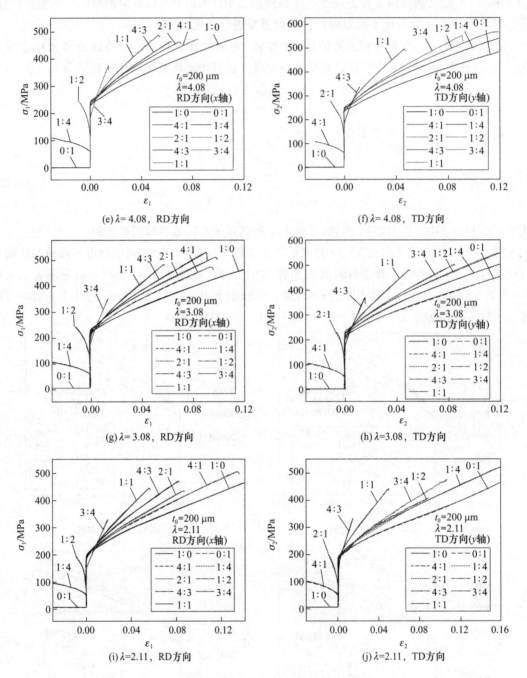

图 3 - 31　200 μm 厚度 SUS304 带材双向拉伸应力-应变曲线(续)

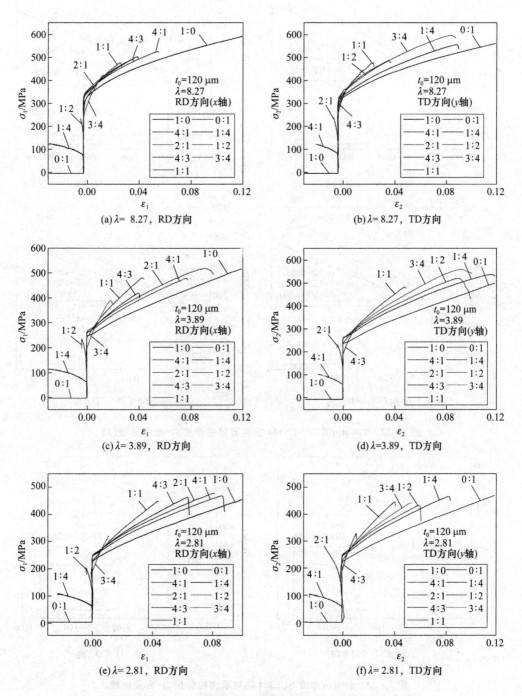

图 3 - 32　120 μm 厚度 SUS304 带材双向拉伸应力-应变曲线

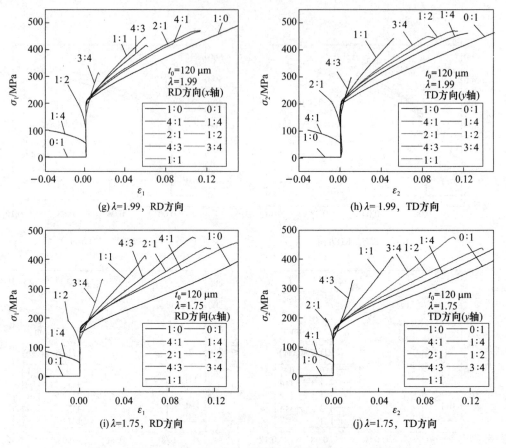

图 3-32   120 μm 厚度 SUS304 箔材双向拉伸应力-应变曲线(续)

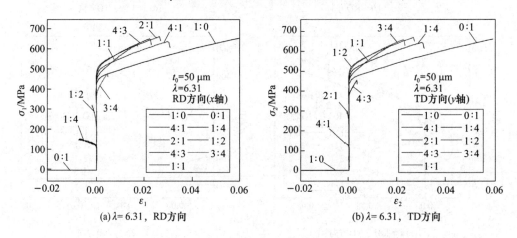

图 3-33   50 μm 厚度 SUS304 箔材双向拉伸应力-应变曲线

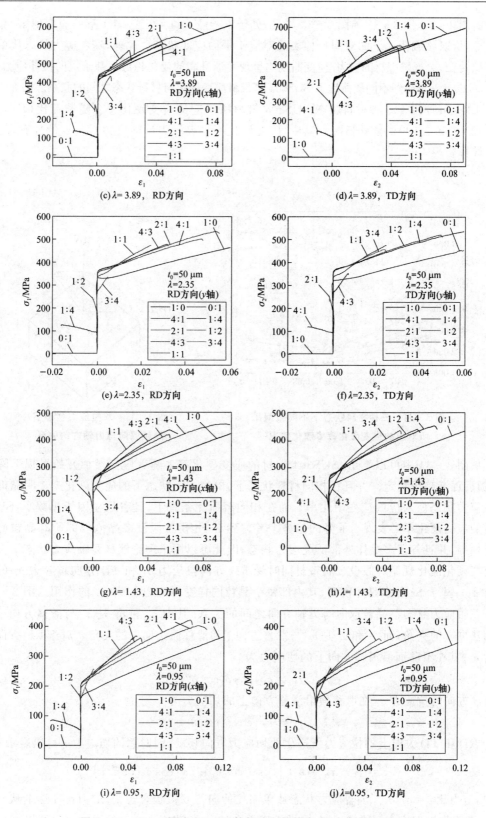

图 3-33 50 μm 厚度 SUS304 箔材双向拉伸应力-应变曲线(续)

由图 3-31、图 3-32 和图 3-33 可见,处于 $F_1:F_2=1:2$ 或 $2:1$ 下的应变值 ε_1 和 ε_2 几乎为零,所以该载荷比下的双向拉伸实验对应于平面应变状态。此外,随着应力状态从单拉向等双拉转变,金属箔带材的应力-应变曲线均呈现逐渐升高的变化趋势。基于双向拉伸应力-应变曲线,可以进一步得到不同载荷比下 SUS304 箔带材应变硬化与材料状态之间的联系。图 3-34 给出了 120 μm 厚度下 3 种材料状态 SUS304 带材所对应的应变硬化率 ζ 随载荷比($F_1:F_2=1:0$、$2:1$ 和 $1:1$)的演化情况。其中,应变硬化率 ζ 表示为流动应力对应变的导数,可以由下式计算获得

$$\zeta = \frac{\mathrm{d}\sigma_1}{\mathrm{d}\varepsilon_1} \tag{3.33}$$

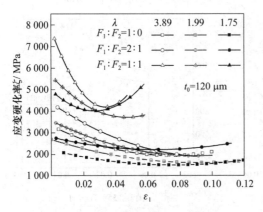

图 3-34　三种材料状态下不同载荷比
所对应的应变硬化率 ζ 演化情况

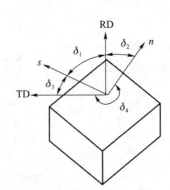

图 3-35　双拉应力状态下
晶粒取向与力轴方向关系

从图 3-34 中可以看出,SUS304 带材的应变硬化率 ζ 随着应变增加开始呈现下降的趋势,随后逐渐趋于稳定。并且在相同材料状态下,单拉应力状态下的应变硬化率 ζ 明显低于等双拉应力状态所对应的应变硬化率。而在相同载荷比条件下,随着尺寸因子 λ 减小,SUS304 带材的应变硬化率 ζ 表现出下降的趋势。考虑到 Sach 模型假设多晶体内部所有晶粒应力状态都相等,并且等于多晶体外部所受应力状态,因此可以用来理论解释双轴应力状态下金属带材应变硬化演化规律。假设金属带材同时受 RD 方向拉应力 σ_1 和 TD 方向拉应力 σ_2 的作用($\sigma_1 \geqslant \sigma_2$),基于 Sach 多晶体模型,其内部每个晶粒同样受拉应力 σ_1 和 σ_2 的作用。图 3-35 给出了双轴应力状态下晶粒取向与力轴方向之间的关系,其中 δ_1 和 δ_2 是 σ_1 与滑移方向 s 和滑移面法向 n 的夹角;而 δ_3 和 δ_4 是 σ_2 与滑移方向 s 和滑移面法向 n 的夹角。对于 RD 方向的拉应力 σ_1,其在滑移面沿滑移方向上的切应力为

$$\tau_1 = \sigma_1 |\cos\delta_1 \cos\delta_2| \tag{3.34}$$

而 TD 方向的拉应力 σ_2 在滑移面沿滑移方向上的切应力为

$$\tau_2 = \sigma_2 |\cos\delta_3 \cos\delta_4| \tag{3.35}$$

由于 RD 和 TD 方向上的拉应力所产生的切应力方向相反,因此总的切应力 τ 可以表示为

$$\tau = \tau_1 - \tau_2 = \sigma_1 \big(|\cos\delta_1 \cos\delta_2| - \alpha |\cos\delta_3 \cos\delta_4| \big) \tag{3.36}$$

式中:应力比 $\alpha = \sigma_2/\sigma_1$。随着应力状态从单向拉伸向等双拉状态转变,应力比 α 逐渐从 0 增加到 1,由于临界切应力 τ 保持不变,导致 RD 方向的 σ_1 随着应力比 α 的增加而逐渐提高。

在双拉应力状态下,晶粒在发生滑移的同时伴随着晶粒转动,从而使其他不易发生滑移的晶粒取向转动到容易发生滑移的晶粒取向。图 3-36 给出了单拉和双拉应力状态下晶粒旋转示意图。在单轴拉伸力的作用下,晶粒滑移开动后,A、B、C 三部分发生相对位移,结果使作用于点 O_1 和 O_2 的拉伸力分别移至 O_1' 和 O_2'。作用于点 O_1' 和 O_2' 的力偶会使滑移面发生趋向于拉伸轴的转动,导致 Schmid 因子快速软化。在双轴拉伸力的作用下,拉伸力 F_1 会使滑移面发生趋向于 RD 方向转动的同时,拉伸力 F_2 对晶粒转动产生的制约作用。随着应力状态接近于等双拉愈发明显,最终导致晶粒没有转动到取向最优位置就开始发生滑移。结果表现为双拉应力状态下 Schmid 因子变化较慢,主应力 σ_1 方向的应变硬化率 ζ 明显提高。此外,金属箔带材应变硬化率与尺寸因子 λ 之间的关系也可以由晶粒取向转动进行解释。随着尺寸因子 λ 的减小,金属箔材厚向晶粒数下降,表面层晶粒所占比重增加。考虑到表面层晶粒转动受相邻晶粒的制约作用小,晶粒容易发生转动,因此所对应的应变硬化率随着尺寸因子 λ 的减小而下降。

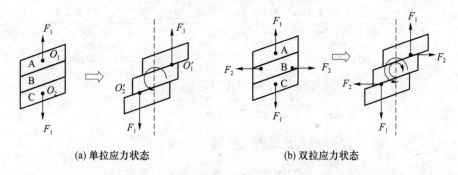

(a) 单拉应力状态　　　　　　　　　(b) 双拉应力状态

图 3-36　不同应力状态下晶粒旋转示意图

3.4.2　不锈钢箔带材初始屈服轨迹测试

对于许多金属材料,一般采用单位体积塑性功原理来定义其多轴应力状态下的屈服行为,其对应的塑性功等高线也被认为是材料的实验屈服轨迹。基于单位体积塑性功相等原理来研究 SUS304 箔带材屈服行为。根据该方法,处于同一实验屈服轨迹上的塑性功都相等,即

$$W_0 = \int \sigma_1 \mathrm{d}\varepsilon_1 + \int \sigma_2 \mathrm{d}\varepsilon_2 = \int \sigma_\mathrm{e} \mathrm{d}\varepsilon_\mathrm{e} \tag{3.37}$$

式中:W_0 为由沿 RD 方向单拉应力-应变曲线所确定的塑性功;σ_1 和 σ_2 分别为沿着轴-1 和轴-2 的主应力;$\mathrm{d}\varepsilon_1$ 和 $\mathrm{d}\varepsilon_2$ 分别为对应的应变增量;σ_e 和 $\mathrm{d}\varepsilon_\mathrm{e}$ 分别为等效应力和等效应变增量。

根据图 3-31、图 3-32 和图 3-33 中的双向拉伸应力-应变曲线以及式(3.37),可以得到 SUS304 箔带材的实验初始屈服轨迹,如图 3-37 所示。可以看出,同一厚度下随着尺寸因子 λ 的减小,屈服轨迹向内收缩,表明屈服轨迹的大小受尺寸效应影响。参考 3.2.1 小节中金属箔带材流动应力随尺寸因子 λ 变化的机理解释,可以通过表面层模型来描述屈服轨迹大小对尺寸的依赖性。此外,随着尺寸因子 λ 的减小,屈服轨迹上半区和下半区展现出不对称的特性,说明材料的面内各向异性行为在微尺度下明显加强。

另外,对于同一种厚度的 SUS304 箔材,随着尺寸因子 λ 的改变,初始屈服轨迹的形状也在发生变化。为进一步分析初始屈服轨迹形状与尺寸因子 λ 之间的关系,将 200 μm 厚度下尺寸因子 λ 为 13.02 和 3.08 所对应的屈服轨迹从图 3-37 中提取出来。图 3-38 表示由尺寸因子 λ 为 13.02 向 3.08 等比例缩放的实验屈服轨迹。如果尺寸因子 λ 对屈服轨迹的形状没有

影响,随着尺寸因子减小 SUS304 箔带材的实验屈服轨迹应该在应力空间内均匀缩放。但是由图可见,比例缩放屈服轨迹要高于尺寸因子 λ 为 3.08 的实验屈服轨迹,说明尺寸效应对屈服轨迹的形状产生了明显的影响。这种现象可能是由金属箔带材内部织构差异引起的。屈服轨迹形状的差异在宏观层面上表现为多轴应力状态下力学性能软化要强于单拉应力状态。

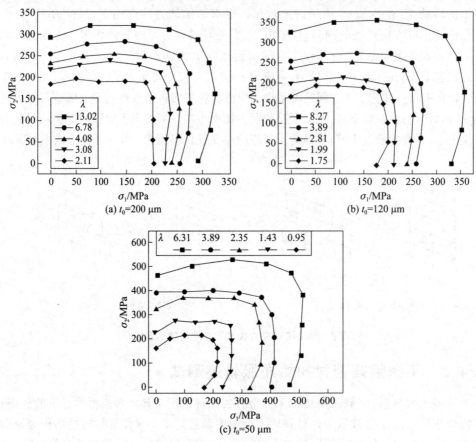

(a) t_0=200 μm

(b) t_0=120 μm

(c) t_0=50 μm

图 3 - 37　SUS304 箔带材实验初始屈服轨迹

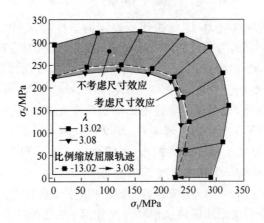

图 3 - 38　实验和比例缩放屈服轨迹对比

3.4.3　理论屈服准则的对比与评估

通过 SUS304 箔带材屈服轨迹的分析,可见尺寸效应会对初始屈服轨迹形状产生影响。为了系统评估现有宏观屈服准则在微尺度下的适用性,采用 4 种常用的屈服准则:Mises、Hill48、Barlat89 和 Yld2000-2d,通过对比理论与实验屈服轨迹来分析唯象学屈服准则的有效性。奥氏体不锈钢属面心立方结构,Barlat89 屈服准则中的非二次项指数 m 确定为 8。各向异性系数 a、h 和 p 可以通过沿 RD、TD 和 DD 方向的厚向异性系数(r 值)确定。表 3-4 列出了不同厚度和尺寸因子 λ 下 Hill48 和 Barlat89 屈服准则各向异性系数。

表 3-4　Hill48 和 Barlat89 屈服准则各向异性系数

序　号	Hill48				Barlat89		
	F	G	H	N	a	h	p
A-1	0.503 7	0.497 8	0.502 2	1.519 2	0.997 5	1.001 9	1.003 9
A-2	0.504 4	0.511 5	0.488 5	1.510 1	1.020 6	0.997 6	1.003 6
A-3	0.505 2	0.512 3	0.487 7	1.509 3	1.022 2	0.997 5	1.003 6
A-4	0.511 2	0.514 4	0.485 6	1.511 2	1.027 7	0.998 9	1.004 8
A-5	0.530 1	0.525 8	0.474 2	1.531 1	1.052 9	1.001 4	1.012 1
B-1	0.492 9	0.507 4	0.492 6	1.492 4	1.009 8	0.995 1	0.998 4
B-2	0.507 6	0.509 2	0.490 8	1.496 4	1.017 8	0.999 4	1.000 9
B-3	0.526 5	0.518 1	0.481 9	1.510 8	1.038 9	1.002 8	1.006 7
B-4	0.512 0	0.521 1	0.478 9	1.489 8	1.039 2	0.996 9	1.001 3
B-5	0.557 3	0.526 6	0.473 4	1.522 8	1.062 8	1.010 2	1.013 2
C-1	0.533 3	0.507 4	0.492 6	1.520 1	1.023 1	1.008 6	1.008 1
C-2	0.513 3	0.514 1	0.485 9	1.500 5	1.028 0	0.999 7	1.002 9
C-3	0.505 5	0.521 1	0.478 9	1.518 6	1.037 1	0.994 7	1.006 5
C-4	0.501 5	0.521 9	0.478 1	1.505 8	1.037 1	0.993 0	1.003 6
C-5	0.559 8	0.520 0	0.480 0	1.525 4	1.052 5	1.013 2	1.013 2

$\alpha_1 \sim \alpha_8$ 是 Yld2000-2d 屈服准则的 8 个独立各向异性系数,可以由 8 个材料特征参数进行确定:σ_0、σ_{45}、σ_{90}、r_0、r_{45}、r_{90}、σ_b(等双拉屈服应力)和 r_b(等双拉应力状态下塑性应变增量比 $\mathrm{d}\varepsilon_2^p / \mathrm{d}\varepsilon_3^p$)。表 3-5 给出了不同材料状态下 Yld2000-2d 屈服准则的各向异性系数。根据上述所描述的 4 种屈服准则以及确定的各向异性系数,可以得到不同材料状态下 SUS304 箔带材的 Mises、Hill48、Barlat89 和 Yld2000-2d 理论屈服轨迹。图 3-39 给出了 120 μm 厚度下 5 种尺寸因子 λ 所对应的理论屈服轨迹,并与实验初始屈服轨迹进行了对比。

表 3-5　Yld2000-2d 屈服准则各向异性系数

序　号	α_1	α_2	α_3	α_4	α_5	α_6	α_7	α_8
A-1	1.009 7	0.993 0	0.996 4	0.999 3	1.007 9	1.044 5	1.010 2	1.004 9
A-2	0.995 5	1.002 1	1.000 7	1.003 5	1.005 7	1.016 1	1.010 3	1.023 5
A-3	0.974 4	1.047 0	0.983 6	1.016 5	1.020 0	1.076 0	1.008 3	0.991 8
A-4	0.982 0	1.040 4	1.024 7	1.023 1	1.029 0	1.120 5	1.043 2	1.055 5
A-5	0.904 2	1.172 3	0.987 4	1.063 3	1.047 6	1.173 3	1.060 0	1.070 5
B-1	0.995 2	1.019 3	1.058 7	1.017 5	1.021 9	1.097 7	1.010 9	0.969 4
B-2	0.985 0	1.030 9	1.037 1	1.019 1	1.017 8	1.072 3	1.023 7	1.022 3

序　号	α_1	α_2	α_3	α_4	α_5	α_6	α_7	α_8
B - 3	0.989 3	1.019 5	1.031 7	1.019 5	1.021 4	1.084 0	1.030 3	1.043 7
B - 4	0.946 6	1.107 3	1.046 8	1.049 3	1.048 7	1.195 5	1.032 6	0.986 7
B - 5	0.942 7	1.074 1	0.873 8	1.018 6	1.007 8	0.994 3	1.055 7	1.212 3
C - 1	0.999 8	0.989 0	0.961 0	0.995 9	0.994 7	0.968 1	0.999 3	1.032 7
C - 2	0.992 0	1.019 5	1.067 8	1.022 7	1.022 7	1.094 8	1.014 4	0.982 0
C - 3	0.959 1	1.037 8	0.882 5	0.996 2	0.992 5	0.930 4	1.010 7	1.099 8
C - 4	0.954 0	1.008 4	0.739 0	0.963 3	0.962 2	0.779 1	1.001 4	1.212 1
C - 5	0.938 2	1.013 5	0.614 4	0.962 4	0.947 7	0.703 7	1.017 4	1.371 8

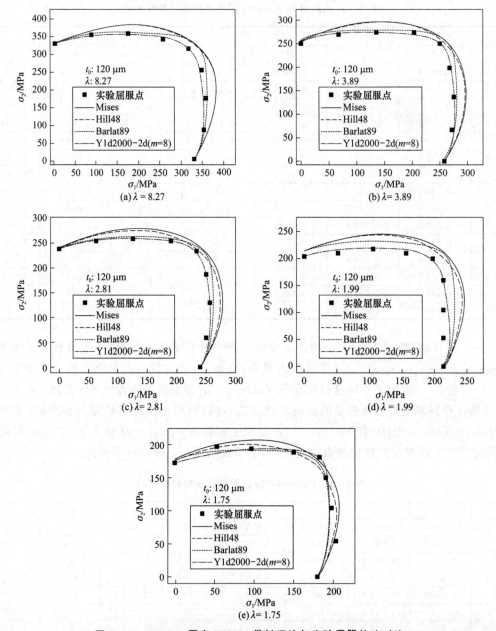

图 3 - 39　120 μm 厚度 SUS304 带材理论与实验屈服轨迹对比

由图 3-39 可以看出,基于 Yld2000-2d 描述的理论屈服轨迹与实验曲线较为接近,而 Mises 和 Hill48 预测的理论屈服轨迹与实验结果误差较大。并且随着尺寸因子 λ 的减小,这 4 种屈服准则均不能合理准确地描述 SUS304 箔带材屈服行为。

为了能够定量评估屈服准则对实验屈服轨迹的拟合精度,引入误差函数,即

$$\Delta = \frac{1}{n} \sum_{i=1}^{n} \frac{L_i}{\sqrt{(\sigma_1^i)^2 + (\sigma_2^i)^2}} \times 100\% \tag{3.38}$$

式中:σ_1^i 和 σ_2^i 分别为沿 RD 和 TD 方向的主应力;L_i 为实验屈服点与相应载荷比下理论预测屈服点之间的距离;n 为每条实验屈服轨迹上屈服点的数量。

根据式(3.38),计算了 120 μm 厚度下 5 种尺寸因子 λ 所对应的实验初始屈服轨迹与相应理论屈服轨迹之间的误差,如图 3-40 所示。

结合图 3-39 和图 3-40 可以得出,误差 Δ 随尺寸因子 λ 的减小存在一临界值:$\lambda_c = 1.99$。当尺寸因子 λ 逐渐下降并靠近临界值时,理论与实验屈服轨迹之间的误差逐渐上升。而当尺寸因子 λ 小于临界值时,此时误差又呈现出下降的趋势。基于图 3-8 中的 Hall-Petch 关系可以发现,该临界值对应于 SUS304 箔带材单晶和亚多晶的分界线。从图 3-37 的实验初始屈服轨迹演化趋势来看,当尺寸因子 λ 低于临界值 1.99 时,单拉应力状态下的屈服应力迅速下降,最终导致整体屈服轨迹的形状趋向于椭圆形。

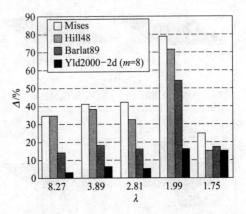

图 3-40　理论与实验屈服轨迹的误差对比

针对每一个具体的理论屈服准则来分析,由 Mises 和 Hill48 屈服准则所预测的理论屈服轨迹误差 Δ 超过 30%,与实验结果偏差较大,因此不能准确描述 SUS304 箔带材的屈服行为。对于 Barlat89 屈服准则,屈服轨迹误差 Δ 也在 10% 以上。并且当尺寸因子 λ 为 1.99 时,误差超过 50%。至于 Yld2000-2d 屈服准则,当尺寸因子 λ 大于 2.81 时,屈服轨迹误差 Δ 在 10% 以内。当尺寸因子缩小到 1.99 以下时,误差由 5% 增加到 15% 左右。上述结果表明,Yld2000-2d 屈服准则可以较为准确地描述金属箔带材屈服行为。但是随着尺寸因子 λ 的减小,Yld2000-2d 屈服准则的预测误差也逐渐上升,此时宏观屈服准则已不适合于描述金属箔带材的屈服行为,需要考虑尺寸因子 λ 对屈服轨迹的影响。除此之外,随着尺寸因子 λ 的减小,SUS304 箔带材的面内各向异性行为越发明显,导致 Mises 屈服准则的误差大于 Hill48 屈服准则的误差。这说明各向同性的 Mises 屈服准则不能描述具有各向异性行为的金属箔带材屈服行为。同理,对 200 μm 和 50 μm 厚度下的理论与实验屈服轨迹进行分析,也发现了类似的演化趋势。50 μm 厚度下的 SUS304 箔材存在一临界尺寸因子:$\lambda_c = 3.89$。然而,200 μm 厚度下的 SUS304 带材不存在临界值,理论与实验屈服轨迹误差随着尺寸因子 λ 的减小而一直增加。

3.5　韧性断裂的尺寸效应

随着产品微型化的发展,人们对微型零件的需求日益增加,适用于批量生产的微细成形技

术也愈发受到工业界的追捧。然而,生产出合格微型零件的前提是金属箔带材在微细成形过程中不能发生破裂失效的现象。因此,对于微细成形中金属箔带材成形极限的研究也就显得更加重要。同时,不同于常规厚度金属板材,微细成形中金属箔带材的破裂现象不仅与实际加载路径有关,而且也受尺寸效应的影响。

3.5.1　不锈钢箔带材微尺度成形极限实验

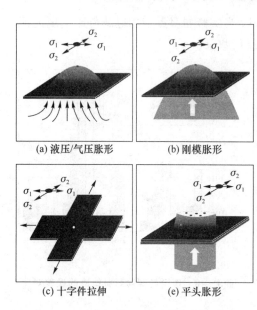

图 3-41　不同的成形极限实验方法

(a) 液压/气压胀形　　(b) 刚模胀形

(c) 十字件拉伸　　(e) 平头胀形

一般确定板材成形极限的实验方法包括液压/气压胀形、Nakazima 刚模胀形、十字形试样拉伸和 Marciniak 平头胀形等,如图 3-41 所示。然而,并不是所有的实验方法都适用于金属箔带材的成形极限测试。综合考虑摩擦效应、模具加工及试样安装、应变测量等因素,采用 Holmberg 方法和 Marciniak 平头胀形法分别获得金属箔材成形极限曲线的左、右半侧。Holmberg 实验法如图 3-42(a)所示,它是基于单轴拉伸加载下,通过改变试样的宽度进而获得不同应力状态下的成形极限应变,该方法的优点在于实验过程中没有摩擦影响,实验设备简单,精度易于保证,因此适合于微尺度下的成形极限实验研究。Marciniak 平头胀形法的原理如图 3-42(b)所示,载荷通过垫板从凸模传递到试样,当凸模往上移动时,试样和垫板将沿向外的方向流动,试样和垫板同时被拉伸。由于垫板的中心开口,导致其以更大的速度拉伸变形,最终使试样在垫板中心区域发生破裂。在 Marciniak 平头胀形实验中可以通过改变试样的形状来获得不同的应力状态。同样,该实验方法也避免了摩擦对成形极限的影响,并且垫板和试样的安装也较为方便。为了解决应变测量精度的问题,上述两种实验方法均采用 DIC 技术。

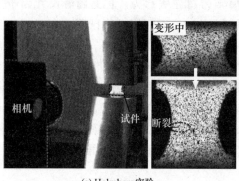

(a) Holmberg实验

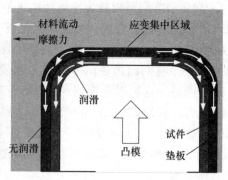

(b) Marciniak实验

图 3-42　微尺度成形极限实验

由于 Holmberg 可以直接在单拉试验机上进行,不需要单独设计模具来实现加载过程,因此主要介绍 Marciniak 平头胀形法的模具设计过程。对于传统厚度的薄板(厚度:

0.3～4 mm)，Marciniak 平头胀形法的模具可以参照国标 GB/T 24171.2—2009 进行设计。然而，微细成形中所使用的板材厚度往往在 0.3 mm 以下，国标中推荐的模具尺寸并不适用，需要自行设计模具尺寸。鉴于此，笔者开发了一套适用于金属箔带材的成形极限模具，其主要结构如图 3-43 所示。模具关键尺寸按照国标进行等比例缩小，具体的尺寸如表 3-6 所列，其中 R_p 为凸模半径，r_p 为凸模圆角半径，R_d 为凹模半径，r_d 为凹模圆角半径。实验之前，相机置于凹模下方，整个试样的变形过程由相机通过观察孔记录下来。

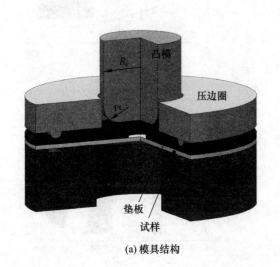

(a) 模具结构

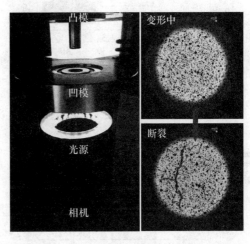

(b) 实验装置

图 3-43　Marciniak 实验模具结构及装置

表 3-6　Marciniak 实验模具尺寸

$t_0/\mu m$	R_d/mm	r_p/mm	R_d/mm	r_d/mm
200/120/150	5.0	2.0	6.0	1.5

Holmberg 方法和 Marciniak 平头胀形方法均是通过改变试样形状来获得相应的应力状态的。基于 Holmberg 和 Marciniak 实验方法，各分别设计了三种不同宽度的试样以获得左侧和右侧成形极限曲线。为了满足试样尺寸和实验设备的要求，获得理想的应力状态，对试样的几何尺寸进行了有限元仿真，仿真结果如图 3-44 所示。通过分析试样中心区应变路径的演化以及与理想应变路径的对比，最终确定优化后的试样尺寸如图 3-45 所示，试样 1～3 号的应变路径位于单拉和平面应变状态之间，即左侧微尺度成形极限曲线(μ-FLC)；而试样4～6 号的应变路径位于平面应变和等双拉状态之间，即右侧 μ-FLC。

图 3-46 所示为获得的不同厚度不锈钢箔带材的成形极限图，从图中可以看出，对于所有厚度的箔带材，其成形极限随着 λ 的减小而降低；并且随着 λ 和箔材厚度 t 的减小，数据的分散性增大，这种现象是由微细尺度下强烈的材料各向异性引起的不均匀变形引起的，会给薄板微细成形工艺带来更大的风险。

图 3-47 解释了成形极限随着 λ 的减小而降低的原因。韧性断裂行为首先由位错在夹杂颗粒或晶界等缺陷处发生聚集而引起，形核成为初始的微孔洞，随着变形过程的进行，这些孔洞进一步长大直至发生聚合，形成微裂纹，从而发生宏观的韧性断裂。表面层晶粒受约束较少

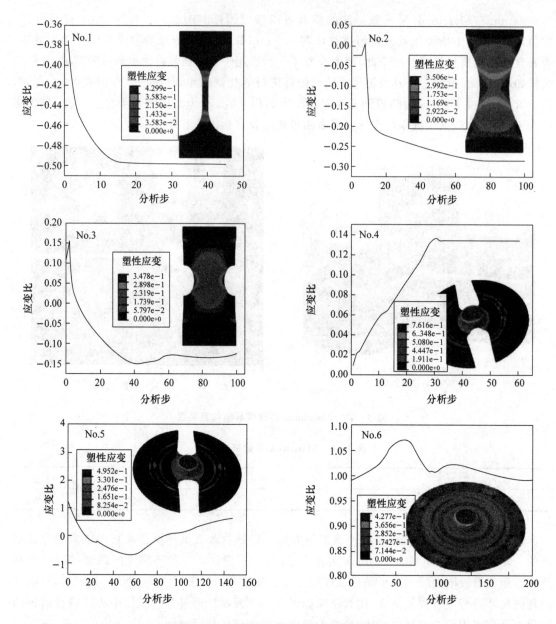

图3-44 试样形状的有限元仿真与优化

且易于转动,利于错位的运动,位错不容易在表面层晶粒累积以诱导成核,所以形核主要发生在内部晶粒中。在宏观尺度下,板材厚度方向存在大量内部晶粒和晶界。因此,断裂主要是由内部晶粒中微孔的形核、生长和聚合引起的。但是,在微尺度下,箔带材内部晶粒的比重减少,断面上微孔洞的数量减少。在这种情况下,贯穿厚度的剪切带易于形成并且加速了裂纹的生成,断裂机理逐渐转变为剪切断裂模式。此外,塑性各向异性对断裂行为的影响也逐渐增大。晶粒尺寸分布不均匀和单晶的择优取向引起局部剪切断裂,一方面,使断裂提前发生,极限应变下降;另一方面,这导致了严重的极限应变的分散性。

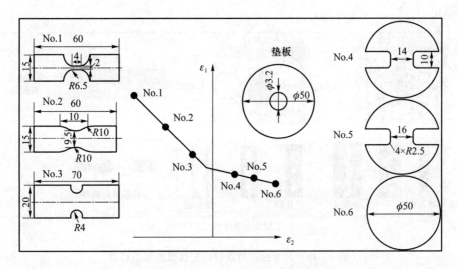

图 3 - 45　微尺度成形极限实验试样尺寸(单位:mm)

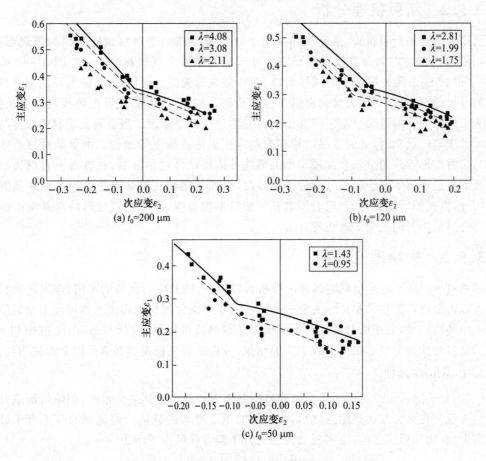

图 3 - 46　不同厚度 SUS304 箔带材成形极限图

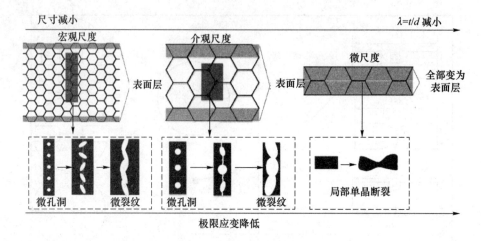

图 3 - 47　尺寸效应对箔材成形极限的影响机理

3.5.2　断裂机理分析

为了深入分析断裂机理,借助于扫描电子显微镜(SEM)来观察试样断口的微观形貌,通过分析断口内部的空洞分布情况来研究尺寸效应对断裂失效机制的影响。图 3 - 48 给出了 $200\,\mu m$ 和 $120\,\mu m$ 两种厚度下的试样断口 SEM 微观形貌图。可以看出,随着厚度或者尺寸因子 λ 的增加,断口表面出现大量韧窝以及拉伸孔洞。相反,在粗晶或者更薄板料厚度条件下,断口表面的微观孔洞数量急剧下降并出现明显的刀口刃型断面。当金属箔带材的厚度与其晶粒尺寸处于同一级别时,此时单晶滑移在微塑性变形中占据主导地位。由单晶滑移所导致的金属箔带材变形不均匀分布会加速沟槽的形成并造成试样过早破裂,在微观上表现为断口表面的孔洞数量迅速下降。当尺寸效应不明显时,强烈的塑性变形会促使微观孔洞在晶界处形成。因此,由孔洞形核、长大和聚合所表征的断口形貌表明,发生剧烈变形的局部集中性颈缩断裂是金属箔带材的主要失效机理。

3.5.3　失稳理论预测

根据对 SUS304 箔带材断裂机理的分析可以得出,随着应力状态的不同,金属箔带材失效行为可以由分散性失稳和集中性失稳来表征。为了评估常规失稳模型在微尺度下金属箔带材微成形中的适用性,采用两种常用的失稳模型来预测成形极限,包括 Considère 准则和 M - K 模型。通过对比理论成形极限曲线和实验结果,分析现有失稳模型在微尺度下的适用性。

1. Considère 准则

Considère 准则假设当施加于金属板材横截面上的载荷达到最大值时,颈缩带形成并发生分散性失稳。在该分散性颈缩点之后,板材不能承受更大的载荷。假设颈缩带垂直于最大主应变方向,在颈缩形成之前,金属板材内部的力平衡方程可以表示为

$$F_1 = \sigma_1 A_1 = \sigma_1 l_2 t \tag{3.39}$$

式中:σ_1 是沿轴-1 方向上的主应力;l_2 是轴-2 的长度;t 是厚度。

当载荷达到最大值时($dF_1 = 0$),分散性失稳条件可以推导为

$$\frac{d\sigma_1}{\sigma_1} = - \left(d\varepsilon_2 + \frac{dt}{t} \right) \tag{3.40}$$

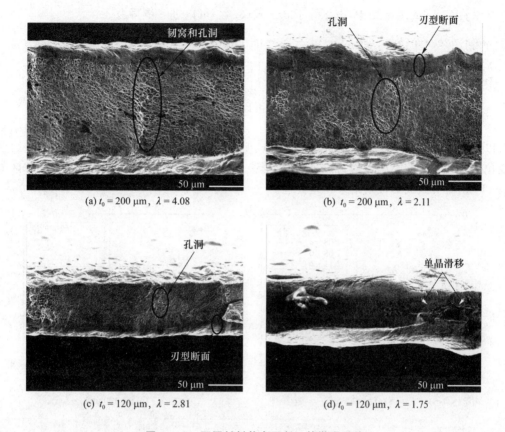

(a) $t_0 = 200\ \mu\text{m}$, $\lambda = 4.08$　　　　　(b) $t_0 = 200\ \mu\text{m}$, $\lambda = 2.11$

(c) $t_0 = 120\ \mu\text{m}$, $\lambda = 2.81$　　　　　(d) $t_0 = 120\ \mu\text{m}$, $\lambda = 1.75$

图 3 - 48　不同材料状态下断口的微观形貌

在分散性失稳发生之前的塑性变形过程中,应力状态保持恒定。因此,主应力 σ_1 正比例于等效应力 σ_e,并且可以得到以下关系:

$$\frac{\mathrm{d}\sigma_2}{\mathrm{d}\sigma_1} = \frac{\sigma_2}{\sigma_1} = \alpha \tag{3.41}$$

式中:α 定义为应力比,在塑性变形过程中保持恒定。

在均匀变形阶段,等效应力增量 $\mathrm{d}\sigma_e$ 可以通过主应力增量 $\mathrm{d}\sigma_1$ 和 $\mathrm{d}\sigma_2$ 计算得到,即

$$\mathrm{d}\sigma_e = \beta_1 \mathrm{d}\sigma_1 + \beta_2 \mathrm{d}\sigma_2 \tag{3.42}$$

式中:

$$\begin{cases} \beta_1 = \partial \sigma_e / \partial \sigma_1 \\ \beta_2 = \partial \sigma_e / \partial \sigma_2 \end{cases}$$

此外,等效应力增量 $\mathrm{d}\sigma_e$ 还可以通过微分式(3.21)得到,即

$$\mathrm{d}\sigma_e = \Big\{ - \eta m_s \sigma_\mathrm{T} a_\mathrm{T} b_\mathrm{T} \exp(b_\mathrm{T} \varepsilon_\mathrm{p}) + (1 - \eta) \big[- \sigma_\mathrm{M} a_\mathrm{M} b_\mathrm{M} \exp(b_\mathrm{M} \varepsilon_\mathrm{p}) -$$

$$\sigma_\mathrm{k} a_\mathrm{k} b_\mathrm{k} \exp(b_\mathrm{k} \varepsilon_\mathrm{p}) / \sqrt{d_0} \big] \Big\} \mathrm{d}\varepsilon_\mathrm{p} \tag{3.43}$$

结合式(3.40)~式(3.43),可以推出:

$$\alpha_e \frac{\mathrm{d}\sigma_e}{\sigma_e} = (\beta_1 + \alpha\beta_2) \Big(- \mathrm{d}\varepsilon_2 - \frac{\mathrm{d}t}{t} \Big) \tag{3.44}$$

式中:$\alpha_e = \sigma_e / \sigma_1$。

在原始 Considère 准则中，dt/t 等于 $d\varepsilon_3$，式(3.44)可以进一步写为

$$\alpha_e \left\{ -\eta m_s \sigma_T a_T b_T \exp(b_T \varepsilon_{e-i}) + (1-\eta) \left[-\sigma_M a_M b_M \exp(b_M \varepsilon_{e-i}) - \sigma_k a_k b_k \exp(b_k \varepsilon_{e-i})/\sqrt{d_0} \right] \right\} \Big/$$

$$\left\{ \eta m_s \tau_R(\varepsilon_{e-i}) + (1-\eta) \left[M_s \tau_R(\varepsilon_{e-i}) + \frac{k_{hp}(\varepsilon_{e-i})}{\sqrt{d_0}} \right] \right\} = (\beta_1 + \alpha\beta_2)(-d\varepsilon_2 - d\varepsilon_3) \quad (3.45)$$

式中：ε_{e-i} 是分散性失稳点处的等效极限应变，可以通过求解式(3.45)得到。

图 3-49 给出了基于原始 Considère 准则得到的理论成形极限曲线。通过与实验结果对比可以得出，尽管右侧拉-拉区的理论 μ-FLC 明显高于实验成形极限曲线，但其随应力状态的变化趋势却与实验结果类似，都表现出成形极限曲线下降的趋势。然而，左侧拉-压区的理论 μ-FLC 与实验成形极限结果相差甚远。

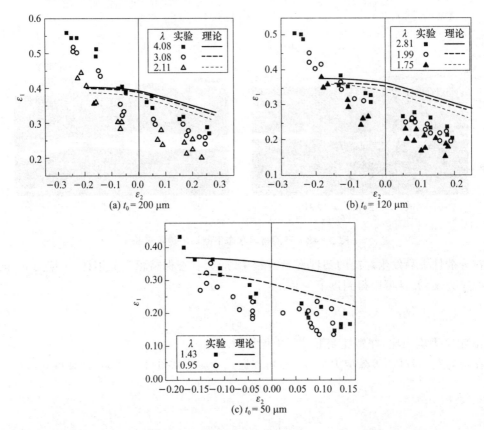

图 3-49 基于原始 Considère 准则预测的理论 μ-FLC 与实验结果对比

2. M-K 模型

M-K 模型假设板材最终失效是由位于试样表面的初始沟槽逐渐发展演化导致的，其几何示意图如图 3-50 所示，图中区域 A 和 B 分别表示槽外均匀变形区和槽内不均匀变形区，Ψ_0 表示轴-2 与沟槽长度方向之间的夹角。在原始 M-K 模型中，沟槽缺陷的初始值定义为

$$f_0 = t_0^B/t_0^A \quad (3.46)$$

式中：t_0^A 和 t_0^B 分别为区域 A 和 B 的初始厚度。

在之前的大多数研究中，都将 f_0 当成可调参数用以优化理论成形极限曲线。随着塑性变形的进行，区域 B 内最终会形成局部颈缩，导致板材集中性失稳发生。

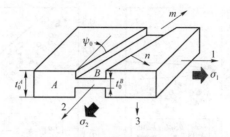

图 3 - 50　M - K 模型的几何示意图

　　基于力学平衡方程和几何相容性条件,区域 B 中的等效应变增量 $d\varepsilon_e^B$ 可以通过假设区域 A 中的等效应变增量 $d\varepsilon_e^A$ 计算获得。不断迭代累积 $d\varepsilon_e^A$ 直至满足失稳条件 $d\varepsilon_e^B/d\varepsilon_e^A \geqslant 7$,此时区域 A 所对应的主应变 ε_1 和 ε_2 定义为极限应变。金属箔带材的初始几何缺陷垂直于最大主应力方向。此外,图 3 - 51 也显示了厚度为 $120\,\mu m$、尺寸因子 λ 为 2.81 的 SUS304 带材断裂试样,可以看出,断裂的横截面几乎平行于轴-2。因此,在金属箔带材极限应变的计算过程中假设初始几何缺陷垂直于轴-1,即 $\Psi_0 = 0$。

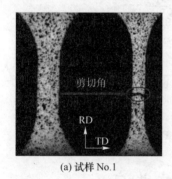
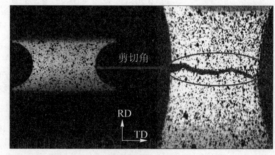

(a) 试样 No.1　　　　　　　　　　(b) 试样 No.3

图 3 - 51　断裂试样的剪切角度

　　图 3 - 52 绘制了基于原始 M - K 模型预测的理论成形极限曲线,其中几何缺陷的初始值 f_0 通过初始表面粗糙度参数 R_{z_0} 与初始箔带材厚度 t_0 的比值获得。可以看出,左侧拉-压区的理论 μ-FLC 略高于实验极限应变,并且随着尺寸因子 λ 的减小或者厚度的减薄,这种偏差逐渐加剧。然而,右侧拉-拉区的理论 μ-FLC 明显高于实验结果,随着应力状态的增加,右侧 μ-FLC 也没有表现出逐渐下降的趋势。综合上述分析,基于原始 M - K 模型预测的左侧成形极限曲线,可以反映极限应变的下降趋势。由于没有考虑表面粗化效应,所预测的理论成形极限曲线要高于实验结果,并且随着尺寸因子 λ 的减小,表面效应愈发明显,导致理论与实验误差增大。由原始 M - K 模型计算的右侧成形极限,不能描述极限应变的下降趋势,说明基于集中性失稳理论的 M - K 模型并不能预测 SUS304 箔带材双拉应力状态下的成形极限。

　　通过分析常规分散性失稳模型(Considère 准则)和集中性失稳模型(M - K 模型)对 SUS304 箔带材成形极限的预测精度,可以总结出,常规失稳模型并不适用于预测金属箔带材的成形极限。在金属箔带材塑性成形过程中,表面粗化行为和断裂机理转变均不同于常规的金属板材。因此,没有考虑上述两个因素的常规失稳模型不能准确地描述金属箔带材破裂现象,最终导致其预测的成形极限偏离实验结果。

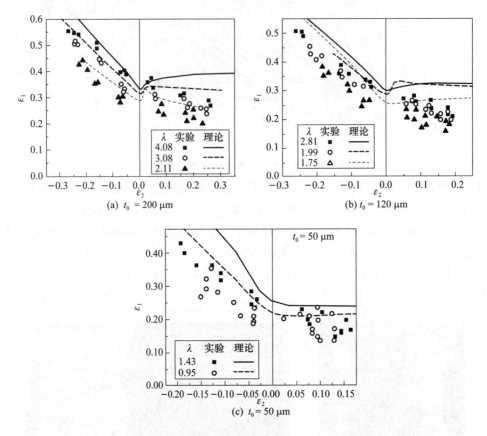

图 3 - 52　基于原始 M - K 模型预测的理论 μ - FLC 与实验结果对比

3.6　变形回弹的尺寸效应

回弹作为金属薄板冷塑性成形中最常见的缺陷之一,其指零件成形并移除成形工具后发生的形状和尺寸的变化。而回弹预测时理论模型的好坏将直接体现在有限元预测精度上。虽然采用实际零件进行回弹研究具有一定的工业应用价值,但在复杂的几何形状下,很难区分回弹预测时的误差来源。U 形弯曲或 V 形弯曲实验被认为是检验回弹现象的通用方法,而 U 形弯曲实验中侧壁处的材料流入凹模圆角过程中经历了弯曲、卸载、反向弯曲和卸载,非常适合评价循环塑性强化模型的精度并分析回弹的影响因素。

U 形弯曲实验于 Numisheet 93 会议中首次提出,且 Numisheet 2011 中提出采用板料预拉伸后的 U 形弯曲实验来分析前工序对回弹的影响。由于微细成形中板材厚度一般为数十至数百微米,如果试样尺寸过大则会导致实验及测量过程中产生不必要的变形,从而影响实验结果准确性。U 形弯曲实验可在通用板材成形性能试验机上进行。通过仿真确定试样最优尺寸为 110 mm×30 mm,长度方向为轧制方向,凸模和凹模半径均为 3 mm,冲压行程为 28.3 mm,冲压速度一般为 10～50 mm/min,压边力恒定为 20 kN,凸模宽度为 20 mm,凹模宽度为 20.52 mm。实验时,压边缸驱动压边圈向上运动压住板料,随后主油缸驱动凸模向上运动成形出 U 形件。考虑到润滑油的不均匀性及其油污对回弹测量的影响,采用双面聚乙烯薄膜润滑。为防止拉偏,坯料需要居中放置并且确保模具两边粗糙度及间隙一致。为避免实验后试件放置时间过长导致的后续回弹角度变化,实验结束后,将 U 形件从模具中取下并压入印台使侧面上墨,随后在纸上印制出侧面轮廓。最后,扫描实验结果为图片格式,并将处理后的截面导入 CAD 软件,确定实际尺寸与像素的比例,获得 U 形弯曲实验的截面图。U 形弯曲实验结果主要体现在回弹参数值的获得上。回弹参数的定义如图 3 – 53 所示,其中回弹参数主要包括回弹角 θ_1 和 θ_2、侧壁曲率半径 ρ。每种材料的 U 形弯曲实验均进行 3 次后取平均值。

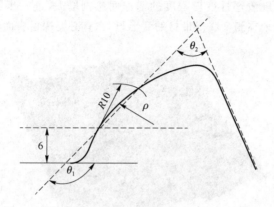

图 3 – 53　回弹参数的定义(单位:mm)

图 3 – 54 所示为晶粒尺寸分别为 $70.8~\mu m$、$57.9~\mu m$、$37.3~\mu m$、$24.2~\mu m$ 的 GH4169 带材 U 形弯曲回弹示意图。回弹随着 θ_1 的增大、θ_2 和 ρ 的减小而增大,θ_2、ρ 与 θ_1 始终呈现相反的变化趋势,即 θ_1 增大时 θ_2 和 ρ 减小,θ_1 减小时 θ_2 和 ρ 增大,因此 3 个回弹参数得出的回弹规律保持一致。可见,同样的材料厚度及变形状态下,回弹大小随着平均晶粒尺寸的增大而减小。该现象可以用表面层模型和 K – M 位错密度模型来解释。随着晶粒尺寸的增大、厚向晶粒个数 t/d 的减少,厚向上晶界的减少导致位错密度减少,最终引起了屈服强度和流动应力的下降。屈服强度和强化模量的下降会导致回弹的降低。其原因为强度的下降会使材料更容易发生塑性变形,弹性变形所占比例更小,因此回弹更不明显。

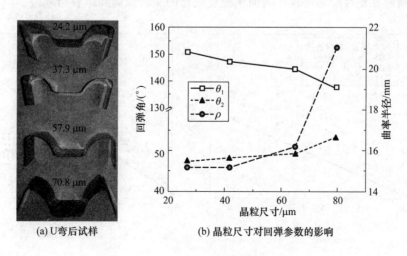

(a) U弯后试样　　　(b) 晶粒尺寸对回弹参数的影响

图 3 – 54　GH4169 带材回弹的尺寸效应

3.7 表面粗化的尺寸效应

不同于常规厚度的金属薄板,许多学者都发现微尺度下金属箔带材的表面粗糙度对其力学性能和断裂行为都有明显的影响,如图 3-55 所示。这是由于随着试样尺寸的缩小,其表面粗糙度并不会等比例减小,导致自由表面粗糙度相对于金属箔带材的厚度不能够被忽略。另外,箔带材的表面粗糙度随着塑性变形程度的增加而急剧增大,进一步影响了其失效行为。因此,为了更加合理和准确地预测金属箔带材的变形行为,有必要探索表面粗化行为的变化规律。

200 μm

图 3-55 表面粗化现象

以 SUS304 箔带材为例,随着应变的增加,不同材料状态下的表面粗糙度呈现出线性上升趋势,并且晶粒越大,表面粗糙度上升的斜率也越大。通过单向拉伸实验,得到表面粗糙度 R_z 与等效应变 ε 和初始晶粒尺寸 d_0 之间的线性关系为

$$R_z = cd_0\varepsilon + R_0 \tag{3.47}$$

式中:c 为材料常数,其与材料的滑移特征相关;R_0 为初始表面粗糙度。图 3-56 所示为不同晶粒尺寸的材料在塑性变形过程中表面粗糙度变化的实验数据和拟合结果。

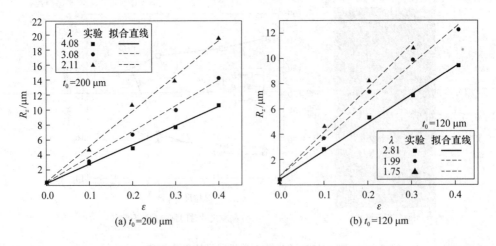

图 3-56 不同材料状态下表面粗糙度与塑性应变之间的关系

表面粗化对极限应变值 ε_{limit} 也有很大影响。表面粗化率定义为当前表面粗糙度与初始箔带材厚度的比值，反映了表面粗糙度对金属箔带材成形性能的影响程度，可以写为

$$\theta = \frac{R_{z-limit}}{t_0} \times 100\%$$ (3.48)

式中：θ 是表面粗化率；t_0 是 SUS304 箔带材初始厚度；$R_{z-limit}$ 是失稳点处的表面粗糙度。

由图 3-57 可以看出，同一厚度条件下，随着晶粒尺寸的增大，表面粗化率明显提升，对应的极限应变率却呈现下降趋势。表面粗化现象对成形极限的影响非常显著，导致极限应变 ε_{limit} 也随着厚度的减薄而下降，反映了金属箔带材成形极限的尺寸依赖性是由表面粗化所引起的。

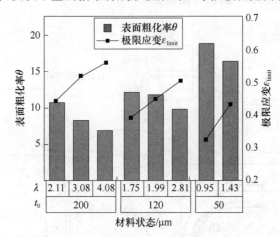

图 3-57　SUS304 箔材表面粗化率 θ 与极限应变 ε_{limit} 之间的关系

3.8　界面摩擦的尺寸效应

摩擦力是抵抗两个接触物体之间相对运动的力。这是金属成形过程中界面间最重要的力量之一。摩擦的存在可导致模具磨损、工件表面质量变差等不利影响。但是，对于具体的工艺，摩擦也可能是有益的，如辊压成形以及充液拉深过程中板料与凸模之间的摩擦。

在板材成形中，切向运动的阻力通常由摩擦系数定律来描述，也称为阿蒙顿摩擦定律（Amonton's law of friction）。在该模型中，摩擦系数 μ 是比例因子，描述了两个接触界面之间的摩擦力 F_{fr} 与法向力 F_n 的比值：

$$F_{fr} = \mu F_n$$ (3.49)

局部有效摩擦剪应力定义如下，其中 σ_n 是局部法向应力：

$$\tau_{fr} = \mu \sigma_n$$ (3.50)

与体积成形相比，金属板料成形过程中的摩擦学条件的特点是接触面积大，表面压力低。如果在成形过程中出现高法向应力（例如在挤压、成形过程中），则摩擦系数定律不再有效。如果平均法向应力分量高于工件的流动应力，就会出现这种情况。在这种情况下，可使用摩擦因子定律，即使用摩擦因子 m 将摩擦剪应力与剪切屈服应力 k 联系起来，以描述界面摩擦行为：

$$\tau_{fr} = mk$$ (3.51)

该模型最适合表征具有中间层的粘着摩擦或固体摩擦。摩擦因子定律更适用于边界润滑、混合润滑（金属成形中最常见的情况）。因此，无论是摩擦系数定律还是摩擦因子定律都不

能正确描述所有摩擦情况。但是,单独的摩擦系数定律能够描述润滑剂的流变行为。

有许多不同的测试方法可用来确定摩擦力特性,测试方法的选择取决于它的适用性以及实际工艺过程。在板料成形工艺中,双轴应力状态占主导地位,而体积成形工艺的特点是其三轴应力状态和更高的静水压力。由于所有测试方法和分析摩擦定律都只是实际过程的简化,摩擦特性测试方法的选择要慎重,以防止过度简化或不正确的建模。对于板料成形,常用的板料与模具间摩擦测试的方法有:平拉实验、带材拉深实验、带材径向拉伸实验和带材拉伸实验等,如图 3-58 所示。不同的测试方法对应相应接触类型,所有的摩擦测试都可以简单地分为两种类型,即带材径向拉深和平面拉伸模拟。

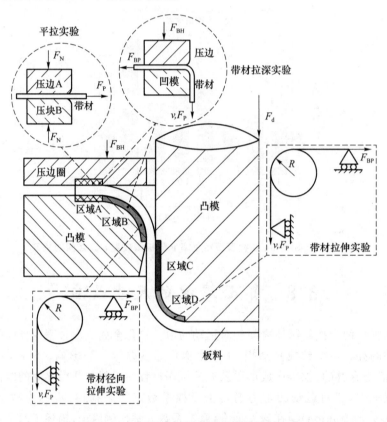

图 3-58　板料成形过程中的摩擦测试方法

对于体积成形,圆环压缩实验和双杯挤压实验是常用的确定界面摩擦特性的方法。在圆环压缩实验中,利用相互平行的平面压头将圆环形试样沿轴向压缩。根据界面摩擦的大小,内部环的直径可能会变大(低摩擦情况)或减小(高摩擦情况)。圆环内径的这种变化对摩擦非常敏感,摩擦因子 m 可以很容易地根据圆环内外径的变化情况来确定,如图 3-59(a)所示。双杯挤压实验是将圆柱形试样放置在两个相同的模具之间,两个冲头,一个是固定的,另一个是可移动的。上部的冲头向下运动,将试样挤压成两个杯子,如图 3-59(b)所示。理想情况下,试样与模具之间不存在摩擦,则产生的两个杯子高度相同。随着摩擦力的增加,固定冲头端的杯子高度减小。因此,摩擦力的微小变化可以通过双杯高度的显著变化以及双杯高度之比来反映。然而,如果需要得到摩擦因子的绝对值,必须借用数值模拟与双杯挤压实验相结合的方法。双杯挤压实验与圆形压缩实验相比,更能表征挤压过程中模具和试样之间的大应变和高压力。

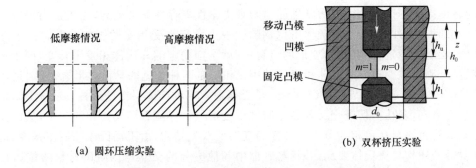

(a) 圆环压缩实验　　　　　(b) 双杯挤压实验

图 3-59　体积成形过程中的摩擦测试方法

　　在微细成形过程中,当使用润滑剂时,界面摩擦表现为明显的尺寸效应。当试样尺寸减小时,摩擦系数随着尺寸的减小而增大。然而,在干摩擦的情况下,界面摩擦的尺寸效应将减弱。摩擦的尺寸依赖性可用"开放和封闭的润滑坑"模型来解释,如图 3-60 所示。由于表面粗糙等原因,在模具与坯料接触的界面存在若干凸凹不平的区间。在所谓的封闭"口袋"中,润滑剂不能随着成形载荷的增加而逃逸,因此产生静水压力,润滑剂承受部分外部压力负载,然而,工件边缘的粗糙度波谷不是封闭的,不能保留润滑剂。因此,润滑剂可以从开放的"口袋"中流出并不会承受任何负载。这些开放的区间无法支撑传输负载,导致更高的界面摩擦。存在开放"口袋"的区域不仅限于工件边缘表面,因为凹凸不平是相互关联的,所以开口区间可以扩展到表面内很远的地方。若工件尺寸缩小,则开口区间的比例将会增加,导致摩擦力增大。如果摩擦的尺寸效应可以用"润滑口袋"模型来解释,那么使用固体润滑剂时,尺寸效应应该是不可见的。相关研究证实了这一点,当使用油和二硫化钼分别作为润滑剂对挤压过程进行润滑时,其结果表明,采用油润滑时,随着尺寸的减小摩擦增加,而这种现象在使用固体润滑剂时不存在。

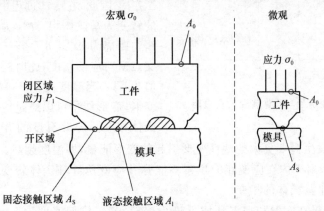

图 3-60　"润滑口袋"模型解释摩擦的尺寸效应

　　可见,"润滑口袋"模型能够很好地解释摩擦的尺寸效应现象,这种尺寸效应的发生是由于结构在缩放过程中表面形貌保持不变导致的。

3.9　应变诱导马氏体相变的尺寸效应

　　由于理想的机械性能和耐腐蚀性能,亚稳态奥氏体不锈钢(ASS)已广泛用于制造微小型零部件,如燃料电池双极板、微型医疗设备、微型热交换器和微机电系统等。然而,由于尺寸效应,亚稳态奥氏体不锈钢的微观力学性能与宏观力学性能存在显著差异,尤其是当只有少数晶粒参与变形时。此外,亚稳态奥氏体不锈钢的微观力学行为受相变的影响显著。由于亚稳态奥氏体(γ)相的不稳定性,在塑性变形的过程中,就会向稳定的马氏体相发生转变,即 $\gamma \rightarrow \varepsilon \rightarrow \alpha'$ 的转变过程,称为应变诱导马氏体相变。其中 ε 和 α' 是两种常见的马氏体形态,分别是密排六方结构(HCP)和体心立方结构(BCC)。ε-马氏体通常在奥氏体层错处形核,α'-马氏体是马氏体相的最终形态,多在剪切带交叉处和位错堆积处形核。伴随着马氏体相的产生,奥氏体不锈钢的微观结构也逐渐从单相的奥氏体转变为复杂的双相结构,由于马氏体的屈服强度、抗拉强度和硬度等一般均比奥氏体要高,并且与基体中其他成分的交互作用阻碍材料的位错移动和剪切带滑移,能够显著增强材料的加工硬化率。因此,通过控制奥氏体到马氏体的转变就可以获得更好的强度与塑性匹配,在材料强化和成形性能改善上具有显著的优势。

应变诱导马氏体相变受应变速率、变形温度、应力状态、塑性应变以及尺寸效应的影响。为了探索几何和晶粒尺寸对马氏体相变的影响,选择厚度为 $50~\mu m$、$120~\mu m$ 和 $200~\mu m$ 的商用 SUS304 箔带材作为测试材料。同时对材料进行热处理获得不同的晶粒尺寸,晶粒尺寸大小见表 3.1 中编号为 A-2、A-4、A-5、B-2、B-4、B-5、C-3、C-5、C-6 的试样。

3.9.1　相变实验和马氏体含量的测定

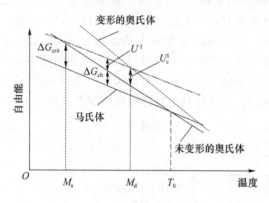

图 3-61　应变诱导马氏体转变的自由能

图 3-61 所示为奥氏体向马氏体相转变过程中自由能随外界温度的变化关系。其中,M_s 为满足相变开始时所需的最小临界驱动力(ΔG_{crit})所需的温度,当温度低于 M_s 时,由于未变形奥氏体与马氏体的自由能之差大于 ΔG_{crit}。因此,在冷却过程中奥氏体相能够自发的转变为马氏体相。M_d 为变形奥氏体自由能线与距离为 ΔG_{crit} 并平行于马氏体自由能线的交点所对应的温度,此时的内在应变能为最大值为 U_c^I。当温度在 $M_s \sim M_d$ 之间时,由于塑性变形,变形能量可以通过应变能的形式激发马氏体相变。随着温度的升高,内在应变能 U^I 增大,因此相变的发生需要更大的塑性变形引起的变形能量,即温度越高,相变越不容易发生。当温度高于 M_d 时,由于内在应变能的积累不能弥补应变诱导马氏体转变过程中自由能的减少量,因此不会发生马氏体的相变。

使用万能试验机在常温和高温环境下进行单拉实验,拉伸速度为 5 mm/min。常温条件选择 25 ℃(RT),为获得马氏体相随应变的变化关系,对每种条件下的单拉实验分别拉伸到 0%、10%、20%、30% 和断裂位置时刻停止,进而获得对应应变下的马氏体相体积分数。根据马氏体相变的诱发原理,在外界温度高于 M_d 时,塑性变形不能导致马氏体的相变。因此需要进行高温实验($T \geqslant M_d$)以便获得单相应力-应变曲线,进而研究奥氏体相的变形特性。根据 M_d 温度的测量公式,确定高温温度为 85 ℃(HT)。

为了测量在拉伸实验中马氏体相体积分数随应变的变化规律,必须采用可靠的测量方法。目前主要采用的方法有:X 射线衍射仪(XRD)、电子背散射衍射(EBSD)和铁素体仪,XRD 的方法能够定量地分析相的体积分数变化;EBSD 主要用于材料织构的分析,对于相的测量主要是通过电解抛光后,测量结果以不同的颜色来表征相的含量,这种方法易受测量人员的影响;而铁素体仪的测量结果主要是根据马氏体的磁性材料来测量相的体积分数的,但是由于逆磁致伸缩效应,铁磁性材料的磁化在受到机械载荷的时候会改变,因此测量误差也会偏大。综合考虑,选择 D/max2500PC-自动 X 射线衍射仪(XRD)进行测量,测试条件为:管电压 40 kV,电流 200 mA,扫描速度 8(°)/min,采用 Cu 靶 K$_\alpha$ 射线作为射线源。通过线切割的方式获得试件中心位置 12.5 mm×15 mm 矩形区域。由于受无约束表面颗粒的相容性影响,马氏体体积分数是试样厚度的函数。因此,通过机械抛光去除矩形区域四分之一厚度,以便在样品厚度的四分之三处区域进行测量。最后,通过分析(110)$_{\alpha'}$、(200)$_{\alpha'}$、(211)$_{\alpha'}$、(111)$_\gamma$、(200)$_\gamma$、(220)$_\gamma$ 和(311)$_\gamma$ 的衍射峰积分强度的变化,从而获得马氏体和奥氏体相的体积分数。

图 3-62 给出了在不同厚度下 XRD 衍射图谱随应变的演变过程,可以看到相的体积分数与塑性应变量和尺度都存在明显的变化关系。

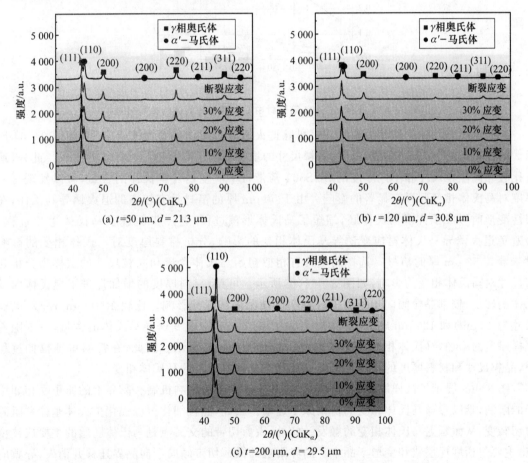

(a) $t=50$ μm, $d=21.3$ μm

(b) $t=120$ μm, $d=30.8$ μm

(c) $t=200$ μm, $d=29.5$ μm

图 3-62　XRD 衍射图谱随应变的变化关系

3.9.2　马氏体相变的尺寸效应

为了探索几何和晶粒尺寸对应变诱导马氏体相变的影响,在不同的应变水平下测量了 XRD 衍射图谱。从图 3-62 可以看出,随着应变水平的增加,(111)$_\gamma$ 衍射峰的强度逐渐减小,(110)$_\alpha$ 衍射峰的强度逐渐增大,表明在 SUS304 箔带材微塑性变形过程中发生了马氏体相变现象。此外,0%应变时马氏体的衍射峰表明在退火降温过程中已经产生了少量的马氏体,称为退火诱导马氏体转变,其与退火过程中的敏化现象有关,这导致溶质原子的沉淀或偏析,进而提高了局部区域的马氏体起始温度 M_s。使用 0%应变下的 XRD 图谱计算退火诱导马氏体的含量,如图 3 - 63 所示。可见,退火诱导马氏体的含量随着晶粒尺寸的增加和箔带材厚度的减小而增加,这可能与尺寸效应对敏化的影响有关。

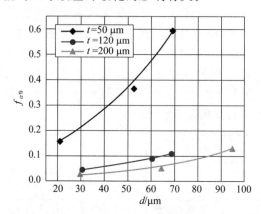

图 3 - 63 不同 SUS304 箔带材中退火诱导马氏体的体积分数

应变诱导马氏体的体积分数是通过排除退火诱导马氏体的含量来计算的,如图 3 - 64 所示。对于给定的 SUS304 材料厚度,晶粒尺寸的增加加剧了应变诱导马氏体的生成。此外,通过比较相同晶粒尺寸和不同厚度的 SUS304 箔带材中应变诱导马氏体的含量,可以发现材料厚度对马氏体相变同样有显著的影响。由于 50 μm 厚的箔材具有较多的退火诱导马氏体,在塑性变形前形成了许多马氏体胚,缩短了马氏体形核过程,进一步促进了马氏体生长过程。为避免退火诱导马氏体对应变诱导马氏体相变的影响,分析材料厚度对马氏体相变的影响时未涵盖 50 μm 厚的箔材。选择两组具有相似初始马氏体含量和晶粒尺寸的试样来分析几何尺寸对马氏体相变的影响,如图 3 - 64(d)所示。可见,材料厚度的增加促进了奥氏体向马氏体的转变,较细晶粒倾向于减弱材料厚度对马氏体相变的影响。比较 1 400 μm 厚板(晶粒尺寸为 48 μm)和 120 μm 厚带材(晶粒尺寸为 60.3 μm)中应变诱导马氏体的含量,发现随着试样厚度的增加,马氏体相变的速度加快,如图 3 - 64(b)所示。因此,在常温单轴拉伸过程中,晶粒尺寸和材料厚度的增加可以促进亚稳态金属箔带材的马氏体相变。

图 3 - 65 展示了试样厚度和晶粒尺寸对马氏体相变的影响机制。晶界上的原子受相邻原子的限制,难以参与马氏体相变的协调原子运动。因此,晶粒细化可以强化奥氏体基体并阻碍剪切转变,从而延迟马氏体相变的触发。此外,微剪切带的交叉点是马氏体胚胎的主要成核位点,主要包括堆垛层错和变形孪晶束。晶界附近的微剪切带倾向于向晶界迁移并消失,导致应变诱导马氏体相变成核位点减少。由于成核位点的产生受到晶界的限制,马氏体相变受到细晶粒的阻碍。当塑性应变达到 20%左右时,由于马氏体胚的聚结,形成的马氏体变为块状不规则形貌,晶界阻碍了块状不规则马氏体的进一步生长。因此,晶界增强了奥氏体的稳定性,减少了马氏体的形核位点,阻碍了马氏体的生长,从而抑制了应变诱导马氏体相变。当箔带材厚度减小时,由于晶粒内部的比例减少,马氏体的潜在成核位置随之减少,导致马氏体相变因材料厚度的减少而受到抑制。

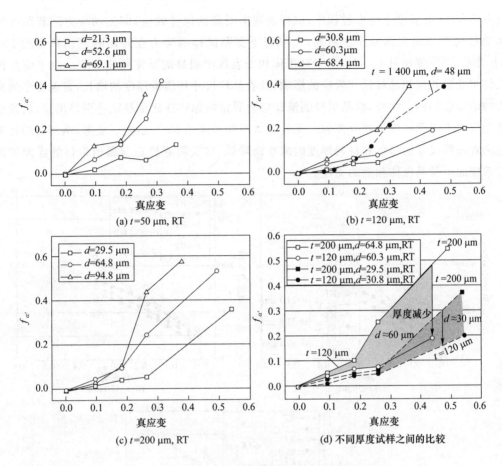

(a) t=50 μm, RT

(b) t=120 μm, RT

(c) t=200 μm, RT

(d) 不同厚度试样之间的比较

图 3 - 64　SUS304 箔材应变诱导马氏体的体积分数

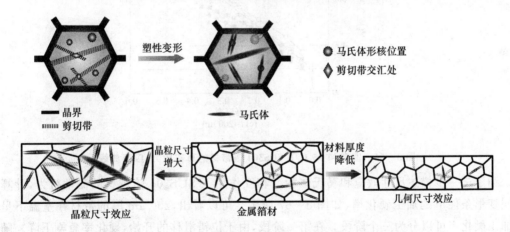

图 3 - 65　尺寸效应对应变诱导马氏体相变的影响机理示意图

3.9.3　尺寸效应和应变诱导马氏体相变的耦合影响

　　为了揭示尺寸效应和尺寸相关马氏体相变对变形行为的耦合影响,比较了在室温和 85 ℃下变形的箔带材真实应力-应变响应,如图 3 - 66 所示。发现亚稳态箔带材呈现两种不同的变形特点。在 85 ℃温度下变形过程中,试样表现出明显的尺寸效应,即流动应力随着厚度的减小和晶粒尺寸的增大而减小。然而,在室温下变形试样的应力在开始时遵循典型的 Hall - petch 关系,当应变超过 0.2 时,由于马氏体相变表现出明显的异常硬化趋势。由于应变诱导马氏体相变受几何和晶粒尺寸效应的影响,随着晶粒尺寸和箔带厚度的增长,常温变形的流动应力的增加会加剧。此外,粗晶试样的流动应力异常增加往往比细晶试样更早出现,后续变形的流动应力主要受马氏体相变控制。无论是常温变形还是 85 ℃温度下变形,箔带材的延伸率总是随着晶粒尺寸的增加和材料厚度的减小而降低,这表明亚稳态金属箔带材的延伸率仍受尺寸效应而不是马氏体相变的支配。

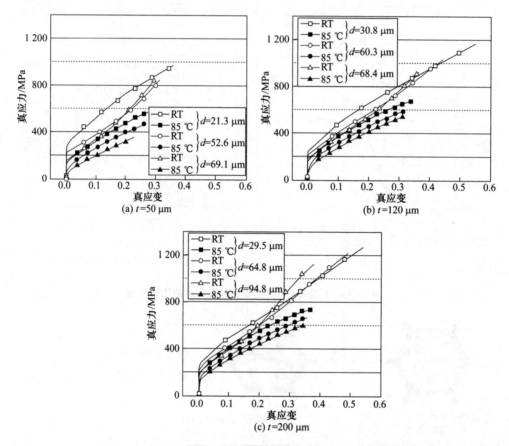

图 3 - 66 室温和 85 ℃下 SUS304 箔带材的真实应力-应变曲线

为了进一步描述尺寸效应和马氏体相变相互作用下 SUS304 箔带材的流动行为,计算了不同变形条件下的加工硬化率,如图 3 - 67 所示。可以看出,200 μm 厚的带材在室温下呈现的加工硬化率可以分为三个阶段。在第一阶段,由于位错滑移的开始,硬化率急剧下降。随着马氏体相变的发生,加工硬化行为从阶段Ⅰ转移到阶段Ⅱ。由于马氏体相变的主要硬化作用,第二阶段的加工硬化率迅速增加。当马氏体体积分数接近饱和时,马氏体转变率迅速下降,导致加工硬化率迅速下降,加工硬化行为随之从第二阶段转移到第三阶段。50 μm 和 120 μm 厚试样的加工硬化行为与 200 μm 厚试样的加工硬化行为相似。由于 50 μm 和 120 μm 细晶试样的应变诱导马氏体相变受限,位错湮灭的减弱作用超过了马氏体相变和位错累积的综合硬化作用,导致第二阶段的加工硬化率就下降,并且没有第三阶段。

随着晶粒尺寸的增大,阶段 I 的应变范围有明显缩小的趋势,即变形过程中粗晶材料的加工硬化行为从阶段 I 提前转移到阶段 II。这一趋势是由于晶粒尺寸的增加加速了马氏体相变的发生。此外,在一定厚度下,随着晶粒尺寸的增加,第二阶段的加工硬化速率增加得更快,并提前达到峰值。粗晶试样中马氏体的早期饱和导致阶段 II 的收缩和阶段 III 的扩大。实验结果表明,马氏体相变速率随着晶粒尺寸的增加而增大,进而导致阶段 II 的更早开始和结束以及阶段 II 的加工硬化速率的更快增加。由于几何尺寸和晶粒尺寸的增加可以促进应变诱导马氏体相变,材料厚度对加工硬化率的影响与晶粒尺寸的影响相似。如图 3 - 67(d)所示,材料厚度的增加有利于提高加工硬化速率并加速阶段 II 的开始和结束。马氏体相变的贡献随着箔带材厚度的增加而逐渐增强,导致第二阶段应变硬化模式从 50 μm 厚箔材的减小趋势转变到 120 μm 厚带材的几乎恒定,当箔带材厚度增加到 200 μm 时,硬化模式又呈现出增加趋势。与室温变形的金属箔带材硬化行为相比,85 ℃温度变形条件下的加工硬化仅受尺寸效应的影响。由于没有马氏体相变的影响,表现出传统的应变硬化模式。

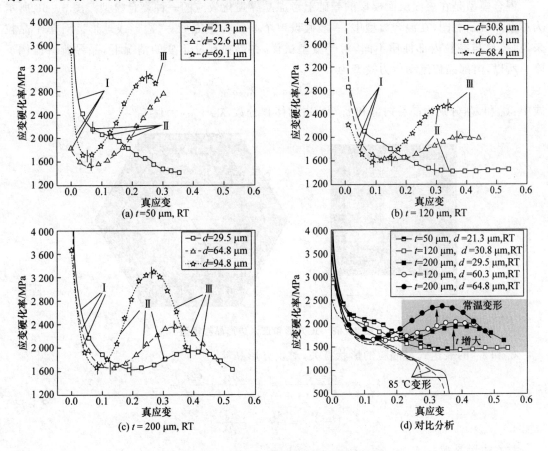

图 3 - 67　SUS304 箔带材的应变硬化行为

3.10　尺寸效应的建模方法

3.10.1　表面层模型

表面层模型最早由德国的 Geiger 等提出,可以用于分析表面为自由表面的试件所呈现出的"越小越弱"的尺寸效应。该模型将整个材料分为两部分:表面层晶粒和内部晶粒。随着试样尺寸的减小,试样的自由表面所占比率越大。根据金属塑性变形物理原理,与材料内部晶粒相比,表层晶粒所受约束限制较小,在变形过程中,内层位错运动剧烈而表面层影响较小。表面层模型的具体推导过程见 3.2.1 小节,其已被广泛地应用于微细成形过程中,用来解释尺寸效应对成形过程的影响。

3.10.2　混合模型

混合模型是在表面层面模型的基础上考虑晶界强化效应的一种复合模型。图 3-68 所示为单个晶粒示意图,在混合模型中,一般假设单个晶粒为正方形、六边形或球形。对单个晶粒来说,晶界与晶粒内部性质不同,对于微型试样,在晶粒尺寸不变的情况下,晶界所占比例下降。所以,内部晶粒流动应力模型为

$$\sigma_p = \lambda_{GI}\sigma_{GI} + \lambda_{GB}\sigma_{GB} \tag{3.52}$$

式中:λ_{GI} 和 λ_{GB} 分别为晶粒内部和晶界所占的体积分数,$\lambda_{GI} + \lambda_{GB} = 1$。

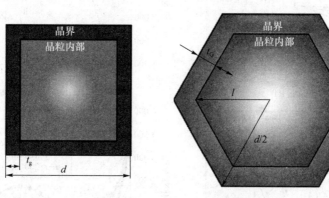

图 3-68　正方形和正六边形晶粒模型

λ_{GI} 和 λ_{GB} 的表达式与晶粒的形状有关,对正方形晶粒:

$$\begin{cases} \lambda_{GI} = \dfrac{(d-2t_g)^2}{d^2} = 1 - \dfrac{4t_g}{d} + \dfrac{(2t_g)^2}{d^2} \\[3mm] \lambda_{GB} = 1 - \lambda_{GI} = \dfrac{4t_g}{d} - \dfrac{(2t_g)^2}{d^2} \end{cases} \tag{3.53}$$

对六边形晶粒:

$$\begin{cases} \lambda_{GI} = \left(1 - \dfrac{2}{\sqrt{3}} \cdot \dfrac{2t_G}{d}\right)^2 \\[3mm] \lambda_{GB} = \dfrac{4}{\sqrt{3}} \dfrac{2t_G}{d}\left(1 - \dfrac{1}{\sqrt{3}} \cdot \dfrac{2t_G}{d}\right) \end{cases} \tag{3.54}$$

在计算整个材料流动应力时,采用表面层模型,并假设内部晶粒模型属于多晶模型:$\sigma_i = \sigma_p$;表面晶粒属于单晶模型,忽略晶界的强化作用,则 $\sigma_s = \sigma_{GI}$。之后,再将 σ_s 和 σ_i 代入到表面层模型中即可得到材料的流动应力。

3.10.3　应变梯度模型

由于经典塑性理论中没有用于表征材料在不同尺度层次表现出的不同力学行为的特征参数,为解释这种尺寸效应,近些年发展了很多应变梯度模型对尺寸效应进行解释。其中,FH - SG 理论是在高阶连续介质理论的框架下发展的 J_2 经典塑性流动理论,它的原理在经典塑性力学本构方程中嵌入一个描述微观尺寸的内禀长度参数,具体表达式为

$$l = M^2 \alpha^2 b (G/\sigma_y)^2 \tag{3.55}$$

式中:G、σ_y 和 b 分别为剪切模量、屈服强度以及柏氏矢量。该理论很好地描述了与尺寸效应相关的实验现象,但是从数学上讲,模型中引入的内禀材料长度仅是为了平衡量纲而引入的长度参数,虽可通过拟合得到,但其内在物理含义并不清楚。

此外,NG - SG 理论根据 Taylor 剪切屈服应力和位错密度的关系式推导出考虑应变梯度影响的硬化模型,它是将总的位错密度考虑为统计存储位错密度和几何必需位错密度线性组合,具体表达式为

$$\rho^D = \rho^s + \rho^g \tag{3.56}$$

式中:ρ^D、ρ^s 和 ρ^g 分别为总位错密度、统计存储位错密度和几何必需位错密度。Evans 和 Hutchinson 认为 NG - SG 理论提高了硬化率,但对屈服强度的影响不大,因此建议在模型中应增加适当的系数来调节硬化率和屈服强度,使计算结果更加准确。同时,也可以对 NG - SG 模型进行修正,将流动应力 σ 表示为传统的等效塑性应变 $\bar{\varepsilon}_c$ 和等效应变梯度 $\bar{\varepsilon}_G$ 的函数:

$$\sigma = K\left[f^\varphi(\bar{\varepsilon}_c) + f^\varphi(\bar{\varepsilon}_G) \right]^{\frac{1}{\varphi}} \tag{3.57}$$

式中:$\bar{\varepsilon}_G = l \nabla \varepsilon$,其中 $\nabla \varepsilon = \rho_G b$,$l$ 为材料的内禀尺寸,$\nabla \varepsilon$ 为塑性应变梯度,ρ_G 为几何必需位错密度。修正的 NG - SG 模型可用于金属箔带材微弯曲变形的弯矩和回弹角的预测。

3.10.4　晶体塑性模型

晶体塑性理论将金属的塑性变形归结为晶体在位错中产生的剪切变形,比宏观本构模型更好地反映了金属材料塑性变形的微观本质,近年来晶体塑性模型被广泛地应用在成形极限的预测、塑性各向异性和变形诱导织构演化等研究中。传统的晶体塑性模型不具备描述位错密度演化规律的能力,也不具备描述应变梯度引起的尺寸效应的能力,因此国内外学者对晶体塑性理论进行了改进和发展。微细成形过程中参与塑性变形往往只有一个或几个晶粒,单个晶粒的性质对成形过程影响很大。为准确描述微细成形过程,有必要从微观上建立模型,考虑每个晶粒对塑性变形的贡献,因此,晶体塑性模型可以模拟微细成形中材料不规则流动现象。关于晶体塑性模型将在第 11 章详细介绍。

习　　题

1. 下列关于尺寸效应的表述,正确的是(　　)。

(A)尺寸效应产生的根源是构件尺寸或材料微观组织的改变

（B）随着构件尺寸的减小，工件与模具之间的摩擦力也随之下降

（C）板材成形极限随着晶粒尺寸的减小而降低

（D）塑性微细成形中材料流动应力受几何尺寸、晶粒大小以及截面晶粒数量三个因素的综合影响

2．塑性微细成形过程中模具与工件之间的摩擦会增大，试分析其原因。

3．材料流动应力随着晶粒尺寸的增大而减小的原因是什么？

4．塑性微细成形过程中材料表面往往会出现粗化现象，其微观机理是什么？

5．常见的关于尺寸效应的建模方法有哪些？

6．以单向拉伸实验为例，简述板材厚度与晶粒尺寸对材料流动应力的影响。

7．不锈钢材料厚度为 $t=0.1\ mm$，平均晶粒尺寸 $d=20\ \mu m$，单拉试样标距段长度为 50 mm，宽度为 12.5 mm。假设表面层和内部材料的流动应力曲线分别满足 $\sigma=589\times(\varepsilon_p+0.002)^{0.39}$ 和 $\sigma=1\ 260\times(\varepsilon_p+0.02)^{0.44}$，式中 ε_p 为真实塑性应变。求该不锈钢单拉试样的屈服强度以及真实塑性应变为 0.1、0.2 和 0.3 时的流动应力。

第4章 板材微细成形

4.1 板材微细成形的特点

微小型零件广泛应用于微机电系统（MEMS）中，随着 MEMS 的飞速发展和逐步进入实用化，对薄壁微型零件的需求量急剧增加。板材微细成形技术以其工艺简单、高效率和低成本等优点，在微型薄壁零件的规模化生产中有着显著的优势和广阔的前景。

目前，在金属薄板的微细成形技术方面，主要工艺方法包括微拉深、增量微成形、微冲裁和微弯曲等。与传统的板材成形工艺相比，虽然成形过程相同，但板材微细成形并不是传统成形简单的几何尺寸缩小，随着成形零件尺寸的减小，板材微细成形技术具有以下特点：

① 随着零件尺寸的减小，工件表面积与体积力之比增大，从而影响温度条件。

② 零件尺寸越小，工模具之间的黏附力和表面张力的影响越大。

③ 晶粒尺寸的影响很显著，不再像传统成形那样可以看成是各向同性的均匀连续体。

④ 很高的应变速率会影响材料的成形性能和微观组织，特别是晶粒尺寸与典型的工件尺寸相当时。

⑤ 零件尺寸越小，封闭的润滑坑面积占总润滑面积的比例越小，工件表面存储润滑剂就越困难，导致摩擦的影响加剧。

因此，薄板微细成形技术仍然存在很多亟待解决的问题，主要包括以下几个方面：

① 建立微小尺度下的材料力学本构关系，研究板材微冲压成形过程中的摩擦、润滑和破坏机制，构建微细成形基本理论框架。

② 建立适合于微厚度板材的成形性能测试体系。

③ 开发新的适合于微细成形的材料，如具有良好超塑性的超细晶材料。

④ 研制适合于薄板微细成形的设备，开发新的模具加工方法。

⑤ 针对微细成形的先进测量技术和数值模拟技术。

4.2 微冲裁

冲裁是利用模具使板料产生分离的冲压工序，包括落料、冲孔、切口、剖切、修边等，是通过施加剪切力进行的材料分割的工艺过程，当材料中的剪切应力超过极限剪切强度时，材料在切割区局部失效，随后被分离。微冲裁加工是大批量生产薄壁微小零件的高效方法，如图 4-1 所示。冲孔和落料是具有封闭剪切路径的切割过程，主要包括金属板材、冲头、冲模和提供载荷的压力机，两者的工艺过程非常相似。在落料工艺中，冲出的材料是所需的工件，而剩余的板材是废料。在冲孔工艺中，剩余的具有所需内部轮廓的材料是工件，去除的材料是废料。冲裁工艺可以实现各种形状的切口，如圆形、矩形以及多种形状的组合等复杂的结构。

微冲裁工艺常用于后续工艺的制样，或与其他工艺复合以高效制造微小型零件。此外，微冲裁还可以用于微针、阵列微孔等零件的制造。微冲裁工艺看似简单，但实际的剪切过程相当

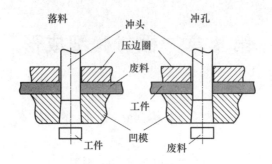

图 4-1　微冲裁工艺示意图

复杂,涉及镦粗、弯曲、剪切和裂纹萌生和扩展等宏微观变形行为,并与材料特性以及模具几何形状密切相关。在微冲裁工艺中,微孔、微厚度板材或微柱的冲裁断面由圆角区、光亮带、断裂面以及毛刺四部分组成,如图 4-2 所示。其中,圆角区是在冲头刚接触板料并轻微带动材料进入凹模时形成,其大小与材料的弹性模量有关。随着冲头进一步压入材料,剪切变形发生,材料在凸、凹模的间隙中形成光亮带(也称剪切带)。当剪切区的材料达到变形极限时,裂纹萌生,引起材料最终断裂,并导致如图 4-3 所示的断裂平面。剪切带的大小决定微冲裁零件的质量。

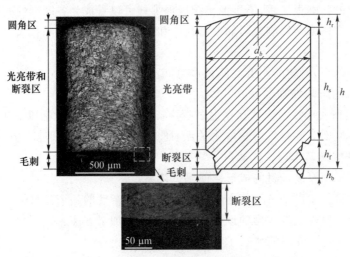

图 4-2　微冲裁断面分布示意图

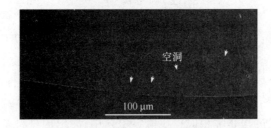

图 4-3　微形柱体上的断裂带

在微冲裁过程中,模具间隙以及润滑等因素对冲裁的微型产品会产生不同程度的影响。无论宏微观冲裁工艺,凸凹模的间隙都是关键参数,需要在模具设计阶段考虑。为分析微冲裁过程,定义极限剪切应力 τ_s 如下:

$$\tau_{\mathrm{s}} = \frac{F_{\max}}{\pi d_{\mathrm{p}} t} \tag{4.1}$$

式中：$F_{\max}$ 为最大剪切力；d_{p} 为冲头直径；t 为板料厚度。同时定义模具间隙与平均晶粒尺寸的比值 Z：

$$Z = \frac{c}{d_{\mathrm{m}}} = \frac{d_{\mathrm{d}} - d_{\mathrm{p}}}{2 d_{\mathrm{m}}} \tag{4.2}$$

式中：c 为凸凹模的单边间隙；d_{m} 为板料的平均晶粒尺寸；d_{d} 为凹模直径。图 4 - 4 所示为比值 Z 对微冲裁过程中极限剪切应力的影响。可见，无论是在液压油还是在黄油润滑条件下，当模具间隙固定时，随着 Z 的增加（晶粒尺寸减小），极限剪切应力总体增大，这可以用 Hall-Petch 方程来解释。然而，当 $Z = 1$ 时，极限剪切应力出现了较低值，这表明在微剪切过程中，模具间隙和晶粒尺寸会对剪切力、成形质量产生耦合影响。

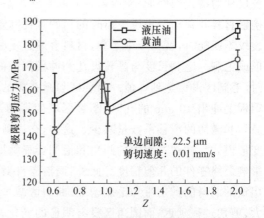

**图 4 - 4 模具间隙与板料晶粒尺寸
对剪切应力的影响**

图 4 - 5 所示为模具间隙与晶粒尺寸对微冲裁工艺影响的示意图。当 $c > d_{\mathrm{m}}$ 时，冲模间隙包含多个晶粒，剪切带涉及大量晶界，如图 4 - 5(a) 所示。当 $c < d_{\mathrm{m}}$ 时，材料厚度方向仍有几个晶粒，如图 4 - 5(c) 所示。在这种情况下，晶粒基体的变形在剪切带中占主导地位，晶界滑动在厚度方向仍占主导地位。当晶粒尺寸达到与冲模间隙相同的大小时，凸凹模间隙只能容纳一个晶粒，材料厚度方向有多个晶粒，如图 4 - 5(b) 所示。晶界滑动和间隙宽度方向上的变形协调减少到最低水平。同时，与 $c < d_{\mathrm{m}}$ 的情况相比，晶粒基体变形达到最低程度。当 $c = d_{\mathrm{m}}$ 时，这两个因素导致最低的剪切应力。因此，在微冲裁模具设计时，除了考虑材料的宏观性能，还应考虑材料的微观组织状态。

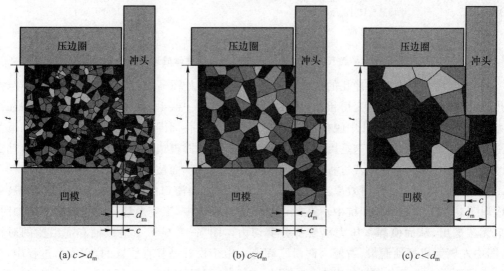

(a) $c > d_{\mathrm{m}}$ (b) $c \approx d_{\mathrm{m}}$ (c) $c < d_{\mathrm{m}}$

图 4 - 5 模具间隙与晶粒尺寸对微冲裁工艺影响的示意图

此外,冲裁断面的质量受尺寸效应影响。对不同晶粒尺寸的纯铜板材(厚度 1.52 mm)进行微冲裁实验。冲头和凹模的直径分别为 0.74 mm 和 0.785 mm,板材尺寸为 10 mm×80 mm,4 种晶粒尺寸分别为 11.1 μm,21.9 μm,23.3 μm 和 37.8 μm。实验过程中分别采用了机械油、黄油和干摩擦 3 种润滑方式。冲裁完成后,将剪切的微圆柱体沿纵截面剖开,观察各区域高度占试样总高度(不包括毛刺)的百分比,如图 4-6 所示。可见,圆角区和毛刺区的比例都随着晶粒尺寸的增大而增加,而剪切带和断裂区一般随着晶粒尺寸的增大而减小。圆角区是由冲头接触材料并移动一小段距离时的初始弹性和塑性变形引起的。当冲头附近材料与凹模边缘的裂纹不匹配时,就会产生毛刺,材料会通过模具边缘被拖拽撕裂,导致坯料末端边缘参差不齐,形成毛刺。毛刺长度与晶粒尺寸和冲模间隙的相互作用密切相关,当晶粒尺寸等于模具间隙时,毛刺区占比达到峰值。断裂区与微孔洞的生长和聚结有关。当在 1.22 mm 厚的超高强度钢板上冲出 10 mm 的孔时,断裂区域变得相当大。当冲裁尺寸减小到亚毫米时,变形区中的晶粒和激活的滑移系数量减少。这样,在微剪切过程中断裂现象并不明显,而剪切成为主要的变形模式。冲裁过程中的圆角和毛刺会显著影响后续工艺的定位精度和成形质量,而断裂会影响最终零件的几何精度。此外,润滑条件对上述区域的分布有显著影响。与机械油相比,使用黄油润滑的剪切带和毛刺增加,断裂区减少。使用机械油时,摩擦力比较大,导致塑性变形大,剪切过程延迟,而圆角区没有明显的变化,说明润滑剂只能对剪切过程的中后期产生影响。

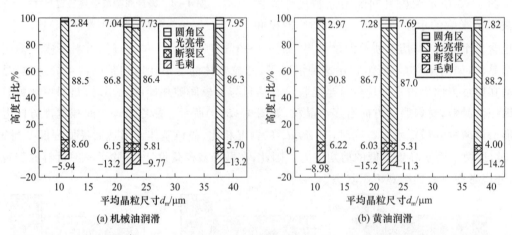

图 4-6　晶粒尺寸和润滑条件对冲裁微圆柱体成形质量的影响

同样地,润滑状态对微冲孔的质量也有明显的影响,如图 4-7 所示。可以发现,干摩擦微冲孔时,圆角区附近的表面变得粗糙,微孔边缘可以看到一些毛刺。这可能是由于冲头在高摩擦力下从已剪切成形的微孔中脱模而造成的二次损伤。孔周围表面用机械油或黄油润滑剂更光滑,冲裁的微孔更规整。这是因为在低摩擦力条件下,凹模边缘周围的材料很容易流动到外部区域。另外,润滑油在冲裁过程中起到保护膜的作用,从而使表面更加光滑。

机械油润滑和黄油润滑效果不同可用"开放和封闭润滑口袋"模型来解释,润滑剂被截留在成形工具和工件之间的凹坑中。在所谓封闭的润滑坑中,当变形载荷引起的压力增加时,润滑剂无法逸出,从而使静水压力承受部分剪切力。图 4-8 显示了机械油和润滑脂的对比分析,图中左侧为机械油润滑,右侧为润滑脂润滑。由于模具是竖直放置的,在成形过程中,低粘度的机械油不会停留在模具的内表面。因此,封闭的润滑坑无法形成并且不会承受剪切载荷,

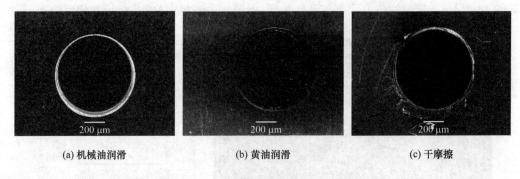

(a) 机械油润滑	(b) 黄油润滑	(c) 干摩擦

图 4 - 7　不同润滑条件下的冲孔质量

导致与干摩擦条件相似的变形载荷。在油脂润滑剂的情况下,润滑剂由于其高粘度而保持在工具和工件的表面上。模具和坯料表面会存在完全密封的润滑坑,并产生静水压力 p_g,从而导致变形载荷降低。然而,封闭的润滑坑在剪切变形中不断变化。封闭润滑坑的形成和数量与润滑剂的数量、表面粗糙度和材料变形行为密切相关。封闭润滑坑数量的不稳定能够加剧剪切力-行程曲线的波动。因此,低粘度的润滑剂在降低变形载荷和提高表面质量方面的作用有限,而高粘度的润滑剂则更为有效。

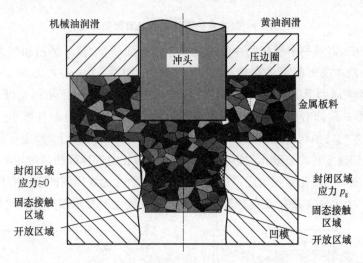

图 4 - 8　机械油与润滑脂润滑的区别

使用平均晶粒尺寸 23.3 μm 的纯铜板材进行微冲裁,获得的微圆柱体截面微观形貌如图 4 - 9所示。根据晶粒尺寸和应力状态的变化,微圆柱体纵截面的显微组织可分为 4 个区:即 Ⅰ、Ⅱ、Ⅲ和Ⅳ区。在Ⅳ区中可以看到靠近剪切带的高度拉长和旋转的晶粒,而这些细长的晶粒向中心延伸,形成拱形压实带,即宽度约 100 μm 的Ⅱ区。在冲裁方向上,Ⅰ区和Ⅱ区的平均晶粒尺寸分别为 14 μm 和 4.4 μm,垂直于剪切方向的值分别为 15 μm 和 18.9 μm。这表明区域Ⅱ中的材料在水平方向上受到拉应力,这是由靠近冲头边缘附近材料的运动受限引起的。Ⅱ区的拉应力将冲压力传递到冲头边缘,将材料与金属板材分离。Ⅱ区的形状与坯料中心和两侧之间的不同流速有关。此外,Ⅱ区的宽度与原始晶粒尺寸有关。由于采用细晶材料,晶粒在Ⅱ区和Ⅲ区分布均匀,压缩带不明显。Ⅰ区的顶部材料与冲头接触,受摩擦力和Ⅱ区的影响,材料流动受限,也称为“死区(Died band)”。Ⅲ区的晶粒尺寸从顶部的 8.7 μm 逐渐增大到底部的 18.2 μm。Ⅲ区的应力状态与Ⅱ区相同,但拉应力较低,导致晶粒尺寸梯度分布。

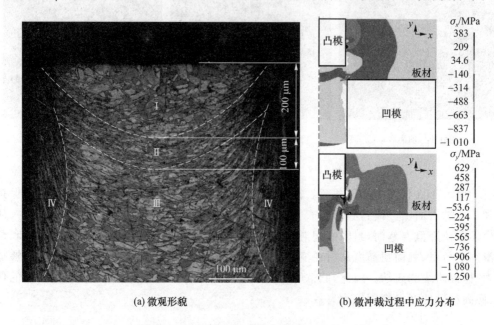

(a) 微观形貌 (b) 微冲裁过程中应力分布

图 4 - 9 微冲裁的圆柱体纵截面微观形貌

在批量生产中,需要一个理想的冲裁速度来平衡表面质量、模具磨损和制造效率。为了说明剪切速度对冲裁件成形质量的影响,采用 4 种速度,即 0.01 mm/s、0.05 mm/s、0.1 mm/s 和 0.3 mm/s 在机械油润滑下对纯铜板材进行剪切。图 4 - 10 显示了不同速度下的载荷-行程曲线。可见,变形载荷随着剪切速度的增加而增加,而载荷曲线的分散性减小。这是因为加工硬化随着变形速率的增加而增强。当剪切速度增加到 0.05 mm/s 以上时,变形载荷的变化不明显。为了研究剪切速度对加工硬化的影响,测量了冲裁微孔附近区域的显微硬度,如图 4 - 10(b) 所示。由于剪切变形的硬化累积效应,与其他区域相比,微孔边缘周围的硬度有所提高。当速度大于 0.05 mm/s 时,对加工硬化没有显著影响,这与剪切速度对变形载荷的影响规律一致。

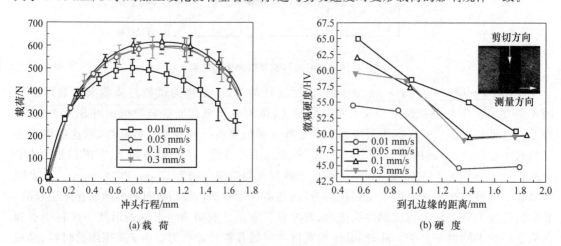

(a) 载 荷 (b) 硬 度

图 4 - 10 冲裁速度对变形载荷和硬度的影响

图 4 – 11 显示了使用不同剪切速度下冲裁微圆柱体的表面质量与几何尺寸。随着剪切速度的增加,圆柱形零件的表面质量变得粗糙。此外,不同区域的几何形状随着变形速度的变化而变化,坯料的测量尺寸如图 4 – 11(b) 所示。随着剪切速度的增加,毛刺和圆角区的比例增加,并且在这两个部位的轮廓变得不规则。这是由于冲头底部和模具边缘周围材料的变形率不同导致的,高应变速率加剧了这种应变速率差异,导致强烈的不规则流动行为。随着冲压速度的增加,材料流动的速度梯度沿剪切方向增强,材料会粘在模具边缘,凹模边缘材料的延迟变形使毛刺增加。此外,高剪切速度不仅能产生更大的变形力,还能产生更大的摩擦力。随着剪切速度的增加,增加的摩擦力将有利于坯料的压缩变形,导致坯料高度降低和直径增加。剪切速度的增加也导致较大的塑性变形和光亮带减少,而断裂带变化不明显。

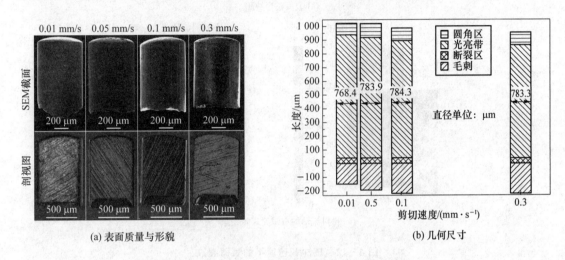

(a) 表面质量与形貌　　　　　　　　　　(b) 几何尺寸

图 4 – 11　冲裁速度对表面质量与几何尺寸的影响

同时可以发现,使用 0.3 mm/s 的剪切速度会出现表面破损缺陷,如图 4 – 12(a) 所示。剪切过程中表面开裂缺陷的主要原因是由整个剪切带的不均匀变形速率导致的。增加的剪切速度和摩擦力将为表面开裂创造更为有利的条件。通过有限元模拟获得的剪切过程中的材料流动如图 4 – 12(b) 所示。可以发现,变形速度梯度沿剪切方向减小。模具边缘区域的材料流动与中心区域之间的差异十分明显,并且这种差异随着剪切速度的增加而增强。如果中心区域材料变形速率比模具入口附近区域大得多,则模具边缘的材料将跟不上中心区材料流向凹模型腔的速度。当差异达到一定程度时,外层材料往往会粘在模具边缘,材料断裂并以表面裂纹的形式发生。此外,高剪切速度将进一步促进沿剪切带的晶间裂纹。因此,剪切速度应控制在合理的范围内,以防止表面破裂的产生。对于 1.52 mm 厚的纯铜板材剪切,其速度应控制在 0.1 mm/s 以下,以获得质量合格的微型圆柱零件。

剪切速度不仅对冲裁的微圆柱体成形质量有很大影响,而且对微孔的质量影响也很大。图 4 – 13 显示了不同剪切速度下冲孔的表面形貌和轮廓特征。在 0.3 mm/s 的剪切速度下,孔边缘周围出现大量碎屑,这是由于冲头高速将材料挤入凹模型腔时表面晶粒的不稳定流动导致的。从轮廓特征来看,圆角区和毛刺的比例随着剪切速度的增加而增加,这将严重影响后续工序中的定位精度和加工质量。此外,冲裁微孔的不规则几何形状加剧了模具在高剪切速度下的磨损。因此,剪切速度应限制在小于 0.1 mm/s 以实现表面质量、模具磨损和生产效率之间的平衡。

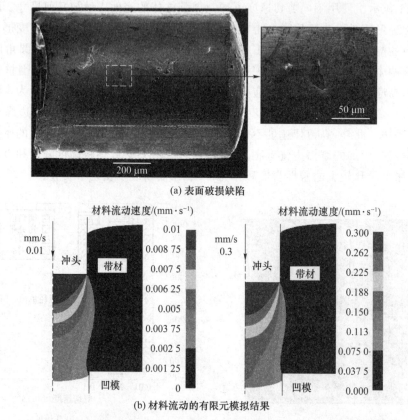

(a) 表面破损缺陷

(b) 材料流动的有限元模拟结果

图 4 - 12　高冲裁速度下的表面裂纹

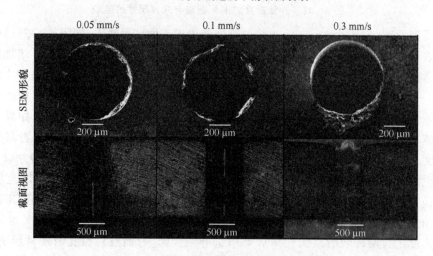

图 4 - 13　剪切速度对冲裁微孔质量的影响

　　综上,微冲裁的尺寸精度和表面完整性主要取决于晶粒尺寸、模具间隙、剪切速度和润滑条件等。从批量生产的角度,冲模间隙设计应考虑晶粒尺寸和材料厚度的耦合影响,同时优选细晶板材和高粘度润滑剂,以提高成形质量、减少模具磨损。此外,剪切速度也是影响成形质量和生产效率的重要因素,应综合成形质量和生产率分析确定。

4.3　微拉深

拉深是板材成形中最重要的工序之一,在制造形状复杂的微型零件方面具有很大的应用潜力。微拉深工艺是箔带材(厚度一般小于 0.3 mm)通过塑性变形的方式制成一侧开口的中空微型零件。拉深过程中,坯料在凸模的带动下被拉入模具型腔,产生一个三维形状,如图 4-14 所示。拉深成形所需的拉伸力从凸模传递到工件底部,然后进入法兰中的变形区。拉深过程中,毛坯直径不断减小,切向应力导致法兰区域的材料收缩。法兰区的切向应力可能会导致毛坯材料起皱,这就是使用压边圈在法兰上施加法向力防止起皱的原因。由于在微深拉中所需的压边力非常小,对压边力或成形力的测量和控制变得异常困难。为了避免压边力波动对微拉深的影响,也可以采用固定压边的形式,即压边圈与凹模之间保持固定间隙,宏观拉深时间隙一般为 1.1 倍的板料厚度,微拉深时固定压边间隙可为箔带材厚度的 1/3,如图 4-14(b)所示。通过定间隙块调整压边圈与凹模之间的间隙,此时不需要精确控制压边力大小。

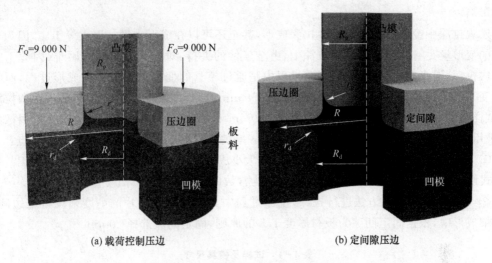

(a) 载荷控制压边　　　　　　　　　　(b) 定间隙压边

图 4-14　微拉深工艺系统示意图

拉深件的成形质量取决于板材特性、润滑条件、模具尺寸以及成形参数。在板料成形中,材料成形能力可用两个图表征,一是成形极限图,其描述不同应变路径下材料的失稳极限;二是工艺窗口,用于描述特定工艺参数的可成形区间。对于拉深成形,其工艺窗口主要是压边力与极限拉深比 β 的关系。其中,极限拉深比 β 为坯料直径与凸模直径的比值。图 4-15(a)所示为拉深的工艺窗口,当压边力超过上限,零件就会发生破裂失效。如果初始压边力选择在下限以下,则会获得起皱的工件。因此,对于特定的零件,压边力加载路径存在一个安全区间。若某个零件的工艺窗口较窄,则其成形难度较大。如果工艺窗口的上、下限存在交叉,则该零件无法通过一次拉深成形。此外,起皱和破裂是拉深工艺中两种基本的失效形式,应严格控制,如图 4-15(b)所示。

在微拉深的工艺过程中,由于尺寸效应的影响,导致不能采用传统的拉深方法,也使得宏观拉深和微拉深有很多不同之处,主要包括:

① 与宏观拉深相比,微拉深中摩擦的影响更大,微拉深中的绝对摩擦系数远大于宏观拉深中的摩擦系数。

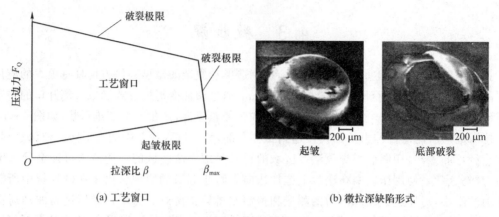

(a) 工艺窗口　　　　　　　　　(b) 微拉深缺陷形式

图 4 - 15　微拉深工艺窗口及缺陷形式

② 在宏观拉深中影响很小的磁力在微拉深中的影响不能忽略不计。比如,直径为 1 mm 的拉深件消磁后的极限拉深比为 1.7,而消磁前的极限拉深比为 1.6,这表明磁力对微拉深有不利影响。

宏观拉深中经常需要进行多次拉深成形,甚至还可以在成形中增加退火等工序,因为单次工序的变形量是有限的。但在微拉深中,由于工件的夹持、对准等操作非常困难,因此不宜进行多次拉深、退火等过程,理想的工艺过程中是通过模具的变换来完成整个成形过程,而不需要改变工件的位置。对材料厚度为 200 μm、150 μm 和 50 μm 的 SUS304 箔带材进行微拉深实验,试样及模具尺寸如表 4 - 1 所列。对于 200 μm 和 120 μm 厚度的金属带材,根据国标的推荐,采用固定压边力的方式。然而,对于 50 μm 厚的板材拉深实验系统则具有如下特点:

① 通过更换凸模、凹模和调整固定间隙的大小成形不同板料厚度的杯形件。采用无量纲设计方式设计微拉深模具,即保证了拉深比大小为常数(初始板料直径/凸模直径＝1.8)。

② 采用固定间隙的方法进行拉深,拉深过程中只需要通过垫片的高度来调整压边间隙。在微细成形中,根据固定间隙为板材厚度 1/3 的原则,固定间隙选择 20 μm。

表 4 - 1　试样及模具尺寸

t/μm	R/mm	R_p/mm	R_d/mm	$r_p = r_d$/mm
200	29	16	16.25	2.5
120	29	16	16.25	2.5
50	4.5	2.5	2.625	0.5

在拉深成形工艺的分析中,压边力是影响拉深成形的一个重要参数。压边力过大,会导致拉深力增大,从而使试样拉裂;压边力过小,会使试件法兰边缘起皱,进而影响成形件的质量。因此,拉深过程必须选择合适的压边力。按照经验公式对压边力进行计算:

$$F_Q = 48 \times A(\beta - 1.1)\frac{D_0}{t}\sigma_b \times 10^{-5} \tag{4.3}$$

式中:F_Q 为压边力;A 为压边圈下毛坯的投影面积,mm^2;β 为拉深比;D_0 为板料直径,mm;t 为板料厚度,mm;σ_b 为板料的抗拉强度,MPa。

通过计算,对于 200 μm 和 150 μm 厚的板料,其压边力约为 9 000 N。因此实验中在此数值上下调整,以获得质量较好的杯形件。

图 4－16 所示为不同尺寸下拉深实验的载荷位移曲线。可见，载荷位移曲线整体变化规律一致，拉深载荷随着位移的增加先逐渐增大，在达到峰值后然后逐渐减小直至拉深完成。载荷位移曲线在出现峰值之前的斜率主要与晶粒尺寸有关，即晶粒越小斜率越大。这是因为晶粒越小，其屈服强度越大，导致载荷位移曲线斜率较大。载荷的峰值只与板料厚度有关，厚度越薄峰值越小。晶粒尺寸在 19～20 μm 左右时，板料厚度为 200 μm 的载荷峰值为 14 kN，而板料厚度为 150 μm 的载荷峰值为 10.5 kN。晶粒尺寸在 79～94 μm 之间时，板料厚度为 200 μm 的试样比 150 μm 的载荷峰值大 1.35 倍。根据表面层理论，在晶粒尺寸保持一致时，随着板料厚度的增加，晶界体积分数增加，进而导致晶界的强化效应增强，因此拉深成形过程中会导致最大拉深力的增加。

载荷/kN
位移/mm
t=200，d=19.9
t=200，d=94.8
t=150，d=20.1
t=150，d=79.2

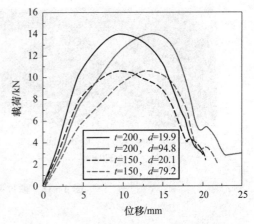

图 4－16　多尺度拉深实验载荷位移曲线

图 4－17 展示了不同尺度下的杯形件轮廓。可见，随着板料厚度和晶粒尺寸的变化，杯形件的外缘轮廓表现出明显的制耳现象。在晶粒尺寸增大时，杯形件边缘的质量降低。随着板材厚度和微观组织的变化，织构、晶粒取向呈现明显的变化，故杯形件不规则的外缘轮廓是由于板料厚度、晶粒尺寸、织构演化和晶粒取向变化共同导致的。

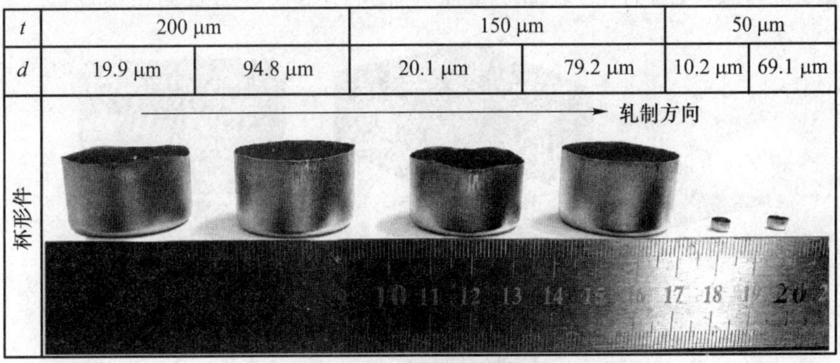

t
200 μm
150 μm
50 μm
d
19.9 μm
94.8 μm
20.1 μm
79.2 μm
10.2 μm
69.1 μm
轧制方向
杯形件

图 4－17　多尺度拉深实验获得的杯形件

图 4－18 显示了 120 μm 和 50 μm 厚度下具有不同半径 R 的微拉深实验结果。可以看出，当坯料半径 R 稍微大于临界值 R_{max} 时，筒形件即发生破裂现象，裂纹出现于靠近凸模圆角的直壁段。这里 R_{max} 定义为筒形件拉深时不发生破裂所能达到的最大临界半径。

随着微电子机械的飞速发展，产品的微型化已成为工业界不可阻挡的趋势。微拉深作为微成形加工中的一种重要加工方法，已在医疗器械、微机械等行业得到广泛的应用。在薄板成形中应用拉深工艺可以成形各种形状的杯体、腔体以及复杂曲面。另外，微拉深工艺在摩擦、各向异性、变形的不均匀性等方面较之其他微成形工艺更为突出，也最为复杂。

$R_{max}=29.1$ mm　　　$R=29.2$ mm　　　　　　$R_{max}=4.7$ mm　　　$R=4.8$ mm

(a) $t=120$ μm　　　　　　　　　　　　　　(b) $t=50$ μm

图 4 - 18　微拉深筒形件及破裂试样

4.4　微冲压

　　板材微冲压工艺是利用带微结构的凸、凹合模复制结构的一种低成本、快速制造方法。微冲压工艺适用于批量制造厚度在亚毫米、阵列沟槽结构尺寸在数微米至数百微米的结构件,如板翅式换热器、燃料电池双极板等。在板材微冲压工艺中,上模和下模均具有相互配合的阵列微沟槽结构,成形时上模压下使上、下模之间的毛坯变形并贴模形成阵列微结构,如图 4 - 19所示。微冲压成形可以在金属箔带上同时形成数百个微通道,其主要特点是效率高、生产成本相对较低。然而,微通道模具制造难度大、成本高、定位要求高,制造成本一般较高。由于上、下模均具有微结构,微冲压构件的表面质量能够保持原始板材的表面粗糙度。

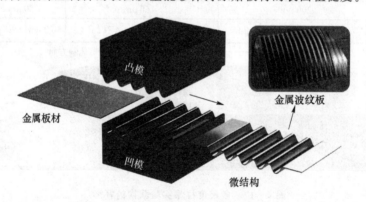

图 4 - 19　微冲压工艺原理

　　如果一次成形数量众多的微沟槽结构,中间沟槽附近材料流动受到限制而缺少材料补充,容易发生破裂缺陷。基于此,近年来出现一种大批量渐进式冲压工艺,即一次只成形数个微沟槽结构,通过连续送料实现在金属箔带上高效制造微通道,每小时可生产数百种成品。然而,目前该工艺主要集中在低强度或高延展性材料上,如铝合金、铜合金和不锈钢等,对于钛合金、高温合金等常温塑性差、强度高的材料,其微结构回弹以及缺陷控制是亟待解决的问题。

　　针对厚度为 50 μm 的 SUS304 箔材微型波纹板制造问题,笔者设计了一套整体微冲压模具,其结构尺寸和实物如图 4 - 20 所示。微冲压模具分为上模和下模,在冲压过程中先将下模固定,通过压力机将上模下压进而成形出微型波纹板结构。根据实际微型波纹板形状的要求,上模的下压量 U3 需要达到 0.83 mm 才能满足零件尺寸的要求。

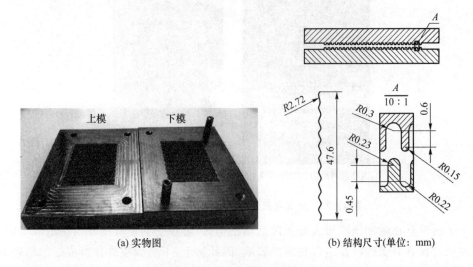

(a) 实物图　　　　　　　　　　　　　(b) 结构尺寸(单位: mm)

图 4 - 20　微冲压成形模具尺寸

图 4 - 21 对比了不同下压量 U3 下的多齿微冲压成形实验结果。可见,当下压量为 0.4 mm 时,微型波纹板不会发生破裂失效现象。但是当下压量增加到 0.45 mm 时,微型波纹板发生破裂,说明临界下压量 U3 介于 0.40~0.45 mm 之间。此外,从微型波纹板的形状上能够发现,微冲压过程中金属箔材向中间流动的现象并不明显,说明多齿微冲压成形主要依赖于金属箔材的局部减薄,也就导致了微型波纹板的过早破裂发生。在多齿整体成形方案中,边界条件的作用导致金属箔材的流动受到限制,微齿的成形只能通过金属箔材的局部减薄来实现。为了促进微冲压成形过程中金属箔材的流动,可以考虑采用改变模具齿数的级进微冲压成形工艺。

下压量U3为0.40 mm未破裂　　　　　　　　下压量U3为0.45 mm破裂

图 4 - 21　不同下压量 U3 下的微冲压实验结果

图 4 - 22 展示了具有两齿的微冲压模具以及微成形后的微型波纹板实物图。可以看出,采用两齿的微冲压成形工艺可以成功制造出达到预设下压量的微型波纹板。模具齿数对成形过程的影响明显高于材料属性和摩擦系数,对于不能进行多齿整体成形的微结构,在提高材料成形极限和减小摩擦系数的基础上,可以采用优化模具齿数的级进微冲压工艺技术,同时在保障金属箔材在不发生破裂失效的情况下尽量增加模具齿数以提高生产效率。

（a）具有两齿的微冲压模具　　　　（b）微型波纹板

图 4 - 22　具有两齿的微冲压模具和微型波纹板

由于平面模具在微冲压成形大面积阵列微结构时，容易受到模具尺寸及制造成本的限制，级进微冲压过程容易受送料及定位精度的影响，因此将上、下平面模具替换成带凹槽辊的辊压成形技术被提出，如图 4 - 23 所示。由于微结构布满整个辊表面，理论上可以实现微结构的大规模连续成形，是功能表面微结构工业推广的首选成形方式，但圆柱面的表面微结构加工难度远大于平板母模微结构的加工难度。在箔带材微辊压成形工艺中，辊间隙、辊速（上下辊速可单独控制）、坯料厚度及材料微观组织结构等都将对成形质量产生显著的影响。

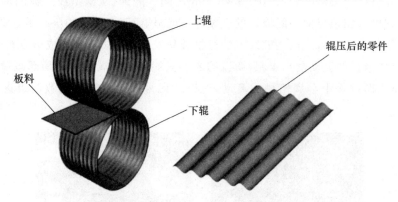

图 4 - 23　箔材微辊压成形原理

4.5　微弯曲

弯曲工艺通常用于微系统技术（MST）或微机电系统（MEMS）中微型构件的加工，比如夹具、连接器等。弯曲成形常用于加工角形或环形工件，也可作为成形性能实验评估材料的弯曲回弹特性。在弯曲工艺中，塑性变形主要由弯曲载荷引起。微弯曲成形产品的特点是外形尺寸与板料厚度相近，这意味着宏观工艺中平面应变假设不再成立。在对微弯曲工艺过程的研究中发现，对尺寸效应影响最大的两个因素分别是晶粒尺寸（d）和板料厚度（t）。

对厚度 t 为 70 μm 的 C5191 铜合金进行 V 形弯曲实验，弯曲试样变形区的反极图（IPF）如图 4 - 24 所示。可以看出，三种晶粒尺寸下 V 形微弯曲试样的微观组织取向都发生了变化。具体来说，$t/d > 1$ 的材料变形前后具有最明显的颜色变化，这表明材料经历了较多的晶粒旋转。然而当 $t/d\approx1$ 和 $t/d<1$ 时,试样在微弯曲变形过程中则经历较少和最少的晶粒旋转。当 $t/d>1$ 时,试样变形区包含数个晶粒,在微弯曲过程中,达到临界剪应力的晶粒将首先发生位错滑移和塑性变形。当厚度方向的晶粒数大于 1 时,达到临界剪应力的晶粒被其他晶粒包围,它们的变形不是孤立的,而是要协调与周围晶粒的旋转和变形,以保证试样变形的一致性。在晶粒变形协调的基础上,受施加在试样上的应力驱动以及位错堆积引起的应力集中,越来越多的晶粒将经历旋转和塑性变形。当 $t/d\approx1$ 时,板材沿厚度方向只有 1 个完整的晶粒存在,上述晶粒变形协调机制仍将在弯曲过程中存在。由于晶粒尺寸的增加,晶粒协调变形的影响将减弱。反过来,由于晶粒尺寸接近板料厚度,晶粒的变形可能会受到试样上下边界的影响。根据施加力的方向,晶粒的运动可分为两种类型:一是由于沿滑动方向的分切应力而产生的晶粒滑动运动;二是因为应力分量垂直于滑移平面,晶粒向应力方向偏转。$t/d>1$ 和 $t/d\approx1$ 两种情况最大的区别是,后者的旋转运动受到板材上、下边界的限制。

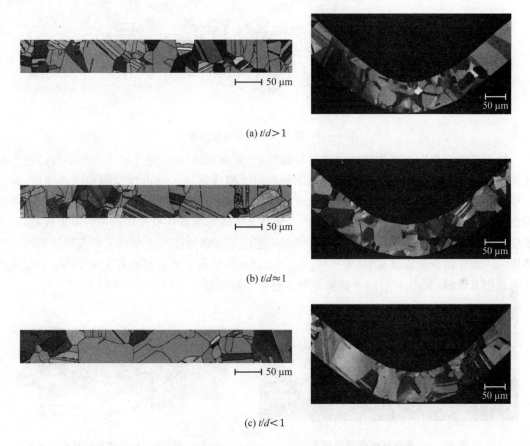

(a) $t/d>1$

(b) $t/d\approx1$

(c) $t/d<1$

图 4 - 24　具有不同晶粒尺寸的 C5191 铜合金微弯曲前后组织变化

当 $t/d<1$ 时,晶粒旋转将进一步受到沿厚度方向上下边界的影响和限制。在微弯曲过程中,每个晶粒中滑移带的运动不仅终止于晶界附近,而且终止于上、下边界附近。这是因为晶粒尺寸大于板料厚度,在厚度方向的晶界由材料的上、下边界取代。这可以解释当晶粒尺寸大于板料厚度时,为什么晶粒的运动受材料上、下边界的影响严重。

微弯曲在实际的生产中有着广泛的应用,比如弹簧片、挂钩、连接头和线条等零件的生产,这些产品的特点是外形尺寸与板料厚度相近,这意味着宏观工艺中平面应变假设不再成立。

但是微弯曲过程中,弯曲零件的尺寸精度会受到尺寸效应的影响,导致设计成品的次品率增加和产品设计的难度增加,所以想要提高微弯曲的成形质量和效率就要对材料在弯曲的过程中的原理进行分析,以发展新的弯曲方法。

辊弯成形是一种生产特定截面型材的塑性成形技术,在通过顺序配置的多道次成形轧辊后,金属板材发生多次横向弯曲,最后成形为目标截面形状。图 4 - 25 所示为辊弯的工艺系统示意图。辊弯成形具有成形精度高、工艺灵活、大批量连续生产等特点,尤其是在成形具有复杂截面的零件方面,具有显著的优势。此外,由于材料在经过众多轧辊时逐渐变形,材料当中的位错有足够多的机会重新分布和调整,又由于材料在辊弯成形中处于有别于普通折弯成形的受力状态和加载历史,因此,辊弯成形能够实现比普通折弯成形更小的弯曲圆角半径和更小的回弹量。

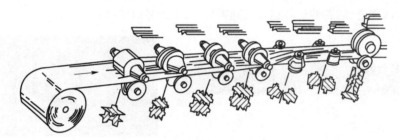

图 4 - 25　辊弯成形工艺系统示意图

辊弯成形工艺在高强度低延伸率材料的细长、复杂截面、小圆角半径弯曲类零件的批量连续加工中具有绝对的优势。随着面向微细制造的微细成形技术的迅速发展与产业应用,对于一些微小的或具有微小截面特征的细长金属零件,微冲压难以实现更大深宽比或更小的弯曲圆角半径,而且难以实现高效率连续生产。鉴于上述辊弯成形在宏观成形中的突出优势,其已被应用于微细结构的成形制造。微辊弯成形工艺已经逐渐地应用于空调平行流换热器的关键部件——复合铝板微通道扁管(辊弯-钎焊,见图 4 - 26)、质子交换膜燃料电池的 SS304L 奥氏体不锈钢双极板(见图 4 - 27)等具有复杂薄壁微小截面特征的细长零件的成形中。

图 4 - 26　复合铝板微通道扁管

图 4 - 27　不锈钢双极板

2017 年,澳大利亚迪肯大学与德国亚琛工业大学联合开发了微辊弯成形装备,如图 4 - 28所示。同时开展了 SS304L 不锈钢金属双极板微辊弯工艺的成形实验研究。结果表明,微辊弯成形工艺成形的双极板精度高、回弹小、产品质量好。微辊弯成形工艺已经开始在空调产业升级和节能减排、新能源汽车的研制等方面做出重要贡献,在全世界范围内高度重视节能、环保的今天,集众多优势于一身的微型辊弯成形制造工艺必将得到更加广泛的发展和应用。

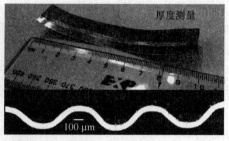

图 4 - 28　澳大利亚迪肯大学微辊弯成形装备与微辊弯成形零件

4.6　液压微成形

　　液压微成形有助于提高金属材料成形极限、尺寸精度并增大零件深径比,其能够在一定程度上弥补微成形中材料成形性能较差以及复杂形状难以成形等劣势。在高压液体的作用下微型零件能够与工具接触更平滑,润滑更充分,且能够带来预胀效应。根据所成形的坯料形式不同,液压微成形可分为微充液拉深(Micro-scaled Hydrodynamic Deep Drawing,MHDD)、环形件 3D 液压微成形(3D - MHF)以及液压微胀形(Micro-scaled hydrobulging)。

4.6.1　微充液拉深技术

　　充液拉深,又称为被动式板材液压成形,是在传统拉深成形的基础上用充液室代替凹模,通过凸模将板材压入充液室内,并利用液体介质的反作用建立起作用于板材的液压力,使板材能更好贴模的一种先进成形工艺。板材液压成形模具基本结构和工艺流程如图 4 - 29 所示,主要由凸模、压边圈、凹模、充液室等组成。首先在液室中充满液体,将板材放置在凹模表面上,压边圈施加压边力 F_Q 将板材压紧,有时还需要提前建立起一定的液室压力进行预胀成形。随后,凸模向下运动将板材压入凹模型腔内,依靠凸模压入自然增压或者通过液压系统调节使充液室的液体介质建立起压力,将板材压靠并完全贴合在凸模上直至成形结束,使之拉深成形,得到最终工件。该工艺方法适用于筒形、锥形、抛物线形、盒形等变形程度超过普通拉深成形极限、结构形状复杂的零件以及低塑性、难成形材料,如铝合金、镁合金、高温合金和复杂结构拼焊板等。

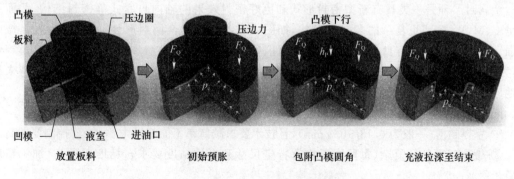

图 4 - 29　充液拉深成形原理图

　　近年来,针对微型零件柔性成形,日本学者将充液拉深技术应用于微型零件的成形中,设计了一种微充液拉深装备,并成形出直径为 0.8 mm 的微型杯,发现材料塑性变形过程中表现出与传统微成形工艺相反的摩擦学尺寸效应,摩擦系数随着试样尺寸的减小而减小,且零件最终的成形极限和尺寸精度均有所提高,如图 4-30 所示。在其他微充液拉深实验中发现,合适的液体压力可以改善微观尺度的摩擦学特性,有效的流体润滑能减小摩擦从而增加材料成形极限,但成形极限随着凸模直径的增加而降低。在微充液拉深过程中,液体压力能有效改善微拉深特性,摩擦保持效果和流体润滑效果所需的液压大小随凸模直径或凹模圆角半径和厚度之比的减小而增大。

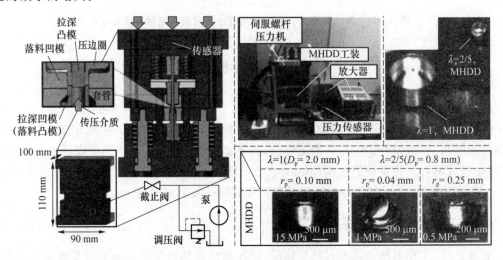

图 4-30　微充液拉深装备及成形的零件

4.6.2　3D 液压微成形

3D 液压微成形是将流体压力作用在环形板料上,并配合双动模同步动作使坯料向变形区内流动,使板料鼓胀变形最终贴合模具型面上的一种新型液压成形工艺,适用于复杂截面环形件成形,常用于金属封严环微小复杂截面形状的高质量精确成形。3D 液压成形技术与传统管材内高压成形不同,其在成形过程中,模具的型面不断变化直至最终合模。因此,双动模的作用有两个:一是送料,二是合模。3D 液压成形是通过改变模具约束与液体压力加载条件成形复杂截面的环形构件。

金属封严环是一类具有新型密封形式和更好密封效果的轴向自紧式静密封结构,截面一般呈 C、M、W、Ω 或更复杂的多波纹形状,如图 4-31 所示。金属封严环回弹性能好、吸振能力强、变形范围大,具有良好的高振动追随性、高吸振能力、长寿命和较好的耐磨损能力等优点,尤其适合航空、航天中的高温、高压、振动及强腐蚀介质等恶劣环境下工作,近年来越来越多地应用于航空发动机的气路封严。

图 4-31 所示不同类型的金属封严环有其各自微小复杂的截面特征,主要包括:

① 壁厚超薄(一般为 0.18~0.3 mm),且技术要求减薄率不能超过 10%,变薄控制要求高。

② 微小截面特征复杂(每段圆弧均有特定尺寸和形位精度要求),精度要求高(加工精度为微米级)。

③ 截面局部尺寸和壁厚接近,截面与径向尺寸相差大,变形量大(压延变形量与壁厚之比大),不利于变形精度控制。

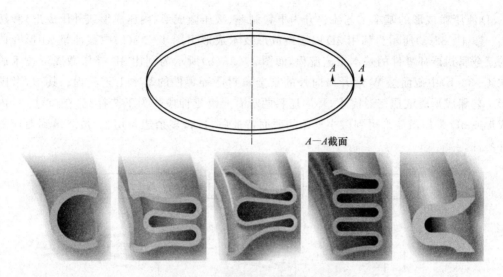

图 4 - 31　金属封严环典型结构特征

④ 截面呈 M 或多波纹形状等金属封严环侧壁存在成形负角度。

在 3D 液压微成形过程中,主要靠液压作用使坯料贴紧模具型面最终成形出零件型面特征。若将高压液体单独作用于环形坯料成形出所需复杂微小截面形状,且要求具有微小角度特征的型面完全贴模成形,则所需液体压力过大(大多零件要求液体压力超过 500 MPa),导致设备成本高,且成形过程中超高压流体难以密封,成形过程不易控制,存在成形易失败且安全隐患较大等问题。而在 3D 液压微成形中,除施加液压对坯料鼓胀变形,还有动模配合向变形区内送料,使坯料流动以降低所需成形压力(大多要求最高压力在 100 MPa 以内),既降低了零件成形的工艺需求,又满足了零件成形质量要求。根据流体液压的作用方向不同,可将 3D 液压微成形分为内压成形和外压成形两种方式。图 4 - 32(a)所示为截面呈 M 形开口向内某金属封严环零件,图 4 - 32(b)所示为截面呈 W 形开口向外某金属封严环零件,这两种零件成形时可分别采用 3D 液压微成形的内压成形和外压成形方法。

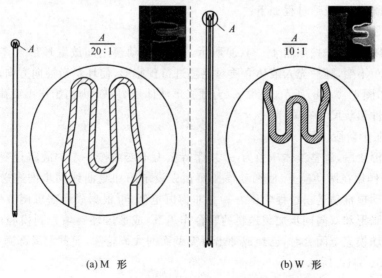

(a) M 形　　　　　　　　(b) W 形

图 4 - 32　两种不同截面开口方向的金属封严环零件

3D 液压微成形的基本工艺流程分为下料制坯、液压微成形(内压成形或外压成形)和切边整形。图 4-33(a)所示为利用 3D 内压微成形技术成形出图 4-32(a)中截面呈 M 形开口向内的某金属封严环零件的基本工艺流程,而图 4-33(b)所示为利用 3D 外压微成形技术成形出图 4-32(b)中截面呈 W 形开口向外的某金属封严环零件的基本工艺流程。其中,考虑到成形工艺和成形时液压密封需求,环形坯料两端有光滑延伸段作为工艺补充,在经过 3D 内压微成形或 3D 外压微成形得到微小复杂的截面特征后,再将多余边料切去,最终得到对应的封严环零件。

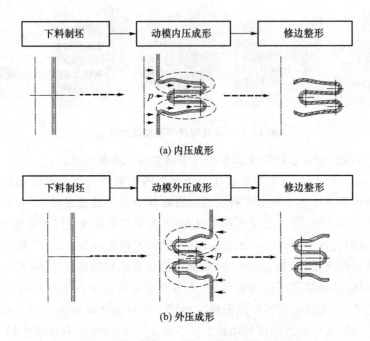

(a) 内压成形

(b) 外压成形

图 4-33 3D 液压成形的类型及基本流程

在 3D 液压微成形的工艺流程中,内压成形或外压成形均可分为预胀形、合模胀形和高压整形三个主要阶段,其成形过程如下:

(1) 预胀形阶段

在预胀形阶段,首先按照图 4-34(a)所示,在上、下动模之间放置环形毛坯,且保持静止使初始开模间距不变,随后充入液体介质对毛坯进行预胀形,使坯料沿径向方向产生一定的塑性鼓胀变形,如图 4-34(b)所示,其中 p_0 为预胀形液体压力,F_0 为初始作用载荷,初始开模间距与所成形零件形状尺寸有关。

(2) 合模胀形阶段

在合模胀形阶段,调整液体压力为 p,并保持压力不变或按一定加载路径变化,同时将合模载荷 F 分别作用在两动模上,使两动模按照预先设定的加载曲线同步推进送料,最终闭合于中模两侧。动模推动送料过程中压力 p 并非为恒定值,可根据成形需求调节变化。在高压流体径向向外胀形和双向同步加载送料的联合作用下,成形区坯料填充到模腔内并贴靠模具型面,当上、下动模完全闭合时,已经成形出所需型面的大概轮廓,而截面局部微小精细特征尚未贴模,如图 4-34(c)所示。

（3）高压整形阶段

在高压整形阶段，首先增大合模力到 F' 以防止高压作用将动模向外推开，再增大液压至 p'，利用高压使成形区坯料完全贴靠在模腔上，成形所需局部微小特征，保压一段时间后，最终成形出所需的截面形状，如图 4-34(d) 所示，p' 为高压整形液体压力。

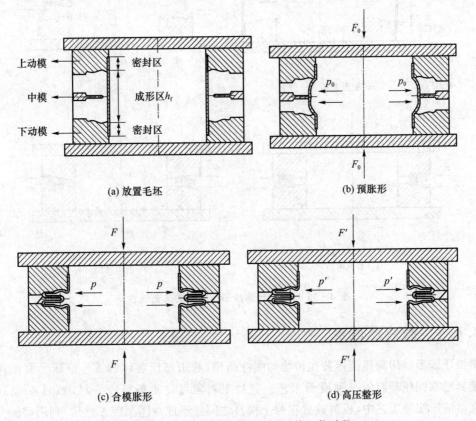

(a) 放置毛坯　　　　　　　　　　　　(b) 预胀形

(c) 合模胀形　　　　　　　　　　　　(d) 高压整形

图 4-34　3D 液压微成形(内压)的工艺过程

图 4-35 所示为利用 3D 外压微成形技术一次成形出图 4-32(b) 中截面呈 W 形的开口朝外的某金属封严环零件的成形过程，同样分为预胀形、合模胀形和高压整形三个成形过程，成形工艺原理与内压成形一致，只是成形所用模具部件装配和液体介质施压方向不同。

在内压或外压 3D 液压微成形过程中，根据承担功能的不同，图 4-34(a) 和图 4-35(a) 所示的环形坯料均可分为成形区与密封区。其中，成形区为上、下动模起始位置之间所夹坯料部分，其高度 h_f 等于上、下动模的初始开模间距，该部分坯料主要用于成形封严环截面的复杂微小特征，成形结束时贴模成形出所需截面形状。密封区为环坯两端区域，与上、下动模保持相对静止，主要用于建立密封条件和传递轴向载荷，在成形过程中不会发生大的变形。

对于类似多波形状金属封严环等一些截面特征更加复杂、更难成形的环形零件，也可利用 3D 液压微成形技术，将复杂的圆弧波纹截面特征分开到多个道次中依次重复预胀形、合模胀形和高压整形三个阶段完成成形，同时可根据其截面特征和开口方向确定采用内压或外压成形，成形过程中合模力和液压大小均可适应性灵活调整，满足多品种、多型号的微小环形零件的精确成形需求。

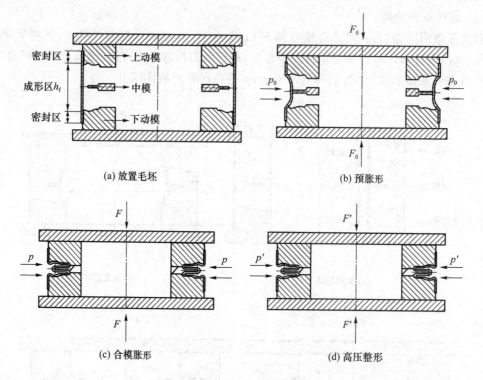

(a) 放置毛坯

(b) 预胀形

(c) 合模胀形

(d) 高压整形

图 4 - 35　3D 液压微成形(外压)的工艺过程

4.6.3　微液压胀形

微液压胀形是用高压流体替代传统的刚性凸模,利用高压液体的柔性液压力直接作用于坯料使其贴靠凹模型腔的一种成形工艺。其加工对象可以是板料或管材,如图 4 - 36(a)所示。在微液压胀形工艺中,板材放置在两个模具之间并形成封闭型腔。然后,利用高压介质作用于板料并填充到空腔中,根据各种流体压力生成最终的微结构特征,如图 4 - 36(b)所示,为了获得高质量的产品和提高工艺的可靠性,有必要对微液压成形的液体压力加载路径进行优化。微液压胀形工艺已广泛应用于生产燃料电池双极板。微液压胀形继承了宏观液压成形的优点,包括良好的柔性、具备成形复杂形状的能力以及高效率等。此外,微液压胀形具有精度高、回弹小等优点,具有广阔的应用前景。然而,由于在微液压胀形过程中材料流动困难,因此不适用于制造深腔型的微结构零件。

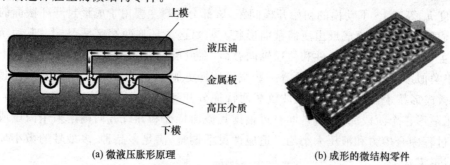

(a) 微液压胀形原理

(b) 成形的微结构零件

图 4 - 36　微液压胀形工艺及其制造的微通道

4.7 微增量成形

微增量成形是通过引入快速原型制造技术(Rapid Prototyping,RP)的分层制造(Layered Manufacturing,LM)思想,将复杂的三维数字模型沿高度方向离散成断面层,即分解成一系列等高线层,并在各等高线层面上生成成形路径,成形工具头在计算机控制下沿该等高线层面上的成形路径运动,使板材沿路径包络面逐次变形,即以工具的运动所形成的包络面代替模具的型面,以对板材进行逐次局部变形代替整体成形,将板材直接成形为目标形状。其工艺原理如图 4-37 所示。

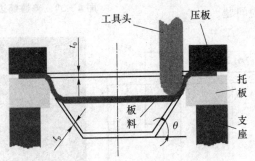

图 4-37 微增量成形工艺原理

微增量成形技术的产品具有以下特点:一是需要的成形力很小,使用荷载和体积更小的成形设备就可以获得很高的应变强化和成形性能;二是由于不需要凸模和具有很高的柔性,相对于传统的成形,可以节约模具成本。因此,在小批量复杂零件或验证件的生产和制造中,该方法有很大的应用潜力。但微增量成形的缺点也很明显,由于每个单步成形时都有弹塑性变形,这使得成形周期相对过长,尺寸精度也不够高,成形件通常需要后续加工或校正。此外,由于毛坯四周的约束,变形过程过度依靠材料局部变薄,零件壁厚不均,局部易出现破裂风险,如图 4-38所示。

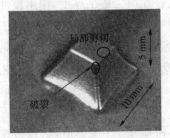

图 4-38 微增量成形的零件在局部尖交处的破裂

4.8 微变薄翻边

翻边是通过促进板材上预制孔周边的材料流入模腔来生产法兰的工艺方法。作为一种传统的成形工艺,翻边通常用于形成具有加强边缘的孔特征以适应其他零件的装配要求。为了获得更高的法兰,发展了变薄翻边工艺方法,其特点是冲头和凹模之间的间隙小于板材厚度,如图 4-39 所示。在变薄翻边工艺中,零件可能会产生周边断裂、缩颈或撕裂等失效形式。

图 4-40 所示为一非均匀壁厚的法兰微型零件,其未变形部分与直壁之间的厚度分布不均匀。由于金属流线的连续分布和良好的机械性能,采用变薄翻边成形技术制造的不等厚微型零件被广泛应用于紧固、连接等场合。然而,由于材料流动不规则,工件在微观尺度上的定位、传递和顶出困难,高生产效率和成形质量稳定性控制成为亟须解决的问题。

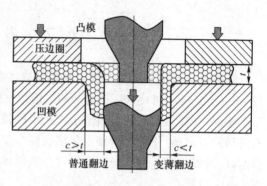

图 4-39　普通翻边与变薄翻边对比示意图

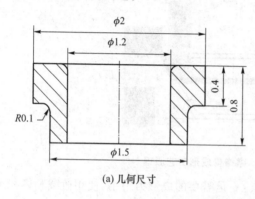

(a) 几何尺寸

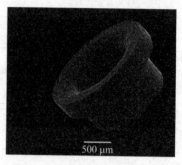

(b) 变形后的SEM照片

图 4-40　不等厚微型零件及其尺寸

为解决上述问题,笔者开发了连续微成形系统,其由三个成形工序组成:剪切、变薄翻边和落料,如图 4-41 所示。所有工序都是通过使用不同的模具来实现的。成形过程中,将裁好的长条状纯铜板材(厚度 0.4 mm)放置在第一个工位。在第一道工序中,冲出一个微孔。由于冲压工艺显著影响翻边性能,因此优选精密冲孔以获得更好的翻边形状。冲头和凹模之间的单边间隙为 10 μm,仅为板材厚度的 2.5%,远小于传统冲裁工艺。在第二道工序中,使用预冲的微孔定位,通过变薄翻边工艺制造细长的直壁。前两道工序后的工件与原金属坯料连接,工件的定位和传递可由条状坯料来代替。当第二道工序完成后,金属板被送入第三工位。在第三阶段,通过落料工序来裁切法兰部分。此外,通过调整每步冲头长度,一次行程的三个工艺之间没有重叠,并且金属板以每一个行程的间隔连续向前移动。因此,实现了连续微细成形过程,可以批量制备微型零件。

图 4-42 所示为变薄翻边的变形过程。可见,变薄翻边过程具有 5 个变形阶段,包括弹性变形、挠曲、流动成形、变薄和滑动,这类似于宏观变薄翻边成形过程。在第一阶段,金属板材受到弹性变形,冲头载荷线性增长。第二阶段开始于材料塑性变形,结束于冲头圆面与工件顶面之间的接触。孔边缘的挠曲成为主要的变形模式,其特征是冲压载荷的非线性增长。第三阶段从孔边缘的累积挠曲变形开始,材料被向下推向模口流动。由于该阶段的剧烈塑性变形,冲头载荷达到最大值。在变薄阶段,材料被挤压以填充凹模和冲头之间的间隙。在最后阶段,冲头与法兰内表面发生滑动,变形力显著下降。另外,变形载荷随着晶粒尺寸的减小而增加,这是由于变薄翻边过程中大量位错运动引起的。随着晶粒尺寸的增加,冲头载荷的分散性增

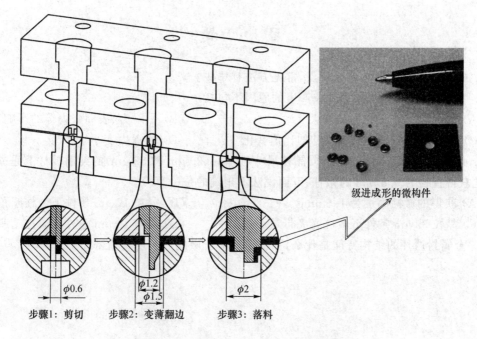

步骤1：剪切　　步骤2：变薄翻边　　步骤3：落料

图 4 - 41　变薄翻边工艺和成形的微型零件

加，这是由于粗晶材料变形的各向异性增强导致的。

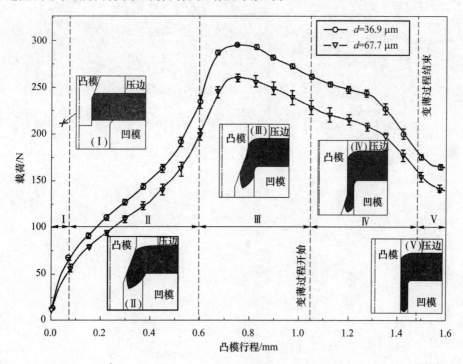

图 4 - 42　变薄翻边成形的过程

习　题

1. 板材微冲压成形有什么特点,常见方法有哪些?

2. 在微拉深工艺中,尺寸效应产生的原因不包括(　　)。

(A) 表面积与体积的比值增大

(B) 黏附力、表面张力等的影响变大

(C) 板材厚度与平均晶粒尺寸的比值变化

(D) 拉深力变小

3. 从厚度为 1.5 mm 具有不同晶粒尺寸(10 μm、20 μm 和 35 μm)的纯铜板材上通过微剪切工艺获得直径为 0.8 mm 的微柱,下面说法不正确的是(　　)。

(A) 获得的微柱高度为 1.5 mm

(B) 晶粒 10 μm 条件下微柱圆角最小

(C) 晶粒 35 μm 条件下微柱光亮带最小

(D) 晶粒 10 μm 条件下微柱毛刺最小

4. 金属封严环的结构特征是什么,如何通过液压微成形实现其精密加工?

第5章 微构件体积成形

微体积成形是利用棒料或铸锭作为原材料进行微塑性加工的方法,可加工的零件主要包括微连接器、弹簧、螺钉、顶杆、齿轮、阀体、泵和叶片等。另外,近年来发展了以板料为原材料,在板材厚度方向进行挤压变形的体积成形新方法,如微压印、微辊压和级进微成形等。微体积成形主要包括微挤压、微锻造、微铸造等,其中微挤压螺钉最小尺寸可以达到 M0.8,体积成形的线材直径可以小至 0.3 mm,模压成形的微结构件沟槽最小宽度可以达到 200 nm。图 5 - 1 所示为通过微体积成形制造的典型零件。

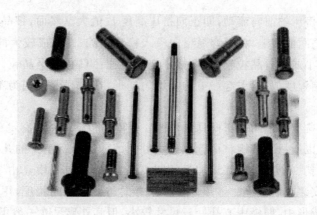

图 5 - 1 微体积成形制造的典型零件

5.1 微挤压

挤压是微体积成形中较为典型的工艺。微挤压的工艺系统中主要包括坯料和模具,通过力的作用将坯料挤压进入模具,完成相应的零件加工工序。根据挤压过程的材料流动与挤压方向的不同,可将挤压工艺分为正挤、反挤和复合挤压三种形式,如图 5 - 2 所示。正向挤压是最为简单的一种挤压形式,坯料周向被模具约束,同时坯料端面与挤压模具相接触,挤压模具沿轴向运动使坯料以与挤压轴相同方向通过模孔,在此过程中坯料越长意味着挤压过程受摩擦力影响的越明显,所需设备提供的挤压力也就越大。反向挤压中,材料流动方向与挤压模具运动方向相反,由于其生产产品的中心区域无缺陷,往往被用于加工高品质产品,而该工艺通常需要精妙复杂的设计与设备。复合挤压则是一部分坯料的挤出方向与加压方向相同,另一部分坯料的挤出方向与加压方向相反,是正挤和反挤的复合。

在微挤压工艺中,由于尺寸效应的影响,其材料变形行为及模具设计方法均与宏观挤压成形不同。由于摩擦随着成形零件尺寸的减小而增大,微挤压过程的挤压应力随之增大。图 5 - 3所示为晶粒尺寸与模具间隙对复合挤压过程中材料流动行为的耦合影响。当挤压直径为 2 mm 的试样时(宏观尺寸),粗晶和细晶材料表现出相似的结果。当将试样及模具尺寸从 2 mm 到减小至 0.5 mm 后,粗晶与细晶材料的变形行为明显不同。这是因为粗晶尺寸大于

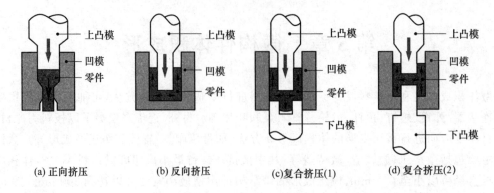

(a) 正向挤压　　(b) 反向挤压　　(c)复合挤压(1)　　(d) 复合挤压(2)

图 5 - 2　常见微挤压方式

模具间隙,有利于正挤压的前向流动,即正向挤压高度 l_r 值大。然而,细晶材料的晶粒尺寸小于挤压冲头与凹模之间的间隙,材料容易反向流入模具间隙,即形成较大的反向流动高度 h_c。此外,当试样尺寸缩小或材料晶粒较大时,挤压变形区往往只有数个晶粒,单个晶粒的特性对材料流动行为的影响程度加剧,引起严重的不均匀变形,在宏观上表现为不一致的挤压高度、粗糙的表面等。

　　图 5 - 4 所示为典型的正向挤压模具结构图。该模具包括可垂直移动的上板,挤压冲头安装在上板上,并且可以通过调节螺钉调整在竖直方向的伸出量。工件的几何形状由挤压凹模决定,该挤压模具包括一个通过加强环加强的凹模。在垂直方向,模具由下底板支撑。同时,成形后的顶件器也安装在底板上。该顶件器作用方向与冲压方向相反,用于挤压成形后工件的分离。在微挤压成形中,凹模中心孔一般尺寸较小,但其外形尺寸一般不受限制。凸模或芯轴则通常是非常细长的结构,设计过程中要考虑其受压失稳问题。此外,在微挤压过程中,固定和可移动模具部件对耐磨性的需求显著增加。对微挤压模具的一般要求如下:

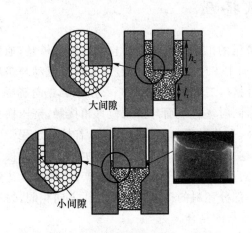

图 5 - 3　微挤压过程中的尺寸效应

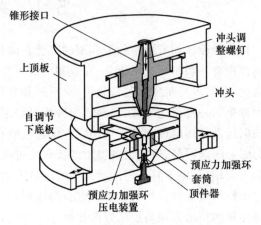

图 5 - 4　微挤压模具的典型结构

① 接触界面的锥形设计。
② 零件的轴对称设计以平衡非同轴性。
对于微挤压模具的设计,有特定的指导方针,例如:
① 尽量减少模具的零部件数量以保证整个模具的装配公差要求。

② 微挤压冲头高度可调,凹模在水平方向上可自调整定位。

③ 凹模需要采用加强环保障强度。

挤压凹模轴对称、自调整设计以及与挤压凸模同轴对齐对于挤压过程的紧密配合尤为重要,尤其适用于微挤压工艺。接触界面锥形设计消除了安装所需的间隙。此外,微挤压工艺中工件的顶出过程较复杂,通常使用压电驱动的预应力和可扩展顶出工具。除了尺寸精度和耐用性的基本要求外,微挤压工艺还需要灵活的模具以覆盖不同尺寸的工件。此类系统的目标是为各种挤压或挤压方法提供具有模块化结构的模具及其组件。基本上有三种类型的模具组件:基本零部件、工艺过程相关的零部件以及工件特定的零部件。为了减少更换模具时间,可以使用快速换模系统,例如用于连接微挤压凸模的夹紧装置。此外,还应能够单独更换模具的特定区域或零部件,以应对微尺度下增加摩擦引起的模具磨损。模具的另一个重要特征是其选材。合适的材料必须满足其自身的可制造性要求及其在成形工艺的可应用性。一般地,通常使用淬火和回火工具钢和碳化物金属作为挤压模具材料,它们的硬度范围 50～67HRC,抗内压断裂强度范围 3 100～4 100 MPa。此外,粉末冶金钢具有高组织均匀性和精细碳化物晶粒结构(晶粒尺寸从 2～6 μm),常用于微挤压模具的材料,而在传统工具钢中碳化物尺寸在 30～50 μm 之间。同时,在微型挤压模具设计制造过程中,必须考虑挤压凸模材料的高抗弯强度,防止细长凸模的压缩失稳。

微挤压工艺的成形质量主要受坯料的材料类别、模具的尺寸精度、工艺参数和润滑条件的影响。图 5-5 所示为通过冷挤压实验在铝平板表面形成微槽阵列,发现变形区和润滑剂强烈影响工件的表面粗糙度。同时微型热管也可以通过微挤压技术制备,形成一种带有引导和微沟槽吸液芯的热管。此外,随着工件特征尺寸减小到微尺度,材料的变形行为逐渐由尺寸效应控制。当晶粒尺寸增加到 211 μm 时,挤压直径为 0.57 mm 的微圆柱呈现弯曲趋势,而当晶粒更细时,未观察到这种现象。

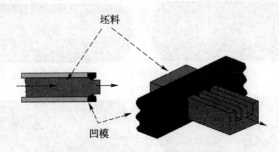

图 5-5　微挤压获得阵列微通道

5.2　微镦粗

微镦粗通常用于研究材料流动应力和其他大变形时的变形行为。微镦粗实验可用于研究试样尺寸和晶粒尺寸的影响,圆环镦粗实验也可以用于测定摩擦因子。在圆柱形试样微镦粗过程,圆柱形金属试样的高径比一般为 1.5～2。图 5-6 所示为镦粗试样变形示意图。由于模具与试样之间的摩擦作用,靠近模具端面的材料流动受限,变形后试样的形状呈现鼓形。对变形后试样的纵截面进行微观组织观察,可以明显看到三个不同特点的区域:区域Ⅰ的应变大、硬度高;区域Ⅱ的应变中、硬度中;区域Ⅲ的应变低、硬度低。

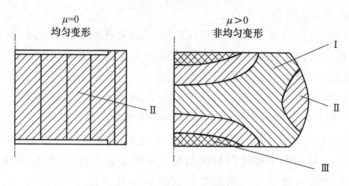

图 5-6　镦粗试样变形示意图

在微镦粗过程中,单个晶粒塑性变形能力会影响变形后试样的形貌。因此,它提供了另一种评价尺寸对材料变形行为和产品质量影响的方法。图 5-7 所示为不同晶粒尺寸下微镦粗试样的侧面形貌。其中 λ 为试样直径与平均晶粒尺寸的比值。可见,当只有少数晶粒参与变形时($\lambda=1.6$ 或 0.85),相邻晶粒的应变梯度无法满足晶粒之间的变形相容性,由此产生的不均匀变形会影响变形微型零件的表面形貌。根据基于侧表面的模拟轮廓分析,随着 λ 的减小,材料不均匀变形行为加剧。

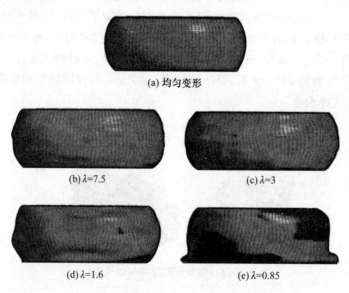

图 5-7　不同晶粒尺寸条件下微镦粗试样形貌

5.3　微压印

微压印工艺是一种经常用于在金属板上制备微纳米结构的成形方法。与微冲压方法不同,微压印是通过局部塑性变形将材料挤压到微通道中形成目标形状。因此,与微冲压相比,微压印零件的表面质量较差。可以通过压印工艺改善机械性能,并提高合金板材的拉伸强度、弯曲强度、伸长率和刚度。

压印工艺可加工各种凸起或凹陷结构,通过直接压印工艺成功地在铝板上形成了高保真纳米尺寸的凸出图案,并证明通过增加压力或软化材料可以进一步提高成形质量。图 5-8 所示为通过微压印工艺在超细晶 LZ91 镁锂合金上成形了微通道阵列,在 2 kN 的载荷和 423 K 的温度下形成宽度为 50～200 μm 的微阵列通道,并且由于细晶材料比粗晶粒材料表现出更好的填充特性和更少的缺陷。因此,微压印质量受到晶粒尺寸的影响。

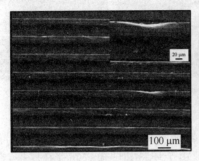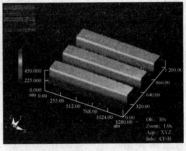

图 5-8　微压印构件的形貌

针对模数 0.2 mm、齿数 10 的微齿条,深圳大学龚峰教授团队使用微压印方法进行高效成形。模具装配图如图 5-9 所示。模具分为上下两个模架,分别固定于试验机上下横梁,模架之间采用导向销进行定位;模具主体为镶块式,进行不同成形实验时更换模芯即可。微成形模具凸凹模之间的配合间隙一直是研究的重点。间隙过大,成形过程中容易形成大量飞边;间隙过小,凸模容易卡死,脱模困难,同时会造成排气、排油困难,影响成形精度。微齿条凸凹模单边间隙均设置为 10 μm。

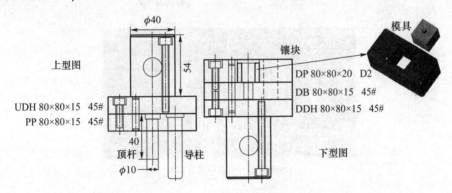

图 5-9　齿轮与齿条模具装配图

模具在工作过程中不仅需要承受很大的应力,还需要在不同温度下工作。常温下,微齿条凸凹模材料选用 D2 淬火钢,其弹性模量为 207 GPa,泊松比为 0.3,硬度达到 61 HRC。而高温下则选择硬度为 89 HRA 的 YG8 硬质合金后作为模具材料。使用 SODICK AP250Ls 慢走丝线切割机床加工微成形模具。图 5-10 所示为加工出的微齿条模具实物图,轮廓清晰可见。模芯的外部边框均设计为 12 mm×12 mm 的正方形,倒圆为 0.25 mm,便于在镶块中进行安装和更换。

图 5-11 所示为微齿条模具形貌图,齿廓完整,加工质量良好。同时,测得其齿廓表面粗糙度为 193 nm,尺寸精度和表面粗糙度完全符合微成形的要求。

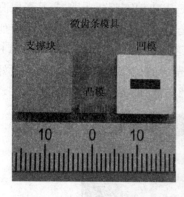
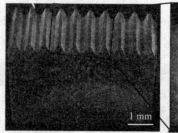
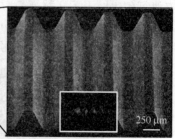

图 5-10　微齿条模具实物图　　　　图 5-11　微齿条模具形貌图

图 5-12(a)和(b)所示分别为常温实验和高温实验得到的微齿条电镜图,高温实验条件下成形出的微齿条轮廓更清晰,表面质量更好。由于坯料和凹模之间存在摩擦,在中间部分填充完成的情况下,与凹模接触的齿条侧面和端面仍未充满。图 5-12(c)所示为高温成形出的微齿条的局部形貌图,质量良好。进一步观察其底部和顶端形貌,可以发现,与模具直接接触的底面更为平滑,其粗糙度为 284 nm;而齿条顶端区域金属自由流动,较难充型。

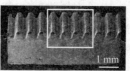

(a) 常温实验　　　　(b) 高温实验

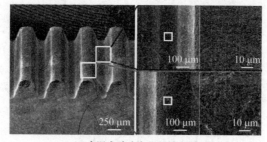

(c) 高温实验齿条局部放大图

图 5-12　制备的微齿条形貌检测

5.4　微辊压

阵列微流道结构辊压成形技术是将微细平面压印技术与板材辊压技术相结合的新型成形方法,可大幅度降低模压成形力、提高成形效率。辊压成形技术通常包括两种方式:一种是辊对板(Roll-to-Plate,R2P)辊压工艺,另一种是辊对辊(Roll-to-Roll,R2R)辊压工艺,如图 5-13所示。由于具有生产效率高、柔性好等优点,R2R 方式是大批量连续制造的基础,也是辊压工艺制备大面积阵列微细结构的发展趋势。因此,目前的辊压成形工艺多采用 R2R 方式,以高效制造大面积阵列微沟槽结构。

辊压成形是通过使用带有一定尺寸和形状沟槽的辊子,通过下压并转动在板材表面辊压成形出具有相应尺寸的微沟槽的加工方法。阵列微结构辊压成形技术继承了传统辊压成形生产效率高、成形力小、生产质量稳定以及适应于大批量生产的特点。

辊压成形过程中,板材被轧辊咬入,使板材能够稳定地随着轧辊的转动而通过,并且实现材料填入轧辊的微沟槽中。随着板材的挤入,微沟槽变形区的运动学参数、力学参数都是变化的,因此板材挤入上、下两辊是一个不稳定的过程。为了能够顺利完成辊压过程,必须保证板材被辊子咬入,只有板材所受到的作用力能使其贴附于两辊之间,才能完成后续的变形过程。能够让板材贴附在双辊之间的作用力,包括板材从动于辊子的惯性力、外加的作用力以及辊子对板材施加的挤压力。在这些合力的作用下,板材被咬入辊缝当中。

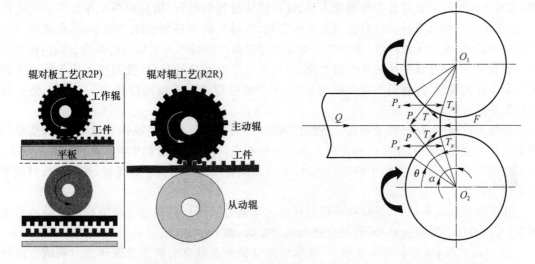

图 5 – 13　微辊压的分类　　　　　　　　图 5 – 14　辊压成形示意图

图 5 – 14 所示为板材挤入阶段,当板材端部与上下两个反向旋转的轧辊接触时,受到沿轧辊径向的正压力 P 和外部推力 Q,摩擦力 T 以及惯性力 F 的作用。为了能够让板材咬入辊缝,应当使有利于咬入的水平投影力的总和大于阻碍咬入的水平投影力的总和,即

$$Q - F + 2T_x > 2P_x \tag{5.1}$$

式中:T_x 为摩擦力 T 沿板材挤入方向的水平分力;P_x 为正压力 P 沿板材挤入方向的水平分力。

从受力方向可知,T_x 有利于板材挤入轧辊,而 P_x 则将板材推出轧辊,所以为了能够实现板材的挤入,板材的受力条件应该满足上式。若按照库伦摩擦定律,则可得

$$T_x = \mu P \cos\left(\alpha - \frac{\theta}{2}\right) \tag{5.2}$$

$$P_x = P \sin\left(\alpha - \frac{\theta}{2}\right) \tag{5.3}$$

式中:α 为辊子中心与板材端部接触角,即咬入角;θ 为边缘挤压角,将式(5.2)和式(5.3)代入式(5.1),可得

$$\mu \geqslant \tan\left(\alpha - \frac{\theta}{2}\right) - \frac{Q - F}{2P \cos\left(\alpha - \frac{\theta}{2}\right)} \tag{5.4}$$

所以当 μ 满足式(5.4)时,板材能够被辊子挤入辊缝。当辊压开始时,板材纵向初速度过

小并且不施加外部作用力时,可忽略惯例力 F,则可将式(5.4)简化为

$$\mu \geqslant \tan\left(\alpha - \frac{\theta}{2}\right) \tag{5.5}$$

用咬入时摩擦角 β 的正切值来表示摩擦系数 μ,并忽略微沟槽初始挤入产生的边缘挤压角 $\theta/2$,稳定咬入条件又可表示为

$$\frac{T}{P} = \mu = \tan\beta \tag{5.6}$$

$$\beta \geqslant \alpha > \alpha - \frac{\theta}{2} \tag{5.7}$$

由以上公式可知,当板材咬入,摩擦角 β 大于或等于接触角 α 时,板材才稳定进入两辊之间,实现辊压过程。板材被工作辊咬入后,随着辊压过程的进行,板材向两工作辊中心线方向移动,上下工作辊对板材的合力作用点发生变化,所对应的接触角也随之变小,因此开始咬入板料较困难,满足咬入条件后,维持整个辊压的过程条件降低。为了获得较深的表面沟槽而增加下压量时,板材与辊的接触角也随之增大,出现大于摩擦角的情况,受到咬入后维持整个辊压过程条件的限制,接触角不能无限增大,在辊压的过程中引入极限接触角 $\alpha_{\max} \leqslant 2\beta$,防止辊压过程中的打滑现象。

在辊压过程中,板材在受到辊子挤压作用时,金属会沿着板子的纵向和横向变形,变形结束后所产生宽度方向的变化称为宽展。在工业生产中,有些辊压过程中的宽展符合加工需求,而有些宽展则是不利于实际生产的。因此,合理控制辊压成形过程中的宽展,是保证板材成形质量的关键环节。

在不同的辊压条件下,板材在成形过程中的宽展方式不同。根据金属沿横向流动的自由程度,宽展可以分为自由宽展、限制宽展和强制宽展,如下:

① 自由宽展:板材在辊压过程中,被压缩的金属质点具有向垂直于辊压方向两侧自由移动的趋势,此时除受辊子的摩擦作用外,金属流动不受其他的阻碍和限制,变形明确地表现为板材宽度方向的伸展,这种方式为自由宽展。

② 限制宽展:板材在辊压过程中,金属质点横向移动时,不仅受到辊子施加的摩擦作用,还受到辊子凹槽侧壁的约束作用,阻碍了金属的自由流动,此时辊压结束后所产生的宽展称为限制宽展。由于凹槽侧壁的限制作用,金属横向流动趋势减小,所以成形后的宽展小于自由宽展。

③ 强制宽展:板材在辊压成形过程中,金属质点横向移动时,没有受到阻碍作用,并且伴随强烈的推动作用,板材宽度发生较大的增大,此时产生的宽展称为强制宽展。由于出现有利于金属横向移动的条件,所以强制宽展大于自由宽展。

在微辊压成形过程中,由于微沟槽的存在,使板材在辊压过程中金属质点不仅具有水平方向的扩展,还会有向微沟槽流动的趋势。金属宽展方向的流动势必会对其高度方向的流动产生影响,进而影响沟槽的充填性。所以为了保证板材表面微沟槽的充填性,应当尽量减小板材宽展。对于带有微沟槽特征的辊压成形,可采用巴赫契诺夫公式计算宽展。该公式是根据前滑功、后滑功及宽展功的分布得出的,其计算平辊和带有沟槽的辊压成形宽展可以得到较好的结果。巴赫契诺夫公式如下:

$$\Delta b = 1.15 \frac{\Delta h}{2H}\left(\sqrt{R\Delta h} - \frac{\Delta h}{2f}\right) \tag{5.8}$$

式中:Δb 为绝对宽展量;Δh 为压下量;f 为摩擦系数。

对于表面微沟槽辊压成形过程中板材所受到成形力的分析,可以从理论上确定板材表面

微沟槽辊压过程中的力学参数,深入了解表面微沟槽辊压成形特点。在变形区内的金属,受到辊子施加的接触应力,通常将辊子表面法向的应力称为辊压单位压力。由于辊子上带有微沟槽,所以表面微沟槽辊压成形受力情况与普通辊压成形有所不同。因此将微沟槽最终成形深度和沟槽宽度作为相应的参数,引入到辊压力的数学模型中。

如图 5-15 所示,设定辊子半径为 R,宽度为 W_g,压槽深度为 h,压槽宽度为 w_1,压槽间距为 w_2,微沟槽总数目为 N,假设这 N 个沟槽的填充性全部相同。

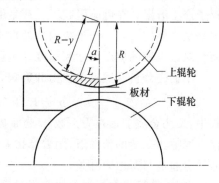

图 5-15　微沟槽变形区示意图

当沟槽未填(充)满时,辊子与板材总的接触面积 S 为

$$S = Nw_1L \tag{5.9}$$

$$L = R\alpha \tag{5.10}$$

$$\cos\alpha \approx \left(\frac{R-y}{R}\right) \tag{5.11}$$

当沟槽填(充)满时,辊子与板材总的接触面积 S 为

$$S = N(w_1 + w_2)L \tag{5.12}$$

结合式(5.9)~式(5.11),可得未填(充)满时,辊子与板材的总接触面积为

$$S = Nw_1R\arccos\left(\frac{R-y}{R}\right) \tag{5.13}$$

同时板材的加工硬化可以引入 Swift 硬化准则来表示:

$$\sigma_k = k(\varepsilon_0 + \varepsilon_p)^n \tag{5.14}$$

式中:k 和 n 分别为材料强度系数和应变硬化指数,在不同的温度下材料具有不同的 k 和 n 值,塑性变形可以表示为

$$\varepsilon_p = \ln\left(1 - \frac{y}{h_0}\right) \tag{5.15}$$

式中:h_0 为板材原始厚度,辊压力的基本公式为

$$F = \sigma S \tag{5.16}$$

将式(5.13)~式(5.15)代入式(5.16),可得辊压力随着下压量 y 的关系式:

$$F = K\left[\varepsilon_0 + \ln\left(\frac{h_0 - y}{h_0}\right)\right]^n Nw_1R\arccos\left(\frac{R-y}{R}\right) \tag{5.17}$$

在公式中的材料模型参数、流道个数和辊子半径及宽度已知的情况下,辊压力只与微流道的宽度 w 和下压深度 y 有关,而下压深度 y 直接影响微流道的深度 h。

金属发生塑性变形时,在工件与成形工具(如板材与辊子)的接触面之间产生阻碍金属流动或滑动的界面阻力,这种界面阻力称为接触摩擦,即外摩擦。在辊压过程中,不仅只有板材与辊子之间的外摩擦,还有板材内部金属在塑性流动的同时,金属质点相对滑移产生的内摩擦,在这里只考虑成形过程中的外摩擦。在表面微沟槽辊压成形过程中,辊子与板材表面发生相对运动,金属流动发生在接触表面以下的剪切变形区内,由于微沟槽的存在,使得板材与辊子接触面积相对增大。并且微沟槽侧壁也会对板材产生摩擦力,变形区的表层金属会发生较大的剪切变形,摩擦力和摩擦条件也会随着剪切变形条件的变化而改变。因此,辊压过程中的摩擦条件较为复杂。

摩擦对辊压成形过程的影响有以下几个方面:①改变变形区内金属的应力状态,对辊压力产生影响,增加系统的能量消耗。②引起金属的不均匀变形。由于成形过程中变形区应力状态不同,材料流动阻力也不尽相同,所以板材各部分变形不均匀。变形不均匀不但表现在微沟槽成形形貌上,还会影响金属内部的微观组织、性能及其分布,进而影响成形件的质量。③对辊子产生磨损。在可能引起辊子产生磨损的摩擦磨损、化学磨损、热磨损三个原因中,摩擦磨损是最主要的因素。辊子幅面上的微沟槽,长时间的加工必然会带来局部或者严重的磨损,从而会对微沟槽的成形尺寸和精度产生影响。④如前文所述,摩擦还会影响板材的咬入。

下面先分析摩擦对单位力的影响,单位平均压力可由 Hill 公式来简单表示:

$$\bar{p} = K(1.79\mu\varepsilon\sqrt{R/h_0} - 1.02\varepsilon + 1.08) \tag{5.18}$$

式中:K 为金属变形抗力系数;μ 为摩擦系数;ε 为相对变形量;R 为辊子半径。从上式可知,在仅以摩擦为变量的条件下,随着摩擦系数的增大,单位平均压力也增大,并且变形区内单位压力的分布也与摩擦力有关。

此外,摩擦力在板材整体变形过程的作用也是不同的,在辊压成形的变形区,按照板材入口和出口的水平速度的不同,分为后滑区和前滑区。在后滑区,板材与辊子的接触摩擦力的方向与板材运动方向一致,有利于板材成形。而在前滑区,摩擦力的方向与板材运动方向相反,不利于板材通过辊缝,影响辊压成形连续稳定地进行。所以在前滑区和后滑区板材所受摩擦力是变化的,而非恒定的。在辊压成形过程中,虽然摩擦系数的提高有利于板材的挤入,但此时的辊压力较大,系统能耗增加。当辊子转速处于较低的范围内时,摩擦系数随着辊子转速的增大而增大,当速度超过某一定值时,摩擦系数会随着辊子转速的增加而缓慢下降。

摩擦系数的不同,影响着表层金属的剪切流动,会对微沟槽的成形产生影响。如果摩擦系数过大,造成板材各部分变形不均匀,变形金属的附应力不平衡,则必然会阻碍金属向微沟槽的填充,使得表面微沟槽产生成形缺陷。而摩擦系数较小,又会影响板材辊压成形稳定地进行。因此在保证板材咬入及成形质量的前提下,合理地进行工艺润滑,改善板材表面质量,可以降低辊压成形力,降低辊子受到的磨损、节约成本。

由式(5.11)可知,辊子直径可表示为

$$D = \frac{\Delta h}{1 - \cos\alpha} \tag{5.19}$$

由上式可以得出压下量 Δh、咬入角 α 和辊子直径 D 之间的相互关系,如图 5-16 所示。

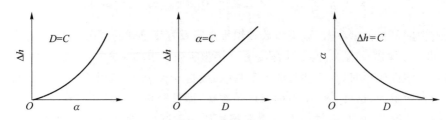

图 5-16 压下量、咬入角和辊子半径之间的相互关系

由图 5-16 可知,压下量与咬入角呈正比例曲线增长,而当咬入角一定时,压下量跟辊子直径呈正比例线性关系;当压下量一定时,咬入角与辊子直径呈反比例曲线关系。在板材辊压过程中,应合理选取辊子半径,以保证辊压过程顺利并且平稳地进行。

除了辊子半径以外,压槽辊上的特征尺寸也需合理选取。压槽宽度与微流道宽度一致,压槽深度与微流道深度一致,以此保证成形微流道尺寸的精度;但压槽间距决定了材料在填充时流动的区域大小,对微流道的成形起着关键的作用。压槽总宽度 W_g 可由压槽个数 N、压槽宽度 w_1 和压槽间距 w_2 表示:

$$W_g = N(w_1 + w_2) \tag{5.20}$$

则沟槽数目 N 可表示为

$$N = \frac{W_g}{w_1 + w_2} \tag{5.21}$$

将式(5.20)和式(5.21)代入式(5.17),可将辊压力表示为

$$F = K\left[\varepsilon_0 + \ln\left(\frac{h_0 - y}{h_0}\right)\right]^n \frac{W_g}{1 + \dfrac{w_2}{w_1}} R\arccos\left(\frac{R - y}{R}\right) \tag{5.22}$$

由上式可知,当压槽宽度与压槽间距相等时,即 $w_2/w_1 = 1$ 时,辊压力与压槽宽度和压槽间距皆无关系,当压槽宽度与压槽间距不相等时,压槽宽度与压槽间距皆对辊压力有影响,且压槽宽度与压槽间距之比越大,所需辊压力越小,但较小的压槽宽度或压槽间距尺寸可能会给加工制造带来困难,因此在设计压槽宽度与压槽间距的尺寸时需综合考虑微流道成形要求与制造约束。

5.5　级进微成形

级进微成形是在板材厚度方向上进行冲孔、挤压、落料等工序制造块体微型零件的工艺方法。在级进微成形中采用板材作为坯料的理念具有独特的创新性和优势。这种渐进成形工艺通常由多步冲孔、挤压和落料组成。一般用于制造实心或空心法兰零件,如图 5-17 所示。对于空心法兰零件,级进微成形工序包括微剪切、挤压及落料,第一步的剪切用于制备空心零件的中心孔,并用于后续挤压工序的定位。对于实心法兰零件,级进微成形一般包括预成形、挤压及落料,第一步的预成形目的是冲裁定位孔,用于后续工艺过程的定位。可见,在级进微成

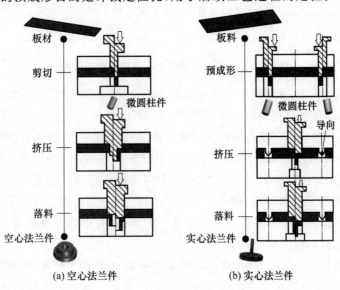

(a) 空心法兰件　　　　　(b) 实心法兰件

图 5-17　空心法兰件和实心法兰件的级进微成形过程

形过程中,挤压的特征形状与板料相连,解决了挤压零件脱模及定位难题,可大大提高块体零件的批量制造能力。香港理工大学付铭旺教授在级进微成形方面开展了系统深入的研究,制备出多种复杂微型构件。

图 5-18(a)所示为一典型的双级阶梯零件,使用的材料为纯铜。图 5-18(b)所示为用于制造微法兰零件的级进微成形系统示意图。该零件的微成形工艺过程由剪切、落料和挤压过程组成。坯料为 80 mm×10 mm×1.52 mm 的铜板。首先,对纯铜板材进行冲孔,凸模和凹模直径分别为 0.74 mm 和 0.785 mm,金属板发生剪切变形。第一工序成形的微孔用于后续操作中的定位。在第二、第三工序中,板材在厚度方向上被挤压变形成多级凸缘特征。需要注意的是,前三个阶段的成形零件始终附着在金属板上,这使得定位和转移到下一工序变得容易。在最后一道工序中,通过落料工序将带凸缘的部分从带材上切除,获得最终的双级法兰零件。考虑到每次成形的特性,通过调整每道工序冲头的长度,将不同的工序安排在一个冲程中。用于冲切法兰零件的冲头首先接触金属板,冲孔冲头在带材上穿孔。随后,具有相同冲头长度的两个挤压凸模同步进行以形成多级法兰零件。模具由硬度为 60~62 HRC 的工具钢制成。为了最大限度地减少摩擦效应,使用机油润滑模具/板料之间的界面。总冲头行程和成形速度分别为 4.5 mm 和 0.01 mm/s。

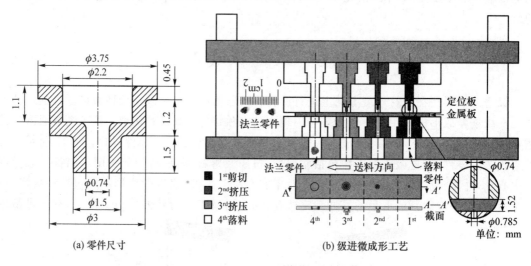

图 5-18 双阶梯微型零件及其级进微成形方法

在级进微成形过程中,变形载荷来自不同的工序,包括剪切、挤压和落料。图 5-19 所示为在不同条件下级进微成形过程中的载荷-行程曲线。考虑图 5-18 中的工序步骤,确定了级进微成形中的三个成形阶段。第一阶段对挤压变形后的零件进行落料,冲头行程达到 0.5 mm 后即可得到最终零件。第二阶段,冲头行程 0.5~2.0 mm 代表冲孔工序,用于制作微型定位孔。最后一个阶段,即冲头行程从 2.7~3.8 mm,代表两步挤压过程。为适应不同的板材厚度,在冲孔和挤压之间设置了虚拟行程,即从 2.0~2.7 mm 的冲头行程。可以发现,未热处理金属板的变形载荷大于退火状态金属板的变形载荷。然而,随着退火温度的升高,晶粒尺寸增大,导致粗晶材料的变形不均匀和局部变形。

在表面完整性和缺陷形成方面,级进微成形中的流动模式与微零件的质量密切相关。因此,了解材料流动行为对于优化工艺过程至关重要。图 5-20 显示了挤压成形过程中的材料流动行为。可以发现,相当一部分材料在挤压开始时横向流动。随着冲头行程的增加,越来越

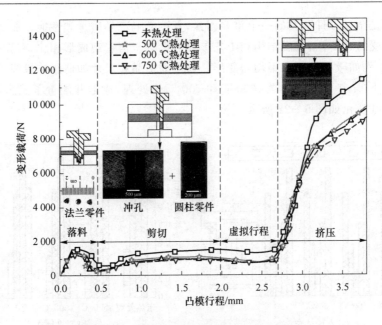

图 5 - 19　级进微成形过程的载荷-行程曲线

多的材料流向模口,导致挤出物高度迅速增加。这表明存在一个临界区,使材料向两个方向流动。流向模腔的材料用以增加挤出物的长度,而横向流动的材料对挤出物长度没有贡献。两种流动的平衡取决于相应流动方向上的阻力。此外,当冲头行程为 1.0 mm 时,细晶板料的挤出物长度(1.34 mm)比粗晶材料的挤出长度(1.05 mm)长约 300 μm,这是由于在挤压方向上的不同材料流动行为导致的。对于具有指定挤出长度的给定零件,应优化成形工艺条件以增加挤压方向的材料流动。从这个角度来看,细晶板材是级进微成形工艺的首选。

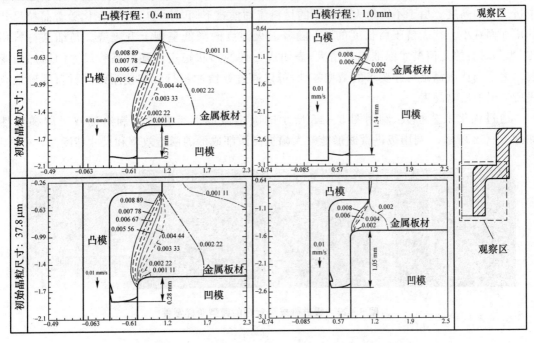

图 5 - 20　级进微成形工艺中挤压过程材料流动行为

尺寸精度是微型零件开发的一个重要因素,直接影响产品质量和性能。在级进微成形中,尺寸精度主要受材料特性、微观结构和工艺参数的影响。与宏观成形相比,有新的因素增加了工艺的复杂性,例如微小尺寸和不均匀变形。为了评估晶粒尺寸如何影响最终零件的质量,在每种材料条件下(未热处理、500 ℃、600 ℃和750 ℃热处理)成形并测量了三个零件。双阶梯微型零件的尺寸变化如图5-21所示。

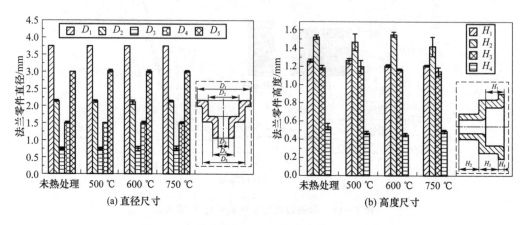

(a) 直径尺寸   (b) 高度尺寸

图5-21　级进微成形的双级法兰零件尺寸精度

D_1的设计值是3.75 mm,D_2是2.2 mm,D_3是0.74 mm,D_4是1.5 mm,D_5是3.0 mm。如图5-21(a)所示,直径方向的尺寸(D_1和D_2),无论细晶还是粗晶材料,均具有相同的几何形状,与挤出物的高度尺寸形成了明显对比。这是由于沿直径方向的变形受到模具的限制,而沿高度方向的材料则经历了自由变形。如图5-21(b)所示,H_1表示第二次挤压冲头的压入量,由于受附加材料流动的影响,H_1的值大于设计值。H_2和H_3分别是第二道和第三道工序中挤出物的高度。由于不同退火温度下的材料流动模式不同,H_2和H_3的变化随着晶粒尺寸的增加而减小。代表挤压后长度的H_4随着退火温度的降低呈现上升趋势。与细晶材料相比,粗晶材料的几何尺寸标准偏差增大,表明成形件的形状稳定性随着晶粒尺寸的增加而变弱。为了制造出满足尺寸要求的微型零件,可以通过补偿冲头行程和使用细晶材料准确地获得所需的挤出物高度。

通过优化工艺参数,利用图5-18所示的级进微成形工艺成形制造的双级阶梯零件如图5-22所示。利用级进微成形能够大幅提高微细成形的制造效率和尺寸精度。

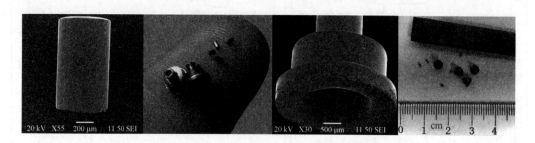

图5-22　级进微成形制造的微型阶梯零件

习 题

1. 微挤压成形与常规挤压成形的区别是什么？
2. 微体积成形有哪些常见的应用？
3. 级进微细成形有什么优点，其可以应用到哪些零件的高效制造中？

第6章　管材微细成形

6.1　微细管材介绍

由金属材料制成的宏观尺寸管件广泛应用于航空航天、汽车等诸多领域,在结构减重、节能减排等方面发挥至关重要的作用。中空结构的微细管在生物医疗等领域应用呈逐年上升趋势。金属微细管已广泛应用于各种仪器设备,包括机械结构部件、激光加速器、光纤接触探针、无痛注射、微型换热器等,如图6-1所示。以光学工程领域的激光加速器为例,通过使激光束穿过内径为数十微米的微管来加速电子。此外,许多微通道热交换器用于微处理器和海洋设施等的高效热交换。无痛注射是微细管技术的另一个重要应用,它通过将注射针头微型化到微尺度来有效消除疼痛和感染风险。金属微细管由于其微中空结构在各个领域都有许多应用。

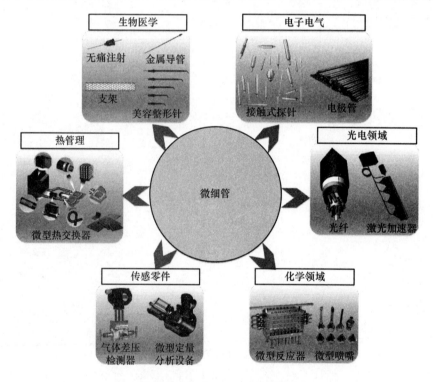

图6-1　金属微细管的应用

为了满足微细管结构日益增长的市场需求,微细管材料和制造技术的发展与创新意义重大。然而,由于制造高精度微型模具的难度增加,将传统工艺应用到微尺度并不容易。此外,由于微型化的尺寸效应,模具与微细管之间摩擦阻力的增加会导致成形极限的降低。为了开发一种稳定、经济且环境友好的微细管零件加工技术,必须考虑尺寸效应,以防止因尺寸缩小而引起的缺陷。因此,需要了解用于制造微细管结构的材料变形行为、模具设计、工艺窗口、尺寸效应和工艺方法。

6.2　微细管成形工艺

6.2.1　多道次拉拔

拉拔工艺提供了一种生产高精度管材的方法。如图 6-2 所示,常用的拉拔方式有 4 种:固定芯头拉拔、游动芯头拉拔、长芯杆拉拔和空拉。固定芯头拉拔适用于厚壁管的制造。但是,由于芯头的直径限制和弹性变形,很难拉制细长管。因此,细长管制造通常由游动芯头拉拔、长芯杆拉拔实现。在长芯杆拉拔过程中,由于芯棒在管坯上的摩擦力与拉拔力的方向一致,有利于减小拉拔力,提高减薄率。此外,管坯在变形过程中与芯棒紧密接触,从而避免了薄壁低塑性管材可能发生的断裂现象。然而,芯头制造昂贵,且需要专门的设备将其从管中移除。游动芯头拉拔可以获得理想的表面粗糙度。此外,薄壁管在拉拔过程中制造效率较高。但是,拉拔过程需要很高的工艺条件限制和润滑条件。由于芯棒的尺寸最小,成品微细管只能通过空拉来制造。空拉工艺用来减小管材的直径,但是由于没有芯棒,内表面成形质量较差。因此,微细管制造需要多种拉拔方法有效组合。

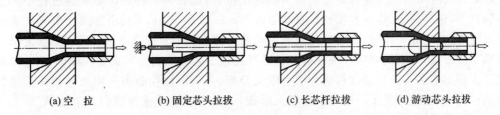

(a) 空　拉　　　(b) 固定芯头拉拔　　　(c) 长芯杆拉拔　　　(d) 游动芯头拉拔

图 6-2　管材拉拔的常用方法

拉拔模具的几何形状设计直接影响微细管成形质量。如图 6-3 所示,空心拉拔的模具可以分为 4 个部分,分别起不同的作用,从微细管的入口起依次是润滑、减径、定径和减压四个区域。

① 润滑区:微细管从此处进入模具,因此为了减少模具与微细管的摩擦,润滑液也会放置在此。润滑区通过毛细作用吸附润滑剂,如果倾角太大,则润滑剂会流失,而锥角过小,吸附的润滑剂又不足以提供润滑。倾角 β 常取为 $40°\sim60°$。

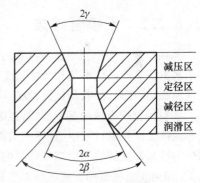

图 6-3　拉拔模具结构图

② 减径区:微细管在此处开始变形。倾角 α 过小会导致摩擦力变大;倾角过大会使管材变形剧烈,不利于管材的性能稳定。倾角 α 常取 $11°\sim12°$。

③ 定径区:微细管变形后通过此处对外径进行固定,保证成形精度,但拉拔得到的外径尺寸往往还是会稍微小于设计值,定径区长度与其直径有关。

④ 减压区:在此拉拔结束,但为了避免出口边缘会划伤微管,此处一般会设计一个倾角。倾角 γ 常取 $30°\sim40°$。

在拉拔过程中,有许多影响微细管成形质量和精度的重要因素,例如模具角度、拉拔速度、润滑条件和道次变形量等。图 6-4 所示为 GH4169 合金微细管在多道次拉拔过程中外径和厚度

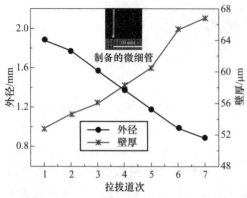

图 6-4 多道次拉拔中微细管外径和壁厚变化

随拉拔道次的变化。可以看到,微细管壁厚随着拉拔道次的增加而增加,这是由于采用空拉工艺导致的。

根据形成机制,微细管拉拔过程中的缺陷一般可分为内部缺陷和外部缺陷。内部缺陷表现为塑性变形过程中由微观结构演化引起的缺陷,而外部缺陷则是受机械接触影响的表面变化,包括成形工具、摩擦条件、受力不均匀、材料流动和腐蚀等。在毛细铜管拉拔过程中,可能会出现围绕夹杂物的多孔结构等内部缺陷。在实际生产中,可采用高精度拉丝工具和专用润滑剂,防止微细管表面划伤。合适的减薄率可以减少不均匀变形和过大的残余应力,从而防止内部缺陷演变为表面裂纹和起皱。此外,热处理可以消除加工硬化,改善微细管的微观组织性能,从而提高微细管的成形极限,有效避免各种缺陷的发生。

为了有效提高微细管的生产率和质量,对多道次拉拔工艺的全面深入了解至关重要。通过有限元仿真技术对微细管拉拔过程进行数值模拟,可以获得一些在实际实验过程中无法测量的物理量,包括应力、应变和损伤。日本学者 Yoshida 和 Furuya 利用有限元仿真技术研究了通过空拉、固定芯头拉拔、长芯杆拉拔和游动芯头拉拔制造直径 2.0 mm 以下形状记忆合金细管的工艺方法,并利用固定芯头拉拔和长芯杆拉拔工艺成功制造了微管。韩国 Kim 等对传统直芯头和梯形芯头的拉拔过程进行了有限元分析,并利用韧性断裂准则来预测成形过程中的缺陷。此外,他们开发了一种先进的芯头形状,可以有效地传递拉拔力。总之,有限元分析技术在微细管拉拔中的应用越来越普及,预测精度越来越高,极大地促进了微细管拉拔工艺的发展。今后,数值模拟与优化技术将继续在微细管拉拔工艺中发挥重要作用。

6.2.2　无模管拉拔

无模拉拔是在不使用任何模具的情况下,基于金属变形抗力随温度的变化来实现管材减轻的工艺方法。产品的形状和尺寸精度是通过精确地控制速度变化来实现的。通过协调金属管坯的快速加热、淬火、加载和拉拔速度,可以在没有任何模具的情况下实现管坯的减径。

无模管拉拔有两种基本形式:连续无模拉拔和非连续无模拉拔,如图 6-5 和图 6-6 所示。在非连续无模拉拔过程中,管坯一端固定,加热线圈作为热源将管坯局部加热至高温,而冷却线圈作为冷却源立即快速冷却变形部位。同时,管的另一端以一定速度 V_1 拉伸,冷、热源以一定速度 V_2 同向或相反运动。通过该工艺获得的管子截面积减少量由 V_1 和 V_2 的比值决定。

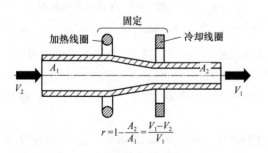

图 6-5　连续无模拉拔原理图

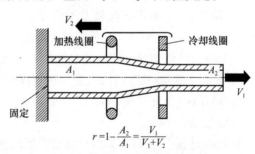

图 6-6　非连续无模拉拔原理图

在无模管拉拔过程中,对管坯施加轴向拉伸载荷,管坯部分在高温下发生局部颈缩变形。如果加热区沿管坯轴向移动并及时冷却,管子的局部变形将逐渐沿管坯移动,即局部颈缩会扩散,从而成形出预期的管状产品。

根据连续无模拉拔过程中的体积守恒定律(见图 6-5):

$$A_1 V_2 = A_2 V_1 \tag{6.1}$$

横截面积的缩减率 r 计算如下:

$$r = 1 - \frac{V_2}{V_1} \tag{6.2}$$

在非连续无模拉拔过程中(见图 6-6),拉拔方向与冷、热源运动方向相反,根据体积守恒定律可得

$$A_1 V_2 = A_2 (V_1 + V_2) \tag{6.3}$$

横截面积缩减率 r 可以推导如下:

$$r = \frac{A_1 - A_2}{A_1} = \frac{V_1}{V_1 + V_2} \tag{6.4}$$

式中: A_1 和 A_2 分别为变形前后的截面积; V_1 和 V_2 分别为冷、热源的移动速度和管坯的拉拔速度。与模具拉拔相比,无模拉拔不使用工具或模具,是一个更灵活的工艺过程。这种变形通过局部加热和冷却实现了单次拉拔的经济性。然而,在微细管的无模拉拔过程中仍然存在一些亟待解决的问题。首先,由于不均匀变形,导致管坯的表面平滑机制是不可预测的,自由表面的粗化现象是不可避免的。其次,传热行为与无模拉拔中的变形密切相关,管材升温需要时间,使得高速拉拔困难。最后,无模拉拔使用的主要材料是锌合金、不锈钢和铝合金等,高温合金、钛合金等管坯的加工还有待进一步探索。

为获得目标管材尺寸,必须设计和计算无模拉拔工艺参数,如温度、极限截面积缩减率、拉拔道次、单道次拉拔参数、拉拔速度等。在后续的工艺优化中,加热区和冷却区的宽度、拉拔速度的加载路径等参数必须优化。为保证无模拉拔的稳定进行,无模拉拔过程中变形端和完成端的变形力必须满足以下方程:

$$A_1 \sigma_{\mathrm{h}} \ll A_2 \sigma_{\mathrm{c}} \tag{6.5}$$

式中: A_1、σ_{h} 是在变形开始时 T_{h} 温度下的横截面积和变形抗力; A_2、σ_{c} 是变形完成时 T_{c} 温度下的横截面积和变形抗力。

因此,

$$\frac{\sigma_{\mathrm{h}}}{\sigma_{\mathrm{c}}} \ll \frac{A_2}{A_1} \tag{6.6}$$

可见,温差是无模拉拔稳定进行的必要条件。因此,无模拉拔极限截面积缩减率 r_{s} 计算公式如下:

$$r_{\mathrm{s}} < 1 - \frac{\sigma_{\mathrm{h}}}{\sigma_{\mathrm{c}}} \tag{6.7}$$

由于受冷却能力和应力测量精度的限制,一般采用的截面减少率比极限值低 $10\% \sim 30\%$,以实现稳定拉拔。根据初始管尺寸和目标管尺寸,可计算总截面缩减率为

$$r_{\mathrm{t}} = 1 - \frac{A_2}{A_1} \tag{6.8}$$

假设拉伸道次为 n,则可计算出单道次的横截面缩减率 r 为

$$r = 1 - \sqrt[n]{1 - r_t} \tag{6.9}$$

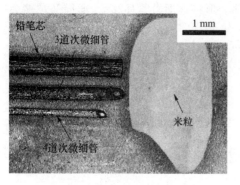

图 6-7 多道次无模拉拔的微管

通过上述公式,可以确定拉拔道次和单道次的横截面缩减率。日本学者 Furushima 等通过控制拉拔速度的加速度和无模拉拔加热区的长度,研究了温度分布和拉拔速度对薄壁管变形行为的影响。在 Zn-22%Al 和 AZ31 镁合金的无模拉拔实验和有限元模拟中,证明了横截面形状的几何相似性规律。通过四道次无模拉拔工艺,将外径为 2 mm、壁厚为 0.5 mm 的初始管坯拉拔至外径为 190 μm、内径为 91 μm 的微管,如图 6-7 所示。此外,Furushima 和 Manabe 探索了 6.25 mm 长,1.49 mm 宽非圆形管的无模拉拔工艺,证明了无模拉拔法也适用于制备非圆形截面管,并满足横截面几何相似规律。实验中感应加热设备的最大功率为 2 kW,最大频率为 2.2 MHz。加热温度设计为 723 K,冷、热源移动速度为 36 mm/min,拉拔速度为 4~36 mm/min。经过两次无模拉拔后,管坯截面积总共减少了 57.75%。

无模拉拔工艺一般需要专门的设备,也可在改进的材料试验机上进行。一般地,试验机由支撑架、冷热源和运动控制系统组成,如图 6-8 所示。冷、热源和运动控制系统是无模拉拔设备的关键,可根据需要设计不同功能的无模拉拔设备。可见,微细管的无模拉拔工艺较复杂、效率较低,拉制的微细管壁厚均匀性难以保证。此外,由于尺寸效应引起的成形极限降低,导致使用此类技术难以获得小于 1 mm 的微细管。由于工艺步骤过多,目前拉制的管件尺寸精度、微观结构性能、表面光洁度、机械性能和成品率还有待提升。

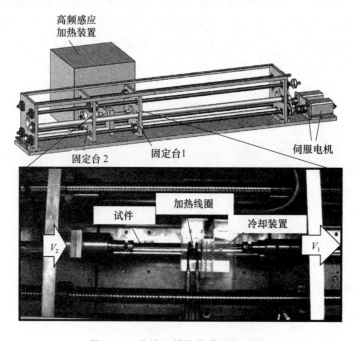

图 6-8 连续无模拉管装置示意图

6.2.3　能场辅助微管成形

随着各个领域对微管构件的力学性能、耐热性和疲劳性能的要求越来越高,高性能微细管的使用越来越普遍。然而,由于难变形材料的变形抗力大,难以通过传统工艺制造出满足要求的微细结构。因此,通过引入特种能场辅助微细成形方法,实现微细管的高性能成形制造受到越来越多的关注。特种能场辅助微管成形方法主要有电辅助管拉拔(EAD)和超声波振动(UV)辅助管拉拔。这些方法可以降低流动应力或改善材料微观结构,有利于最终微管零件性能的提升。

1. 脉冲电场辅助微管拉拔

脉冲电流能够降低材料流动应力、提升延展性、降低回弹,非常有利于金属微管的成形。然而,电辅助微成形在薄壁高温合金毛细管中的应用鲜有报道。由于毛细管独特的中空薄壁结构和高温合金等难变形材料的特殊性能,电流对薄壁高温合金毛细管拉拔过程的影响尚未明确。装备是成形工艺执行的载体,脉冲电场辅助毛细管微成形系统的建立需要实现伺服电动控制、脉冲电流施加、关键界面绝缘、惰性气体保护、电流/温度实时检测等关键功能。根据脉冲电场辅助高温合金薄壁毛细管拉拔工艺特点,设计的高温合金薄壁毛细管脉冲电场辅助微成形系统如图 6-9 所示,包括脉冲电源、示波器、霍尔元件和电缆线组成的脉冲电流施加装置,惰性气体罐、减压阀、高压气管组成的惰性气体施加装置,机床床身、伺服电动机、伺服电动缸、控制器、导轨、滑块、电辅助拉拔装置等组成的拉拔机床。电流密度通过示波器连接至脉冲电源上的霍尔元件进行检测,拉拔速度及行程通过拉拔机床控制台控制,拉拔力通过拉头箱的力传感器检测,并在机床控制台的显示屏上显示。拉拔系统中需对夹具和拉拔模具进行绝缘处理,防止脉冲电流通过拉拔设备。

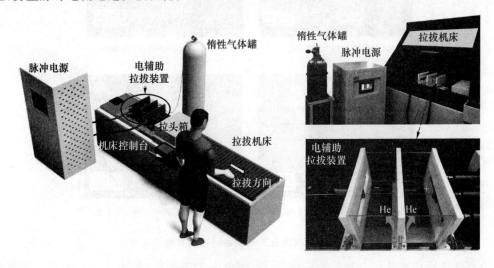

图 6-9　脉冲电场辅助毛细管微成形系统

原始管坯尺寸为 $\phi2.1\ mm \times 0.05\ mm$(外径×壁厚)的 GH4169 材料,以 10 mm/min 的拉拔速度通过连续 5 次拉拔至外径 $\phi1.2\ mm$,如表 6-1 所列。脉冲电流的电流密度为 $10\ A/mm^2$,持续时间为 500 μs,频率为 200 Hz,以确保毛细管在不同拉拔道次中的最高温度稳定在 600 ℃。

表 6 - 1　毛细管 EAD 的第一种路径

拉拔道次	毛细管外径/mm
1	$\phi 2.1 \rightarrow \phi 1.94$
2	$\phi 1.94 \rightarrow \phi 1.8$
3	$\phi 1.8 \rightarrow \phi 1.6$
4	$\phi 1.6 \rightarrow \phi 1.4$
5	$\phi 1.4 \rightarrow \phi 1.2$

图 6 - 10 所示为常规拉拔(CD)和电辅助拉拔(EAD)的不同道次毛细管截面金相图。可见,当毛细管外径通过拉拔变形时,大量晶粒沿毛细管圆周方向相互挤压。当 $\phi 2.1$ mm 毛细管通过三道次常规拉拔至 $\phi 1.6$ mm 时,径向晶粒显著拉长。图 6 - 9(a)中几乎没有观察到细晶粒。毛细管通过三道次 EAD 后,产生明显的动态再结晶,如图 6 - 9(b)所示。再结晶晶粒的晶界相对较直,不存在明显的锯齿形弯曲。当 $\phi 2.1$ mm 毛细管被 CD 或 EAD 拉至 $\phi 1.2$ mm 时,由于变形量较大,晶粒的扁平化更加明显,如图 6 - 9(c)和(d)所示。动态再结晶也可以在图 6 - 9(d)中观察到,其有利于晶粒的均匀化和提高最终毛细管的力学性能。

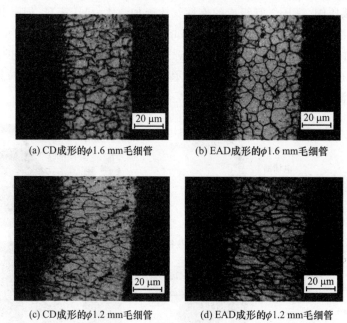

(a) CD成形的 $\phi 1.6$ mm毛细管　　(b) EAD成形的 $\phi 1.6$ mm毛细管

(c) CD成形的 $\phi 1.2$ mm毛细管　　(d) EAD成形的 $\phi 1.2$ mm毛细管

图 6 - 10　不同道次及工艺制备的毛细管截面金相图

毛细管普通拉拔过程中常产生起皱、卷曲、表面开裂等缺陷,如图 6 - 10 所示。特别是单次普通拉拔将 $\phi 2.1$ mm 毛细管拉至 $\phi 1.7$ mm 时,毛细管起皱概率几乎为 100%,而在 EAD 过程中不会出现起皱现象。这表明脉冲电流可以显著改善毛细管拉拔过程中的应力状态。常规拉拔时周向应力过大,导致残余应力大,最终产生起皱现象。在生产过程中,残余应力通常是通过热处理来消除的。

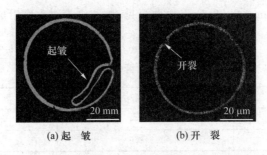

(a) 起 皱 (b) 开 裂

图 6 - 11 毛细管普通拉拔成形过程中的缺陷

通过有限元分析研究了脉冲电流对拉管的影响,结果如图 6 - 12 所示。普通拉拔最大周向应力为 311 MPa,EAD 最大周向应力为 289 MPa,周向应力明显减轻。因此,EAD 可以减少毛细管起皱现象。此外,脉冲电流与位错的相互作用增强了位错交叉滑移,激活了更多的滑移系参与变形,使变形更加均匀,最终抑制起皱现象。因此,脉冲电流对起皱的影响与热处理不同。拉拔工艺后采用热处理,以减少周向应力引起的残余应力,而脉冲电流在拉拔过程中可以直接降低周向应力,有利于简化工艺配置。此外,EAD 工艺可以通过在相对较低的温度下动态再结晶来细化晶粒。与 CD 工艺相比,晶粒尺寸减小了近 40%。因此,脉冲电流可以有效地用于难变形材料的微管拉拔。

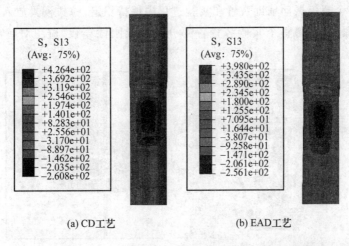

(a) CD工艺 (b) EAD工艺

图 6 - 12 毛细管拉拔过程中的周向应力分布

对不通电和通电多道次拉拔制备的 $\phi 1.2$ mm 毛细管的外径和壁厚进行测量,利用千分尺测量毛细管外径,利用显微镜测量毛细管壁厚,如图 6 - 13 所示。通过绘制毛细管的外圆和内圆,得到毛细管的内径和外径,计算差值求得毛细管壁厚。基于上述测量方法,探究脉冲电流对5道次拉拔路线得到的 $\phi 1.2$ mm 毛细管尺寸的影响。

如表 6 - 2 所列,在两种方法制备的 $\phi 1.2$ mm 毛细管上选取 20 个位置进行测量,统计测量值的平均值和方差,通电拉拔毛细管外径尺寸为 1 197.4 μm $\pm$ 4.71 μm,壁厚为 59.94 μm $\pm$ 3.19 μm,冷拉拔毛细管外径尺寸为 1 198.6 μm $\pm$

内径: 560.5 μm
周长: 3 521.7 μm
面积: 986 944.5 μm²

图 6 - 13 毛细管壁厚测量方法

2.50 μm,壁厚为 60.02 $\mu m \pm 2.99$ μm。由此可见,脉冲电流对毛细管成形精度影响不大,但能够细化毛细管微观组织。

表 6-2　毛细管外径和壁厚

拉拔方式	平均外径/μm	平均壁厚/μm
通电拉拔	1 197.4	59.94
冷拉拔	1 198.6	60.02

2. 超声辅助微管拉拔

针对超声能场辅助高温合金薄壁毛细管微成形,考虑 GH4169 薄壁毛细管的多道次拉拔工艺过程,以外径 2 mm、壁厚 0.05 mm 的毛细管为研究对象,研制毛细管无芯模超声辅助拉拔实验系统。毛细管拉拔实验系统由 MTS 万能试验机、工装架、超声振动发生装置、拉拔模具及顶部旋盖组成。其中,工装架在拉拔过程中与试验机底座通过销钉连接,且中心区域留有圆孔,如图 6-14 所示,以便待成形毛细管长度较大时从中穿出,为管材提供更大的拉拔空间。超声换能器通过定制超声电源驱动,其实际频率约为 21 kHz,且经有限元仿真检验后确定其最大振幅集中在顶部放置拉拔模具的凹槽处,振动方向为纵向。超声换能器通过螺栓固定在安装架上,以使整个超声振动辅助装置在实验过程中保持稳定;拉拔模具放入超声换能器顶部凹槽后通过旋盖紧固,使得整个实验装置各部分间形成刚性连接,避免对超声振动模态产生影响。

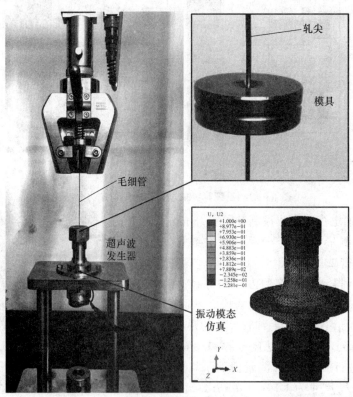

图 6-14　超声振动辅助毛细管拉拔实验系统

对于超声能场辅助 GH4169 薄壁毛细管微拉拔成形,其拉拔实验参数设置如下:拉拔道次数量为 3 道次,对应的拉拔模具内径分别为 1.8 mm、1.6 mm 和 1.5 mm。选择 3 种不同的超声辅助拉拔条件,其对应的振幅分别为 0 μm(无超声)、5 μm 和 8 μm。拉拔速度统一设定为 20 mm/min。实验过程中,首先将毛细管轧尖并从模具中穿出,通过万能试验机楔形夹具将其顶端夹紧,随后开启超声波电源并以恒定速度开始拉拔过程,使毛细管全程处于超声辅助拉拔状态。拉拔全程保持模具处有充足的润滑油,以避免毛细管成形时与模具间摩擦力过大并对其表面质量产生影响。

在第一、二道次的拉拔过程中,毛细管外径从初始状态下的 2.0 mm 依次拉拔至 1.8 mm 以及 1.6 mm,不同超声辅助条件下毛细管的拉拔力曲线如图 6-15 所示。从图 6-15(a)中可以看出,第一道次拉拔时毛细管在无超声状态下拉拔力约为 69 N,而分别施加 5 μm 和 8 μm 的超声振动辅助后,实际拉拔力分别下降至 48 N 以及 43 N,拉拔力减小量分别达到 21 N 和 26 N。当毛细管进入第二道次拉拔时,常规拉拔力约 100 N,而 5 μm 和 8 μm 超声辅助时载荷减小量分别为 16 N 以及 40 N。

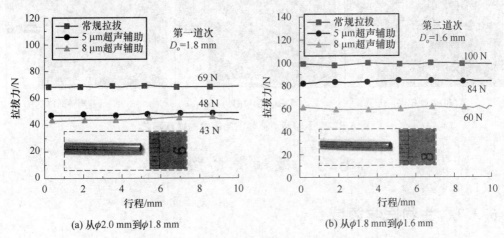

(a) 从 φ2.0 mm 到 φ1.8 mm　　　　　　(b) 从 φ1.8 mm 到 φ1.6 mm

图 6-15　不同超声振幅下的拉拔力

在 GH4169 毛细管第三道次拉拔过程中,外径减小值从每道次 0.2 mm 下降至 0.1 mm,减径率减小为 6.2%,因此管材拉拔力整体回落至 60 N 以下,同时在 5 μm 和 8 μm 超声振动辅助下拉拔力分别减小 24 N、29 N,如图 6-16 所示。

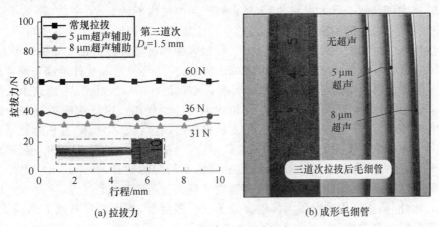

(a) 拉拔力　　　　　　　　　(b) 成形毛细管

图 6-16　最终道次拉拔过程

用扫描电镜(SEM)观察毛细管表面质量,$\phi1.8$ mm 毛细管的微观形貌如图 6-17 所示。常规拉拔后发现空隙、裂纹等微缺陷,而超声辅助拉拔后表面质量得到显著改善,在图 6-17(b)和(c)中观察到的微缺陷很少。同时,随着超声振幅的增加,沿拉拔方向形成的浅槽变得更加明显,这应归因于严重的超声波冲击效应。此外,在 2 000 倍放大率下,在毛细管表面观察到裂纹。在超声振动场的辅助下,微裂纹的尺寸和深度均减小,有利于提高薄壁毛细管的力学性能和可靠性。高温合金毛细管表面质量的提高主要归功于超声软化作用、接触条件的改善和热效应。超声波软化可以降低材料的变形抗力,增强材料的延展性,从而减少变形过程中的缺陷。另外,毛细管在超声场下与拉拔模不连续接触,有利于润滑剂填充拉拔模与微管之间的间隙,降低摩擦力。同时,足够的润滑剂可以带走毛细管上剥落的碎屑,避免拉拔过程中的表面划伤。因此,通过超声辅助拉拔显著提高了毛细管表面质量,抑制了表面缺陷和断裂。

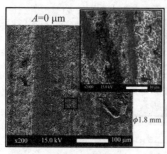

  (a) 常规拉拔   (b) 5 μm超声辅助拉拔   (c) 8 μm超声辅助拉拔

图 6-17 不同超声振幅下毛细管的微观形貌

6.3 微细管的应用

6.3.1 生物医学领域

1. 血管植入疗法

血管支架广泛应用于血管成形术中,是治疗心血管疾病最为有效的器械。支架是一种网状的管形件,外径为 $1\sim4$ mm,壁厚一般为 $100\sim150$ μm。图 6-18 所示为由微管通过激光切割制成的可生物降解镁合金支架。为了满足日益增长的市场和临床需求,血管支架的材料和制造技术的技术创新意义重大。目前,金属血管支架主要由不锈钢、$Ni-Ti$ 或 $Co-Cr$ 合金制成。这些材料具有良好的耐腐蚀性和较高的机械性能,从而满足了支架的基本要求。然而,当微管用于生物医学应用时,必须考虑材料的生物相容性和可降解性。在支架植入手术中,网状微管通常永久放置在血管中,这会导致许多临床问题,包括再狭窄和血栓形成。药物洗脱支架(DES)可显著降低再狭窄的可能性,并且延长抗血小板治疗时间。此外,考虑到永久性装置的不稳定性,儿科患者的血管生长限制了支架植入术的广泛使用。可降解医用材料能在生物体内与体液等介质相互作用而逐渐降解,避免术后再狭窄风险和二次手术,在医疗领域应用越来越广泛。目前临床常用的生物可降解材料有镁系合金、铁系合金、可降解高分子材料和可降解陶瓷等。然而,镁及镁合金存在降解速度过快、腐蚀不均匀的缺点,在介入治疗完成之前便丧失其力学完整性,而铁及铁合金因其腐蚀产物能抑制腐蚀,降解速度过慢,导致术后再狭窄的风险增大。此外,临床应用中发现可降解高分子材料强度低,难以提供有效的结构支撑功能,而可降解陶瓷材料韧性差,无法协调变形,这些缺点限制了可降解高分子材料和陶瓷的进一步应用。近年研究发现锌系合金具有合适的生物降解速率,同时力学性能满足医用植入体材料强度和韧性的要求,兼具生物可降解、适宜的腐蚀速率保证长期有效的力学支持以及特有的抗动脉粥样硬化三重特性,有望发展成为新一代生物可降解医用材料。

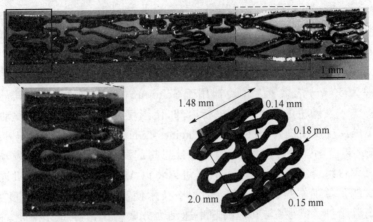

图 6-18　可降解镁合金支架

2. 神经导管

微管零件的另一个重要生物医学应用是用于修复神经末梢间隙的神经导管(NGC)。NGC 的典型尺寸为直径 1～10 mm、壁厚 100～200 μm 和长度 20～50 mm。每年 2.8% 外伤患者的外周神经损伤需要严格治疗。据报道,每年在美国发现 360 000 例上肢麻痹综合征,在欧洲发现超过 300 000 例周围神经损伤。普遍认为,当横断间隙不超过 20 mm 时,手术可以修复受伤的神经。理想情况下,神经导管应具有允许内源性和外源性神经细胞再生和恢复的特征,如图 6-19 所示。此外,严格设计与制造方法对于神经导管来说也是必要的,以提高拉伸强度但不损害组成纤维的柔韧性。

3. 微型注射针头

近十年来,皮下注射针显著改善了药物输送。为了减轻疼痛并促进高度局部化甚至细胞内靶向给药,无痛微针在药物输送和美容外科领域越来越受欢迎,如图 6-20 所示。世界上最细、最短的胰岛素注射针外部直径仅为 0.18 mm,由日本 Terumo 公司生产。注射针的材料通常为不锈钢,它是通过多道次拉拔工艺结合热处理制成的。

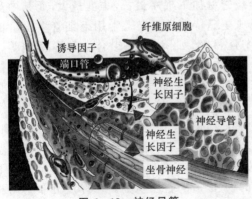

图 6-19　神经导管

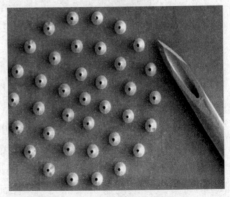

图 6-20　金属微针阵列和
外径为 0.46 mm 的 26 号皮下注射针

6.3.2　微流道换热器

微管的另一个重要应用是微流道热交换器(MCHEX)。MCHEX 的概念于 1981 年首次提出并使用。微型换热器的流道直径小于 1 mm。最近,随着电子处理器向高性能和小尺寸发展,为提升高性能微处理器和半导体的寿命和可靠性,散热问题亟待解决。MCHEX 具有导热系数高、热响应快、等温性能好、体积小、结构简单等优点,已成为电子产品中应用前景广阔的导热元件。MCHEX 的另一个应用是预冷器,它具有管壳式结构,结合了超过一万个外径为 0.9 mm、壁厚为 50 μm 的微管。预冷器用于 Scimitar 的强预冷发动机,其马赫数可达 5 以上。预冷是指将进入发动机的高温空气进行冷却,使温度降低到航空涡轮发动机能正常工作的温度范围。英国反应发动机公司(Reaction Engines Limited,REL)在 20 世纪 80 年代提出了强预冷器与闭式循环组合的强预冷技术方案,其设计思想起源于液化空气循环发动机(LACE),是一种高超声速氢燃料组合循环吸气式发动机,可以将以 $Ma=5$ 飞行的发动机进口气流滞止温度降低到发动机能正常工作的进气温度。强预冷技术使高马赫数时进口温度大幅下降,大大减轻了材料的高温防护等问题,与其他高超声速动力方案相比,其推重比和比冲具有非常明显的优势。2019 年 3 月 25 日,REL 公司成功完成了强预冷发动机验证机全尺寸预冷却器样机在 $Ma=3.3$ 下的高温考核实验,实现了强预冷的目标。如图 6 - 21 所示,发动机在大气层内高速飞行时,预冷器将进气道捕获的 1 350 K 的热空气冷却至 68 K,之后由下游增压涡轮进行增压,然后进入火箭发动机燃烧产生推力,推进飞行器沿预定轨道运动。预冷器服役于极端工况,如高温度梯度(93~1 320 K)、高压(900 K/10 MPa)、高效率(0.01 s 瞬间将 100 kg/s 空气的温度由 1 270 K 冷却至 120 K),这对毛细管的材料、尺寸精度和微观组织性能提出了极高的要求,如材料需为高低温性能优良的高温合金,同时对薄壁毛细管的跨尺度加工制造技术提出了挑战。

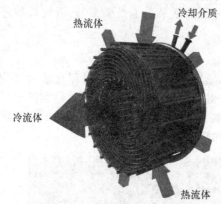

热流体
冷却介质
冷流体
热流体

图 6 - 21　用于高超声速强预冷
发动机的紧凑型热交换器

高温合金薄壁毛细管拉拔成形工艺的难点主要体现在:薄壁毛细管的壁厚与外径比值为 1/18,属于薄壁管成形范畴;高温合金材料强度高,且高温下材料软化现象不明显,材料在拉拔过程中的变形抗力大,对拉拔模具制造要求高;考虑到实际高温高压使用工况要求,需要严格控制高温合金薄壁毛细管的拉拔成形质量。相比其他类型加工产品如板材、棒材、带材等,无缝金属管材加工工序最长,难度最大,而其中薄壁毛细管则更显特殊和复杂。常用毛细管多出自低强度、高塑性材料,如铜合金、铝合金和不锈钢等。此外,由于尺寸限制,毛细管的最终成形只能通过拉拔实现。目前,难变形高温合金薄壁毛细管制备仍是一项挑战性难题。

笔者团队采用超声辅助成形方法制造外径为 0.9 mm,壁厚为 50 μm 的高温合金毛细管,如图 6 - 22(a)所示。通过在普通拉拔工艺中引入超声振动场,提高了毛细管尺寸精度、壁厚均匀性和表面质量。此外,笔者团队将电辅助拉拔和脉冲电流处理应用于高温合金薄壁毛细管的制备,可有效促进动态再结晶,提高毛细管的韧性和晶粒度,从而解决厚度分布不均和晶粒粗大等制造难题,如图 6 - 22(b)所示。基于开发的耦合超声振动、脉冲电流等物理场的多能场复合制造技术,实现了高温合金薄壁毛细管的形性协同精确调控,并尝试应用于高超声速强预冷发动机换热器样机的研制中,如图 6-22(c)所示。

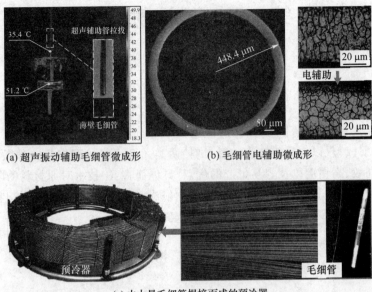

(a) 超声振动辅助毛细管微成形　　　(b) 毛细管电辅助微成形

(c) 由大量毛细管焊接而成的预冷器

图 6-22　笔者团队制造的高温合金毛细管

6.3.3　电子电气工程

微管在电子和电气工程中的常见应用是弹簧接触探针和电极管。接触探针也称为连接器,可以在两个印刷电路板之间建立连接。接触式探针通常由管状筒体、弹簧和柱塞组成。图 6-23 展示了在两个电路板上以密集阵列排列的弹簧接触探针,以建立临时的电气连接。接触式探头中的细长圆柱体外径通常小于 2 mm。由于其理想的导电性,接触式探头中常用的材料是铜或铜合金,为了保证电信号的可靠性和高保真传输,接触式探针需要精心设计与精确制造,尤其是在高性能应用场景中。

图 6-23　弹簧接触探针

习　　题

1. 尺寸效应对管材微细成形有什么影响?
2. 常见的能量场辅助微细管成形方法有哪些?
3. 微细管成形有哪些应用和发展前景?

第7章 微注射成型

7.1 基本概念

按照被加工材料对象的不同,微注射成型技术可分为塑料微注塑成型(以塑料为注射材料)和粉末微注射成型(以金属粉末为注射材料)两类。微注射成型作为一种微成型工艺有着低成本、高速、高效、高精度以及容易量产的优点,具体而言:①技术对原材料的限制相对较少,绝大多数聚合物材料及其复合材料都能进行微注射成型;②易于自动化操作,生产效率高,成型周期短;③产品种类多、更新快;④工作性能稳定。

7.2 微注塑成型

随着微结构聚合物元器件广泛应用于光学显示、微流控芯片、三维细胞培植等方面,以塑料为原材料的微注塑成型技术得到了迅猛发展。通常微型注塑成型一般是指用来成型质量为毫克级、零件尺寸微米级的非金属制品。然而,广义的微型注塑制品则包括微型注塑制品、带有微结构的注塑制品和高精密注塑制品三类。其中微型注塑制品是指尺寸为微米级、质量为几毫克的注塑制品;带有微结构的注塑制品则指制品的尺寸为常规注塑制品的尺寸,但局部结构的尺寸达到微米级;而高精密注塑制品没有尺寸限制,但其尺寸公差为微米级。微注塑成型技术的概念是个相对的概念,随着科学技术的不断发展,所谓的微型注塑件的外形尺寸、尺寸精度和重量必将向着更高级别的方向发展。

微注塑成型是传统注塑成型技术的微型化,最早出现在20世纪80年代。德国注塑机制造公司Battenfeld制造了第一台全电子驱动的微型注塑机Microsystem50,成型塑料件质量小于0.1 g,注射柱塞直径只有5 mm。随后,基于机械电子技术和注射成型技术的微型注塑机很快发展起来,受到了人们越来越多的关注。

7.2.1 工艺流程

微注塑成型源于常规注塑成型,与常规注塑成型一样,微注塑成型也是将粉状或粒状塑料从注射机料斗加入料筒中加热熔融塑化,在螺杆的旋转挤压作用下,物料被压缩并向前移动,通过料筒前端的喷嘴以一定的速度注射入温度较低的闭合模具内,经一定时间冷却定型后开启模具即得制品。成型过程主要包括塑化、注射、保压、冷却和脱模五个过程。微注塑成型主要分为以下5个步骤:

① 塑料颗粒经塑化后送入计量室;

② 关闭阀门,避免回流;

③ 当设定的体积达到后,注射筒中的柱塞将设定体积的材料传送到注射筒;

④ 注射柱塞将熔体推入模具;

⑤ 当柱塞喷射运动完成后,通过一个轻微向前移动位移(最大1 mm)对熔体施加保持

压力。

　　由于微注塑成型的注射量较小，且材料流动存在尺寸效应，在注塑设备、模具、材料以及工艺参数等方面与传统注塑成型均有较大差异，下面分别介绍。

7.2.2　设　备

1. 微注塑成型对注塑机的要求

德国亚琛工业大学 IKV 研究所总结出微注塑技术对于注塑机的要求，如下：

① 注射单元的最小注射量应能达到 1 mg，注射压力要求达 220～250 MPa，且无泄漏。

② 驱动单元须准确性高、无污染且噪音低。

③ 塑化单元的塑化温度达到 400 ℃，聚合物均匀塑化，为避免熔融聚合物在高温下分解，须严格控制聚合物在塑化单元滞留时间。

④ 配料单元要求进料过程中不吸入空气，并有自动进料、干燥及计量等功能。

2. 微型注塑设备分类

按塑化和注射单元的机构设计分类，可分为螺杆式、柱塞式、螺杆柱塞混合式及其他特殊形式。

（1）螺杆式

微注塑成型过程的注射量很小，所以要求注塑机注射单元的螺杆直径要相应减小。德国 Dr. Boy 公司出品的 Boy XXS 微型注塑机，为螺杆式注塑成型机的典型代表，如图 7-1 所示。BOY XXS 机身结构更紧密，为微型注塑和无浇口单模腔注塑提供了新选择，最大注射容量为 8.0 cm³，螺杆直径为 12 mm，锁模力为 100 kN，注射压力为 312.8 MPa。此外，日精树脂工业 NISSEI 株式会社的 STX10 型立式注塑机为电液复合式驱动的螺杆式注塑成型机，螺杆最小直径为 16 mm，理论注射容量为 13 cm³，最大注射压力为 268 MPa，锁模力达 94 kN。单阶螺杆型微型注塑机的塑化计量和注射都是用一根螺杆来实现，因此结构简单，便于控制，但是由于螺杆前端有止逆环，注射时止逆环处会泄漏部分塑料熔体。因此注射量的控制精度差，同时由于模具尺寸较大，制品微小而模具流道大，流道中的塑料熔体占总注射量的 90%，在注射成型过程中聚合物材料的利用率很低。此外，螺杆由于直径小，存在加工不稳定、强度低、不易输送物料、寿命短等缺点。

图 7-1　BOY XXS 微型注塑机

（2）柱塞式

柱塞式注塑机包括单一柱塞型和柱塞-柱塞型。单一柱塞型将粒状或粉状的塑料向前推送，绕经一鱼雷状分流梭后，经由喷嘴注入模腔，分流梭的功能是将塑料分散于管内部表层，使塑料更容易塑化。柱塞-柱塞型是由两组柱塞分别完成塑化和计量注射功能。西班牙 Cronoplast 公司的 Baby plast6/10P 为柱塞式微型注塑成型机的典型代表，如图 7-2 所示。Baby plast6/10P 是专门针对小型零件注塑生产而设计的机器，精准的活塞注射系统确保微量射出最高的精度（即使注射量少于 0.1 g）。Baby plast 的活塞式注塑系统设计，包括预塑化装置和活塞注射装置，确保微量成型稳定精确地射出。5 种规格活塞直径（10～18 mm）可供选择，更换成本低，标准模具尺寸为 75 mm（长度）×75 mm（宽度）×70 mm（最小高度）。

图 7-2　Baby plast6/10P 柱塞式微型注塑机

（3）螺杆柱塞混合式

螺杆柱塞混合式微型注塑机注射系统结构如图 7-3 所示。其是由一个螺杆塑化单元和一个单独的柱塞注射单元组成，经螺杆塑化后的物料经过单向阀流入柱塞前端，再由柱塞将前端的物料注射到模具中，完成精密计量与注射。此类机型有日本沙迪克（Sodick）株式会社的 Sodickmm03（见图 7-4），德国威猛巴顿菲尔（Wittmann Battenfeld）公司的 MicroPower15、Microsystem50 等。

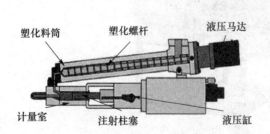

图 7-3　螺杆柱塞混合式注塑机原理示意图

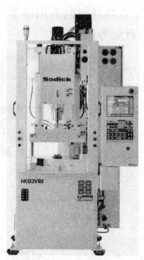

图 7-4　日本沙迪克株式会社的 Sodickmm03

（4）新型微型注塑设备

1）盘式微型注塑机

传统注塑机的螺杆是长状的,其圆柱面上有螺旋槽,而盘式微型注塑机采用磨盘替代传统的塑化螺杆,将长螺杆圆柱面上的螺旋槽转移到磨盘的端面上,磨盘端面上的螺旋槽是一种由外向内送料的机构,而且螺旋槽的内外周会因速度不同而获得优异的混练效果。同时,这种结构的塑化单元易于加工,且能有效控制,可减少成本。盘式微型注塑机的磨盘旋转、柱塞移动、开合模的动作各由一个伺服电机来驱动。工作过程为:首先用磨盘塑化物料,塑化后的物料流入柱塞前端进行计量,再由柱塞把计量后的物料经过热流道喷嘴注入模具中,再经过保压冷却、开模取件、合模,完成一个周期。盘式微型注塑机不仅在设备尺寸和注塑制品上实现了小型化,且能达到节能的效果。此外,热流道系统产生的废料几乎为零。日本新兴公司ShinkoSellbic 开发出一种相当于普通微型注塑机 1/10～1/12 的设备,是全球最小的盘式微型注塑机。

2）超声波微型注塑机

聚合物熔体在微小模具腔体里流动时其粘度和充模阻力就会增大,严重影响熔体填充效果。另外,微注塑过程中热量损失的不均衡性和不确定性容易导致注塑精度不高。为了保证聚合物熔体能够充满型腔,目前主要采用提高聚合物熔体的熔融温度和模具温度方法,这虽然在一定程度上改善了熔体充模效果,但较高的模具温度不仅增加了加热时间,也增加了脱模时的冷却时间,不仅浪费能源且生产效率低下,同时也给微注塑成型系统的设计和制造提出了较高的要求。超声波微型注塑机是一种新型高效可制备微型聚合物的微型注塑机,在不提高聚合物熔融温度和模具温度的情况下,通过在微注塑成型过程中将超声能量作用在熔体上来降低熔体粘度,以超声场的作用促进熔体流动性能,使聚合物熔体能够顺利完成高质量充模。超声波塑化可以产生微注射成型所需的少量聚合物熔体,同时大大缩短了注射成型周期。西班牙 Ultrasion 公司研发的 Sonorus 1G 微型注塑机,其成型过程的主要阶段如图 7-5 所示。与传统的微型注塑机相比,较明显的不同是超声波微注塑机没有螺杆,没有加热器。在超声波微型注塑机中,材料被注入塑化室,用超声波进行熔化。因为每次注射所需的材料都会熔化进入模具,浇口体积减少,这大大减少了材料损耗。同时超声波微型注塑机特有的低成型压力非常适合二次精密成型应用。

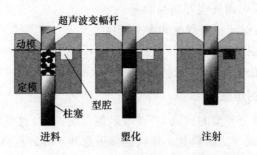

图 7-5　超声波微型注塑成型原理

表 7-1 列出了常用的微型注塑机的主要参数,可根据制品注射量和浇注系统的类型进行选择。当注塑尺寸大小为几微米的微型注塑制品时,宜选用注射量为毫克级的注射机,这类注射机的注射单元一般采用螺杆柱塞组合式。

表 7-1 微型注塑机的主要参数对比

型　号	注塑单元类型	螺杆直径/mm	最小注射量/g	最大注射量/g	锁模力/kN	注射压力/MPa
BOY XXS	螺杆型	12	—	4.1	100	312.8
STX10	螺杆型	16	—	—	94	268
Baby plast6/10P	柱塞型 (10~18 mm)	—	0.1	—	62	203.5
Microsystem50	组合型	14	0.001	1	50	—
Sodickmm03	组合型	14	—	—	29.4	197
MicroPower15	组合型	14	—	—	50/150	300
C,Mobile0610	盘式	—	—	1	10	196
Sonorus 1G	超声波	—	—	—	30	30

7.2.3　模　具

微型模具是微注塑成型的核心,其制造精度直接决定了注塑件的质量,而微型模具的成本和寿命则是影响大批量注塑生产的关键因素,微注塑过程的模温控制、排气控制、塑件顶出等设计也与微模具结构密不可分。聚合物微成型模具的型腔或流道尺寸跨越宏-微观尺度范围,受到尺寸效应的影响,成型过程中熔体的流动、传热都与宏观尺度下不同,对模具型腔的通气、排气、微小制品的脱模取件等有特殊要求,传统的模具设计理论和方法在微成型模具设计中不再完全适用。因此,微成型模具的设计已成为国内外研究的热点和难点。

1. 模具的结构和功能

由于微型注射制品的微小化和精细化特点,微型注塑用模具需要具有一些特殊的结构和功能:

① 变模温控制装置:过低的模具温度,会使微型注射成型过程变得困难,而过高的模具温度又会延长成型周期,同时也限制了成型工艺参数的优化。

② 预抽真空装置:微型注射制品尺寸微小,且多为微型盲孔结构,如果不设置抽真空装置,容易造成欠注、烧焦或出现气泡等制品缺陷。

③ 使用微型传感器:保证精密程度和耐久程度。

④ 一般具有特殊的脱模装置。

⑤ 需要全自动质量检测装置和筛选系统。

2. 微注塑成型模具的组成

微注塑模具由模架部分和型芯组成,二者可以制作为一体,也可以分别加工,然后通过螺纹或过盈配合连接,称为镶块式微模具。螺纹连接更有利于拆卸更换和零部件的重复利用,同时也能够发挥不同加工方法的优势。对于镶块式微模具,其模架材料多选择优质模具钢,可以根据注塑机尺寸选定标准模架再加工,在模架上通常设置有热流道、浇口、冷水道、真空排气槽、顶出塑件机构等。模架上不含要复制的微细结构,采用机械加工方法就能满足一般精度要求。在镶块式微模具中,用于复制的微结构部分镶嵌在模架中,称为型芯(也称为镶块)。微注塑工艺要求型芯尺寸精度高、耐高温、耐冲击、耐疲劳,并且能与模架机构和特征位置相配合。

根据型芯所用材料可以将微注塑型芯分为金属微型芯和非金属微型芯。

3. 微注塑成型模具制造技术

通常考虑热膨胀系数小、弹性系数大的材料作为制作微注塑型芯或整体模具的材料。在微注塑起步阶段，人们多选择耐热和耐冲击的金属材料制作整体模具或模具型芯，如钢、铝合金、镍、铍铜合金等。适用于这些材料的加工方法可分为去除材料成型和堆积材料成型。微注塑成型模具的精密制造是成型高质量聚合物微制品的技术保证。传统加工方法可以实现微成型模具部分零部件的加工，但难以加工具有微细三维结构的成型零件，而微细加工技术为微注塑成型模具微细结构的加工提供了条件。微型腔是微注射成型模具的核心零件，其结构尺寸及精度在微米级，表面精度要求较高，微型腔的加工质量直接影响制品的成型质量，是微注塑模具制造的难点。对于微型腔的加工目前主要采用微机械加工技术（如微车削、微铣削、微磨削技术等）、微细特种加工技术（如微细电火花加工、微细电化学加工、微细高能束加工、微细电铸加工、水射流微细切割技术等）和基于 LIGA 的加工技术（如 LIGA、UV - LIGA、电子束 LIGA 和激光 LIGA 等）。

微注塑模具与常规注塑模具的主要差异在于加工方法、控温方法、真空排气、脱模方式等方面，采用镶块式微模具组合形式，有利于拆卸更换和零部件的重复利用，同时也能够发挥不同加工方法的优势。微注塑模具结构设计的要求与常规注塑模具有诸多不同，重点集中在模温快速变换、抽真空辅助排气和微塑件脱模等几个方面。

对于金属微型芯，可采用去除材料成型和堆积材料成型两种加工方法。去除材料成型一般加工的微结构特征尺寸在 $10\ \mu m$ 上。以 UV - LIGA 为典型代表的堆积材料成型方式一般适用于加工二维半结构的微型芯，通过特殊的多重光刻和回流等，也可以用于制造多层或三维微型芯。基于硅微加工技术的硅微型芯制造方法在效率、成本、材料、精度、可加工性等方面有明显优势，并且可延伸至未来的纳注塑领域，但硅材料的脆性影响了型芯寿命，通过提高模架配合面加工质量、选用厚硅片、优化注塑参数、采用间接脱模方式，可以降低硅微注塑型芯损坏概率，就目前发展而言，硅微型芯更适用于灵活的中小批量微注塑生产。

7.2.4　材　料

微注塑成型对材料的要求如下：

① 极高的可模塑性。由于塑料制件特征尺寸小、模具型腔的表体比较大，微尺寸效应等，易导致微型高分子器件难以实现填充，严重影响微型制件的质量。

② 很高的力学强度。由于微注射制品整体或局部尺寸很小，其力学性能必然下降。但很多领域对微型制品力学性能的要求却越来越高。

③ 极高的精度。由于聚合物材料收缩率波动较大，会导致微注塑制品不能满足其精度要求。

总的来说，要求聚合物必须具备物理机械性能良好、熔体粘度低、冷却周期短、尺寸稳定性好等特点。同时，根据注塑制件的不同需求，还应考虑其他特殊性能，如力学性能和光学性能等。微注塑成型材料主要有聚甲基丙烯酸甲酯（PMMA）、聚碳酸酯（PC）、聚甲醛（POM）、聚丙烯（PP）等。表 7 - 2 所列为各种不同性能的热塑性工程塑料作为微型注塑材料的适用性。除了考虑到工艺条件对制品的影响之外，成型后制品的精度也是材料选择的重要考虑因素。制品的精度不仅指单个制品生产的重复性，也指制品收缩和翘曲的趋势、表面光洁度、部分结晶材料的相态结构、内应力等。

表 7 - 2　热塑性塑料作为微型注塑材料的适用性

材料品种	制品精度	充模性能	脱模性能
聚酰胺(PA)	△△	△	△
聚酰胺-酰亚胺(PAI)	×	○	×
聚对苯二甲酸丁二醇酯(PBT)	△△	△	△
PBT+15％玻璃纤维	△△△	△	△
聚碳酸酯(PC)	△	△	×
聚醚醚酮(PEEK)	△△	×	×
聚醚酰亚胺(PEI)	○	○	×
聚甲醛(POM)	△△	△△	△
聚砜(PSU)	△	△△	△△
聚苯醚(PPE)	△	△△	△
液晶高聚物(LCP)	○	△	△

注：△△△最好；△△很好；△好；○中；×差。

　　研究发现能用于微型注塑的材料是粘度低、热稳定性好的通用工程塑料。选择低粘度的工程塑料是因为在充模过程中,熔体的粘度低,浇注系统的阻力小,这样充模速度快,能保证熔体顺利充满型腔,熔体温度也不会有明显的降低。否则在制品上容易形成冷接缝,而且在充模过程中分子取向少,所得制品的性能比较均匀。如果选择高粘度塑料,不仅充模较慢,而且补料时间较长,由于补料引起的剪切流动容易使链状分子沿剪切流动方向取向,在这种情况下冷却到软化点以下时取向状态被冻结,而这种在一定程度上的冻结取向容易造成制品的内应力,甚至引起制品的应力开裂或翘曲变形。要求塑料的热稳定性好的原因则是由于物料长时间停留在热流道内或受螺杆剪切作用容易造成热降解,尤其是对热敏性塑料,即使在很短的循环时间内,也会因为物料注射量小,在浇注系统内的停留时间相对较长,造成塑料相当程度的降解,因此热敏性塑料不适合微型注塑。

7.2.5　工艺过程

1. 微注塑成型工艺参数

　　微型注塑机、微型模具及成型材料确定后,微注塑成型工艺就成为保证微型塑件成型质量的重要因素。与传统的注塑成型工艺相类似,微注塑成型工艺也包括注塑压力、成型温度和注射速率及时间等工艺条件。只是在微注塑成型过程中,这些工艺参数对微小熔体的充模流动作用效果不同。微注塑成型工艺参数主要包括:温度、压力和时间。其中,温度包括料筒温度(熔体温度)、模具温度;压力包括预塑压力(背压)、注射压力、保压压力以及合模力;时间即成型周期,包括保压时间和冷却时间。

　　(1) 料筒温度(熔体温度)

　　料筒温度是指料筒表面的加热温度。在注塑成型过程中,熔体温度是由料筒的温度控制的。对于薄壁和长流程制品,应适当提高料筒温度。因为模腔窄狭,流道长,熔体流入时冷却快,压力损失大,易使流动性降低。如 PP 树脂薄制品料筒温度通常为 280～300 ℃;厚制品料筒温度通常为 200～230 ℃。对于厚壁和短流程制品,应适当降低料筒温度。因为模腔宽大,流道短,流动阻力小,压力损失小,冷却慢,对流动性影响小。对于形状复杂,流程曲折多,带嵌件制品,料筒温度应高。

（2）模具温度

模具温度是指与塑件接触的型腔表面温度。模具温度直接影响到塑料熔体的充模能力以及塑料的内在性能与外观质量。模具温度的确定应根据塑料的品种、制品性能要求、制品形状尺寸及成型工艺条件等进行综合考虑。常用的模具温度控制方法包括自然升温法、通入冷却介质（水等）、通入加热介质、电加热等。模温的确定原则可以根据材料,对于非结晶塑料,模温应比玻璃化转变温度（T_g）低 20～30 ℃;如 PC 材料的 T_g＝150 ℃,模温可为 90～120 ℃,模温的确定也可以根据型腔结构复杂程度确定。当模具温度低时,冷却速率升高,冷却时间减少,生产效率高;同时熔体温度下降快,流动困难,压力损失大,有效充模压力降低,易出现充模不足。此外熔体在模内流动取向易冻结,取向度高,各向异性大,内应力大,也易出现早凝、热料补缩差,密度小,缩孔情况。

模具温度也和熔体粘度有关,熔体粘度大,模温高;熔体粘度小,模温低。常见树脂模具温度为:PC 材料 90～120 ℃,聚苯醚 110～130 ℃,聚砜 130～150 ℃。PS 常水冷,PE、PA 材料 40～100 ℃,PP 材料 70～90 ℃。模具温度和制品厚度有关,制品厚度大,模温应适当高。因为厚度大的制品充满模腔后冷却时间长,若模温低,则易形成缩孔,会产生内应力。在确定模具温度时也应考虑模温对取向、结晶、内应力等的影响。同样也应考虑工艺条件的影响,例如注射压力高时,料温高,模温可低些。模温升高,熔体流动性增加,制品光洁度增加,冷却时间增加,制品密度和结晶度增加,模塑收缩率增加,制品挠曲度增加。与此同时模温升高,充模压力下降,注射机生产率下降,制品内应力减小。

（3）预塑压力（背压）

背压是螺杆顶部的熔体在螺杆旋转倒退时所受到的压力。可配合螺杆旋转调速机构调整料筒内塑料的压实程度和塑化效率,从而调节背压。背压对注塑性能存在影响,具体来说:背压增大,温度均匀性增加,混合、混色、塑化效果提高,有利排气;但背压过高时,延长了塑化时间,会使塑化效率降低。与此同时,当背压过高时,流动阻力增大,料筒前端压力增大,倒流增加,漏流增加,流涎增加,再生料增加,物料也更易降解、交联,制品性能下降。当背压过低时,螺杆后退快,带入空气多,注射时因排气而压力损失大。如转速不高,则类似柱塞,塑化效果降低。

对于不同类型的材料,背压的确定原则并不相同。对于热稳定性好的塑料,背压可适当提高,如 PE、PP、ABS 等,这样可以提高熔体均匀性,塑化效果好,但塑化效率下降。对于热敏性塑料,背压要尽量小,如 PVC、POM 等。背压增加,温度升高,受热时间增加,易分解、烧焦。对于熔体粘度小的塑料,背压要小,如 PA 等。背压增加,漏流增加,倒流增加,流涎严重,使注射量控制困难。

（4）注射压力

注射压力指注射充模时,柱塞或螺杆顶部单位横截面积上对塑料熔体所施加的应力。注射压力 $P_注＝(D_0/D)^2 P_0$,其中,D_0 为注射油缸活塞直径,D 为螺杆直径,P_0 为显示压力。

对于成型尺寸较大、形状复杂、薄壁长流程、带嵌件制品,注射压力应高。因为熔体冷却快,料流方向变化大,流道截面小,流动阻力大,压力损失大,所以需要较大注射压力。对于加填料和增强材料时,注射压力应高;对于加增塑剂和润滑剂时,注射压力应低;对于料温和模温高时,注射压力应低。此外,注射压力会影响注塑性能。注射压力提高会使塑料流动性、充模速度、熔结强度、密度提高,取向度、结晶度等也相应提高。但注射压力过高时会导致脱模困难、光洁度下降、内应力增加、飞边增加、磨损大等问题产生。

(5) 保压压力

在保压阶段,柱塞或螺杆前端的熔体所受到的压力一般比注射压力低 0.6~0.8 MPa(或不变)。其作用为压实、紧密贴模、防止熔体倒流、热料补缩。保压压力的大小会影响注塑成型性能。提高保压压力,压实补缩作用大,尺寸稳定性好,收缩率小,取向度高,结晶度增大,强度高,断裂伸长率增加。当保压压力太高时,脱模困难,内应力增大,制品变形、翘曲并开裂,产生冷料亮斑。若降低保压压力,则压实补缩作用小,出现缩孔、凹陷,收缩率增大,取向度下降,结晶度下降,强度下降,尺寸稳定性差。

(6) 合模力

在注塑充模阶段和保压补缩阶段,型腔压力要产生使模具分开的胀力。为了克服这种胀模作用,合模系统必须对模具施以闭紧力,称为合模力。合模力的调整将直接影响塑件的表面质量和尺寸精度,合模力不足会导致模具开缝、发生溢料。合模力的大小可根据型腔压力和制件投影面积来确定。

(7) 时间(成型周期)

成型周期时间主要包括注射时间、保压时间、闭模冷却时间和其他时间。在整个成型周期中以注塑时间和冷却时间最重要,其对塑件的质量有决定性的影响。注塑时间中的充模时间是指螺杆前进将熔体充填到型腔的时间,通常为 3~5 s。在注塑阶段必须控制熔料进入型腔的速度以适应塑件物料和模具的特性,可以在不同的螺杆位置转换不同的注塑速度,进行多级注塑,以避免制品的外观缺陷。注塑时间中的保压时间是指对型腔内塑料的压实时间,在整个注塑时间内所占的比例较大,通常为 20~25 s。保压时间与塑件厚度、注塑速度、浇口设计、塑化程度及模具温度有关。冷却时间主要取决于塑件的厚度、材料的热性能和结晶性能以及模具温度等。在保证塑件质量的前提下应寻求最短的冷却时间,一般在 30~120 s 之间。

2. 微注塑过程工艺控制

(1) 温　度

1) 模具温度

在常规注塑成型中,模具温度远小于注射温度。微注塑中聚合物熔体表体比(表面积与体积之比)大,如果采用常规注塑工艺,熔体将迅速冷却,粘度很快提高,则会造成填充不足,并产生一系列微塑件缺陷。此时,可以通过提高模具温度、降低熔体与壁面温度梯度的方式来解决。由表 7-3 可知,微注塑模具温度可接近聚合物的熔融温度(T_m)或玻璃化转变温度(T_g)。

2) 料筒温度

要能使聚合物材料微型注射成型过程顺利完成,必须获得低的熔体粘度,而提高料筒温度是简便而可行的措施。温度是微注塑成型过程中聚合物结晶的最敏感因素,温度场的变化影响结晶度的变化,结晶度对微塑料制品力学性能的影响较为显著。熔体温度越高,微流道成型质量越好,但表面质量越差;温度场变化影响结晶度的变化,结晶度对力学性能的影响较为显著。

表 7-3　微注塑推荐模温和普通注塑模温对比表

性　质	材　料	T_g/℃	T_m/℃	微注塑模温/℃	普通注塑模温/℃
半结晶聚合物	高密度聚乙烯		130～137	125、140、150	30～60
	聚对苯二甲酸丁二醇酯		220～267	120	80
	聚甲醛			90	70～90
	聚丙烯		175	≈163	30～60
非结晶聚合物	聚碳酸酯	150		60～140	90～110
	聚苯乙烯	74～105		≈163、175	140

（2）压　力

注射压力和保压压力也是影响微型注射成型的重要工艺参数。研究表明,在熔料温度、模具温度一定的情况下,增加注射压力和保压压力有利于微注塑成型过程顺利完成。为保证正确充模,需要高注射速度和高注射压力(达数百至数千 kg/cm^2),料温在允许范围内尽可能取高的熔体温度,模具壁温也应控制在高端。为获得足够大的注射量需要使用大流道和大浇口,这样能保证聚合物在流动过程中可靠地控制和切换,以避免材料降解。

7.2.6　应　用

微型注塑技术的出现使微型制品的生产发生了深远的变化。目前已商品化或极具发展潜力的微型注塑制品主要在光学通信、医学工程、汽车和钟表的传感器和传动部件等领域。在通信领域电子领域,数年前,由于部分光传输组件的价格昂贵限制了在光学通信的广泛应用。采用微注射成型后,可以显著缩小零件尺寸且能达到很高的精度,同时大大降低了成本。如用微注射成型的插头式光纤连接器其尺寸可以达到 2～5 μm。

在医学领域,微注塑成型技术的典型应用是微型泵。这种用 PC 注塑成型的微型泵具有精确的泵送系统,其总体积仅有拇指般大小,泵的流量对水而言为 0.2 mL/min,对空气为 2 mL/min。因此,微型泵广泛用于微小剂量药液的注射及药剂配制。其他如内窥镜零件、体内植入假体、药物吸入器等都是采用微注塑技术成型的。

采用微注塑成型技术可成型各种微型传感器及传动装置。如用来测定透射、折射指数等光学性能的传感器操纵台,旋转传感器中的衍射光栅等。采用微注塑成型技术成型的微齿轮不但具有很小的尺寸,而且具有极高的精度和表面质量,因此广泛用于手表、汽车工业。最近 IMM 公司用微注塑成型技术制造的三级微型行星轮可传递 150 $\mu N·m$ 的扭矩(见图 7-6)。此外,电子、生物等领域也有微注射成型的应用。总之,微注射成型已渗透到微系统工程中的各个领域并逐步向产业化迈进。

50 μm

图 7-6　微型齿轮(聚甲醛)

7.3 金属粉末微注射成型

7.3.1 技术原理

金属粉末注射成型(Power Injection Moulding,PIM)是 1973 年由美国加州 Parmatech 公司的航天燃料专家 Wiech 博士发明的,如今已成为世界粉末冶金领域发展最快的高新技术。由于该技术的独特优点和先进性,被美国列为不对外扩散技术加以保密,直到 1985 年才向全世界公布这一技术,而在这期间美国国内的 PIM 技术得以成熟并迅速发展形成产业化。该项技术向世界披露后得到世界各国政府、学术界、企业界的广泛重视,并投入了大量人力物力和财力予以开发研究。其中日本在研究上十分积极而且表现突出,许多大型株式会社参与了PIM 技术的工业化推广,继日本快速发展之后,中国台湾、韩国、新加坡、以色列、土耳其、瑞士以及欧洲和南美的 PIM 产业也雨后春笋般地发展起来,获得了较大的商业利润。作为该项技术的发明国美国,PIM 技术产品已经广泛地应用于航天、摩托车、汽车、医疗器械、食品机械、计算机、通信设备、五金工具、仪器仪表、钟表等各个制造行业,PIM 企业也因此得到了长足的发展。

随着微机电系统的快速发展,对精密微细金属和陶瓷零部件的需求急剧增加,金属粉末微注射成型(μ - PIM)应运而生。它始于 20 世纪 80 年代末,最早是德国 IFAM 研究所在传统粉末注射成型的基础上所开发的一种成型技术。用于生产总体尺寸(或特征功能区)或公差要求以毫米甚至亚毫米计的制品,有效克服了传统机械加工技术加工能力的不足,以及相对新型加工技术如硅刻蚀技术、LIGA 技术、特殊微型机械加工技术(微细电火花、微型激光加工、微细机械加工等)等的生产效率低、成本昂贵,而且可加工材料有限等缺点,可以实现微器件的大批量低成本生产,具有巨大的发展潜力。

与传统的 PIM 相比,粉末微注射成型同样包括混炼、注射成型、脱脂和烧结等基本工艺步骤。由于粉末微注射成型通常是生产微型产品,对原料、成型设备、注射成型和热处理工艺均提出了更为严格的要求,这也正是粉末微注射成型技术与传统粉末注射成型技术的主要区别之处。

7.3.2 粉末材料

理想的注射成型用金属粉末颗粒尺寸在 $0.5 \sim 20~\mu m$ 之间。颗粒的粒度分布范围处于非常窄或非常宽的范围内,其分布斜率的理想值为 2 或 8。粉末颗粒无团聚现象,颗粒近似为球形、等轴。粉末颗粒致密,内部无孔洞,且对环境污染小,表面干净。

氧化还原法是一种重要的化学反应法,实际生产中很多粉末是通过氧化还原法来制备的,使用较细、净化的氧化物粉末,在还原性气体如 CO、H_2 等参与下进行热化学反应。注射成型用 W 粉可用氧化还原制取,将研磨的 WO_3 粉末在干燥的 H_2 中还原制得,粉末粒径为 $2 \sim 3~\mu m$。

雾化法是利用高速射流将液态金属粉碎成粉。熔融材料注入喷嘴中,形成液滴喷射出来,击碎熔融金属流的流体可以是空气、氮气、氦气、氩气,也可采用水或油。这种方法可将合金化材料制成小颗粒粉末,并且可获得理想的颗粒形状和高的填充密度。雾化法颗粒形状为球形,粒度分布较宽,具有较高的振实密度。通过控制工艺条件,可以得到不带附属物和消除内部孔隙的球形粉。

铁粉、镍粉和钴粉还可采用气相沉积法制取。在加温加压下,粉末与 CO 生成金属羰基物气体,羰基物冷却成液态,经分级蒸馏、净化、重复加热使液相挥发,分解沉积形成金属粉末。羰基粉末粒径较小,纯度可达 99.95%,颗粒形状为近球形链状。

对脆性材料来说,粉碎研磨是制粉的常用方法。在装有一定量硬球和粗粉的容器,粉末经研磨球不断撞击、研磨制得粒度较小的颗粒;粉末粒度越小,所需研磨时间越长;机械粉碎后粉末呈不规则形状,粉末之间尖锐接触导致粉末堆积性和流动性下降,引起粉末注射困难。同时,球磨制粉还有污染问题。

7.3.3　工艺过程

μ-PIM 与 PIM 成型的不同之处在于:粉末粒子尺寸、粘接系统和模具成型控制工艺参数等,因为注射用的粉末粒子的尺寸直接决定了制品的尺寸范围。因此,在制备金属粉末和陶瓷粉末原料时,必须提供高的剪切力,得到尺寸较小的颗粒尺寸。由于成型制品较小的尺寸和较大的长径比,粘接系统的选择显得十分重要,必须利于制品脱模;在较低的注射速度下充模完全;必须保证在脱模和烧结过程中收缩较小。因此,使用 μ-PIM 成型方法和 PIM 成型方法是不同的。前者在成型过程中需要较高的模具温度,这样有利于减少由于原料的料温和注射成型过程中温度的流失而引起的充模困难。此外,微注射成型需要在较低的注射速率下进行,这样制品在脱模过程中不易发生微细结构的折断或制品粘接在模具型腔内不易脱模。μ-PIM 的一般过程如图 7-7 所示。

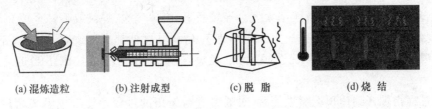

(a) 混炼造粒　　(b) 注射成型　　(c) 脱脂　　(d) 烧结

图 7-7　粉末微注射成型工艺过程

1. 喂料

喂料最重要的性能是它自身的均匀性和流动性能。只有具备良好的均匀性和流变性能,才有可能制造出品质好的零件。将大约 60% 的金属粉末与 40% 的粘结剂混合成均质的喂料。粒料制备包括:粘结剂的准备、原料粉末的预混合、粉末/粘结剂粒料的混炼、粒料制粒。这一阶段与传统注射成型最大的区别在于用金属或陶瓷粉末作原料。由于粉末本身流动性不好,需加入大量粘结剂在一定温度下混炼成均匀的、具有流动性的喂料,然后制成大小均一的粒料。

混炼是将金属粉末与粘结剂混合得到均匀粒料的过程。由于粒料性质决定最终注射成型产品的性能,所以混炼步骤非常重要。粒料表示粉末与粘结剂之间的一种平衡关系,两者之间适当的比例是决定注射成型成败的关键。粘结剂过多,粒料粘度小,金属颗粒间不能充分接触,脱脂后变形严重,甚至导致产品塌陷;粘结剂太少,粒料粘度高,注射十分困难,脱脂后容易生成孔隙,烧结后易导致产品开裂;粒料加入的标准是粉末颗粒间发生点接触,且粉末颗粒在没外压情况下粘在一起,中间的空隙被粘结剂填充。除了粘结剂的用量需要控制,使用低分子量的粘结剂可减少粘度,易于成型。装载量是评价喂料的一个重要指标,工业上一般使用质量分数来衡量。

均匀混合过程主要是为了将表面处理过的金属或陶瓷粉末加入粘结剂中,两者实现均匀混合,得到复合粉末体系。将复合粉末加热,可以使粘结剂熔化,融化后的液态粘结剂通过毛细作用进入粉末颗粒团聚体中,润滑粉末颗粒,在螺杆剪切力作用下使颗粒团聚得到持续分解,保持混合均匀。合格的粒料应该是粉末在粘结剂中均匀分布,不能团聚或有孔隙,粉末分布不均匀会导致粒料粘性不一致,不利于成型和烧结。

如果粉末颗粒小或形状不规则,混合时间需相应增加,以实现均匀混合。混炼时间增加,混合料均匀性增加,但树脂易氧化分解,部分金属或合金粉末氧化,导致混炼失败。因此,需要在保证粒料均匀性的前提下,混炼时间尽量缩短。混炼后的粒料经过破碎机或者切粒机加工后(一般制成 3 mm 左右的颗粒)成为注塑用喂料。

2. 注射成型

混好的料进入注射机料筒后加热到 150 ℃左右使其变为液体(粘结剂融化温度)进行注射成型,此过程类似塑料注射成型。注射成型是在一定压力和温度下,通过柱塞或螺杆推动,将具有流动性和温度均匀性的粒料熔体注入模腔充满,熔体在控制条件下凝固冷却成型,直至注射坯从模腔中脱出,形成三维复杂形状和结构,零件的形状和结构在模具中成型。该阶段完全不同于传统冶金中的压制成型,类似于注塑成型工艺。

注射时需要喷嘴紧靠流道,螺杆向前推进,喂料受压后挤出料筒,填充模腔。当有足够喂料填充到模腔中时,螺杆停止转动。理想充模是喂料沿模壁逐渐填充模腔,厚坯件要求螺杆推进速度快,薄坯件则反之。充模速率太大会导致喷射,出现气泡、焊纹或不完全填充(空气无法逃逸)等现象产生,因为大的注射压力和充模速率、喂料粘度低都会导致喷射产生;充模速度太慢会导致喂料冷却过早,产生不完全填允,出现短射,粒料注射温度控制不当也会产生短射现象。

保压过程指螺杆到达顶端喷嘴处后,对喂料进行施压的过程。注射成型最后过程是将成型坯从模具中取出。开模温度应低于坯件脱模时维持其形状所需临界温度。开模压力须小于成型坯脱模而不粘模所需的最大压力。开模压力和温度应有一定范围,不能使制品出现变形、粘模、划伤模具或在制品表面形成缩孔或凹陷。

3. 脱 模

脱模是微注射成型的主要难题。如果物料与模壁的粘结力太大将造成脱模困难甚至无法脱模,给制品的生产和使用带来极大的不利。脱模的难易程度也直接影响制品的精度。若制品所需脱模力过大会使其发生形变,严重的可损坏制品。影响脱模的因素主要有:制品的比表面积与高宽比、制品与模壁的粘结力及模具的表面精度。导致脱模失败的因素主要有两方面:一方面,脱模时在微小型腔和微结构之间产生的剪切应力;另一方面,微小零件结构件冷却时造成的热应力。分析表明,制件的高宽比、制件与微小型腔之间的摩擦系数、脱模温度和保压时间等因素对脱模有重要影响。制件损坏即脱模失败也往往最容易出现在脱模阶段的最开始时刻。由脱模失败原因看,可以有两种解决办法:一种是减小型腔侧壁的表面粗糙度;另一种是加强微结构件的强度,这就需要使用高强度的聚合物粘结剂,而这将造成喂料粘度增加,流变性能变差,进而影响到完全充模等一系列问题。

4. 脱　脂

脱脂属于金属粉末注射成型独有的步骤,需运用物理或者化学方法从坯体中脱除 30%～50%(体积分数)的粘结剂,零件由金属粉末与粘结剂的混合物变为单纯的金属零件,体积发生收缩,形状和结构不变,完全不同于传统粉末冶金中极少量表面活性剂的脱除。

粘结剂的热脱除分为两个基本过程:一是粘结剂的热分解,这是一个化学反应过程;二是分解气体传输到坯块表面进入外部气氛,这是一个物理传热、传质的过程。

热脱脂过程分为三个阶段:初始阶段指初始孔隙的形成,粉末颗粒在粘结剂毛细力作用下产生的颗粒重排;中间阶段指坯块内贯通孔隙通道的产生和形成,以及贯通孔隙通道形成后剩余粘结剂的脱除;最终阶段指粘结剂完全脱除后粉末颗粒之间发生点接触实现预烧结。如图 7-8 所示,从左到右依次为初始阶段、连通孔隙形成阶段、低熔点组元脱除阶段、高熔点组元脱除阶段。

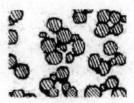

初始阶段　　　　　　连通孔隙形成　　　　　低熔点组元脱除　　　　高熔点组元脱除

图 7-8　热脱脂过程示意图

5. 烧　结

此流程是将零件致密化处理,体积进一步收缩,形状和结构不变,此时相对密度≥95%。传统粉末冶金压坯在烧结前一般已有 90% 以上的相对密度,完全致密化只需消除约 10% 的孔隙。粉末注射成型坯在脱脂后,烧结前只有 60% 的相对密度,其烧结本质是松装粉末烧结,难度大增。在烧结过程中会发生较大收缩,虽然这种收缩是烧结的主要目的,但同时也导致变形产生。金属粉末注射成型产品烧结成功标准是在保证产品精度和性能具有可控性和重复性前提下,使其密度达到要求。控制加热速度可促进坯件致密化。缓慢加热使在低温烧结阶段表面扩散占主导地位,消耗烧结驱动力却很难使坯件致密化。快速加热到一定温度范围,在此温度范围内坯件扩散变得活跃,而且快速加热可控制晶粒长大,同时孔隙也在演化缩小。

烧结中产生液相有助于坯件的致密化。因为液相提高物质的传输速率,引起更快的烧结;液相对颗粒施加毛细力,等同一种大的外压;预期的液相可通过一种组元熔化而形成。金属注射成型产品的烧结过程分为以下三个阶段:最初阶段,指烧结颈形成并长大;中间阶段,指烧结颈长大,形成晶界相连的孔隙网络;最终阶段,指孔隙几何外形变成圆柱状,只剩很少的小孔隙位于晶界上。

7.3.4　应用及发展

粉末微注射成型产品的应用领域如图 7-9 所示。在通信领域(包括有线、无线及光通信)应用 PIM 产品最多,达到 26.9%;其次是机械产品,占 16.1%;接下来是办公设备,占到 14.2%;汽车领域占据 13.1%。接下来将依次叙述粉末微注射成型工艺在各个行业中的应用。

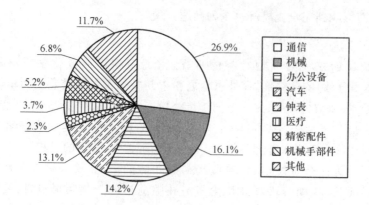

图 7-9 金属粉末微注射成型产品的应用领域示意图

1. 医疗器械行业

微创手术用手术刀、剪、取样钳等，以及齿科矫形托槽、颊面管系列零件等，该类零件小巧精致、形状复杂，是典型的 μ-PIM 产品。颊面管由不锈钢粉末注射而成，质量为 0.1～1 g，具有槽沟、球头、弯杆、通孔及多个曲面。采用注射成型工艺能提高尺寸精度，生产效率高，质量稳定，密度可达到 7.8 g/cm³。

2. 国防领域

在轻武器中，如枪管套、拉机柄、扳机、枪机框、保险等，此类部件具有槽沟、横沟、斜孔、齿纹或多个曲面，形状复杂，尺寸精度要求高，适合金属粉末微注射成型，加工后零件的密度达到 7.65 g/cm³，强度可超过 1 500 MPa 以上。

3. 交通运输行业

在汽车行业中的应用有安全气囊撞针、传动器、曲柄、点火控制锁部件、汽车方向系统 U 形匙、滑轨和滑块等，产品最终密度大于 7.6 g/cm³，抗拉强度达到 500 MPa。

4. IT 电子、通信行业

在电子、通信行业中主要应用有计算机硬盘驱动器零件、手机外壳、光纤通信用陶瓷插针体等。手机振子用高比重材料注射成型，零件通孔直径为 0.7 mm，致密度达 99.5% 以上，远高于压制烧结产品。氧化锆陶瓷插针体零件内部孔径要求为 125 μm±0.5 μm，如此高的精度要求是通过陶瓷注射成型得到 118 μm±5 μm 粗坯，然后精磨加工得到保证，如图 7-10 所示。

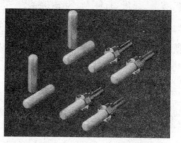

图 7-10 手机振子、光纤插针体

5. 钟表零件

传统钟表零件采用冲压、精铸、粉末冶金压制/烧结等方法制备。从产品性能、工艺成本、表面光洁度、尺寸精度等方面比较各种不同制造方法,发现粉末注射成型最具有综合优势。手表各种零件表壳、表链、平衡摆锤、按钮等均可用金属粉末注射成型生产,如图 7-11 所示。

图 7-11　复杂的钟表微型零件

采用注射成型制造手表可轻松实现新型款式设计,制造出整体式、流线型、形状奇特的多种款式。注射成型已成为高档手表换代制备技术,产品烧结致密度可达 99.5%,满足配合尺寸公差要求,抛光后可达到镜面光度。当今较流行的永不磨损手表,采用硬质合金、陶瓷材质,该类材料的难加工性更需要微注射成型技术。

6. 其他行业

体育用品中高尔夫球头和球座,日常生活用品中的锁芯、纸张打孔器,橡胶行业的模芯,高精度小型阀,理发推刀片,泵体及带孔盘等产品都可采用 μ-PIM 工艺生产,如图 7-12 所示。

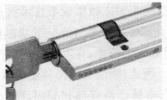

图 7-12　高尔夫球头、锁芯、理发器推刀

7.4　半固态微细成形

金属材料在液态、固态和半固态三个阶段均呈现出明显不同的物理特性,利用这些特性,产生了凝固加工、塑性加工和半固态加工等多种金属热加工成形方法。利用非枝晶半固态金属(Semi-Solid Metals,SSM)独有的流变性和搅熔性来控制铸件的质量。半固态成形方法包括流变成形(rheoforming)和触变成形(thixoforming)。流变成形是指在金属凝固过程中,对其施以剧烈的搅拌作用,充分破碎树枝状的初生固相,得到一种液态金属母液中均匀地悬浮着一定球状初生固相的固-液混合浆料(固相组分一般为 50% 左右),即流变浆料,利用这种流变

浆料直接进行成形加工的方法,称之半固态金属的流变成形。触变成形是指将流变浆料凝固成锭,按需要将此金属锭切成一定大小,然后重新加热(即坯料的二次加热)至金属的半固态温度区(金属锭称为半固态金属坯料)。利用金属的半固态坯料进行成形加工的方法称为触变成形。

半固态成型最早于 20 世纪 70 年代初期,由美国麻省理工学院的 Flemings 教授和 David Spencer 博士提出。根据所研究的材料,可分为有色金属及其合金的低熔点材料半固态加工和钢铁材料等高熔点黑色金属材料半固态加工。半固态金属(合金)的内部特征是固液相混合共存,在晶粒边界存在金属液体,根据固相分数不同,其状态不同。图 7 - 13 所示为半固态金属内部结构示意图。可见,高固相分数时,液相成分仅限于部分晶界;低固相分数时,固相颗粒游离在液相成分之中。

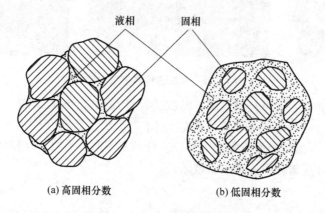

(a) 高固相分数　　　　　　　　(b) 低固相分数

图 7 - 13　固液相混合共存示意图

2004 年,德国卡塞尔大学的 Steinhoff 等人首先提出了将半固态技术应用于微型零件的制造和生产中,以期大规模和低成本地制造具有复杂形状和高质量表面机械性能的微型构件。从微触变成形工艺出发,论述了应用半固态微细成形技术提高微型零件的重要技术措施,除提出了工艺方面的概念外,还论述了固相率不同的情况下功能梯度性能设计的进一步潜力。半固态成形技术与传统的液态和固态成形相比,克服了铸件内部组织疏松,气孔偏析以及锻件成形力大,复杂件成形困难等问题。因此,半固态成形件组织致密、力学性能高,能够接近甚至达到锻件的质量要求。由于半固态金属已经有部分凝固,所以凝固收缩小,成形零件尺寸精度高、表面光洁,能实现近终成形,节约材料,节能环保。将半固态成形技术应用到微细制造领域对于提高成形效率、降低能耗、提高精度以及微型零件大规模生产都具有积极的意义。

上海交通大学于沪平课题组多年来一直致力于半固态微细成形方面的研究,分别从半固态微细成形技术的可行性、模具设计、工艺参数优化、变速器核心齿轮零件制造、本构关系以及尺寸精度等方面进行了较深入的研究,成功地挤压出了齿顶圆直径为 1 mm 的微型齿轮、行星轮等微型零件,如图 7 - 14 所示。

由于半固态微细成形是一个复杂跨学科的研究领域,涉及材料学、流体力学、成形工艺学以及固体力学等多学科,涉及范围广,研究难度大,所以近十年来研究半固态微细成形的相关学者很少,但半固态微细成形由于其半固态浆料独特的流变学机制为微型零件大批量、低成本的制造提供了一种全新的思路。

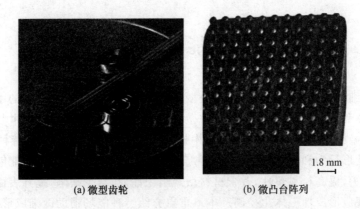

(a) 微型齿轮   (b) 微凸台阵列

图 7 – 14   利用半固态微细成形技术制造的微型构件

习　　题

1. 简述微注塑成型的工艺流程。
2. 金属粉末成型有哪些应用？
3. 半固态微细成形相较于液态和固态成形有什么特点？

第8章 特种能场辅助微细成形

针对常规微细成形工艺在加工高性能微型构件和难变形材料方面遇到的困难,近年来,为落实碳达峰、碳中和目标任务,一些新的复合微细成形工艺如超声振动、脉冲电流、激光、电磁场等物理场辅助微细成形,受到了广泛关注并获得了快速发展。在合适的特种能场种类及参数条件下,材料变形行为和微观组织结构通常会产生一定程度的变化,进而能够降低零件制造过程中所需成形力,提高材料塑性,改善材料微观组织性能,减少缺陷,提升表面质量或提升构件尺寸精度,实现成形成性一体化控制。本章重点介绍特种能场辅助微细成形技术的特点、原理及应用,为微型零件的绿色、高效、精确制造提供新的参考方法与思路。

8.1 非晶合金热塑性微成形

8.1.1 概念及分类

非晶态是指物质内部结构中原子呈长程无序排列的一种状态,如图 8-1 所示。目前,非晶态物质在自然界中占据了很大的比例,从传统氧化物玻璃、卤化物玻璃和硫基化合物玻璃,到非晶态半导体,再到非晶态合金,非晶态材料已经成为支撑现代经济的一类重要工程材料。非晶合金就是这类特殊的非晶态材料,由于合金在超急冷凝固(通常大于 100 K/s 时),原子来不及有序排列结晶,得到的固态合金是长程无序结构,组成物质的分子(或原子、离子)不呈空间有规则周期性,没有晶态合金的晶粒、晶界存在,如图 8-2 所示,结构类似于普通玻璃,因而也称为"金属玻璃"。这种非晶合金具有许多独特的性能,由于它的性能优异、工艺简单,从 20 世纪 80 年代开始成为国内外材料科学界的研究开发重点。

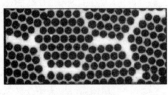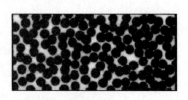

(a)晶 态   (b)非晶态

图 8-1 固态物质中粒子分布示意图

非晶合金种类繁多,从组成材料来看,可分为 Pd 基(钯基)、Mg 基(镁基)、稀土基、Ti 基(钛基)、Fe 基(铁基)、Cu 基(铜基)、Ni 基(镍基)、Zr 基(锆基)、Al 基(铝基)等多种非晶合金体系。从形态来看,非晶合金可以分为块状非晶(厚度>1 mm)、非晶板带材、非晶丝、非晶粉末、非晶镀层等。非晶态金属合金按组成元素的不同可分为以下两大类:

(1)金属-金属型非晶态合金

这类非晶态合金主要是含 Zr,如 Cu-Zr、Ni-Zr(或 Pd、Ta、Ti)、Fe-Zr、Pd-Zr、Ni-Co-Zr(或 Nb、Ta、Ti)等。

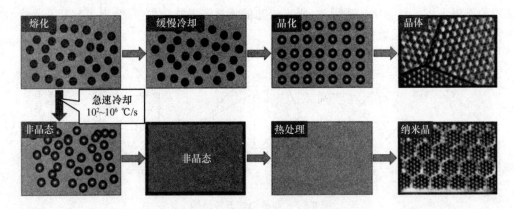

图 8 - 2　晶体、非晶、纳米晶形成原理

（2）金属-类金属型非晶态合金

这类非晶态合金主要是由过渡金属与硼和（或）磷化合物等类金属组成的二元和三元甚至多元的非晶态合金，如 $Fe_{72}Cr_8P_{13}C_7$、$Ni_{40}B_{43}$ 等。由于类金属的加入，显著增加了金属形成非晶态结构的热稳定性。如少量稀土金属的加入使 Ni‑P 合金的热稳定性提高。

8.1.2　结　构

非晶态材料许多优异的物理和化学性能与其微观结构有关。在非晶态金属中，最近邻原子间距与晶体的差别很小，配位数也接近。但是，在次近邻原子的关系上就有显著的差别。而各原子之间的结合特性与晶体并无本质的变化。

1. 非晶合金的结构特征

（1）短程有序和长程无序性

晶体的特征是长程有序，原子在三维方向有规则地重复出现，呈周期性。而非晶态的原子排列无周期性，是指在长程上是无规律的，但在近邻范围，原子的排列还是保持一定的规律。这就是所谓的短程有序和长程无序性，短程有序区应小于 (1.5 ± 0.1) nm。长程无序除结构无序外，对于成分来说，也是无序的，即化学无序。

（2）均匀性和各向同性

非晶合金的均匀性也包含两种含义：①结构均匀。它是单相无定形结构，各向同性，不存在晶体的结构缺陷，如晶界、孪晶、晶格缺陷、位错、层错等。②成分均匀。无晶体那样的异相、析出物、偏析以及其他成分起伏。在熔化温度以下，晶体与非晶体相比，晶体的自由能比非晶体的自由能低，因此非晶体处于亚稳状态，非晶态固体总有向晶态转化的趋势。这种稳定性直接关系到非晶体的寿命和应用。

2. 非晶合金的结构模型

（1）硬球无规密堆模型

Bernal 发现无序密堆结构中仅有五种不同的多面体组成，如图 8 - 3 所示。其中，四面体和正八面体也存在于密排晶体中，三棱柱、阿基米德反棱柱和十二面体则是非晶态所特有的结构单元。但是，没有一种实际的非晶态合金可以看作由硬球组成，或只含有一种原子。进一步考虑两种或更多组元及化学性质因素,提出松弛的无规密堆结构模型,从而可解释非晶合金的某些性能,如弹性、振动、磁性等问题。

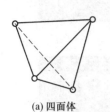 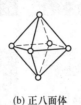 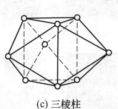 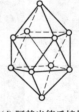 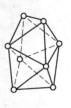

(a) 四面体　　　　　(b) 正八面体　　　　　(c) 三棱柱　　　　(d) 阿基米德反棱柱　　　(e) 十二面体

图 8-3　非晶态的五种结构

（2）微晶模型

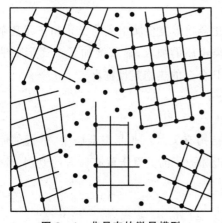

图 8-4　非晶态的微晶模型

非晶态材料是由晶粒非常细小的微晶组成的,大小为十几至几十埃(几个至十几个原子间距),如图 8-4 所示。这样晶粒内的短程有序与晶体的完全相同,而长程无序是各晶粒的取向杂乱分布的结果。这种模型的优点是可以定性说明非晶态衍射实验的结果,比较简单,有通用性,但是从这种模型计算得到的径向分布函数或双体关联函数与实验难以定量符合,而且晶粒晶界处的原子分布情况不清楚。当晶粒非常微小时,晶界处原子数与晶粒内原子数可能有相同的数量级,不考虑晶界上原子的分布情况是不合理的。

（3）拓扑无序模型

这类模型认为非晶态金属结构的主要特征是原子排列的混乱和无序,即原子间的距离和各对原子间的夹角都没有明显的规律性,如图 8-5 所示。这类模型强调的是无序,把非晶中实际存在的短程有序看作是无规律堆积中附带产生的结果。由于非晶态有接近晶态的密度,这种无规律不是绝对的,因其未包含短程有序。但从拓扑无序模型得到的结果基本上与实验一致,所以,可把拓扑无序模型当作绝对零度下的非晶态理想的模拟。

3. 非晶合金的结构变化

图 8-6 所示为非晶合金形成的 TTT(Time,Temperature,Transformation)曲线示意图。通常情况下,熔液在低于 T_m(结晶聚合物熔点)温度时开始结晶,最终形成固态晶体结构。但非晶材料是由熔液态在 $T_g \sim T_m$ 温度间(过冷液相区)进行超急冷凝固的,从而快速跳过结晶过程,在低于 T_g(晶化温度,玻璃态向高弹态开始转变的温度)温度时形成相对稳定的非晶体结构。$T_g \sim T_m$ 温度为非晶结构的过冷液相区。当非晶合金重新加热达到 T_g 时(晶化温度),会呈现超高塑性变形行为,延展性最高可达 150 倍,便于非晶合金进行加工处理。高温相冷却到此温度,从过冷液体到非晶玻璃转变,此转变有比热容突变,体积和熵无突变,故是二级相变。而当温度达到 T_m(脆化温度)时非晶合金会开始晶化,失去非晶态的力学特性,在此温度

下非晶开始向晶体转变,是一级相变。因此 $T_g \sim T_m$ 区间越大,晶化温度 T_g 越低,非晶合金的加工难度越低,但同时非晶合金的稳定性也随之降低。

图 8-5　拓扑无序模型

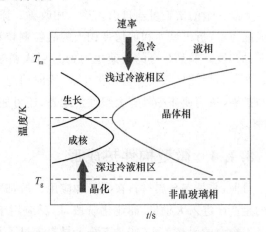

图 8-6　非晶合金形成的 TTT 曲线示意图

　　非晶态是一种亚稳态,可看作是深度过冷的液体。在室温下,处于热力学不稳定状态,低温下退火,发生结构弛豫,系统自由能下降,材料趋于稳定。在 T_g 温度下面,材料的非晶态特征并不改变,但由于非晶态原子间的堆积处于不稳定,原子间位置会发生调整,以降低系统的自由能,这称为低温弛豫。非晶合金在低温弛豫阶段的扩散系数 D 远远大于温度高于 T_g 的扩散系数 D_n;电阻率随温度升高而增大;弹性模量增加。此过程也会影响非晶的性能,如 $TbFe_2$ 薄膜(Tb 为铽),可通过此法,使磁矫顽力从 8×10^3 A/m 增加至 3×10^5 A/m。

　　在适当条件下,非晶合金会发生结构转变,向稳定的晶态过渡,称为晶化。有些晶化过程会出现另一些新的未知亚稳相和一系列过饱和的固溶体,此时其稳定性比非晶态要好,会改善某些性能。如铁基、镍基、钴基非晶在刚达到晶化温度时,可获得高强度的微晶。

8.1.3　力学性能

　　相比于晶态材料,非晶合金不存在位错、层错、晶界等缺陷,因此,这类合金表现出特殊的力学性能,如极高的断裂强度和硬度。Ni-Ta 基块体非晶合金的断裂强度超过 3 GPa,而 Co 基的断裂强度更是高达 5 185 MPa;某些 Fe 基的维氏硬度(Hv)可达 12.53 GPa。有意思的是,迄今强度最高和最低的金属材料,竟然都是非晶合金。Co 基非晶合金的强度高达创纪录的 6 GPa,最软的 Sr 基非晶合金的强度则低至 300 MPa。

　　各种新型非晶态金属具有优异的力学特性(强度高、弹性好、硬度高、冲击韧性好、耐磨性好等),电磁学特性(优异的软磁性能),高的电阻率,化学特性(稳定性高、耐蚀性好等),电化学特性及优异的催化活性,已成为人类发展潜力很大的新材料。块体非晶合金具有的强度是其对应晶体的 2~3 倍,有着较高的弹性应变极限、较低的弹性模量,在过冷液相区会出现超高塑性变形行为,其力学行为(如变形和断裂等)明显不同于晶态合金材料,部分种类如铁基非晶还具有优异的磁性能。等原子比多组元合金在具有高混合熵的情况下可以形成简单的固溶体,具有高强度、高塑性的特点,该类合金目前称为高熵合金。

非晶合金作为冷冻液体弛豫时间太慢，在常规应变速率作用下，只有局域的原子发生剧烈形变，而且局域形变不易滑移，因此形成局域软化剪切带，并很快转化成裂纹，最终导致脆性断裂。非晶合金的增塑可通过引入第二相改善。原位形成第二相主要通过使合金成分偏离非晶形成能力点，析出尺寸和剪切带相当的晶粒颗粒和枝晶结构，也可直接引入晶体纤维和颗粒提高非晶塑性。非晶合金的增速也可通过引入微观不均匀性或者微纳米尺度的软硬区制备实现。非均匀性能导致大量剪切带生成，同时引起大量剪切带之间的交割增殖，影响剪切带的形成与扩展，从而使非晶具有大塑性。此外，还可通过非晶表面加上封套、加压或喷丸处理提高塑性。

8.1.4　微型构件热成形

目前，非晶态金属材料在制备和应用领域都取得了极大的进展。美、日等发达国家非晶合金的生产已进入大批量、商业化阶段，广泛应用于电力、电子及其他领域。1976 年，我国开始非晶态合金的研究工作，非晶态合金材料走过了从实验室材料工艺研究到百吨级中间实验的阶段，"七五"期间建成了百吨级的非晶合金带材生产线，非晶合金带材宽达 100 mm；"八五"期间实现了非晶合金带材在线自动卷取技术，并实现了年产量 20 万条的非晶带材生产线；"九五"期间建成了国家非晶超微晶工程技术研究中心。如今，中国非晶态合金的科研开发和应用能力已经达到国际先进水平。

非晶合金在室温下具有较大的硬度和较高的断裂强度，但是由于非晶合金的长程无序、短程有序的原子结构特点，内部不存在晶界位错等微观缺陷，使得其室温下的塑性变形主要集中在剪切带内，易造成绝热剪切现象，这种现象的出现严重限制了块体非晶合金的室温塑性变形，使得块体非晶合金呈现出明显的室温脆性，易发生灾难性的断裂，这也是目前为止非晶合金无法作为工程结构材料的原因之一。由于其高强度及有限的塑性，无法使用常规的塑性加工工艺在室温下进行加工，此特性也在一定程度上限制了非晶合金的应用。在较高的温度和较低的应变速率下，非晶合金可以在外力的作用下发生牛顿粘性流变。由于非晶合金在过冷液相区的加工精度高，制备效率高，工艺简单方便，成本低。非晶合金本身具有高强度、硬度等优异的性能。因此，众多研究人员努力开发非晶合金的热塑性成形，以此来拓宽此高性能新型材料的应用范围。

非晶合金热塑性微成形技术的研究由来已久，其中最早涉及热塑性微成形技术研究工作的是日本学者 Santome，他开发了一套基于非晶合金热塑性挤压成形的微型反挤压加工系统，并成功进行了热塑性挤压成形实验，其实验涉及 Zr 基、Pd 基、La 基等多种非晶体系。另外，Santome 还提出了通过评价材料的形状复型特性去衡量材料热塑性成形能力的方法。美国耶鲁大学的 Schroers 团队利用特定成分的非晶合金，通过深反应离子刻蚀技术制备高精度硅模具，并利用热压成形技术制造了各种精密的非晶零件，如非晶合金 3D 细胞状结构等，如图 8-7 所示。后来，他们团队提出可以利用过冷液相区较高的非晶合金作为模具材料对过冷液相区较低的非晶合金或者聚合物材料进行热压成形。另外，Schroers 团队还将电化学处理方法应用于 Ni、Pd、P、B 等非晶合金，得到了纳米尺度的树枝状结构，将其作为一氧化碳和甲醇的催化剂使用。

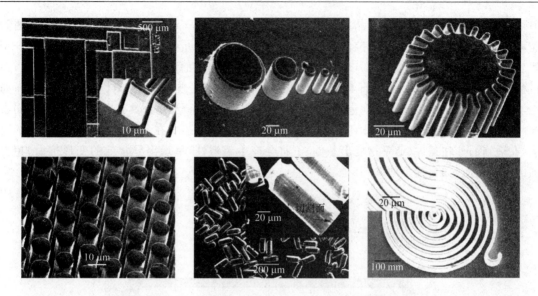

图 8 - 7　利用精密的硅模具热压成形的非晶零件

　　时至今日,非晶合金热塑性微成形技术受到了国内外很多专家学者的关注,热塑性微成形技术也成为当下非晶合金研究的主流方向之一。目前为止,人们已经成功地制备出了许多高精密的微型零部件,并且已经在微型模具型芯、精密光栅等领域取得了一定的应用,展现了其有别于传统晶态材料的潜在优势。微成形模具型芯要求有良好的力学性能、表面质量和制备效率,然而现有的微成形模具型芯加工技术存在着成本高、效率低、成型周期长等问题,用非晶合金制备的模具型芯具有尺寸精度高、表面质量好等优势,非晶合金有望替代传统的模具材料成为新一代的微细成形模具材料。

　　目前,热塑性微成形技术的发展还不是非常成熟,依然存在着诸多问题,例如:在热塑性成形过程中如何有效地解决非晶合金晶化和氧化的问题,还有如何正确描述非晶合金过冷液相区的本构关系、变形机制、失效形式等问题。因此,在今后热塑性微成形技术的研究工作当中,加深对非晶合金热塑性成形过程中结构演变与变形行为之间关系的理解显得尤为重要。开发适合于热塑性成形的块体非晶体系,探究影响热塑性成形过程中非晶合金变形行为的主要因素,加强块体非晶合金热塑性变形机制的研究,制定一整套完善的非晶合金微成形性能评价机制,对热塑性成形过程中变形行为和结构演变进行动力学分析,依然需要持续的研究工作。另外,随着有限元技术的蓬勃发展,将有限元数值模拟技术与非晶合金热塑性微成形技术有机地结合在一起,有助于更好地理解非晶合金在过冷液相区的流变机制。

8.2　超细晶材料超塑微成形

8.2.1　超塑性简介

　　我国古老的民间"吹糖人"艺术,可以使柔软的糖稀在气体的作用下,以几百甚至上千倍的延伸率成形出各种想要的形状。而这种"超塑性"正是材料的一种特殊属性。实验表明,具有超塑性的材料在拉应力作用下能伸长几十倍甚至上百倍,不会出现缩颈,也不会断裂。1991 年国际先进材料超塑性会议将多晶材料断裂前的均匀大延伸率(超过 200%)的能力定义为超塑性,如图 8-8 所示。如在超塑拉伸条件下 Sn-Bi 共晶合金可获得 1 950% 的伸长率,Zn-Al 共晶合金的伸长率可达 3 200% 以上。也有人用应变速率敏感性指数 m 值来定义超塑性,当材料的 m 值大于 0.3 时,材料即具有超塑性。超塑性的产生首先取决于材料的内在条件,如化学成分、晶体结构、显微组织(包括晶粒大小、形状及分布等)及是否具有固态相变(包括同素异晶转变,有序-无序转变及固溶-脱溶变化等)能力。在上述内在条件满足一定要求的情况下,在适当的外在条件(通常指变形条件)下将会产生超塑性,呈现出异常低的变形抗力、超常高的流变性能(如大的延伸率)。

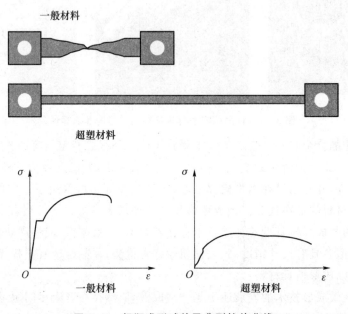

图 8-8   超塑成形试件及典型拉伸曲线

当塑性变形很大时,材料表面粗糙度仍很小,没有明显的微裂纹、滑移痕迹等缺陷。微观组织方面,发生超塑变形后的材料仍然处于等轴晶,没有被明显地拉长,但晶粒尺寸有一定程度增大。金属实现超塑性需要具备 3 个主要条件:①晶粒尺寸很小而且比较均匀,一般小于 10 μm(非必须),超细晶材料是其中一种较为常用的材料;②变形温度相对较高,通常是 $0.5T_m$(T_m 是材料的绝对熔点);③应变速率很小。

金属材料在超塑性状态下的宏观变形特征可用大变形、小应力、无缩颈、易成形等来描述,具体如下:

(1) 大变形

超塑性材料在单向拉伸时伸长率极高,目前已有达 8 000% 以上伸长率的报道。超塑性材料塑性变形的稳定性、均匀性要比普通材料好得多,这就使材料成形性能大为改善,可以使许多形状复杂、难以成形构件的一次成形变为可能。

(2) 小应力

材料在超塑性变形过程中的变形抗力很小,它往往具有粘性或半粘性流动的特点,在最佳超塑变形条件下,超塑流变应力通常是常规变形的几分之一乃至几十分之一。例如,Zn-22%Al 合金在超塑变形时的流动应力不超过 2 MPa;钛合金板料超塑成形时,其流动应力也只有几十兆帕甚至几兆帕。

（3）无缩颈

一般具有一定塑性变形能力的材料在拉伸变形过程中，当出现早期缩颈后，由于应力集中效应使缩颈继续发展，导致提前断裂。超塑性材料的塑性流变类似于粘性流动，没有（或很小）应变硬化效应。但对变形速度敏感，有所谓"应变速率硬化效应"，即变形速度增加时，材料的变形抗力增大（强化）。因此，超塑材料变形时虽然也会有缩颈形成，但由于缩颈部位变形速度增加而发生强化，从而使变形在其余未强化部分继续进行，这样能获得巨大的宏观均匀变形而不发生断裂。超塑性的缩颈是指宏观的变形结果，最终断裂时断口部位的截面尺寸与均匀变形部位相差很小。例如 Zn - 22％Al 合金超塑拉伸实验时最终断口部位可细如发丝，即断面收缩率几乎达到 100％。

（4）易成形

超塑材料在变形过程中呈现极好的稳定流动性，变形抗力很小且没有明显的加工硬化现象，压力加工时的流动性和填充性很好，可进行诸如体积成形、气胀成形、无模拉拔等多种形式的塑性成形加工。

8.2.2　超塑成形的种类和特点

超塑性是相对常规塑性而言的，是在一定条件下常规塑性得以明显改善而产生异常高的塑性的现象。原则上所有材料在一定条件下都具有超塑性，只是有些材料的超塑性条件不易实现，超塑性指标较低而没有工业应用价值。超塑性可分为细晶超塑性、相变超塑性和其他超塑性。

1. 微细晶材料超塑性

微细晶材料超塑性又称组织超塑性、恒温超塑性、结构超塑性或第一类超塑性。它是目前国内外研究最多的一种。微细晶超塑性的实现有赖于晶粒细化、适当的温度和低应变速率 3 个基本条件。

① 要求材料具有等轴稳定的细晶组织（通常要求晶粒尺寸在 $0.5 \sim 5 \ \mu m$ 之间）。一般而言，晶粒越细，越有利于出现超塑性。但也有例外，如钛合金约 $500 \ \mu m$、金属间化合物 Fe_3Al 晶粒约 $100 \ \mu m$ 等。这些合金在粗大晶粒时也会出现超塑性。

在超塑性温度下晶粒不易长大，即稳定性好。晶粒尺寸对流动应力、m 值、伸长率均有很大影响，如图 8 - 9 所示。可见，晶粒尺寸越小，在较高应变速率条件下即可实现高 m 值，即抗紧缩能力提高。

② 成形温度 $T \geqslant 0.5 T_m$（T_m 为材料熔点的热力学温度）且大多低于普通热锻温度，并要求温度恒定。

③ 应变速率在 $10^{-4} \sim 10^{-2} \ s^{-1}$ 的区间内。其要比材料常规拉伸实验时应变速率至少低一个数量级。流动应力与应变速率之间的关系具有牛顿

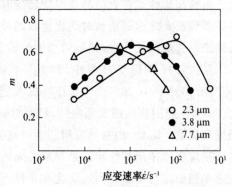

图 8 - 9　晶粒大小对应变速率敏感指数的影响

粘性体的特征,即流动应力随应变速率的增加而上升,这种对应变速率的敏感性体现了超塑性最主要的力学特性,如贝可芬(Backofen)方程所示:

$$\sigma = K\dot{\varepsilon}^m \tag{8.1}$$

式中:m 为流动应力的应变速率敏感性指数,称为 m 值;K 为与材料成分、结构和实验温度等有关的常数。

σ、ε 的关系曲线在对数坐标上呈现 S 形,S 曲线的斜率即为 m 值。在 m 值大的情况下,随着应变速率增大,流动应力迅速增大。因此,如果试样某处出现缩颈的趋势,此处的应变速率就增大,使此处继续变形所需的流动应力随之剧增,于是变形只能在其余部分继续进行。如果再出现缩颈趋势,同样由于缩颈部位应变速率增加而局部强化,使缩颈传播到其他部位,从而可获得巨大的宏观均匀变形。以上分析表明,m 值反映金属和合金拉伸时抗缩颈的能力。普通金属和合金,$m=0.02\sim0.2$,而对于超塑性材料,$m=0.3\sim0.8$,甚至接近 1。

2. 相变超塑性

相变超塑性又称变态超塑性、转变超塑性或第二类超塑性。这类超塑性不要求材料有超细晶粒,但要求材料应具有固态相变,这样在外载荷作用下,在相变温度上下循环加热与冷却,诱发材料产生反复的组织结构变化而获得大的伸长率。如共析钢在 538~815 ℃之间,经过21 次热循环,可得到 490% 的伸长率。

相变超塑性的影响因素主要包括材质、作用应力、最高和最低加热温度(即热循环幅度)、热循环速度(即加热-冷却的速度)以及循环次数等,由于相变超塑性是在相变温度上下进行反复的升温与降温而产生的。因此,热循环幅度以及循环次数是影响相变超塑性的最重要因素。相变超塑性不要求微细等轴晶粒,但是要求变形温度频繁变化,给实际应用带来困难,故实际应用受到限制。

3. 其他超塑性

其他超塑性又称第三类超塑性。某些不具有固态相变但晶体结构各向异性明显的材料,经过反复加热、冷却循环也能获得大的伸长率。而某些材料在特定条件下快速变形时,也能显示超塑性。例如标距 25 mm 的热轧低碳钢棒快速加热到两相区,保温 5~10 s 并快速拉伸,其伸长率可达到 100%~300%。这种在短暂时间内产生的超塑性称为短暂超塑性或临时超塑性。短暂超塑性是在再结晶及组织转变时的极不稳定的显微组织状态下生成等轴超细晶粒,并在晶粒长大之前的短暂时间快速施加外力才能显示出超塑性。从本质上来说,短暂超塑性是微细晶超塑性的一种,控制微细的等轴晶粒出现的时机是实现短暂超塑性的关键。

某些材料在相变过程中可以产生较大的塑性,这种现象称为相变诱发超塑性。如Fe-28.7%Ni-0.26%C 合金在 -11 ℃进行拉伸,使准稳定奥氏体向马氏体转变,伸长率高达110%。利用相变诱发超塑性,可使材料在成形期间具有足够高的塑性,成形后又具有高的强度和硬度。因此,相变诱发超塑性对高强度材料具有重要的意义。

高应变速率超塑性指的是材料在高的应变速率条件下变形时呈现出的超塑性现象。高应变速率超塑性与金属在高应变速率条件下变形时产生的动态再结晶有关,高应变速率超塑性对金属在高速率加工成形具有重要意义。

电致超塑性(electro-superplasticity)是材料在电场或电流作用下所表现出的超塑性现象。

当高密度电流通过正在塑性变形的金属时,因电流而产生的大量定向漂移电子会对金属中的位错施加一个额外的力,帮助位错越过它前进中的障碍,从而降低变形抗力,提高变形延伸率使金属产生超塑性。例如 7475 铝合金在沿拉伸方向施加电流,在 480 ℃时获得 710% 的拉伸伸长率,比常规超塑性变形温度降低 50 ℃,其 m 值也比无电流作用时明显提高。研究表明,电致超塑性的根本原因是电流或电场对物质迁移的影响,包括空位、位错、间隙原子等。

8.2.3　组织超细化方法

适量减小晶粒尺寸是材料获得超塑性的有利条件。目前实现晶粒细化的方法很多,主要分为大塑性变形细化以及组织超细化处理。大塑性变形细化方法较为常见的是交叉累积叠轧法(板材)、等通道转角挤压法(棒材)和高压扭转法(块材)。其中,等通道挤压方法利用大塑性变形过程中金属流动力学和微观结构的演变,成为晶粒细化最具潜力的方法。该方法每次挤压变形量较大,同时挤压前后试样尺寸变化不大,可以实现多道次反复挤压。

组织超细化处理是实现工业用材超塑性的有效方法,基本方法有以下 4 种,这些方法可以单独使用或相互结合使用。

1. 相变细化晶粒法

此工艺最早是由 Grange 提出的。它是通过循环的升温、降温过程,使材料反复发生固态相变而得到微细化晶粒。在每次相变过程中,每个母相晶粒晶界上都会产生多个新相的晶核,从而使晶粒不断得到细化,细化程度可以达到亚微米的晶粒尺寸。但当晶粒达到亚微米尺寸时,再增加循环的次数,细化效果就不明显了。这种细化工艺是钢超塑预处理常用的方法,如可利用盐浴炉快速加热循环淬火,使工业用 CrWMn 钢晶粒尺寸细化到 2 μm 以下,用同样的方法也可以实现热模具钢 3Cr2W8V 的组织超细化。利用循环相变实现晶粒超细化的方法工艺简便,原则上适用于一切具有同素异构转变的材料,很容易在生产中推广。不同材料的最佳的循环相变温度和循环次数可通过实验确定。

2. 双相合金形变细化晶粒法

对许多双相合金如 Pb - Sn 共晶合金、Al - Cu 共晶合金、Zn - Al 共晶合金、双相黄铜、Al - Ni 合金等,可以在超塑性变形温度范围内进行较大变形量的变形,如轧制或挤压,然后再进行退火处理使晶粒再结晶细化,或在热变形过程中利用动态再结晶细化晶粒。此方法的关键是变形量较大的不均匀形变会使形变组织发生再结晶,并经过充分扩散而变为微细的等轴晶粒。如果变形量不足,则再结晶也不可能形成超塑性要求的微细等轴晶粒组织。硬铝合金也可采用大变形量热变形细化晶粒,如对供货状态(退火态)2A12 合金可不经过任何热处理直接在 450 ℃挤压,挤压后在 480~485 ℃,应变速率为 $8.9 \times 10^{-4} \, s^{-1}$ 条件下,超塑性伸长率达 600% 以上,m 值为 0.35~0.42。研究表明,在大变形量热挤压过程中产生了动态再结晶,使组织得到超细化。

形变细化晶粒采用冷变形时要达到足够的变形量,而且要进行交叉轧制,以防止形变织构的生成和第二相分布的方向性。轧后的合金要在 $(0.5 \sim 0.8) T_m$ 的温度下进行再结晶退火。如 Al - Cu - Zr 合金(Supra1100)和 Al - 9Zn - Mg 合金利用这种方法细化后晶粒尺寸都在 10 μm 左右。

热变形和温变形退火处理细化晶粒的方法能使晶内产生更超细的晶胞,但超细的晶胞会为晶粒长大提供驱动力,从而导致在超塑性变形中的晶粒长大。在超塑性变形之前进行一定变形量的室温预变形可以起到稳定晶粒尺寸的作用,这是由于在预变形中,部分晶胞边界因迁移或合并而消失,导致了晶粒长大驱动力的减小。

热变形和温变形之后,再进行动态相变也可以获得微细晶粒组织。如在高温相存在的温度区间进行大变形量的变形,形变合金中大量的晶界或亚晶界可以成为相变中新相的形核部位而使晶粒细化,相变后的迅速冷却能抑制晶粒的长大,这样便得到稳定的微细晶粒组织。

还有一种有效的晶粒细化方法是利用第二相的两种不同尺寸的粒子,分别钉扎晶界和亚晶界,以稳定微细晶粒和亚晶组织,如对于超高碳钢首先在 Acl(珠光体向奥氏体转变的临界温度)温度以上进行大变形量的形变,以产生 $1\ \mu m$ 左右的均匀分布的粒状先共析碳化物。然后,在 Acl 以下温度进行变形,使珠光体球化,其结果使碳化物变成超细粒子,其尺寸在 $0.2\ \mu m$ 左右。又如 Supra1100 合金可以通过晶粒再细化来提高超塑性效应。Supra1100 合金经过处理得到 $10\ \mu m$ 的晶粒尺寸,在 450 ℃以应变速率为 $10^{-3}\ s^{-1}$ 拉伸,得到可观的伸长率,如果再细化,使晶粒尺寸减小到 $1\ \mu m$ 左右,则超塑性应变速率可提高约 100 倍,达到 $10^{-1}\ s^{-1}$。

3. 快速结晶细化晶粒法

利用快速凝固技术可以制备微细晶粒合金。例如,熔淬液化法是将熔融金属液流在喷射流体(如压缩气体、蒸汽或水等)的直接冲击下粉碎成液滴,液滴在自由飞行的过程中快速凝固成极细颗粒的粉末。还有一种方法是通过高速旋转的圆盘、坩埚或电极等使熔液流粉碎成液滴,然后在飞行过程中急冷成粉末,用这种方法制备的粉末用包套热等静压等方法热压成实体的材料具有微细的晶粒组织,在实际应用中某些超合金和白口铸铁等都可以利用此方法获得微细晶粒组织。

4. 双相合金的相分解细化晶粒法

该方法是通过退火处理使非平衡组织发生相分解,从而得到微细晶粒的两个平衡相。非平衡组织通常是马氏体或淬火过饱和固溶体。马氏体中的亚结构可以为平衡相的形成提供很多的形核点。对淬火固溶体在发生相分解之前进行适当的温变形,可提高相分解过程中的晶粒细化程度。在双相$(\alpha+\beta)$钛合金中,马氏体是由 β 相淬火得到的,马氏体在$(\alpha+\beta)$相区进行退火时发生分解并形成$(\alpha+\beta)$平衡组织。退火条件决定晶粒细化程度,控制着平衡相的形核和长大速率。

Zn-22%Al 合金的超细化预处理也是很典型的利用相分解细化晶粒。该合金在 275 ℃以上是单相固溶体,相是不稳定的,过冷到 275~100 ℃会得到层片状$(\alpha+\beta)$双相组织,这种组织不具有超塑性。当过冷到≤50 ℃时,转变后的组织为粒状$(\alpha+\beta)$双相组织,两个相的晶粒尺寸大约在 $5\ \mu m$ 以下,这种组织会呈现很高的超塑性。

8.2.4 超塑变形机理

常规塑性变形原子相对位移量小,一般不超过两个原子的间距,这是由于变形主要是由于位错运动、滑移和孪晶等引起的晶粒内部变形。超塑变形中晶粒转动、晶界滑移等晶界行为能够带来大变形量,达到高延伸率。由于超塑变形相对复杂,目前仍没有形成一个统一、完善的理论可以对其变形机理进行解释。随着研究的深入，较为主流的超塑变形机理为：超塑变形是一种以晶界滑移（GBS）为主，扩散蠕变、位错蠕变等晶界行为为辅的变形协调机制，同时受动态再结晶的影响。常见的协调机制分为扩散协调的晶界滑移机制（Ashvy - Verrall 模型）、位错协调的晶界滑移机制等。

在扩散协调的晶界滑移机制中，晶界在应力作用下向周围进行扩散，同时发生一定程度转动，达到协调变形目的。位错运动协调机制认为晶界滑动引起位错运动导致塞积，位错塞积之后会通过攀移等形式产生新位错减少应力集中，新位错促使晶界滑移和晶粒转动。位错运动协调机制包括晶粒群的位错塞积模型（Ball - Hutchinson 模型）、单晶粒位错塞积机制（Mukherjee 模型）和晶界位错塞积机制（Gifkins 模型）等。这三种模型中采用相同的应变速率方程形式，通过系数调节剪应力对应变速率的影响，从而产生位错塞积对应变速率的贡献，其本质相同而位错塞积的位错和解释不同。

再结晶机理基于变形过程中材料的动态再结晶，发生动态再结晶区域位错密度降低，可消除变形中的应变硬化，产生显著的软化效果，以获得超塑性实现大延伸率变形。动态再结晶对应变速率变化较为敏感，小应变速率时，为再结晶提供了充足的时间，再结晶过程进行比较充分，晶粒容易长大。应变速率过快时，再结晶不充分，集中的应力得不到及时释放，材料内部易出现空洞和裂纹。因此，选择合适的应变速率是材料实现超塑变形的关键。

8.2.5　超塑变形本构

材料本构是对材料流动应力随变形过程中的热力学状态（例如：应变量、应变速率、变形温度以及材料微观位错等）而发生变化的描述。本构模型形式因为材料种类以及变形模式的不同具有明显差异，目前常用的超塑本构模型主要分为唯象型本构模型和耦合材料微观参数的本构模型。其中，前者基于材料变形过程中的宏观力学性能参数，后者考虑材料本身晶粒尺寸、晶界迁移、位错密度以及晶界能等。本构模型建立的前提需要大量的基础实验。变形过程的数值仿真的有效性需要本构模型的指导，本构模型的有效性直接影响仿真结果的可靠性。

1. 唯象型本构模型

① 指数型本构主要适用于粘塑性材料，形式可近似表示为

$$\sigma = K\varepsilon_{p}^{n}\dot{\varepsilon}_{p}^{m} \tag{8.2}$$

式中：K 为材料常数；n 为应变硬化率指数；ε_{p} 为应变；$\dot{\varepsilon}_{p}$ 为应变速率；m 为应变速率敏感性指数。m 表征材料抵抗局部变形均匀塑性变形的能力，是超塑变形的重要特征。当材料应力与应变速率的敏感性很高时，截面变化更为均匀，可以有效抑制变形过程中的失稳，从而使材料具有大变形能力。因此一般来说，m 值越大，塑性越好。m 值可由下式表示，即

$$m = \frac{\log(\sigma_{2}/\sigma_{1})}{\log(\dot{\varepsilon}_{2}/\dot{\varepsilon}_{1})} \tag{8.3}$$

式中：σ_{1} 和 σ_{2} 为流动应力；$\dot{\varepsilon}_{1}$ 和 $\dot{\varepsilon}_{2}$ 为相应的应变速率。其主要描述材料硬化以及应变速率对材料变形应力的影响。

② 对数型本构主要适用于应变速率较高的超塑变形过程，可表示为

$$\sigma = A\ln\dot{\varepsilon} + B \tag{8.4}$$

式中：A、B 为材料参数。该类型本构没有考虑变形程度对应力的影响以及材料变形硬化。

③ Johnson-Cook(J-C)本构模型也适用于大应变速率，表示为

$$\sigma = (A + B\varepsilon^n)(1 + C\ln\dot{\varepsilon}^*)(1 - T^*) \tag{8.5}$$

式中：σ 为等效应力；ε 为等效塑性应变；$\dot{\varepsilon}^*$ 为相对应变速率，$\dot{\varepsilon}^* = \dot{\varepsilon}/\dot{\varepsilon}_0$，其中，$\dot{\varepsilon}_0$ 为参考应变，通常取 $10^{-4} \sim 10^{-1}\ \mathrm{s}^{-1}$；$T^*$ 为相对温度，$T^* = T/T_m$，T_m 为合金熔化温度；A, B, n, C 为材料常数。J-C 模型可以看作是考虑应变硬化的对数型本构模型。

④ 双曲正弦模型。对于材料超塑变形，常采用双曲正弦模型描述材料的流变规律：

$$\dot{\varepsilon} = A(\sinh\alpha\sigma)^n \tag{8.6}$$

对上式进行变换可得

$$\sigma = \beta\mathrm{arcsinh}(B\dot{\varepsilon})^m \tag{8.7}$$

式中：β、B、m 为材料常数。

2. 耦合材料微观参数的本构方程

耦合材料参数的本构模型将变形过程中材料微观的影响纳入考虑范围，其主要针对超塑变形过程中的晶粒长大、动态再结晶、空洞损伤等。

① 耦合晶粒长大的本构。超塑变形伴随晶粒长大发生，其中包括高温条件下不考虑变形引起的静态晶粒长大以及变形引起的动态晶粒长大，如下：

$$\dot{d} = \dot{d}_{\mathrm{static}} + \dot{d}_{\mathrm{dynamic}} \tag{8.8}$$

式中：$\dot{d}_{\mathrm{static}}$ 表示静态晶粒长大部分，其主要是热效应下原子扩散，通过晶界移动实现晶粒长大；$\dot{d}_{\mathrm{dynamic}}$ 表示动态晶粒长大部分，其主要是由塑性变形引起的晶粒动态长大，主要受变形速率的影响。式(8.8)可写为

$$\dot{d} = \alpha_1 d^{-\gamma_1} + \alpha_2\dot{\varepsilon}_p d^{-\gamma_2} \tag{8.9}$$

式中：$\alpha_1 = M\sigma_{\mathrm{surf}}$，其中，$M$ 为比例常数，σ_{surf} 是比界面能；$\dot{\varepsilon}_p$ 为塑性应变速率；α_1、α_2、γ_1 和 γ_2 均为材料常数。

在一定温度下，随变形量的增加，位错逐渐累积，位错密度增大。当位错密度达到动态再结晶临界值时，即会发生动态在晶界形核，从而发生动态再结晶。由于动态再结晶，晶粒发生显著细化。再结晶临界位错密度和再结晶晶粒尺寸变化速率可表示为

$$\rho_{\mathrm{cr}} = \left(\frac{10\gamma_i\dot{\varepsilon}}{3blM\tau^2}\right)^{\frac{1}{3}} \tag{8.10}$$

$$\dot{d}_{\mathrm{DRX}} = -\alpha_3 \dot{S}^{\gamma_4} d^{\gamma_3} \tag{8.11}$$

式中：γ_i 为晶界能；M 为晶界迁移，$\sigma_1/\mu b = c_1$ 为位错平均自由程；τ 为位错线密度（$\tau = c_2\mu b^2$）；σ, μ, b, c_1, c_2 分别为应力、剪切模量、柏氏矢量、两个材料参数；$\alpha_3, \gamma_3, \gamma_4$ 为材料常数；S 为再结晶体积分数。

因此，综合考虑扩散和塑性应变导致的晶粒静态、动态长大以及动态再结晶引起的晶粒变化，晶粒长大公式可表示为

$$\dot{d} = \dot{d}_{\mathrm{static}} + \dot{d}_{\mathrm{dynamic}} + \dot{d}_{\mathrm{DRX}} = \alpha_1 d^{-\gamma_1} + \alpha_2\dot{\varepsilon}_p d^{-\gamma_2} - \alpha_3\dot{S}^{\gamma_4} d^{-\gamma_3} \tag{8.12}$$

材料变形过程中,三种晶粒长大机制通常同时存在。但是由于变形条件差异,三种长大机制所占比例不同,可能以某种或某两种机制为主,其余情况影响很小,甚至可以忽略。

② 空洞损伤本构。在超塑材料变形过程中出现微空洞是其重要的微观特征。空洞的形成造成应力减小以及延伸率降低等,其表达为

$$\bar{\sigma} = \bar{\sigma}_m (1 - n_1 \xi^{n_2})^{n_3} \tag{8.13}$$

式中:ξ 为空隙率参数,$\xi = A_v/A$,A_v 为空洞面积,A 为研究区域的总面积;n_1,n_2,n_3 为孔洞的几何常数,可由应力-应变实验数据拟合。

材料的空洞损伤率包括空洞的形核和长大两部分,因此,

$$\dot{\xi} = \dot{\xi}_{growth} + \dot{\xi}_{nucleation} = \eta(1 - \xi)\dot{\varepsilon}_p + \frac{F\varepsilon^P}{(1 - \xi)}\sigma\dot{\varepsilon}_p \tag{8.14}$$

式中:η 为常数;F 和 P 是可以通过空洞测量获取的材料常数。

8.2.6　超塑微细成形方法

超塑成形技术研究与应用近年来仍有较大发展,在很多新材料中都发现了超塑性,如纳米材料、陶瓷材料、金属间化合物、难熔金属、大块非晶等。同时,超塑成形技术的应用范围不断扩大,从早期的航空航天领域扩展到电子、医疗等微型器件占比较大的行业。以新型的生物可降解材料 Zn - 0.03Mg 合金血管支架制造为例介绍超塑微细成形技术。图 8 - 10 所示为 Zn - 0.03Mg 合金坯料制备过程。首先将锌锭和镁锭表面打磨干净,然后按合金成分配置好原料,再将配好的原料放入干燥箱干燥,将炉温升至 570 ℃ 左右时开始放入锌,等到 Zn 熔化后再加入称量好的 Mg。至全部合金熔化后降温至 500 ℃ 进行浇注,最后得到直径为 120 mm 的圆柱形铸锭。随后对其进行均质化处理,在 300 ℃ 下保温 2 h,再将炉子温度提升到 340 ℃ 继续保温 2 h,最后空冷到室温。随后,在 350 ℃ 下挤压成直径为 50 mm 的棒材,加工成直径为 46 mm、高度为 100 mm 的挤压坯料。最终在 100 ℃、挤压速度 1 mm/s 条件下,挤压成直径为 10 mm 的棒材。

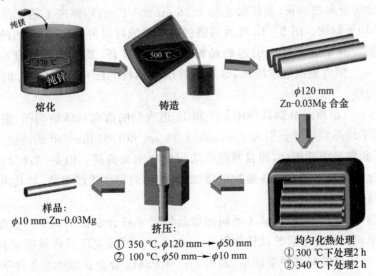

图 8 - 10　锌镁合金材料制备流程图

为实现锌镁合金的低温超塑成形,对制备的坯料进行晶粒细化处理。采用温热和冷环境相结合的包铜套等通道挤压(ECAP)晶粒细化方法,如图 8-11 所示。由于锌的晶体结构属于密排六方结构,因此其塑性变形能力差。在室温下,这种晶体结构仅有 1 个滑移面(0 0 0 1),仅可发生基底滑移,而且此滑移面上仅有 3 个密排方向$\langle \bar{1}\bar{1}2 0\rangle$、$\langle 1 \bar{2} \bar{1}\rangle$和$\langle 2 \bar{1}\bar{1}0\rangle$,即室温下锌合金仅有 3 个滑移系。为了避免在室温下,由于有效滑动系数量有限而导致的开裂,同时考虑锌及锌合金较低的再结晶温度(约 10 ℃),高温下的 ECAP 细化效果不及低温,故设置了先冷挤压,后续为温挤压的复合挤压模式。此外,为防止锌合金在挤压过程中过早开裂,同时尽可能降低温挤压的温度,采用锌合金试样外包 $\phi 10\ mm \times 0.5\ mm$ 铜管(锌合金棒材直径 8 mm)的方法,如图 8-12 所示。

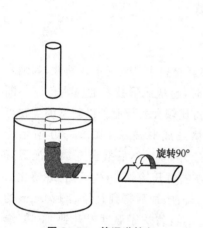

图 8-11　等通道转角
挤压 ECAP 示意图

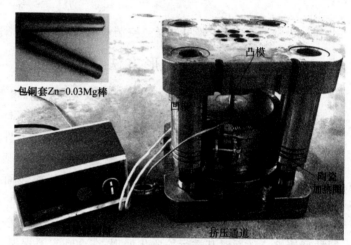

图 8-12　ECAP 装置图

经过 12 道次的 ECAP(第 1 道次为室温下挤压,后续 2～12 道次为 143 ℃下挤压),实现了微纳米晶锌合金材料的制备(晶粒尺寸达 $1.36\ \mu m \pm 0.9\ \mu m$),解决了超细晶材料制备过程中开裂、组织不均等问题。图 8-13 所示为通过电子背散射衍射(EBSD)检测的 4 种晶粒度的材料的微观形貌。前 4 道次挤压引起的晶粒细化尤为显著,晶粒细化程度高达 87.5%,如图 8-13(b)所示。随着道次继续增加,等通道挤压对晶粒的细化作用减弱,但是能明显提高材料的组织均匀性。

图 8-13(b)～(d)所示分别是挤压 4、8 和 12 道次后的微观晶体结构图,根据 EBSD 检测的统计结果,其平均晶粒尺寸分别为 $1.53\ \mu m$、$1.71\ \mu m$ 和 $1.36\ \mu m$。可见,经过 ECAP 后的材料,其晶粒有了非常显著的细化,而且其组织均匀性也明显提高。但是,晶粒的细化程度并不与挤压道次成比例增加。随着挤压道次的增加,组织的均匀性逐渐提高,且其内部晶粒取向随机性也略微提高。

采用温热态单向拉伸实验测试了不同初始晶粒尺寸锌合金在不同变形温度、应变速率下的变形行为。单向拉伸变形后的试样如图 8-14 所示。可以发现试样被明显拉长,且直径均匀变细,没有出现明显的局部颈缩现象,表明 Zn-0.03Mg 合金在温热态条件下具有较强的塑性变形能力。晶粒尺寸为 $9.02\ \mu m$ 的 Zn-0.03Mg 合金试样,在变形温度为 493 K、应变速率为 $0.001\ s^{-1}$ 的条件下单向拉伸时可达 350% 左右。

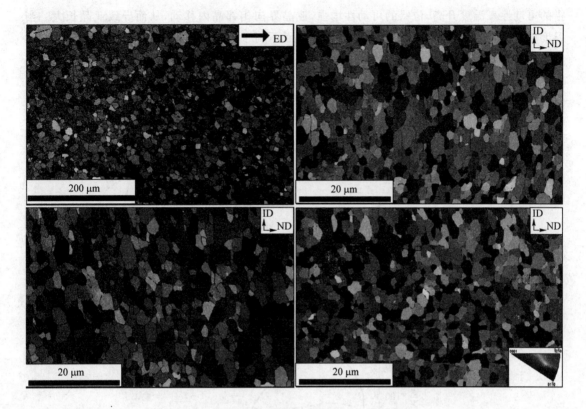

图 8-13　不同挤压道次下锌镁合金的微观组织

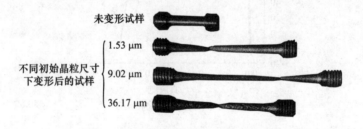

图 8-14　单向拉伸变形前后的试样

　　图 8-15 所示为晶粒尺寸 9.02 μm、直径 5 mm 的 Zn-0.03Mg 合金试样在不同应变速率下的应力-应变曲线。可以发现,变形温度对 Zn-0.03Mg 变形行为具有重要影响。塑性变形初期的硬化现象随变形温度的升高而越发不明显。随着变形温度的升高,流动应力发生明显下降。这主要是由于变形温度较高时,临界剪切力降低,从而驱动更多的滑移系,晶界移动得到改善。同时,变形温度较低时,在拉伸实验的变形初期流动应力随着应变量的增加而缓慢上升,硬化现象较为显著。但是当应变继续增大时,材料软化带来的应力下降幅度较大。这是由于温度较低时,变形初期激活能较低,软化作用比较微弱。但是随着应变增加,变形量的积累促进了位错和孔洞的运动,软化现象较应变硬化更为显著,因此应力随应变增加而降低。同样,温度对材料延伸率也有显著影响,温度较低、较高均会减弱材料的延伸率,最优延伸率出现在 493 K 左右。不同应变速率时,最优延伸率的适宜温度均为 493 K。这是由于温度影响位

错的可动性。温度升高,位错的可动性增强,亚晶界向相邻晶内移动,从而导致亚晶长大。当温度更高时,晶粒长大剧烈,较大的晶粒尺寸反而不利于超塑变形,致使温度较高时的材料延伸率相对较低。

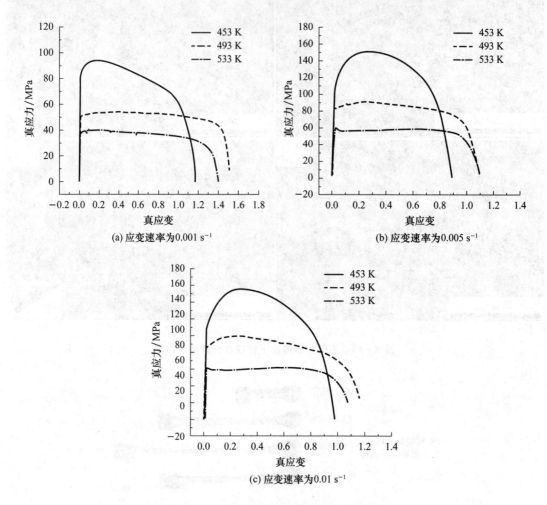

图 8-15　不同应变速率下的应力-应变曲线

基于血管支架有支撑血管保证血液正常流动的功能,因此对血管支架的尺寸精度以及表面质量都有极高的要求,目前常用的血管支架微管尺寸外径为 0.8～4 mm,长度范围 8～20 mm,壁厚范围 0.03～0.6 mm。因此,从管坯到血管支架用微管成形件需要通过多道次拉拔在实现减径的同时控制微管壁厚。对比目前常见的空拉、长芯杆拉拔、游动芯头拉拔以及固定短芯头拉拔等方法的优缺点,笔者提出了超塑空拉与固定短芯头拉拔相结合实现减壁和缩径。空拉采用对机械加工要求不高的管坯,其具体尺寸如下:外径为 7 mm,内径为 6 mm,管壁厚度为 0.5 mm。为保证拉拔所得微管质量、拉拔过程可操作性以及模具可加工性,微管空拉拉拔模采用常用的锥形模,模角设为 12°,定径段长度为 1.35 mm,外径为 20 mm,厚度为 8 mm,如图 8-16 所示。鉴于超塑变形过程中 Zn-0.03Mg 合金硬度以及强度较小,拉拔模材料选用模具钢,并对其进行热处理保证其硬度达到 HRC58-65。

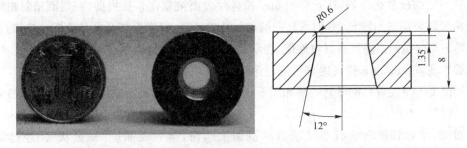

图 8 - 16　超塑拉拔模实物及尺寸图(单位:mm)

图 8 - 17 所示为微管超塑拉拔模具及工装示意图,该模具包括夹头和拉拔模两部分。夹头是用于夹住管材轧尖后伸出拉拔模的部分,另一端与成形设备的导杆连接提供拉拔力。夹头是一体结构,利用上方的螺纹与成形设备导杆连接,侧边均布 3 个螺纹孔,搭配 3 个合适规格的螺栓夹紧微管。拉拔成形部分包括:拉拔模、模具固定座、中间段连杆、末端连杆 4 个部分。拉拔模下表面与中间段连杆上表面接触,依靠模具固定座与中间段连杆螺纹拧紧进行定位固定。中间段连杆中空,可以对微管进行轴向定位;中间段连杆末端更大直径通孔轴肩可用于定位长芯杆拉拔芯杆。末端连杆中空可以实现更长尺寸的微管拉拔。该模具整体尺寸较小,可满足常见的热成形设备炉膛尺寸,具有普遍适用性;拉拔模外径相对固定,内径尺寸大小可根据实际情况进行调整,一套模具可通过更换拉拔模实现多种直径的微管拉拔;两段连杆长度可根据实际微管长度进行调整,满足多种长度微管拉拔;夹头采用 3 个均布的螺栓对微管进行夹紧,装夹力满足拉拔要求,同时夹头轴向孔对微管也有一定的定位作用,内孔直径限制可拉拔微管的最大直径,但可以满足多种直径微管的拉拔。

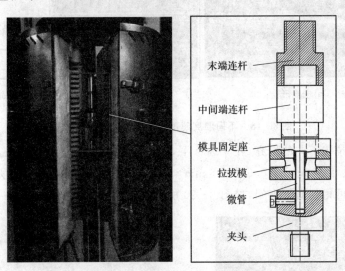

图 8 - 17　超塑拉拔模具装配图

为了满足拉拔工艺要求的同时还要考虑环保、经济等多方面的因素,在温热态拉拔过程中利用锂基润滑脂进行润滑,具有以下优点:①耐高温,能够在 573 K 保持化学稳定性,仍具有良好的润滑作用;②粘度适中,将润滑脂涂覆到管材表面能够形成一定厚度的润滑膜;③润滑的同时具有一定的抗氧化作用,防止管材超塑拉拔时表面被氧化。拉拔前,利用酒精对机加工所得的原始管坯表面进行清洗,并对管坯一端进行轧尖处理,完成管坯及模具装配。拉拔过程中,根据温热态单向拉伸实验所得材料性能,选定 Zn-0.03Mg 合金微管在 453 K、493 K 和 533 K 三种拉拔温度及 5 mm/min 拉拔速率下进行超塑拉拔。

　　不同温度下空拉成形的微管效果如图 8-18 所示。微管宏观形貌区别不大均呈现良好的金属光泽,微管管径明显减小、长度显著伸长。采用光镜观察成形微管表面微管形貌如图 8-18(b) 所示。可见,原始管坯表面有非常明显的机加工凹槽,微观表面呈"锯齿状"。经过温热态空拉,微管外表面质量得到改善,消除了管坯机加工残留的加工痕迹。拉拔温度为 453 K 时,虽然表面质量已经提高,但是纵向的加工痕仍然依稀可见。当拉拔温度较高(533 K)时,成形微管表面变黑,其可能是温度较高引起表面氧化产生的氧化物。因此 493 K 为相对合适的拉拔温度,在该温度下进行拉拔既可以消除加工痕迹的,同时表面氧化也相对较弱。

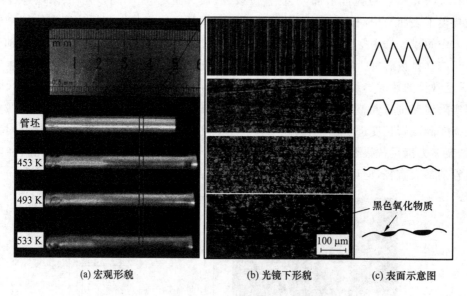

(a) 宏观形貌　　　　　　(b) 光镜下形貌　　　　　　(c) 表面示意图

图 8-18　不同温度超塑成形后微细管表面形貌

　　根据对带芯拉拔工艺的研究,在 493 K 下,以恒定的拉拔速度 0.05 mm/min 进行微管超塑微成形,得到尺寸为 6 mm×0.5 mm、4 mm×0.5 mm 的微管,如图 8-19 所示。进一步对其进行激光加工即可得到血管支架,如图 8-20 所示。

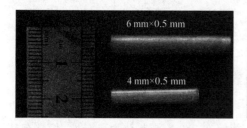

图 8-19　最终管材成形件

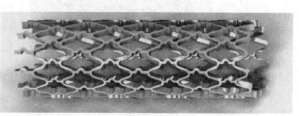

图 8-20　血管支架

8.3　超声振动辅助微成形

8.3.1　技术原理

近年来,特殊结构零件和高强度、难变形材料的应用越来越广泛,而传统成形工艺对部分材料或零件的加工能力有限。与此同时,诸如超声振动、激光、电场、磁场等辅助特殊加工方法应运而生,而超声振动辅助加工技术便是目前被广泛研究和应用的技术之一。超声振动辅助技术目前已在机械加工、塑性成形、焊接、表面处理等诸多工艺中被证实能够提高零件质量、降低加工难度或改善材料微观组织及机械性能,在各类制造领域中都有着较为广泛的应用。其中,超声振动辅助塑性成形技术具有能够降低金属材料流动应力、改善成形过程中摩擦条件、提升部分材料塑性、提高成形后零件表面质量及尺寸精度等优势,现已被广泛应用于多种成形工艺中。

超声振动(Ultrasonic Vibration,UV)通常指频率大于 20 kHz 的简谐振动状态,其作为辅助技术在塑性成形领域中的应用始于 1955 年,学者 Blaha 和 Langenecker 在对单晶锌棒进行振动辅助拉伸实验时,发现材料成形力在开启超声后出现了突然的下降现象。随后 Langenecker 在进一步的研究中发现超声作用下的成形力下降现象与材料在高温下的软化特性有一定程度的相似。自此以后,在塑性加工领域便开始对超声振动辅助下材料的"超声软化"效应进行广泛的研究。

现阶段研究认为,超声振动在材料塑性成形过程中主要会产生"体积效应(volume effect)"和"表面效应(surface effect)"两种作用。"体积效应"描述的是超声对金属内部材料塑性流动及应力状态的影响,其一方面是振动过程中由于材料在小范围内循环加载、卸载所带来的静态应力的叠加,即应力叠加效应,这被认为是超声能量较小时应力降低的主导因素;另一方面则是当超声能量密度较大时,金属内部吸收足够能量后使得原子活性增强、内能增加,进而出现热致软化现象,并令材料变形过程中内部位错的运动情况产生改变,变形抗力也随之减小,即声能软化效应。而"表面效应"主要指超声振动为零件与模具或工具之间接触情况带来的改善作用,其通常会导致零件外表面粘滑程度降低,进而提高成形后零件的表面质量,如图 8 - 21 所示。

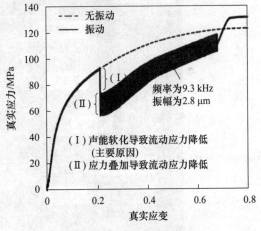

图 8 - 21　超声振动辅助下材料典型应力-应变曲线

8.3.2　超声场下材料塑性变形行为

在超声辅助成形过程中,振动激励的施加方式并不单一。根据相关研究可知,超声振动发生装置通常能够提供纵向、横向、扭转和复合方向等多种振动形式,且施加对象有凸模、凹模、夹具、试件或中间介质等多种选择,其中纵向(平行于材料变形方向)的超声振动辅助方式在成形工艺中最为常见。然而,不同超声参数及辅助方式对于材料成形过程的影响不尽相同,且实验过程中难以获得超声振动状态的实时反馈信息。因此,确定合理的超声振动辅助方式以及搭建精确稳定的实验系统尤为重要。

通常情况下,在超声振幅及频率条件相同时,平行于试件变形方向的超声振动不会为材料带来加载方向以外的扰动,因此能够产生更为明显的应力叠加效果以及更加稳定的振动状态。而横向或扭转方向的超声振动辅助方式则多用于压缩、拉拔等工艺之中,其相关研究剔除了应力叠加效果的作用,而更偏重于超声对零件成形过程中超声能量及表面效应所带来的影响。

超声振动发生装置主要指通过特定电路将一定频率的电信号转化为机械振动,进而产生声波的设备,通常将其统称为换能器。图 8-22 所示为超声振动辅助单向拉伸实验平台,其中,电源可将 220 V、50 Hz 的交流电转化为超声驱动信号,其额定功率为 1 500 W,设计频率 20 kHz,且能够根据负载端工具头和试件的固有频率在小范围内进行实时频率调整,使试件始终保持在纵向振动状态,在一定程度上弥补了由实验载荷引起的共振频率偏移,避免了进一步的振动模态改变。当超声换能器加工并调试完毕后,首先将其装配在连接架上,以适应单向拉伸试验机的结构并保持固定。连接架采用简易四脚支架结构,顶部平台中心留有与换能器直径相匹配的圆孔,使工具头及变幅杆输出端能够穿过。同时,通过环形压片以及螺栓将变幅杆中心截面处的安装法兰压在顶部平台上,并通过螺栓将环形压片旋紧。连接架下端通过均布的螺栓将底部平台紧固在万能试验机平台上,由此将超声振动辅助设备固定。

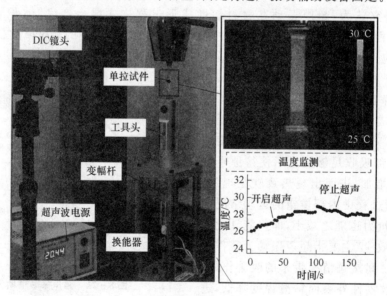

图 8-22　超声振动辅助单向拉伸实验平台

在实验系统调试过程中,首先利用 FORTIC 227S 红外测温仪对超声辅助拉伸过程中试件的全场温度分布情况进行检测。从结果曲线中可以看出,室温条件下试件开启超声振动辅助后温度变化较小,在接近最大功率的长时间(不低于 60 s)振动辅助条件下,平行段温度仅从 26 ℃升高至不超过 29 ℃,温度变化范围不超过 3 ℃,由此证明在超声辅助拉伸变形过程中试件不会明显地积累热量,进而可以排除热效应对材料力学性能及微观组织的影响。

实验系统搭建完成后,需对超声振动发生装置的相关参数进行标定。根据数字超声波电源的显示结果可知,无负载时换能器的自由振动频率约为 20.4 kHz。而在实验中,由于工具头夹持试件时存在一定负载,且试件固有频率会随着拉伸变形产生一定的变化,此时超声换能器和试件的实际振动频率约为 20.3 kHz。随后通过 PVS-500 扫描式激光测振仪对工具头顶部端面进行了超声振幅的测量,其结果如图 8-23(a)所示。从图 8-23 中可以看出,所使用的超声振动辅助装置提供的振幅极为稳定,且振动幅值与超声波电源的输出功率存在稳定的线性关系。

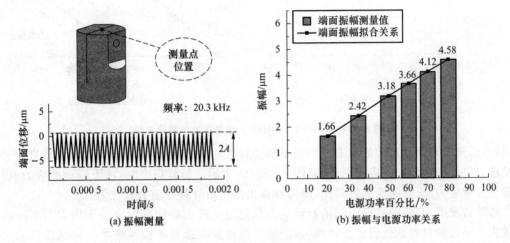

图 8-23　超声参数标定结果

为了说明超声振动对材料塑性变形行为的影响,选择厚度为 0.12 mm 的 GH4169 超薄轧制带材作为研究对象。实验过程中,首先将试件下端放入工具头顶部槽中,调整试件位置并拧紧螺栓,使试件在竖直状态下与超声振动辅助装置保持紧固连接。随后调整单拉机上夹头位置,使其夹紧试件上端,施加约 50 N 的预紧力,拉伸速度统一设定为 2.4 mm/min。

超声振动对材料性能的影响主要取决于超声频率、振幅以及加载时间,在 20%、50%、70% 以及 80% 四挡功率条件下进行实验,其对应的超声振动幅值分别为 1.66 μm、3.18 μm、4.12 μm 和 4.58 μm。由于试件的拉伸变形通常伴随着共振频率的改变,若变形量过大、固有频率改变过多则会造成超声振动辅助装置无法向试件提供与其固有频率适配的超声振动激励,进而会引起试件振动模态的改变,即实验过程中无法保证相同频率、振幅的稳定纵向振动。因此在定量研究超声振动对高温合金超薄板变形行为的影响时,为了保证实验条件的统一以及数据准确性,同时控制超声频率这一变量,该部分实验中仅选择在拉伸的一小部分时间内为试件附加超声振动。由此确定在拉伸试验机 1.5～3 mm 的行程范围内为试件附加频率 20.3 kHz、多种振幅的超声振动辅助,每组实验重复 3 次。当行程达到预设值后关闭超声波电源,以观察超声残余效应对高温合金超薄板力学性能的影响。

在超声辅助单向拉伸实验中,试件长度的变化容易引起共振频率小幅偏移,且楔形夹头的夹持力不足时超声振动易引起试件失稳、振动模态改变,因此只在单拉机行程 1.5～3 mm 区间内开启超声振动。为排除尺寸效应对实验结果的影响,本小节首先选用晶粒尺寸为 14.8 μm 的超薄板进行实验,其单拉力学性能曲线如图 8-24 所示。

从图 8-24(a)所示的载荷-位移曲线中可以看出,当行程达到 1.5 mm 并开启超声振动后,高温合金超薄板的载荷产生了瞬时的下降,而在超声辅助存在的范围内,下降后的载荷-位移曲线形态与超声开启前、后部分基本平行。当超声振动停止后,该曲线迅速产生了小幅上

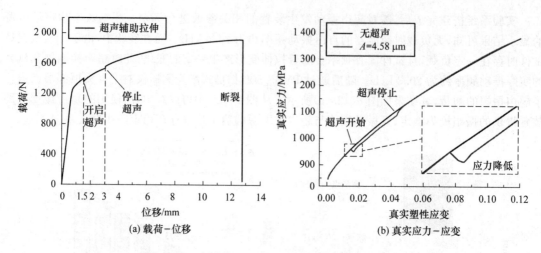

(a) 载荷－位移

(b) 真实应力－应变

图 8 - 24　超声场下 GH4169 超薄板力学响应曲线

升,基本恢复至超声开启前的状态。为便于描述材料的变形行为,本小节对实验曲线进行了统一处理,只保留真实应力-应变部分,如图 8 - 24(b)所示。加载超声时,将下降后的应力-应变曲线与常规应力-应变曲线进行对比,即可计算出超声所导致的应力软化值。

　　通常情况下,超声振动所引起的材料应力软化量由应力叠加所导致的平均应力下降和声能软化所导致的材料软化组成。然而,由于超声振动频率远超实验系统中拉伸试验机的采样频率,在所得结果中无法体现出 20 kHz 频率下的应力振荡曲线,因此认为图 8 - 24(b)所展示的应力下降部分是以上两种软化效应共同作用的结果,即为应力叠加和声能软化所致的应力下降总量。

　　为定量探究超声对材料力学性能的影响规律,分别在 1.66 μm、3.18 μm、4.12 μm 三种振幅条件下对 GH4169 超薄板进行了短程超声辅助拉伸实验,超声施加阶段对应的塑性应变为 1.1%～3.2%,每条曲线为 3 组重复实验结果的平均值,如图 8 - 25 所示。

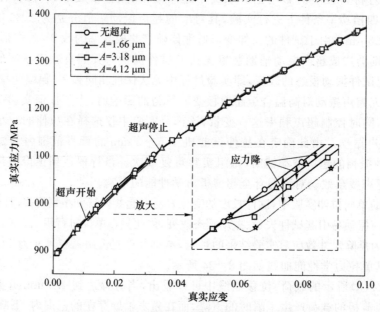

图 8 - 25　不同振幅下超声辅助拉伸应力-应变曲线

可以看出在不同的超声振幅条件下材料流动应力均会在超声开启后的瞬间下降,且超声振动辅助期间软化段曲线基本保持相互平行的关系。随着超声振幅的增加,材料应力下降的幅度也相应增大,而超声结束后各组实验曲线也均回归至常规单拉应力-应变曲线附近,由此表明超薄板拉伸过程中超声振动的软化效应具有临时性。

另外,金属材料经超声辅助变形后通常会受到"残余效应"的影响,即停止超声后材料的应力-应变曲线虽然会存在向常规拉拔曲线靠拢的趋势,但其并不会完全恢复至与常规拉伸曲线完全重合的状态,此时材料应力-应变曲线中所表现出的流动应力值以及硬化指数差异即为超声振动的残余效应所致。虽然GH4169超薄板在结束超声辅助后应力-应变曲线基本回复至常规单拉曲线附近,但其仍然存在微弱的残余效应,如图 8-26 所示。

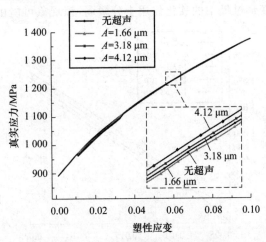

图 8-26　GH4169 超薄板超声残余效应

在最小振幅(1.66 μm)的超声辅助变形后,超薄板应力-应变曲线趋于稳定时其应力略低于常规拉伸曲线,即对应超声残余软化效应。当振幅增加至 3.18 μm 时,随着应变的增加材料的应力-应变曲线最终稳定在常规拉拔曲线上方,而当超声振幅进一步增大至 4.12 μm 时,超薄板流动应力明显高于其他超声条件辅助后的应力数值,由此表明在 4.12 μm 条件下出现了相对最为明显的残余硬化效应。

现有研究表明,超声的残余现象可能与材料在超声辅助变形过程中所吸收的超声振动能量总量有关,而超声的振幅与频率越大,加载时间越长,超声设备为试件输入的超声能量总量也就越高。然而材料对超声能量的吸收通常存在上限阈值,对于 GH4169 超薄板而言,在 1.66 μm 小振幅条件下超声能量较低,故超声辅助结束后表现出微弱的残余软化效应,而超声能量进一步增大后材料流动应力便超过常规拉伸试件,且残余硬化的程度随振幅增加而增大,进一步证明了超声振动的残余效应。

整体而言,GH4169 超薄板的超声残余效应并不显著,其原因可能为材料变形程度有限,无明显热效应作用且微观组织结构未产生剧烈变化。当实验过程中进一步将最大超声振幅从 4.12 μm 增加至 4.58 μm 时,超声振动所带来的软化效应更为明显,如图 8-27 所示。

其中 4.12 μm 与 4.58 μm 的超声振幅相差较小,仅为 10%,但其应力软化值的增幅却明显大于振幅从 1.66 μm 增至 3.18 μm 的过程,由此表明超声振动所带来的应力软化并非与振幅呈简单的线性关系。但实验过程中 4.58 μm 的振幅极易使试件失稳并脱离稳定的超声振动状态,即振动模态难以保证,故后续分析主要在 1.66~4.12 μm 的振幅范围内进行。为进一步探究超声振幅与材料超声软化行为之间的关系,对 GH4169 超薄板在超声辅助期间的应力下降量做了定量统计。各超声条件下材料的应力下降量通过曲线平移的方法测得:将常规拉伸条件下的材料力学响应曲线向下平移至与超声辅助拉伸曲线的软化部分相重合,该过程中曲线所需的平移量即为各实验条件下对应的超声软化量。超声应力软化量统计结果如图 8-28 所示。

在 1.66 μm 振幅条件下,GH4169 超薄板的应力下降量仅为 2.2 MPa,而当振幅条件逐步增大至 3.18 μm、4.12 μm 以及 4.58 μm 时,其对应的应力软化值分别为 5.4 MPa、10.4 MPa 和 13.2 MPa。从图 8-28 中可以看出,超声振动所导致的材料软化程度与超声振幅呈现出近似二次型的关系。GH4169 超薄板的最大超声软化量相比于其流动应力而言占比不足 1.5%,通过对比现有的超声振动辅助成形研究,可以发现超声振动辅助技术对于 GH4169 拉伸变形过程中的软化作用十分微弱,该现象可能由多方面原因共同导致。

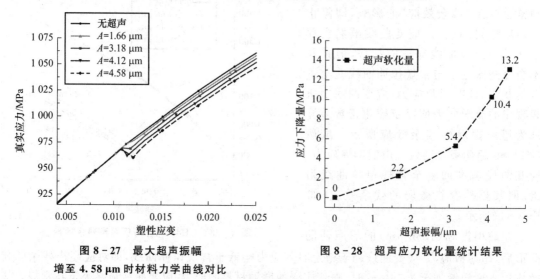

图 8-27　最大超声振幅 增至 4.58 μm 时材料力学曲线对比

图 8-28　超声应力软化量统计结果

首先,现有研究中明显的超声应力软化现象大多出现在超声辅助压缩过程中。该类实验中试件表面积/体积比更大,振动过程中试件吸收的热量更容易累积,温度变化更为明显,可能存在热致软化的影响,部分超声辅助压缩研究中材料的温升可达数十度以上。同时超声辅助压缩振幅过大时带来的冲击作用会导致材料脱离准静态的变形状态,引起大幅的应力下降,且冲击作用会导致材料局部热效应进一步加剧。而在本小节中的测温结果表明超薄板的温度上升十分有限,其主要原因为超薄板试件具有较高的表面积/体积比,热量散失速度快,且夹具与试件完全固连,不存在超声冲击作用,由此完全排除了热效应对超声软化作用的影响。

另外,超声软化效应在低强度材料变形过程中更为显著。例如,在相同的超声振动参数下,屈服强度约为 270 MPa 的 Al 7075-T6 棒材应力软化值可达 60 MPa,而屈服强度约为 800 MPa 的 Ti-6Al-4V 材料超声软化值仅为 10 MPa。此外,在铜箔的超声振动辅助拉伸实验中仅用 0.89 μm 的振幅便获得了约 14 MPa 的应力降,且下降量有随振幅增大而继续增加的趋势。GH4169 屈服强度接近 900 MPa,但即使振幅达到 4.58 μm 后超声软化量也仅有 13.2 MPa,低于铜箔在 0.89 μm 振幅下的软化值。由此推测强度越高的材料超声软化的效果越弱,该现象可能归因于不同强度材料在超声辅助下位错运动规律的差异。超声振动能够促进位错的运动,在位错运动能力增强的情况下,异号位错相遇并湮灭的概率增加,进而引起位错密度的下降以及材料变形抗力的降低。而推动位错产生运动所需的临界启动力被称为临界分切应力或派纳力,其表达式如下:

$$\sigma_{\mathrm{p}} = A\exp\left(-\frac{2\pi\xi}{b}\right) \tag{8.15}$$

式中:A 与材料剪切模量正相关;ξ 为位错半宽度;b 为柏氏矢量的模。由于 GH4169 具有极高的剪切模量,在其他参数相近的情况下该材料会具有较高的位错启动力,因此相同的超声能量只能推动 GH4169 超薄板内部相对少量的位错产生运动,因此超声软化作用相对较弱。同时,对于 Ni 基的 GH4169 材料而言,其具有远高于 Cu、Al 等材料的激活能,即镍原子离开其原始位置并迁移至下一平衡位置所需的能量更高,因此相同的超声能量只能促使镍基材料内较少的原子产生运动,这也可能是超声软化不明显的原因之一。

此外,GH4169 化学成分复杂,尤其经过退火以及炉冷处理后各强化相、碳化物等析出相较多,大量位错在运动过程中被析出物钉扎,而超声振动的激励作用并不足以使其克服位错钉扎效应的阻碍,进而抑制了超声软化效果,如图 8-29 所示。

超声振动除了会对材料流动应力起到软化作用外,还能够一定程度上改变材料的延展性。对不同振幅短程超声辅助后的 GH4169 超薄板试件延伸率进行了定量统计,其结果如图 8-30 所示。

图 8-29　GH4169 超薄板析出相对位错的钉扎作用

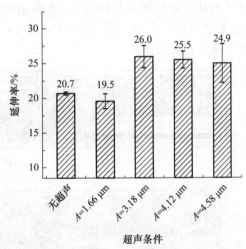

图 8-30　超声辅助单拉过程延伸率统计

当附加 1.66 μm 的小振幅超声后,GH4169 超薄板延伸率从常规单拉的 20.7% 略微下降至 19.5%,但当超声振幅增加至 3.18 μm 后超薄板的延伸率有了较为明显的提升,其值达到 26%。随着超声振幅的进一步增大,超薄板延伸率并未随之继续上涨,反而有了略微下降的趋势。当超声能量较小时,材料所吸收的能量并不足以改善材料的塑性,只有振幅增大到一定程度时才会对材料延展性起到较为明显的提升作用。但超声对于材料延伸率的提升并不会随着振幅增加而无限上升,而是存在某一临界值,超过该值后强烈的振动在临近断裂阶段可能会加剧材料内部微观孔洞和裂纹的扩展,进而使材料提前断裂。在最大振幅(4.58 μm)条件下延伸率的方差值最大,也侧面印证了过大的超声振幅会为超薄板拉伸变形带来不稳定性。

8.3.3　超声场下材料微观组织演变规律

材料的微观组织是决定其机械性能的重要因素之一,但现阶段关于超声振动对于材料微观组织影响的研究较为匮乏,超声场下材料变形过程中微观组织的演变规律尚不明确,无法为实际的超声辅助成形工艺提供理论保障,因此有必要对超声辅助成形过程中材料微观组织演变规律进行深入探究。本小节通过 EBSD 检测技术检测了超声场下 GH4169 超薄板织构强度、孪晶比例、晶粒取向差等数据,结合超声振动的作用机理对超声软化及残余硬化效应进行分析。随后通过 SEM 检测技术对 GH4169 超薄板断口形貌进行观察,以说明超声振动对材料断裂行为的影响。

　　为明确超声振动单一因素对材料微观组织演变过程的影响,排除晶粒尺寸效应的干扰,对晶粒尺寸为 14.8 μm 试件的微观检测结果进行分析。同时为排除应变量对微观组织的影响,被测试件拉伸行程同样统一定为 8 mm,超声振动在 1.5～8 mm 范围内全程开启,以使各条件下材料的微观组织结构区别更加明显。由于过大的超声振幅下试件难以长时间保持模态稳定,因此被测对象分别选定为原始试件、常规拉伸试件、1.66 μm 和 3.18 μm 振幅超声辅助拉伸试件,检测截面为超薄板中间位置横截面,即 TD - ND 平面。

　　首先对 EBSD 中的晶粒取向及孪晶占比结果进行分析,如图 8 - 31 所示。与原始材料相比,各振幅超声辅助单拉后的超薄板晶粒尺寸以及晶粒取向无显著变化,其主要原因为拉伸变形过程中材料变形并不剧烈,且总应变量有限,故 GH4169 超薄板内部微观组织结构改变相对较小。但从统计结果中可以看出,随着超声振幅的增大,拉伸后材料内部孪晶界占比从 2.8% 逐步增至 5.6%,表明对于晶粒尺寸为 14.8 μm 的试件而言,3.18 μm 以内的超声振幅对孪晶的生成存在促进作用。

(a) 初　始

(b) 常规拉伸

(c) 1.66 μm超声

(d) 3.18 μm超声

图 8 - 31　不同超声振幅下超薄板微观组织演变

　　孪生变形是 GH4169 材料除位错滑移以外的另一种重要变形机制。孪晶占比随着超声振幅增大而上升这一结果表明,超声振动除了对位错运动具有促进作用外,还能够激励孪晶的生成,由此降低材料所需变形抗力。而超声振动对孪晶生成的激励作用可主要归为超声场下材料处于类似高应变速率的变形状态,在该状态下材料局部区域更易产生高于临界孪晶形成应力的条件并形成孪晶,由此适应高速的塑性变形过程。

另外,孪晶界同样会像大角度晶界一样阻碍位错在其附近的运动,进而对材料起到强化作用。由此可见,孪晶界比例的提高可能是导致超声振动结束后 GH4169 超薄板残余硬化现象的原因之一。随后对不同条件下超薄板拉伸后的织构强度进行了分析,如图 8-32 所示。

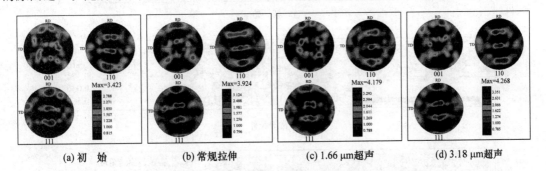

图 8-32　不同变形条件下试样的极图与织构强度

(a) 初　始　　　(b) 常规拉伸　　　(c) 1.66 μm超声　　　(d) 3.18 μm超声

通过将检测结果与标准极图进行对比,可以得出 GH4169 超薄板存在 $\{112\}\langle\bar{1}\bar{1}1\rangle$ 和 $\{110\}\langle001\rangle$ 两种织构,但同样由于材料的塑性变形程度以及超声能量有限,两种织构强度均相对较弱,常规拉伸后织构强度相比于初始材料而言仅从 3.423 增加到 3.924。超薄板在拉伸前后、有无超声的情况下织构种类并未发生明显改变,但织构强度值分别在 1.66 μm 和 3.18 μm 振幅条件下增加至 4.179 μm 和 4.268 μm,表明超声振动对于晶粒尺寸 14.8 μm 的 GH4169 超薄板织构存在一定的增强作用。

为了进一步深入探究超声场下材料微观组织的演变规律,对晶粒取向差角进行了统计,其结果如图 8-33 所示。测试过程中将取向差角在 2°~5° 范围内的晶界定义为小角度晶界(LAGB),而取向差角大于 15° 的晶界则为常规大角度晶界(HAGB)。

对于未产生变形的试件而言,其内部基本不存在小角度晶界,大角度晶界占比高达 92.1%。当超薄板经过 8 mm 行程的拉伸变形后,在无超声状态下小角度晶界显著提升至 37.4%,表明塑性变形对 GH4169 小角度晶界的产生具有重要作用。而在相同变形量下,1.66 μm 超声辅助变形后试件小角度晶界占比更大,其值高达 43.8%,但当超声振幅进一步提高到 3.18 μm 后小角度晶界占比有所回落,大角度晶界明显增多。

相比于大角度晶界而言,金属材料内的小角度晶界能够在较低的应变条件下使位错保持更强的移动能力。而大角度晶界更容易抑制位错在该区域内的滑移,进而导致大角度晶界附近的位错纠缠和塞积,造成材料强度的上升。因此在 1.66 μm 超声辅助作用下,小角度晶界占比的增加同样可能是超声软化效应的原因之一。但超声振幅继续增加后大角度晶界有了明显提高,其原因可能为部分小角度晶界在超声波的推动作用下取向差角进一步增加,直至形成了大角度晶界,同时对应着 1.66 μm 振幅下微弱的残余软化效应转变成 3.18 μm 振幅下的残余硬化效应这一现象。前文中材料织构强度的增加也印证了超声振动具有促进晶粒旋转的能力。

综上所述,超声振动对材料微观层面的位错运动、孪晶变形以及晶粒旋转均具有促进作用,并由此产生超声软化现象;而超声的残余效应可能是孪晶界占比以及大、小角度晶界占比改变后的综合作用结果。

超声场下材料的断裂行为同样是值得关注的问题之一,人们通常采用断口形貌观测手段对金属零件的失效行为进行分析。对 GH4169 超薄板分别在 0 μm、1.66 μm、3.18 μm 超声场下拉伸断裂后的试件断口进行了 SEM 检测,结果如图 8 - 34 所示。

晶界:	旋转角度		
	最小	最大	占比
——	2°	5°	0.038
——	5°	15°	0.041
——	15°	180°	0.921

(a) 初 始

晶界:	旋转角度		
	最小	最大	占比
——	2°	5°	0.374
——	5°	15°	0.056
——	15°	180°	0.569

(b) 常规拉伸

晶界:	旋转角度		
	最小	最大	占比
——	2°	5°	0.438
——	5°	15°	0.056
——	15°	180°	0.506

(c) 1.66 μm超声

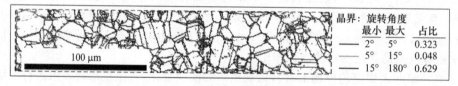

晶界:	旋转角度		
	最小	最大	占比
——	2°	5°	0.323
——	5°	15°	0.048
——	15°	180°	0.629

(d) 3.18 μm超声

图 8 - 33 超薄板晶粒取向差统计

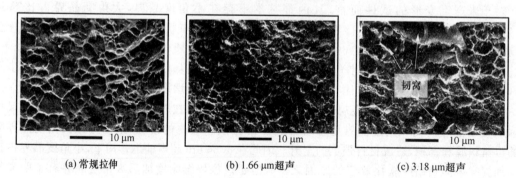

(a) 常规拉伸　　　　　(b) 1.66 μm超声　　　　　(c) 3.18 μm超声

图 8 - 34 不同超声振幅下材料变形后的断口形貌

　　各超声条件下试件的断口均可观察到明显的韧窝,证明 GH4169 超薄板以韧性断裂为主,且超声振动不会对其断裂形式产生本质影响。在 1.66 μm 振幅超声场下断裂的超薄板与常规拉伸情况下的试件相比,韧窝的尺寸有了一定程度的降低,且韧窝密集程度增加;当超声振幅达到 3.18 μm 时,试件断口处韧窝平均尺寸增大、均匀性降低,有较多大尺寸、大深度的韧窝出现。通常情况下,断口处韧窝尺寸和深度越大,材料的塑性越好,而断口形貌检测结果表明 3.18 μm 超声振动下材料具有相对最大的韧窝平均尺寸,表明在该条件下材料的延展性有所提高,与前文中 $3.18\,\mu m$ 振幅下超薄板延展性达到最优这一结果相符,进一步验证了适当的超声振幅对 GH4169 超薄板塑性的提升具有促进作用。结合 EBSD 的分析结果可以推测,材料塑性的提升可能是由于超声在晶粒旋转及变形协调方面的促进作用所致。

同时,在超声场下断裂材料的断口处可观察到更多的微孔洞,且大振幅下孔洞尺寸和深度增加,表明超声振动会加剧材料内部微孔洞与微裂纹的扩展,其可能是导致大振幅下材料的延伸率有所回落的原因之一。

8.3.4　应　用

超声振动的能量更容易被材料内位错、空位、晶界等局部区域选择性吸收,达到与热辅助相同的软化效果时所需的能量更小,在超声振动辅助条件下将更有利于绿色制造和"双碳"目标达成。因此,超声辅助成形方法在零件实际制造过程中已经有了较为广泛的尝试与应用。

丝材与管材拉拔成形是应用超声振动辅助技术的常见工艺。Buckley 等人在 1970 年研发了超声振动辅助拉拔设备,并强调了该技术在工业领域中的应用。Siegert 和 Ulmer 在拉丝和管材拉拔工艺中都附加了沿拉拔方向的超声振动,并把拉拔力下降现象归为超声振动场下丝、管材与模具接触等效摩擦力的降低。在对钛合金丝材的正交复合超声拉拔中,证明该拉拔技术能够显著减少难变形丝材的表面缺陷,基本消除了传统拉拔工艺中容易产生的断丝现象。超声辅助技术在其他微成形工艺中同样有着广泛的尝试。Witthauer 等人在超声振动辅助铝板冲裁过程中成功使零件高速下的冲裁力降低约 30%,且发现低速条件下零件延展性明显增强。

8.4　脉冲电场辅助微成形

1963 年,苏联学者 Troitskii 等人在对锌单晶进行单向拉伸时利用加速的电子流沿滑移系(0 0 0 1)⟨1 $\bar{2}$ 1 0⟩方向进行照射,发现锌单晶的应变硬化显著降低,塑性显著提高,但当电子流照射方向垂直于滑移面时,锌反而发生脆性断裂。在多种金属单向拉伸实验中证实了电流能够降低金属 40% 以上的变形抗力,并同时提高材料塑性。由于高频脉冲电流只影响材料的塑性变形,而对材料弹性变形基本没有影响,因此将电流对材料的影响称为电致塑性效应,如图 8-35 所示。经过几十年的发展,已在铝、镁、钛、锌等多种合金和不锈钢中证实电致塑性效应可以提高材料塑性、降低变形抗力、并可以通过促进相变、位错回复和动态再结晶等来调控材料微观组织。因此,采用电场辅助成形的方法可能是解决难变形微型构件加工难度大、尺寸精度差、性能不稳定等技术难题的有效方法。

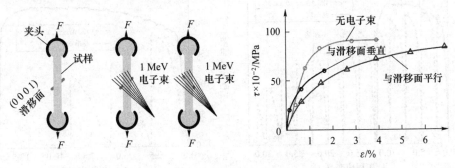

图 8-35　不同方向的电子束辐照对锌单晶力学性能的影响

8.4.1　脉冲电流加载方法

脉冲式电子流动的热电耦合对材料疲劳寿命、回复与再结晶、晶粒细化以及裂纹愈合等行为有明显促进作用，并能有效改善材料的组织性能，影响材料的制备、加工、成形和使用过程。材料在电场辅助加载条件下，其微观组织及性能演变复杂，涉及电磁场、温度场、变形场和力场的耦合作用，受到材料本身属性、电流参数、温度及应变分布等热、电、力多种因素影响，电致塑性机理复杂。按电流加载方式可将实验分为变形-电流异步加载和变形-电流同步加载两类。

1. 变形-电流异步加载

异步加载方式下变形和电流处理两个过程分离，首先对试样进行预加载，使其产生一定的塑性变形，再对试样做电流处理，采用的电流有恒直流电流和脉冲电流。异步加载涉及电磁场、温度场和变形场的耦合作用，主要用于研究电流对变形后材料组织形态和性能的影响。

2. 变形-电流同步加载

当变形与电流同步加载时，电磁场、温度场、变形场和力场相互耦合，在加载不同形式电流时，材料的变形行为差异显著。根据电流作用效果同步加载方式又可分为低频脉冲电流同步加载和直流或高频脉冲电流同步加载两类。

（1）低频脉冲电流同步加载

试样在单轴拉伸的同时加载低频脉冲电流，应力-应变曲线呈现典型的锯齿状，如图 8 - 36 所

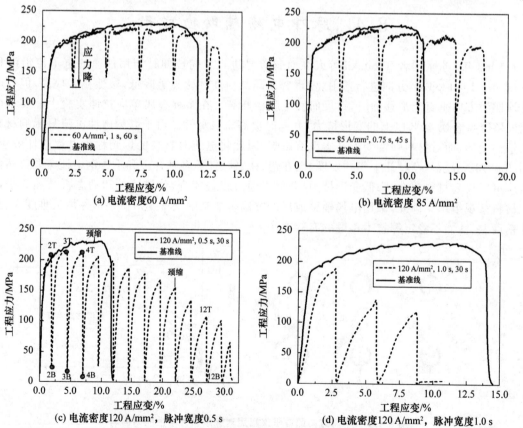

图 8 - 36　试样在加载脉冲电流时典型的应力-应变曲线

示,图中 T 和 B 分别为脉冲电流导通段的起始时刻和终止时刻。脉冲电流密度为 $60\sim120\,A/mm^2$,脉冲宽度为 $0.5\sim1\,s$,脉冲间隔为 $30\sim45\,s$。该现象产生的原因主要是脉冲电流频率较低,温度始终处于非稳定状态。在每个脉冲周期内,温度会先升高再降低,由于热膨胀导致拉应力出现短暂的松弛。在低频脉冲电流对铝合金变形行为研究方面,发现材料变形抗力降低,延伸率增加,且只有当材料发生一定变形量后,脉冲电流对材料性能才有明显的影响。该方式下,由于加载电流时间较短,整个变形阶段试样保持较低的温度,焦耳热效应对材料的塑性变形行为影响较小。

（2）直流或高频脉冲电流同步加载

在变形的同时加载直流或者高频脉冲电流,该加载方式下等效电流较大,材料焦耳热效应显著。在整个变形阶段,试样保持较高温度,导致材料发生软化,使其变形抗力降低,延伸率大幅提高。如图 8-37 所示,其单轴拉伸应力-应变曲线和高温拉伸曲线相似,图中 J 为电流密度,T_{max} 为试样加载电流时中心位置的温度。

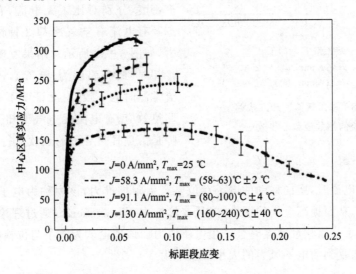

图 8-37　AZ31 镁合金在不同电流密度下的拉伸应力-应变曲线

8.4.2　电致塑性效应机理

在电流的作用下,材料的变形抗力会显著降低,塑性会明显提高。引起这个现象的原因是当电流经过金属内部时,产生定向运动的电子,电子与位错之间的相互作用会影响位错的形成与分布,并推动位错运动,从而降低材料的变形抗力,这种现象称为电致塑性。研究表明,电致塑性效应能够明显地抑制金属内缺陷的产生,降低再结晶温度,提高再结晶速度,最终起到抑制晶粒的长大和细化晶粒的作用。目前,电致塑性效应被认为是包括了多种物理效应,主要涵盖了以下几个效应:

1. 焦耳热效应

金属材料在加载电流时温度升高,材料发生软化,导致变形抗力降低,塑性提高。当在实验中抑制材料温升时,电塑性效应均有不同程度的减弱甚至消失。因此,部分观点认为电塑性效应产生的原因即为焦耳热导致的材料软化。对于给定材料,加载电流后,温升可以表示为

$$T = \frac{\int_0^t \rho_e I_t^2 \, dt}{cA^2 \rho} \tag{8.16}$$

式中：T 为温度变化量；t 为时间；ρ_e 为材料电阻率；I_t 为瞬间电流值；c 为材料比热容；A 为试样截面积；ρ 为材料密度。

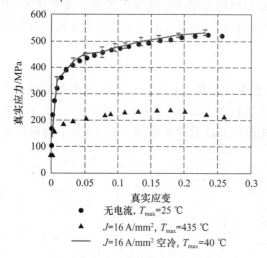

图 8 - 38　采用气体冷却方法解耦电流的热效应和非热效应

在实验中减小温升、抑制焦耳热产生的情况下，材料没有产生显著的电致塑性效应。基于热软化、溶质原子与位错交互作用以及电子风效应等建立了流变应力模型，成功预测了 AZ31 镁合金微拉伸过程的焦耳热演变规律，结果表明焦耳热是使变形行为发生变化的主导因素。对纯钛拉伸试样施加连续的 16 A/mm² 电流密度，分别对比了无电流、有电流无空气冷却及有电流有空气冷却 3 种情况下的流动应力，如图 8 - 38 所示。结果发现，有电流有空气冷却时（最高温度为 40 ℃），流动应力和无电流常温时的一致，由此证明不存在所谓的电流非热效应，有电流无空气冷却下的流动应力下降是由焦耳热导致的热软化行为。

2. 电子风作用

当金属加载电流时，定向移动的电子对位错产生附加推力，该力称为电子风力，它能提高位错的运动能力，从而提高金属的塑性，降低变形抗力。Kravchenko 通过理论计算，表明当电子的漂移速度大于位错移动速度时会产生电子风力。该理论认为电子与位错移动速度差成正比，单位长度位错受到的电子风力的大小可表示为

$$\frac{f}{l} = \left(\frac{b}{4} \frac{3n}{2E_F} \frac{\Delta^2}{v_F} \right)(v_e - v_d) \tag{8.17}$$

式中：f 为位错受到的电子风力；l 为位错线长度；b 为柏氏矢量值；n 为单位体积的电子数量；Δ 为材料形变常数；E_F 为费米能；v_F 为费米速度；v_e 为电子移动速度；v_d 为位错的移动速度。

关于电子风力对材料的影响主要基于理论计算和推测，早期研究工作集中于通过实验设计探索电子与位错的相互作用，采用降温处理减少焦耳热的产生，利用大功率的高能脉冲电流增强电子与位错之间的交互作用，进而探究位错等缺陷的运动及形态变化。

目前，尚无实验直接证实电子风力的存在，材料中位错、电子的运动及电子风力表征是电子风理论研究的瓶颈问题。对于电子风效应的理解不能将其简单归结为电子对位错的拖拽力，材料塑性的提高可能是电子对溶质原子、异质相、空位、层错等作用效果的综合体现，电子具体以何种方式提高了材料的塑性尚待进一步研究。

3. 磁效应

磁效应指加载电流时激发的磁场对材料性能的影响，主要分为集肤效应、磁压缩效应及磁

场与位错间的交互作用三方面。加载高频电流时,产生的感生磁场导致电流向材料表面聚集,该现象称为集肤效应,由此导致材料温度不均匀分布,从而引起热应力的增加及轴向应力减小。另外,感生磁场对试样产生径向压应力,从而导致轴向拉伸时应力的降低。

Okazaki 等人对此进行了研究,并且给出了磁压缩应力计算公式为

$$\sigma = 2vP$$

$$P = \frac{1}{4}\mu I^2(r^2 - a^2) \tag{8.18}$$

式中:σ 为轴向应力降低值;v 为材料的泊松比;P 为在半径 a 处的磁压缩应力;μ 为真空磁导率;I 为电流密度;r 为圆形导线外径。

按该模型计算,当电流密度为 5×10^3 A/mm^2 时,由磁压缩效应导致的应力降低大约仅占总应力降低的 0.4%。由于实验中加载的电流频率较低及试样尺寸的限制,集肤效应和磁效应对材料性能的影响很小。虽然已有实验结果表明外加的强磁场和位错存在相互作用,但电场辅助成形工艺中试样自身感应生成的磁场强度很小,对材料性能的影响可以忽略不计。

表 8-1 总结了不同的电致塑性效应机理的假说。目前,关于电致塑性效应是否完全由焦耳热效应所导致尚存在争议,各研究中所采用的降温、冷却与传统热处理等方法对比得到的结果差异较大。而在电致塑性机理解释方面,接受较为广泛的是电流增强原子扩散假设。当脉冲电流密度大于一定阈值($10 \sim 100$ A/mm^2)时,电流可以提高溶质原子的振动能力,促进了电子和原子之间的相互作用,这与传统的热软化现象具有明确的区别。而对于磁效应和纯电塑性效应,尚缺乏可靠精确的实验分析,当前研究主要通过理论计算或分析实验过程中的位错及空位等缺陷的数量及形态变化来推测电致塑性效应的存在。

表 8-1　电塑性效应机理的假说

效　应	理论解释或假说	研究方法
焦耳热	焦耳热效应是产生电致塑性的一部分原因	液氮冷却至 77 K
	材料在加载电流时具有更优异的成形性能	同热变形对比
	去除焦耳热后,未发现显著电致塑性效应	强制风冷至室温
	冷却至超导状态,焦耳热、电致塑性均未产生	冷却至 4.2 K
电子风	电流能促进缺陷的迁移和湮灭	正电子湮灭谱获得缺陷迁移速率
	电子对位错的运动有显著影响	液氮冷却至 4.2 K
	高能脉冲电流能促进位错移动,减少位错数量	透射电镜形貌分析
	电子运动速度大于位错速度时,产生附加推力	理论计算
金属键削弱理论	金属键是通过围绕带正电原子核的电子云中的电子共享来建立的。电流的引入会导致材料晶格中存在大量的电子,从而导致共享电子的减少,键合强度降低	理论计算
磁效应 (非磁材料忽略)	磁场促进位错的脱钉,提高材料塑性变形能力	加载强磁场(3T)
	施加 5 000 A/mm^2 单次脉冲时,磁压缩导致的应力降低仅占全部的 0.4%	理论计算

8.4.3 脉冲电流对金属材料的作用

选择厚度为 0.12 mm 的 GH4169 高温合金带材进行分析。为了研究脉冲电流对高温合金位错行为和第二相析出的影响,高温合金薄板采用固溶处理,初始组织形貌如图 8-39 所示,平均晶粒尺寸是 15.6 μm,拉伸实验前试样中的位错互相纠缠,分布无规律,初始组织中几乎不含第二相。

位错纠缠

(a) 金相组织　　　　　　　　(b) 位错形貌

图 8-39　固溶态高温合金薄板初始微观形貌

1. 脉冲电流对材料宏观变形行为的影响

实验在脉冲电场辅助单向加载平台上进行。为了保证实验是在准静态条件下进行的,拉伸速率均为 2 mm/min。单向拉伸试件在实验中处于竖直状态,避免出现弯折现象,并且将试件拉伸至断裂为止。为了研究不同电流参数对材料力学性能的影响,脉冲电流密度选用 0 A/mm²、83 A/mm²、125 A/mm² 和 208 A/mm²,脉冲频率与占空比固定,分别是 100 Hz 和 1.5%。不同电流密度对应的试样温度如表 8-2 所列,实验过程中温度基本保持稳定。为避免数据获取时的偶然性,每次实验至少 3 次。随着实验的进行,试样的横截面积不断减小,电流密度是基于试样的原始横截面积计算得到的。

表 8-2　不同电流参数对应的实验温度

电流密度/(A·mm⁻²)	频率/Hz	占空比/%	温度/K
83			493
125	100	1.5	633
208			873

不同脉冲电流密度下高温合金超薄板真实应变-应力响应如图 8-40 所示。可以看到材料的流动应力随着电流密度的增加呈现明显的软化。屈服强度和极限强度随电流密度的变化如图 8-41 所示,极限应力随电流密度的增大而减小,而屈服强度在峰值电流密度超过 125 A/mm² 后几乎没有变化。延伸率在电流密度 83 A/mm² 和 125 A/mm² 时略有增大,在 208 A/mm² 时延伸率降低,可以解释为电流密度的增加导致加热过度,最终导致试件过早失效。由此可见,在不降低高温合金延伸率的情况下,施加适当的电流参数,可以显著降低合金的流动应力。

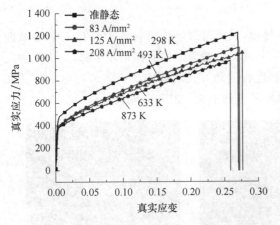

图 8 - 40　脉冲电场辅助单向拉伸流动应力曲线

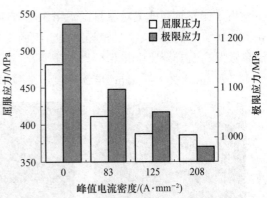

图 8 - 41　屈服强度和极限强度变化规律

合金的锯齿状流动通常被称为 PLC（Portevinle Chatelier）效应，是与动态应变时效（Dynamic Strain Aging, DSA）有关的塑性失稳现象，即在塑性流动过程中扩散溶质原子与移动位错之间的动态钉扎和解钉相互作用。如图 8 - 42所示，脉冲电流作用下，高温合金超薄板出现了 PLC 现象，根据应力-应变曲线中锯齿形状可以分辨不同类型的 PLC 效应。其中 A 型为周期性锯齿形，其特征是应力突然上升，然后下降到应力-应变曲线附近。流动应力的突然升高是由溶质原子对移动位错的钉扎引起的。在电流密度为 83 A/mm² 时，在曲线的前半部分 A 型 PLC 现象不明显；当电流

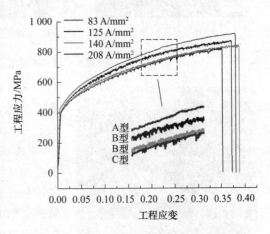

图 8 - 42　不同电流密度下的 PLC 类型

密度达到 125 A/mm² 时，应力随着应变增加快速上下振荡，属于 B 型 PLC；当电流密度增加到 208 A/mm² 时，锯齿落在应力-应变曲线以下，这是 C 型 PLC 的典型特征，这是因为在塑性变形开始时，溶质原子便将位错钉扎，当被钉扎的位错摆脱溶质原子时，应力随之下降。A/B 和 C 型 PLC 分别是正常和逆 DSA 效应。

C 型 PLC 一般也会在高温变形中出现。C 型 PLC 现象出现的原因是溶质原子在低应变情况下就有足够强的扩散能力，能够钉扎位错。在这种情况下，位错在塑性变形开始时被钉扎，随着变形的进行，在外加应力的作用下，被钉扎的位错摆脱溶质原子，导致应力的下降。在变形温度为 873 K，应变速率为 10^{-3} s^{-1} 时，固溶处理的镍基高温合金的 PLC 效应为 B 型。因此，在高温合金的电场辅助变形中，除了变形温度和应变速率外，还有其他因素影响着 PLC 效应。脉冲电流可以降低金属的热激活能，增加空位浓度，增强溶质原子的振动能力，促进溶质原子的扩散，进而提高溶质原子对位错的钉扎能力。在脉冲电流作用下，C 型 PLC 现象在较低温度出现可以以此解释。此外，镍基高温合金中 γ' 强化相也会增强动态应变时效引起 C 型 PLC 效应。

2. 脉冲电流对材料微观组织的影响

为了探究脉冲电流对材料微观组织的影响规律,采用透射电子衍射技术(TEM)观察试件在单拉实验后的位错、第二相等微观组织的变化。观测位置为试样的标距段中部,分析脉冲电流参数对高温合金物强化相析出与演变、位错形貌和运动方式的影响。观察未通电单拉试件和 125 A/mm²、208 A/mm² 电流密度下单拉试样的位错形貌,如图 8-43 所示。

(a) 电流密度0 A/mm²

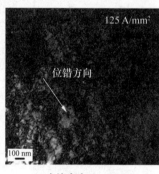
(b) 电流密度125 A/mm²

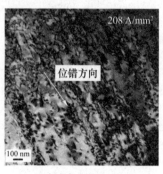
(c) 电流密度208 A/mm²

图 8-43 不同电流密度下的位错形貌

图 8-44 208 A/mm² 下生成的亚晶界

未通电的单拉试件晶内位错分布无规律,如图 8-43(a)所示。通电拉伸试件中位错线沿着电流方向分布,如图 8-43(b)和(c)中的箭头所示。而在热辅助成形过程中,位错堆积且分布无规律,证明了漂移电子引起的电子-位错相互作用可以对位错行为产生非热效应,改变位错的排布方式。类似的结论也出现在锌铝合金的脉冲电场辅助变形中。当电流密度增加到 125 A/mm² 时,位错密度有明显地增加。而当电流密度增加到 208 A/mm² 时,如图 8-44 所示,位错通过位错攀移形成亚晶界,这是一种典型的动态回复现象。动态回复是一种典型的应变软化行为,它是位错在热激活的作用下重新排列,伴随着位错湮没和亚晶界结构形成的。

高温合金薄板经过固溶处理后,初始微观组织中没有第二相。而在 125 A/mm² 脉冲电场辅助拉伸后,材料中观察到 γ' 相,如图 8-45 所示。值得注意的是,此时测得的温度是 633 K,远远低于第二相的析出温度 866~1 089 K。脉冲电流促进了溶质原子的热振动,加速了溶质原子的析出,溶质原子浓度升高,从而在较低温度下形成了第二相。此外电子在材料缺陷处散射引起的局部焦耳热效应,能够使局部温度达到第二相析出温度,从而引起第二相的提前析出。

同时观察到第二相对位错的钉扎作用,如图 8-46 所示。当电流密度达到 125 A/mm² 时,γ' 相析出,大量位错在第二相界面聚集,导致应力的增加。而当电流密度为 208 A/mm² 时,位错在脉冲电流作用下沿着电流方向摆脱了 γ' 相的钉扎,这体现了电子对位错运动的促进作用。此外,在塑性变形过程中,可动位错与第二相之间的动态钉扎和解钉作用也会促进动态应变时效。第二相通过增强动态应变效应影响镍基高温合金的 PLC 现象,当 γ' 含量较高时,C 型 PLC 出现了。因此脉冲电流促进 γ' 相析出,影响动态应变时效,是 C 型 PLC 现象出现的另一个原因。

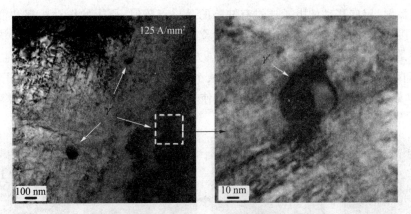

图 8-45　125 A/mm² 脉冲电流作用下生成的 γ′ 相

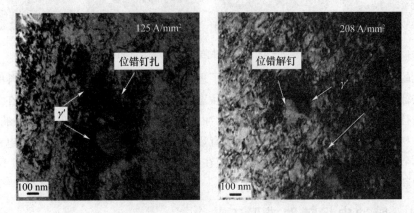

图 8-46　位错的钉扎与解钉扎

3. 脉冲电流对微观缺陷的修复作用

材料中异质相、缺陷和裂纹等会导致电场分布不均匀,加载大功率脉冲电流时,该类位置会形成局部高温,产生热膨胀或者局部再结晶,使缺陷愈合。脉冲电流还能一定程度上修复或抑制材料的微观缺陷。对含有微裂纹的金属薄板通入脉冲电流,发现裂纹尖端的电流密度急剧增加,局部的焦耳热效应使裂纹附近出现了热集中,导致裂纹尖端出现了熔化现象,如图 8-47 所示。除了在裂纹尖端电流集中作用,电磁热和弹性应力场对裂纹的愈合也有着重要影响。针对铜和钛合金开展疲劳实验,发现电流能提高金属的疲劳性能,减少材料的沿晶断裂现象。

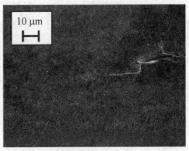

(a) 通电前的裂纹形貌　　　　　　　(b) 通电后裂纹愈合

图 8-47　通电前后材料的裂纹形貌

加载电流时,定向移动的电子通过有缺陷的晶格点阵时,原子的振动频率和能量增加,导致缺陷处温度更高,相当于材料中形成了数量众多、尺寸微小的"热核",这些"热核"和基体温度平均值则是宏观测量温度。相比于传统加热方式,焦耳热效应在微观尺度上对组织中的缺陷具有"靶向效应",促进位错等缺陷的移动,减小应力集中,同时温度升高后,原子的扩散能力提高,"热核"处由于热膨胀对裂纹施加压应力,使其闭合填充,达到裂纹愈合的效果,如图 8 - 48 所示。

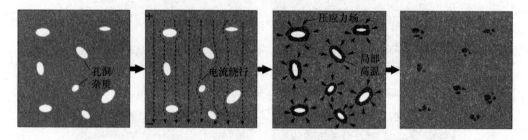

图 8 - 48 微观缺陷修复原理示意图

该现象的发现为提高材料成形潜力提供了思路,首先采用适当的方法对材料的形变损伤进行定量表征,获得不同电流参数、不同变形状态和缺陷修复程度之间的关系。在此基础上对加工工艺进行优化,在不同的变形阶段进行脉冲电流处理,使材料始终保持较好的变形状态。电流处理对材料的微观组织形态及力学性能有显著影响,且具有易于调节、加载电流时零件免于拆卸以及节能环保的优点。因此,电流处理在某些方面可以弥补传统热处理的不足,甚至有望作为一种新型原位热处理工艺。

8.4.4 脉冲电场辅助成形工艺

电场辅助塑性成形工艺是一种节能、环境友好能有效加工难变形金属及其合金的技术,目前已经研究过的电场辅助成形工艺包括电场辅助弯曲、电场辅助轧制、电场辅助拉拔、电场辅助冲压、电场辅助增量成形、电场辅助压印等,相关研究可归纳为三个方面的内容,即电流对工艺性、产品质量以及微观结构等的影响,如表 8 - 3 所列。

表 8 - 3 电场辅助成形工艺及相关研究结果

研究内容	实验发现	电场辅助工艺	研究材料
工艺性	降低成形力	轧制	TiNi,Ti - 6Al - 4V
	增加成形性	拉拔	1Cr18Ni9
	节省能源	冲压	高强钢,AZ31
	降低成本	压印	SUS316L
产品性能及质量	改善表面质量	轧制	AZ31,TiNi
	改善产品力学性能	拉拔	1Cr18Ni9
	提高产品精度	冲压	高强钢
	减小回弹	增量成形	Ti - 6Al - 4V
		弯曲	SUS304,Al6111

研究内容	实验发现	电场辅助工艺	研究材料
微观结构	动态再结晶/改变轧制织构	轧制	AZ31，TiNi
	形成纳米晶结构	冲压	AZ31
	促进相变/无相变	拉拔	1Cr18Ni9

值得注意的是,上述工艺均是基于传统塑性加工工艺开发的,而电场辅助的塑性微成形工艺还很少见,将电塑性效应应用于塑性加工工艺,可望大幅提高材料的成形极限和成形质量,是实现难变形材料复杂结构形性一体化制造的极具应用潜力的技术。另外,电流对金属塑性加工的效应可能有助于解决微细成形工艺中尺寸效应等关键问题,即改善成形性、成形精度、表面质量、力学性能及微观结构等。

1. 电场辅助辊压

在电场辅助辊压成形工艺中,关键成形工艺方法和关键工艺参数的设计对辊压成形质量起着至关重要的作用。关键成形工艺方法应将脉冲电流与辊压技术相结合,使电辅助辊压成形技术具有效率高、成本低、工艺简单以及成形构件性能好、精度高、充填一致性好等优点。关键工艺参数设计方法指考虑制造约束下各关键工艺参数的取值范围,获得优化的工艺参数组合,为电场辅助辊压工艺实施设计提供指导。

关键成形工艺方法主要包括通电方式和下压施加方式。前者是探究如何将电流的作用最大化,后者是探究针对不同的原材料如何合理地使用辊压力,因为在辊压成形工艺中,板材的挤入深度决定后续的辊压质量。如图 8 - 49 所示,是电辅助 R2R 辊压工艺中的三种通电方式,图中压槽辊表示带有微结构的辊子。第一种和第二种通电方式电流由压槽辊或无槽辊流入,流经板材,从无槽辊或压槽辊流出,这种通电方式使得电流只流经板材的变形区域,极大地提高了电流焦耳热效应的利用率,但如果辊子材料的电阻较高,这两种通电方式可能无法将板材升至较高温度,因此适用于铜、镁等材料。第三种通电方式电流从板材一端流入,另一端流出,这种通电方式可以使板材升高到较高的温度,并且两辊几乎没有温度的升高,因此也避免了上辊齿因高温而被破坏,适用于不锈钢、钛合金等高强度材料。下压施加方式指的是压槽辊在垂直于轧制方向上的移动,对于强度比较高的材料,下压应该在板材升高温度以后施加,对于流动应力较低的材料,在不破坏辊齿的情况下,可在通电之前或通电时施加。

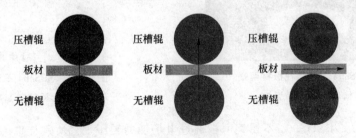

图 8 - 49　电辅助辊压工艺不同的通电方式

关键工艺参数主要包括脉冲电流密度、板材温度、压槽辊特征尺寸、下压量、辊子转速等,其中,脉冲电流密度和板材温度起着决定性作用。对于电辅助辊压工艺,并不是在任何脉冲电流密度下都可以实现,若电流密度过低,温度过低,则可能造成材料应力过大,材料无法进行填充;若电流密度过高,材料温度过高,则可能会出现材料软化严重,与辊子焊接等问题,因此需综合考虑板材在不同脉冲电流密度下的屈服强度与辊子材料的屈服强度来选取合适的脉冲电流密度范围。脉冲电流的焦耳热效应是降低材料屈服强度的主要因素,对于棒材和板材,同样的脉冲电流密度大小可能对应着不同的试样温度,因此,确定电辅助成形工艺的脉冲电流密度范围实际上是确定合理的温度范围。图8-50所示为SUS304不锈钢在第三种通电方式下板材表面可升高至800 ℃,此时不锈钢的流动应力为100 MPa左右,因此可以提高SUS304不锈钢的填充质量。

压槽辊特征尺寸主要包括辊子半径、压槽宽度、压槽深度和压槽间距等,这些特征尺寸对成形质量如成形深度和成形宽度等都有着一定的影响,因此针对不同的成形需求应有着不同的尺寸组合。在电场辅助辊压成形过程中,下压量也是影响微流道填充高度的主要参数之一,图8-51所示为SUS304不锈钢下压量与辊压成形微流道高度的关系图。当下压量达到0.75 mm时,微流道平均填充高度基本填满压槽辊的沟槽,达到了填充高度的最高值,因此也需针对成形需求而设置下压量。在电场辅助辊压成形过程中,辊速也是该工艺的一个重要参数,当上下两辊辊速相同时,在一定范围内辊速的增大会使加工过程中的摩擦力增大,当摩擦系数增大时,微流道侧壁对材料施加的摩擦力也增大,根据最小阻力定律,材料将向阻力较小的方向流动,相对于微流道深度方向,此时材料更易于纵向流动,阻碍了材料向微流道的填充,但是当摩擦系数增大到一定值后便基本恒定,此时增大速度使材料向上填充流动加快,因此有利于提升微流道的成形深度;当上下两辊辊速不同时,由于转速不同使板材表面的剪切应力加大,使辊压力有一部分在克服纵向的剪切力,材料往纵向流动而不是向深度方向流动,因此微流道的高度会降低,同步转速下的成形质量较好。

图8-50　SUS304不锈钢在板材两端直接通电情况下的表面温度

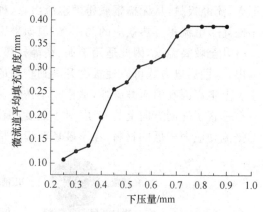

图8-51　SUS304不锈钢下压量与辊压成形微流道高度的关系图

图8-52所示为SUS304不锈钢薄板通过电场辅助辊压工艺所制样件的宏观和微观图,不同的微流道宽度和高度差距很小,说明在同一个工艺参数下加工获得的微流道形貌几乎相同。电场辅助工艺利用电流场的焦耳热效应及电致塑性效应,提高了薄板充填过程中材料流动能力和填充一致性,有利于解决难变形材料充填性能差、尺寸精度低、组织性能不稳定的关键技术难题,同时,该技术可实现微结构变形与微观组织性能的协同精确调控,提高微结构辊

压成形质量、力学性能和使用性能。

(a) 宏观形貌

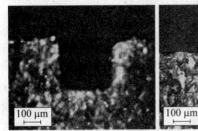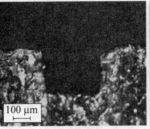

(b) 微观形貌

图 8 - 52　SUS304 不锈钢电场辅助辊压成形样件宏观和微观图

图 8 - 53 所示为不同加工方法微流道形貌及尺寸对比图，从图中可以看出，电场辅助辊压工艺成形的微流道形貌好、尺寸精度高，并且微观组织较均匀。采用电场辅助辊压方法制造阵列微流道能够提高材料微塑性变形性能，保证微结构的制造质量。同时，电流场可以在材料外部裂纹、内部孔洞等缺陷周围产生绕流，其由局部焦耳热效应形成的局部高温及压应力能够对宏微观缺陷起到抑制和愈合作用，有效改善阵列微流道结构的成形质量，是一种新的、更加有效的宏微观缺陷治愈方法。

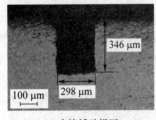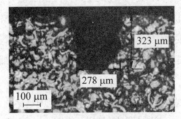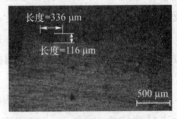

(a) 电流辅助辊压　　　　　　(b) 电火花加工　　　　　　(c) 激光加工

图 8 - 53　不同加工方法成形的微流道形貌及尺寸对比

目前在电场辅助辊压工艺中，仍存在一些问题。由于某些难变形材料的变形抗力较大且微流道结构尺寸过小，使电场辅助辊压成形工艺中带微流道的辊轮出现辊齿脱落、压裂的现象，从而导致模具受损严重，需频繁更换，因此可以考虑模具涂层、设计梯形沟槽以及采用分体模具的方法提高模具使用寿命。电场辅助辊压成形的零件在成形过程中由于温度过高极易出现弯曲的现象，使微流道构件不平整，给后续焊接工作带来很大的难度。因此可以考虑采用异步辊压、拉伸＋辊压等组合方式改变材料受力状态，以达到控制构件平直度的目的。

2. 电场辅助拉拔

电场辅助拔丝是在传统拔丝过程中加载电流，提高材料成形性能的工艺。电塑性拔丝工艺可以减少甚至避免常规工艺中的软化退火、酸洗等工序，大幅提高生产率，降低生产成本，是一种高效、绿色节约型制造技术，如图 8-54 所示。

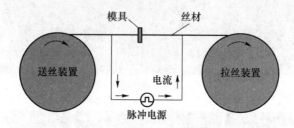

图 8-54　电场辅助拔丝原理

苏联科学家 Troitskii 在 1974 年首先提出电塑性拉拔丝材，并针对铜、不锈钢、铸铁等金属材料进行了大量的实验研究。结果发现，电场辅助拉拔能够显著改善丝材的微观组织结构和综合力学性能，提高拔丝生产效率。电致塑性作用机制表现为促进位错脱离钉扎，抑制材料的加工硬化行为，显著提高丝材的延展性和成形极限；脉冲电流对晶粒的细化及对组织中微裂纹的治愈，提高了材料的疲劳强度；电塑性拉拔得到的丝材表面粗糙度低，丝材与模具之间的摩擦力小，降低了拉拔力；拉拔变形时对丝材施加脉冲电流等同于对丝材进行在线退火，减少了丝材中间退火次数，并在很大程度上改善了丝材产品的表面质量。1990 年后，针对电塑性拉拔丝材的研究主要关注其工程应用，尤其在俄罗斯和美国，其工业化应用已被报道。

目前电拔丝工艺的最明显的问题是拉拔丝材与电极之间出现的打火现象。打火出现的原因是由于电极在拉拔过程中会因为摩擦表面受损，在电极和丝材之间会产生空隙，这种情况会使丝材和电极的接触面上的电流分布非常的不均匀，两者之间会有较高的电势差，击穿空隙，放电打火。打火的危害有两个：①丝材表面被烧灼，出现损伤和凹坑；②破坏丝材的微观结构，引起应力集中，导致丝材容易断裂。针对打火问题，现在已经有一些解决办法。增加丝材与电极之间的润滑，减少电极的磨损；优化电极的结构，增大其与丝材的接触面，减小电势差防止击穿现象的出现；电极和丝材间的接触方式改为滚动，设计滚动式电极减小电极和丝材的摩擦力，但为了保证丝材和电极之间良好的接触，需要制造非常精细的电极结构和轮轴等配套装置，极大地增加了设备成本。

电致塑性效应已经成功应用到丝材微拉拔成形工艺中，人们发现高密度脉冲电流能够有效降低拉拔力、减缓裂纹缺陷产生、抑制晶粒长大、提高材料塑性变形能力、改善丝材表面质量，证明了电致塑性效应在微细成形技术中具有潜在应用。然而，脉冲电场与材料在微成形过程中具有复杂的相互作用，电致塑性效应对微成形尺寸效应耦合作用机制还不明确，电场辅助微成形基础理论尚不成熟，限制了该技术的发展和应用。

3. 电场辅助气胀

哈尔滨工业大学张凯峰课题组对电场辅助气胀成形工艺开展了有应用价值的研究工作。如图 8-55 所示，通过夹持电极将脉冲电流引入到板料中，采用合适的电参数将板料加热到所需温度，之后通入压缩气体进行自由胀形。电场辅助气胀成形有胀形率高、加热速度快、能量利用率高、成形过程便于观察等优点。刘泾源等进行了 5083 铝合金板材的电场辅助气胀成形。与常规气胀成形工艺相比，电场辅助气胀成形工艺得到的胀形件氧化程度小，表面更加光洁，且电流的作用使材料的流变应力降低、塑性提高，成形时所需的气压也较小并且胀形件的高径比也略有增加。赵淘等人在试制 Ti31 合金波纹管的过程中采用了电场辅助气胀成形工艺。不同阶段胀形压力不同,依次增加气压,分 3 次完成胀形,整个成形过程在 6 min 以内,成形效率很高,且成形后的波纹管表面光亮,无明显划痕和凹坑。南京航空航天大学汤泽军等人对管材的电场辅助气胀成形也进行了较为深入的研究。结果表明,在电流的作用下,管材胀形区域组织发生了明显的再结晶,成形极限得到了明显提高,微观组织得到了改善。国际上,日本丰桥技术科学大学 Tomoyoshi Maeno 等人利用电流加热密封管,使管内空气受热膨胀,在几秒内完成了管材胀形。意大利帕多瓦大学 Francesco Michieletto 等人利用电场辅助气胀成形得到了 6060 铝合金管材最优温度与压力区间。

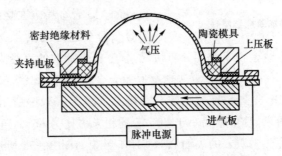

图 8 - 55　电场辅助气胀成形工艺示意图

4. 电场辅助烧结

电场辅助烧结技术是近几年来发明的一种新型粉末烧结技术。在进行烧结时,需要将粉末放入到特制的模具当中,然后在粉末颗粒之间直接通入电流,经电流活化和热塑性变形来实现粉末的快速烧结。与热压烧结相比,电场辅助烧结升温速度较快、所用的烧结时间较短、所需的能量较低、对环境的污染程度低。通过该技术制备的合金具有组织均匀、成分稳定、晶粒细小、综合力学性能好等优点。电场辅助烧结与热压烧结最主要的区别在于两者的加热方式不同,传统的热压烧结是利用外部热源加热,而电场辅助烧结是利用粉末自身产生的焦耳热。在热压烧结的过程中,粉末颗粒主要是通过外部热源产生的热和加压造成的塑性变形这两个因素来完成烧结的。而在电场辅助烧结的过程中,除了粉末自身产生的焦耳热和外部压力两个因素外,电流的通入也会使粉末颗粒之间相互放电、产生等离子体,并使颗粒表面活化。由于晶粒表面和内部存在温差,使晶粒在温度较高的外部发生快速结合,加速颗粒表面在结合过程的同时抑制了晶粒的长大。颗粒之间的局部放电可以清除颗粒表面杂质、吸附气体从而改善烧结合金的质量。

在利用电场辅助烧结时,需要将合金粉末装入到特定的模具当中,然后在冲模两端通入电流,使通入的电流经过冲模的传导流经合金粉末,合金粉末经过电流活化和焦耳热效应引起的热塑性变形来实现相互之间的快速结合,从而快速得到烧结试样,电辅助烧结原理如图 8 - 56 所示。

由于电场辅助烧结自身的优点,符合国内外提出的"绿色制造"的理念。因此,电场辅助烧结被广泛地应用于金属及金属间化合物、多元素材料以及生物体使用材料的研发过程。电场辅助烧结技术可制备材料包括金属及金属间化合物、难熔金属、硬质合金、高熵合金、纳米材料、非晶材料、陶瓷材料、多孔材料、金属玻璃材料、梯度功能材料、尖端复合材料、多元素材料以及生物体

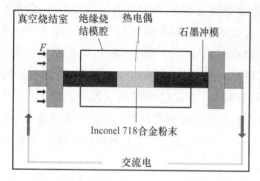

图 8-56　电场辅助烧结原理

使用材料等。同时,电场辅助烧结技术可实现块体之间的固相扩散连接,产品强度高,气密性好。随着技术的不断进步,电场辅助烧结技术除了在轻合金、高温合金的制备中有着重要的作用,也广泛地应用于陶瓷材料、难熔金属、硬质合金、高导热材料的制备及异种材料的连接中。

由氩气雾化法制备的 Inconel 718 镍基高温合金粉末,初始合金粉末平均粒度较大,为了使 Inconel 718 合金粉末在烧结过程中更好地结合,对合金粉末进行机械合金化处理。图 8-57(a)所示为原始 Inconel 718 合金粉末粒度分布情况,合金粉末颗粒的直径大多在 $21.4 \sim 54.8 \mu m$ 之间,占比为 80%。采用机械合金化方法球磨原始合金粉末,如图 8-57(b)所示,利用高能球磨机对合金粉末球磨 8 h,得到粒度较小的合金粉末。图 8-57(c)所示为经过机械合金化之后的 Inconel 718 合金粉末,其中直径小于 $20 \mu m$ 的粉末占比为 65%,直径在 $20 \sim 30 \mu m$ 的粉末占比为 22%。球磨后合金粉末的表面微观 SEM 形貌如图 8-58 所示,经过机械合金化之后的 Inconel 718 合金粉末表面比较粗糙,但是粉末之间并没有发生粘接,说明在机械合金化过程中合金粉末没有出现冷焊的现象。

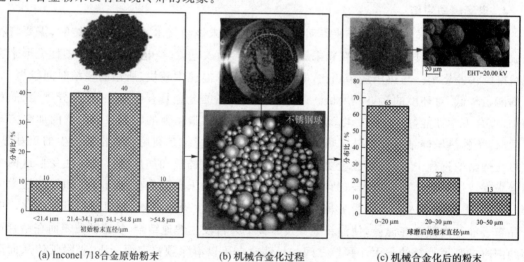

(a) Inconel 718合金原始粉末　　　　(b) 机械合金化过程　　　　(c) 机械合金化后的粉末

图 8-57　原始粉末和球磨粉末的粒度分布

Inconel 718 高温合金电场辅助烧结采用的实验设备为 Gleeble-1500 热模拟试验机。试验机由计算机控制系统、温控系统、压力系统和真空系统四部分组成。该设备的最大升温速度可达 10 000 ℃/s,最大采样频率为 50 kHz,采集试样的温度可精确到 0.01 ℃,真空度为 10^{-3} Pa。整体烧结系统如图 8-59 所示,其中,图 8-59(a)所示为 Gleeble-1 500 热模拟试验机整机情况,图 8-59(b)所示为试样烧结的真空室。Inconel 718 合金粉末在 Gleeble-1 500 热模拟机中进行烧结时,电流流过粉末颗粒,粉末体系自身会产生大量焦耳热,试样加热时的温度变化由电流大小控制。

(a) 球磨后粉末形貌　　　　　　　　(b) 放大的球磨后粉末形貌

图 8 - 58　球磨后粉末的 SEM 形貌

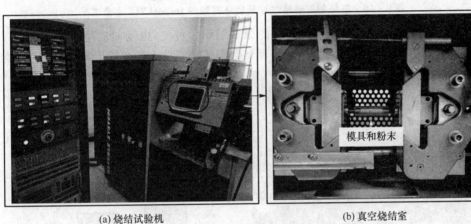

(a) 烧结试验机　　　　　　　　　　(b) 真空烧结室

图 8 - 59　电场辅助烧结装置

实验控制电场辅助烧结过程中的烧结压力为 50 MPa、温升速率保持 5 ℃/s 不变。在烧结过程中,工艺路线可划分为以下三个阶段。

① 升温加压阶段:将用电子天平称量好的 Inconel 718 合金粉末装入到烧结模腔中,然后将装入合金粉末的模具装卡并放入到烧结设备的真空烧结室中。接着给烧结模腔中的合金粉末施加一定的压力,使粉末进行初始的预紧。待粉末预紧定形后,通入电流,进行预烧结,观察烧结系统是否能正常升温,待温度达到 50 ℃时,停止预烧结。随后以 5 ℃/s 的升温速率和固定的 50 MPa 压力使粉体的温度达到指定值并保持压力不变。

② 保温保压阶段:当烧结温度达到各自指定值时,保持系统烧结温度和压力不变,直到达到设定的保温时间。

③ 随炉冷却阶段:当烧结试样保温时间达到设定值后,关闭设备电源,切断电流,使保温过后的试样和真空烧结室一起冷却,最终得到 Inconel 718 合金烧结试样。

电场辅助烧结过程如图 8 - 60(a)所示,只有合金烧结试样出现红热现象。这是由于烧结模腔的绝缘作用,烧结过程中合金粉末的加热热量全部来源于电流流经粉末产生的焦耳热,焦耳热使烧结试样快速升温,达到红热状态。经过电场辅助烧结得到的 Inconel 718 合金试样如图 8 - 60(b)所示,试样完全固结,表面有金属光泽,无颗粒状粉末出现,说明得到的试样致密性较好。

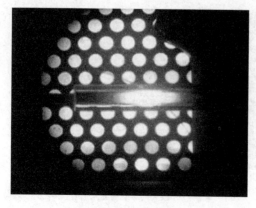

(a) 电场辅助烧结过程　　　　　　　　(b) Inconel 718合金烧结试样

图 8 - 60　电场辅助烧结过程及烧结得到的 Inconel 718 合金试样

图 8 - 61 所示为烧结后高温合金坯料的微观组织。可见，电场辅助烧结后试样的晶粒尺寸较小，能够保持原始粉末颗粒的尺寸，这也是电场辅助烧结工艺相较于常规烧结的优势。

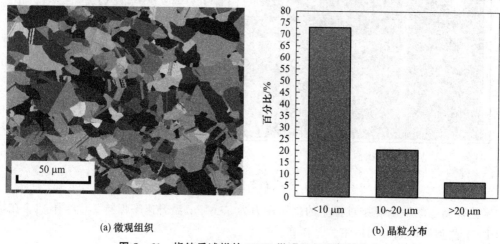

(a) 微观组织　　　　　　　　　　　(b) 晶粒分布

图 8 - 61　烧结后试样的 EBSD 微观组织及晶粒分布

8.5　激光辅助微成形

8.5.1　激光冲击微成形

　　激光成形是让板料在激光的加热作用下进行成形，与常规加热方式不同，激光作用到板料上时板料具有高得多的升温率，且内部温度场呈现出大的空间梯度，这些都会引起应力和应变重新分布甚至导致材料相变。另外，在使用激光成形时，激光是沿规划好的路径进行扫描加热，加热时间较短且属于局部加热，通常而言，扫描区域相对整个板料的表面积较小，故而材料微观组织以及力学性能主要在局部较小的热影响区内发生改变，对板料整体力学性能的影响与蠕变时效成形、温热成形的情况有所不同。板料在激光成形时并没有明确的温度范围限制，不过通常会控制板料最高温度在其熔点以下。

　　激光冲击成形技术始于 20 世纪 60 年代初。美国科学家在 1963 年率先发现脉冲激光可以产生强冲击波，使材料表面产生塑性变形。激光冲击微成形的基本原理为利用高功率、短脉冲激光作用于超薄板材,使板材上的特殊涂层气化电离,形成等离子体,并产生强冲击波,向金属材料内部传播。其中,特殊涂层的作用是将激光束产生的热能转换为机械能。由于冲击波的压力远远大于材料的动态屈服强度,因此可以使材料产生屈服和冷塑性变形,如图 8 - 62 所示。

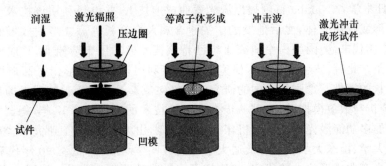

图 8 - 62　激光冲击成形原理示意图

　　激光冲击微成形技术目前尚处于发展阶段,国内外许多专家、学者不断对其加工工艺方法与优化方式进行研究。目前,激光冲击微成形主要应用于弯曲、镦粗、阵列微结构胀形以及与微铣削工艺的复合。激光冲击微成形作为一种新型塑性成形技术,与一般成形相比,具有如下优点:①属于高应变率成形,成形速度快,成形效果好;②成形精度较高,对复杂异型凹模具有良好的贴模性;③避免激光热应力对材料组织和性能的影响;④材料内部残余压应力有利于成形,成形后产生大量位错和塑性变形,从而使组织均匀、细化,提高零件的强度、耐磨性、耐腐蚀性,延长使用寿命;⑤对环境污染小,符合绿色制造发展的趋势。随着微型工件的进一步复杂化,激光冲击微成形的成形精度面临挑战。虽然国内外研究人员进行了大量激光冲击微成形技术的研究工作,但是主要集中在冲击变形理论、工艺参数选取、控制方法等方面。在微尺度条件下,激光微冲击过程中由于光斑直径为微米量级,冲击间距也为微米量级,因此冲击表面形貌分布情况不可忽视。可见,有关激光冲击微成形中冲击波测试、成形力精确控制、表面形貌表征等方面的问题仍需要解决。

8.5.2　激光弯曲成形

　　激光弯曲成形是一种不用模具仅靠热应力使金属板料产生塑性弯曲的成形技术,它是利用激光辐照板料表面使板料在厚度方向上产生不均匀温度场,进而引起超过屈服强度的热应力来实现成形。图 8 - 63 所示为成形过程示意图,板料一端固定,然后激光以恒定功率照射在板料表面并以恒定速度 v 沿 x 方向进行扫描,扫描后通过自然冷却、强制对流空冷或者强制对流水冷来对加热区域进行冷却。

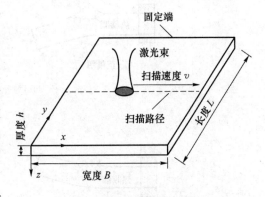

图 8 - 63　激光弯曲成形的示意图

　　与传统成形工艺相比较,激光弯曲成形具有如下特点:

　　① 属于无模成形,生产周期短、柔性大,非常适合于小批量、多品种工件的生产。

　　② 成形时没有外力作用,且成形件没有回弹,故而成形精度高。

　　③ 属于热态累积成形,能够对常温下难变形材料进行成形,如脆性材料或高硬化指数金

属,且能够产生自冷硬化的效果,使变形区材料组织性能得到改善。

④ 激光具有良好的方向性和相干性,使该技术可以对受结构限制、传统工具无法接触或靠近的工件进行成形。

1985 年,日本学者 Namba 首度提出激光弯曲成形技术,并设想利用该技术将国际空间站的卷状外壳成形成圆筒仓体,之后他发表了关于金属及合金板料激光弯曲成形的实验研究论文。20 世纪 80 年代末,美国的一个研究小组已将该技术成功用于造船业,并成形出了厚度为24.5 mm 的船壳。此后,波兰科学技术研究院的学者利用该技术成形出了筒形件、球形件、波纹管等不同形状的零件。德国和美国的研究者相继对成形过程中板料的温度场与变形场开展了实验、理论分析与数值模拟研究,进一步推动了该技术的发展。1997 年,德国 Trumpf 公司开发了商品化的多功能激光弯曲成形机床。在国内,燕山大学、西北工业大学、华中科技大学、北京航空航天大学、山东大学和上海交通大学等高校的学者在 20 世纪 90 年代后期也开始关注并开展对激光弯曲成形技术的研究,并取得了一定的成果。1999 年,德国学者 Geiger 组织召开第六届国际塑性成形大会,板料激光弯曲成形第一次在国际会议文集中以单独的论题出现,这对该技术的研究起到了巨大的推动作用。从目前来看,激光弯曲成形的研究主要集中在理论解析模型推导、成形机理分析、成形过程影响因素研究等方面。

国内外学者对激光弯曲成形的成形机理做了大量研究工作,其中被广泛采用的机理是Geiger 和 Vollertsen 在 1993 年提出的温度梯度机理和屈曲机理以及近年来提出的增厚机理。

1. 温度梯度机理

激光束对金属板材进行扫描时,板材表面被瞬间加热至高温,致使板材在厚度方向产生了强烈温度梯度。由于加热区域要发生热膨胀,板料沿扫描轨迹会产生背向激光束的弯曲。但是,未加热区域的断面模数较大,这种反向弯曲变形在一定程度会受到抑制,故而加热区域受到压迫从而在上表面产生了材料堆积。在冷却过程,大部分能量流向周边区域,板厚方向温度梯度减小,同时扫描区域收缩变硬,堆积的材料难以复原,进而又发生面向激光的正向弯曲。正反向弯曲变形的角度差,即为激光扫描一次所形成的弯曲角度。温度梯度机理下的板料变形如图 8 - 64 所示。

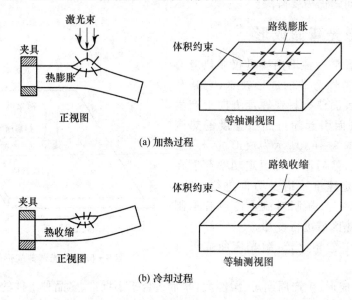

(a) 加热过程

(b) 冷却过程

图 8 - 64 温度梯度机理

2. 屈曲机理

当激光束直径较大、功率较高、板材较薄、材料热传导率较高时,板材正面首先被加热并在受热后先于背面发生膨胀,使得板材产生大量的热弹性应变 ε^t。在加热区域,厚向的温度梯度很小,周围冷态区域的约束会使加热区域产生很大的压应力,同时,由于温度升高引起材料屈服强度大大降低,导致加热区域材料发生屈曲,屈曲区域中心的材料发生塑性变形 ε^p。此时,屈曲区域两侧以及扫描路径上其他区域仍是弹性变形 ε^e,从而使反向弯曲进一步增大。冷却时,虽然正反面都产生横向收缩,但板材总的横向收缩量仍然大于正面,最终得到绕扫描线的反向弯曲变形,成形过程如图 8 - 65 所示。

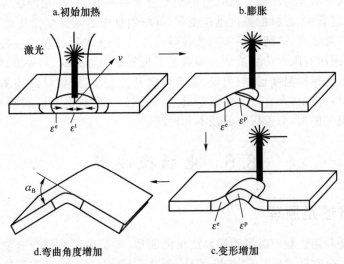

图 8 - 65　屈曲机理示意图

3. 增厚机理

当激光光斑直径接近板厚,扫描速度较小,且材料热传导系数较大时会发生增厚变形。板材加热区域在厚度方向上的温度梯度很小。此时,由于加热区域的材料热膨胀受到周围冷态区域的阻碍而形成较高的内部压应力,导致材料堆积,并发生塑性变形。冷却过程中,材料堆积不能完全复原,从而产生厚度方向的正应变,被加热板料缩短,发生墩粗增厚,如图 8 - 66 所示。

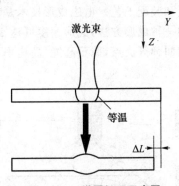

图 8 - 66　增厚机理示意图

8.5.3　激光预应力成形

激光弯曲成形具有诸多优点,但它也存在两个明显缺陷。一是单次扫描的成形量小,难以弯曲较厚板料;二是板料弯曲方向不好控制,尤其是薄板。为了克服这两个缺陷,在激光弯曲成形基础上又提出了预载荷下激光弯曲成形技术。

预载荷下激光弯曲成形的最早模型是 1995 年德国学者 Vollertsen 在研究激光弯曲成形的屈曲机理时提出的。相比激光弯曲成形,该成形方法不仅能够大幅提高单次扫描的成形量,而且可以很容易地对板料的弯曲方向进行控制。正因如此,该成形方法一度被学者们当作板料激光弯曲成形时增大弯曲量和控制弯曲方向的辅助手段。2009 年,陈光南等通过理论分析指出该成形方法的主要成形机理与激光弯曲成形大不相同,并提出将预载荷下激光弯曲成形当作一种独立的成形技术对待。

由于板料是在预载荷与激光热效应的综合作用下实现成形,所以分析其成形机理主要考虑热力之间的耦合效应。预载荷作用下的板料内部会形成一定的预应力场,此时,再施加一定的热作用,若作用的时间足够长,则金属材料内部通常会发生蠕变。不过,由于成形过程中激光作用的时间很短,板料内部产生的蠕变变形可以忽略。预载荷的作用使板料内部产生了弹性应变能,在激光扫描过程中,随着受热区域温度的升高,区域内的材料屈服强度下降,内部的弹性能会向塑性能进行转化,这是塑性变形发生的主要原因。显然,这个成形机理与激光弯曲成形的成形机理存在很大区别。

板料在预载荷下激光弯曲成形所获得的变形量是由预载荷、激光参量等多种因素共同决定的,在激光扫描过程中,板材的温度迅速变化,其材料性能也随温度变化而不断变化。因此,板料的变形行为非常复杂,单纯采用实验法很难全面地了解成形过程中的板料温度、应力、应变、形变的情况。采用有限元仿真法研究预载荷下板料激光弯曲成形,一方面可以定量描述成形过程中不同时刻的板料温度场、应力场、应变场以及形变场,进而可以预测成形效果并揭示相关成形规律。另一方面,在有限元仿真基础上,再结合一定量的成形实验来优化工艺参量,可以为工艺制定提供依据,节省研究的成本和时间。

8.6 电磁微成形

8.6.1 概述及原理

电磁微成形是利用强脉冲磁场瞬间释放出的能量,对金属毛坯进行高能高速成形的一种微成形工艺方法。电磁微成形具有快速、柔性、便捷,显著提高成形极限等特点,可作为成形、连接和装配工艺。电磁成形技术是利用瞬间的高压脉冲磁场迫使坯料在电磁力作用下高速成形的一种成形方法,成形速度可达 $200\sim300$ m/s,具有成形性能好、应变分布均匀以及避免起皱和回弹等优点,属于高能(高速率)成形技术。

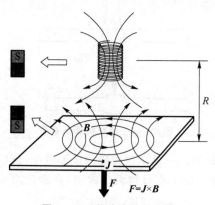

图 8 - 67　楞次定律示意图

电磁成形的基本原理是楞次定律,通过随时间变化的磁场在金属板管件内感应一个抵抗磁场变化的涡流,两者相互作用,瞬间产生一个巨大的电磁力,使金属板管件发生变形,如图 8 - 67 所示。

1958 年,美国通用电力公司在日内瓦原子能会议上展出了世界上第一台电磁成形机。从此,电磁成形技术引起世界各国的广泛关注和重视,并逐步应用到汽车、航空航天以及微电子等领域。但是电磁微成形研究才刚刚起步,2007 年美国俄亥俄州立大学基于均匀磁压力驱动装置研制了一台电磁微成形设备,利用该设备开展金属薄板电磁微成形研究,发现电磁微成形技术能够有效抑制起皱,提高金属薄板微成形性能。哈尔滨工业大学也开展了电磁微成形技术研究,研制出基于均匀压力线圈的电磁微成形装置,实现了不锈钢薄板微通道零件高质量成形,结果表明电磁成形技术能够有效抑制起皱,提高金属薄板微成形性能。总之,电磁微成形技术能够减小摩擦尺寸效应、不均匀变形和残余应力的影响,有利于提高材料的成形极限。

8.6.2　电磁辅助回弹控制

在电磁脉冲控制回弹方面,准静态弯曲后板料弯曲角的内外侧分别受切向压应力和切向拉力。但电磁线圈放电后板料弯曲处在电磁力作用下达到最大变形量后,随后会出现位移的高频振荡效应。该效应导致板料的弯曲角内外层应力发生明显振荡,使板料的切向应力大幅度减小,并且放电能量越大,切向应力降低越明显。当放电能量超过临界值时,板料上的切向应力方向甚至发生改变。因此,电磁脉冲成形后,弯曲后板料的回弹被减小甚至消除,实现了零件的精确成形制造。

图 8-68(a)所示为学者普遍采用的磁脉冲回弹校形示意图。当凸模下压一定的距离后,嵌入在凸模内的电磁线圈放电,最终实现板料的回弹校形。因此,整个的凸模下压方向和电磁力的作用方向一致。但该凸模的制作需要先在传统钢制凸模的圆角区域挖槽,将金属线圈嵌入到此槽内。为了避免金属线圈与钢制凸模接触,还需要在金属线圈的外围包裹一定厚度的绝缘材料。因此该复合凸模使用寿命低,并且难以适合于高强度和厚板成形,导致磁脉冲成形技术难以实现工业应用。图 8-68(b)所示为电磁力反向加载的回弹控制方法。该方法的优点是,不对传统的冲压模型进行更改,只需在板料弯曲角的底部布置线圈,实现回弹校形。

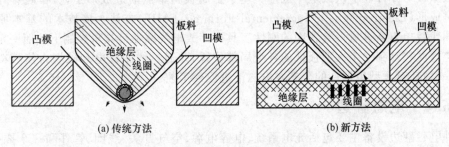

图 8-68　磁脉冲弯曲回弹控制

图 8-69 所示为施加脉冲电磁力和不施加脉冲电磁力时的零件形状对比,无电磁力打击蒙皮件成形误差为 2.1 mm,电磁力打击后蒙皮件成形误差为 0.2 mm,脉冲电磁力可有效降低成形误差,提高试件成形精度。

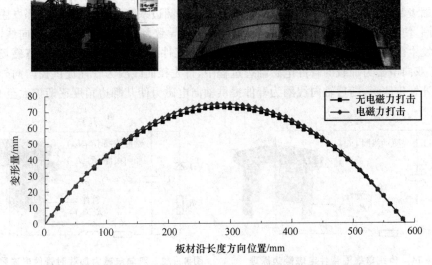

图 8-69　施加脉冲电磁力和不施加脉冲电磁力时的零件形状对比

8.6.3 电磁脉冲渐进成形

传统的电磁脉冲成形工艺,放电线圈和一个在尺寸上与之相当的模具配合,处于固定位置,如图 8-70 所示,通过一次放电使金属板料发生变薄的胀形变形。

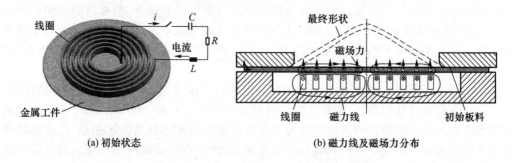

(a) 初始状态   (b) 磁力线及磁场力分布

图 8-70　平板电磁脉冲成形原理图

但是由于线圈尺寸和线圈的结构强度,以及电容器容量的限制,传统的电磁脉冲成形方法难以使大型板形零件在 1 次放电中成形。基于金属板料单点渐进成形工艺,崔晓辉等提出了电磁渐进成形(Electromagnetic Incremental Forming,EMIF)方法。该技术的基本原理是用放电线圈代替单点渐进成形装置中的刚性工具头。放电线圈在计算机控制下按照一定的三维空间轨迹逐次移动到一个大型板件的各个局部位置,并通过线圈放电和磁场力使板料分布变形,形成一种针对大型板形件的分布式电磁渐进成形工艺。

8.6.4 电磁翻边

管件电磁翻边设备主要包括充电系统、电容电源、空气开关、线圈、管件和一个撬棒回路,其系统原理如图 8-71 所示。首先通过充电系统为电容器组充电,待其充电完毕后,通过空气开关将存储的电能释放给驱动线圈并产生一脉冲大电流,并在线圈周围形成一脉冲强磁场;根据法拉第电磁感应定律,变化的磁场将在位于线圈附近的工件中产生感应涡流。此时,驱动线圈中的脉冲电流与工件中的感应涡流相互作用,产生的脉冲电磁力作为工件发生塑性变形的载荷力。

为增强管件电磁翻边过程中管件轴向翻折变形的程度,张望等人设计了双向电磁力加载的管件电磁翻边装置,如图 8-72 所示。在传统管件电磁翻边系统中,随着管件端部发生变形而远离驱动线圈,使工件周围的变化磁场和感应涡流减小,导致翻边角度较小。而轴向线圈的引入,管件端部发生翻边远离径向线圈的同时,轴向线圈与工件之间的感应涡流和瞬态磁场增强。所以,在基于双向电磁力加载的管件电磁翻边过程中,首先径向线圈为管件提供径向向外的电磁力使管件向外发生胀形,随后轴向线圈为管件提供轴向电磁力使其翻边角度逐渐扩大至 $90°$。

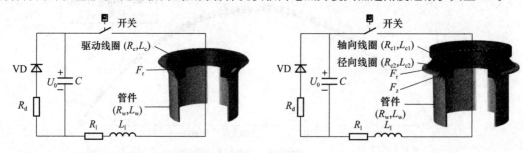

图 8-71　传统单线圈管件电磁翻边原理   **图 8-72　双向电磁力加载时管件电磁翻边原理**

采用两种不同几何机构的驱动线圈分别进行管件电磁翻边实验,结果如图 8-73 所示。在相同的实验条件下,新型管件电磁翻边方法引入的强轴向电磁力在很大程度上促进了材料的轴向流动,因而可将管件的翻边角度提高至 90°,并且大幅提高了管件的塑性变形速率,改善了管件的电磁翻边效果,验证了基于双向电磁力加载管件电磁翻边方法的有效性,进一步促进了电磁成形技术的工业化应用。

图 8-73　实验装置及不同电磁力加载模式下的管件成形轮廓

8.6.5　其他电磁成形工艺

哈尔滨工业大学设计并制造了电磁微胀形实验系统,如图 8-74 所示,该系统由电磁成形机、电磁微成形实验装置和电磁成形微模具组成。电磁成形机的储能电容器为 100 μF,电压为 0~20 kV 可调,最大放电能量为 20 kJ。在电磁微成形过程中,由于零件特征结构几何尺寸微小,要将磁压力载荷均匀有效地加载到变形区域非常困难。为此,设计并制造了能够产生近均匀磁压力载荷的均匀压力线圈,并使用该线圈进行薄板电磁微胀形实验研究,压力线圈可以均匀地加速金属薄板,并使之发生塑性变形,这将大大提高微零件的成形质量、成形精度以及微特征结构的均匀性。均匀压力线圈由主线圈和外壳两部分组成。

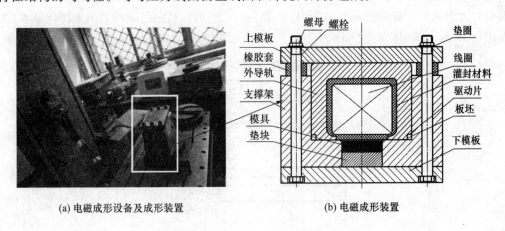

(a) 电磁成形设备及成形装置　　　　　(b) 电磁成形装置

图 8-74　金属双极板电磁辅助微成形工艺实验

在放电电容量为 100 μF,放电能量分别为 1.8 kJ、3.2 kJ、5.0 kJ、7.2 kJ 的条件下,使用微模腔截面宽度为 1.5 mm、深度为 0.6 mm 的凹型模具,对厚度 100 μm 的 T2 紫铜薄板进行电磁微胀形实验。不同放电能量成形的阵列通道零件如图 8−75 所示。

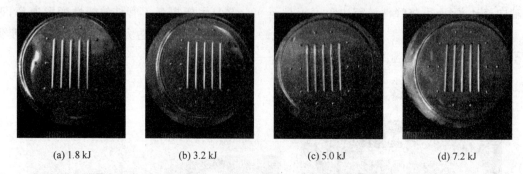

(a) 1.8 kJ   (b) 3.2 kJ   (c) 5.0 kJ   (d) 7.2 kJ

图 8−75　不同放电能量下成形的阵列通道

此外,电磁喷丸成形具有非接触、空间开放无污染,电磁力控制强,重复性好的特点,经过电磁喷丸强化成形蒙皮壁板件,表面粗糙度小于 4 μm,表面硬度提高 6 以上,表面被强化,疲劳裂纹扩展速率减小 12% 以上,疲劳寿命提高 40%,成形误差小于 0.5 mm,如图 8−76 所示。

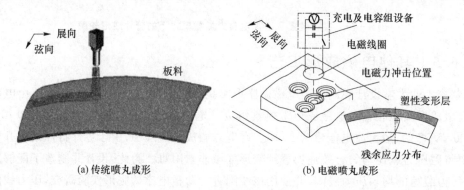

(a) 传统喷丸成形   (b) 电磁喷丸成形

图 8−76　电磁喷丸成形

电磁辅助纳米压印技术是最近提出的纳米压印新方法,主要是利用电磁铁和金属板之间的吸引力为纳米压印提供所需要的压力,如图 8−77 所示。利用电磁辅助纳米压印技术,为电磁铁施加 16 A 电流,可以产生 16 N/cm² 的压力,成功生产出宽 504 nm,高 201 nm 的线条。

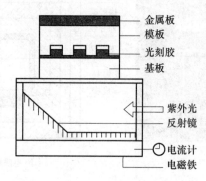

图 8−77　电磁辅助压印技术

习　题

1. 特种能场辅助微细成形的种类有哪些,各自有什么优势?
2. 超细晶材料超塑成形有哪些本构模型描述?
3. 脉冲电流对金属材料塑性有什么影响?

第9章　微细成形模具与装备

9.1　微细成形模具

9.1.1　微型模具介绍

微型模具不一定指体积微小的模具,在大体积的模具上有微结构特征的部分,这一部分也可称为微型模具,这种模具结构的微小型腔部分,可在一个小体积的模块上加工,然后把小模块作为一个模块嵌入大模具中,这不仅便于微小模具的微细加工,而且可以进行镶块更换,以提高整体模具的寿命。微型模具通常具有如下特征:

① 成形制件的体积达到 $1\,mm^3$;

② 微观尺寸从几微米到几百微米;

③ 模具表面粗糙度在 $0.1\,\mu m$ 以下;

④ 模具制造精度从 $0.1\,\mu m$ 到 $1\,\mu m$。

微型模具的制造难点在于微小型腔或微小凹凸结构的加工,一般机械加工方法不能加工尺寸太小的零件,也就是说很难加工微结构尺寸的微型模具,而且尺寸精度和表面粗糙度都达不到微型模具的要求,特别是机械加工的应力对微型模具加工影响较大。

1. 微细成形工艺对模具的要求

微细成形工艺受工件大小、形状、批量等因素影响,对微型模具存在以下要求:

(1) 精度要求

由于成形的工件尺寸较小,对各模具之间的配合精度、定位精度以及微结构的尺寸精度提出了很高的要求,导致传统的模具加工方法无法满足要求,经常需要采用特种加工方法,模具成本增加。

(2) 表面要求

由第3章分析可知,随着工件尺寸的减小,界面之间的摩擦增大。因此,微细成形模具的表面质量要求更高。

(3) 可修性或可替换性

在微细成形过程中,模具磨损加剧,要求模具具有一定的可修性或可替换性。

2. 模具材料及设计方法

用于微细成形过程的模具材料要具有良好的延展性、高硬度和高耐磨性。在微细成形过程中,在选择模具材料时应考虑一些其他因素。模具形状要求具有微细尺寸结构,如亚毫米尺寸的圆角半径、孔和缺口等。表9-1列举了微细成形工艺中不同模具的材料性能及参数。

表 9 - 1　模具材料及性能

零件名称	性能要求	材料及其性能的参数
凹模	硬度高,耐磨性好	1. 硬质合金:G3、87HRA 以上,G2、89HRAC 以上; 2. 钢结硬质合金:GT35,69～72HRC; 3. 高速钢:W18Cr4V,W6Mo5Gr4V2、62～64HRC
芯棒	硬度高,耐磨性好	同上
上下冲模	耐冲击性好,有一定的耐磨性,工作段热处理硬度 63～65HRC	高速钢:W18Cr4V,W6Mo5Gr4V,62～64HRC
模套	较好的韧性和拉伸强度	1. 中碳钢:45♯钢,28～32HRC; 2. 合金钢:Cr12MoV,56～60HRC
导柱	高拉伸强度。 平行度公差为 IT4 级; 垂直度公差为 IT4 级	1. 中碳钢:45♯钢,导向段高频淬火 55～60HRC; 2. 合金工具钢:Cr12、Cr12MoV、GCr15、62～63HRC
上下模板	下模板承受压制负荷,要求其厚度大于或等于在最大载荷作用下弯曲最小时的厚度值。 平行度公差为 IT5 级; 垂直度公差为 IT4 级	1. 中碳钢:45♯钢,28～32HRC; 2. 球墨铸铁:ZG45
凹模板	韧性高,强度高	合金钢:GCr15、Cr12MoV、40HRC
导套	外圆对内孔的径跳容差为 0.02～0.04	20♯钢:渗碳层 0.8～1.0 mm,黄铜、多孔铁石墨
压盖(包括上下冲模、凹模、芯棒所用压垫)	—	35♯钢、45♯钢,调质处理、28～32HRC
压垫(包括上下冲模、凹模、芯棒所用压垫	—	T10、Ge12、GCr15、Cr12MoV,热处理硬度 52～56HRC
芯棒座	—	35♯钢、45♯钢,调质处理、28～32HRC

9.1.2　模具加工方法

应用微细加工方法制作微型模具,再通过微型模具成形微型制件,具有生产效率高、制件尺寸稳定性好的优点。微型模具是进行微细成形的必备工装,其加工技术成为成形微型零件的关键问题。以微冲压成形工艺为例,其成形尺寸仅为几十微米到几百微米的工件。这给相应的成形模具设计和制造提出了新的要求。微冲压模具制造的加工工艺主要有微机械加工和特种加工两种方式。采用机械加工时,微型工具的制造受到刀具直径的限制。采用放电加工等特种加工方法时,可获得较高的模具外形尺寸精度和表面质量。在微体积成形中,微型模具是保证零件尺寸、形状、精度和质量的关键要素。

在微细成形的模具设计方面,目前还没有专门的理论。大多数依然是仿照传统的模具设计方法进行。从模具加工的难易程度、加工成本、加工精度和装配过程中带来的误差考虑,模具结构应尽可能简单、导向精度高、装配重复性好、更换零件方便。例如,微拉深模具设计应注意拉深凸、凹模间隙,压边装置结构形式以及传感器选择等问题。

微型模具经过近几年的快速发展,许多微细加工技术得以应用,加工方法可分为以下三大类:

① 光制作技术:LIGA 技术、准 LIGA 技术,电子束光刻、激光加工技术。

② 腐蚀技术:刻蚀等。

③ 微机械加工技术:微细车削、微铣,微细磨削,微细电火花加工等。

其中,光制作技术主要用于微米级零件的加工,加工精度可达到 10 nm 以下;微机械加工技术用于毫米级零件的加工,精度在 0.1 μm 以下。接下来将详细介绍微型模具的各种加工技术。

1. LIGA 技术

LIGA 是深结构曝光和电铸的代名词。LIGA 是德文 Lithographie(LI)、Galanoformung(G)、Abformung(A)三个词,即光刻、电铸和注塑的缩写。LIGA 技术是 20 世纪 80 年代初德国卡尔斯鲁原子能研究所发明的一种制造微型零件的新工艺方法。该工艺方法可以制作微型模具的高度 1 000 μm,可以加工横向尺寸为 0.5 μm 和高宽比大于 200 的立方微米架构。LIGA 技术取材广泛,可以用于金属、陶瓷、聚合物、玻璃等。可制作复杂图形结构,加工精度很高,可达 0.1 μm,也可重复复制,符合工业上大批量生产要求。LIGA 技术的缺点是成本高,难以加工含有曲面、斜面和高密度微尖阵列的微型模具,不能生成口小肚大的腔体等。

LIGA 技术自问世后,发展非常迅速,德国、美国和日本都开展了该技术领域的研究工作。用 LIGA 技术已研制和正在研制的产品有微轴、微齿轮、微弹簧、多种微机械零件、多种微传感器、微电机、多种微执行器、集成光学和微光学元件、微电子元件、微型医疗器械和装置、流体技术微元件、多种微纳米元件及系统等。LIGA 技术涉及的尖端科技领域和产品部类甚广,其技术经济的重要性是显而易见的。LIGA 技术的工艺流程主要包括 X 射线深度光刻、显影、电铸制模和注塑复制 4 个步骤,如图 9-1 所示。

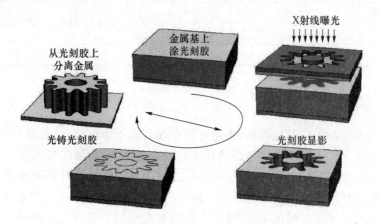

图 9-1 LIGA 技术的工艺流程

(1) 深度 X 射线曝光

将光刻胶涂在有很好的导电性能的基片上,然后利用同步 X 射线将 X 光掩模上的二维图形转移到数百微米厚的光刻胶上,刻蚀出深宽比可达几百的光刻胶图形。X 光在光刻胶中的刻蚀深度受到波长的制约。若光刻胶厚度为 10~1 000 μm 则应选用典型波长为 0.1~1 nm 的同步辐射源。

（2）显　影

将曝光后的光刻胶放到显影液中进行显影处理，曝光后的光刻胶（如聚甲基丙烯酸甲酯，PMMA）分子长键断裂，发生降解，降解后的分子可溶于显影液中，而未曝光的光刻胶显影后依然存在。这样就形成了一个与掩模图形相同的三维光刻胶微结构。

（3）电铸制模

利用光刻胶层下面的金属薄层作为阴极对显影后的三维光刻胶微结构进行电镀。将金属填充到光刻胶三维结构的空隙中，直到金属层将光刻胶浮雕完全覆盖住，形成一个稳定的、与光刻胶结构互补的密闭金属结构。此金属结构可以作为最终的微结构产品，也可以作为批量复制的模具。

对显影后的样品进行微电铸，就可以获得由各种金属组成的微型工件。微电铸的原理是在电压的作用下，阳极的金属失去电子，变成金属离子进入电铸液，金属离子在阴极获得电子，沉积在阴极上。当阴极的金属表面有一层光刻胶图形时，金属只能沉积到光刻胶的空隙中，形成与光刻胶相对应的金属微结构。微电铸的常用金属为镍、铜、金、铁镍合金等。由于要电铸的孔较深，必须克服电铸液的表面张力，使其进入微孔中。用微电铸工艺还要电铸出用于微复制工艺的微结构模具，要求获得的模具无内应力，因此，LIGA 技术对电铸液的配方和电铸工艺都有特殊的要求。解决该问题的办法是在电铸液中添加表面抗张力剂，采用脉冲电源或利用超声波增加金属离子的对流。

（4）注塑复制

用上述金属微结构为模板，采用注塑成型或模压成型等工艺，重复制造所需的微结构。注塑复制符合工业上大批量生产要求，降低成本。

2. 微细电火花加工

微细电火花加工原理与普通电火花加工并无本质区别。但也具有一些独特的特点：

① 放电面积很小。微细电火花加工的电极一般在 $5\sim100\ \mu m$ 之间，放电面积不到 $20\ \mu m^2$，这么小的放电面积极易造成放电位置和时间的集中，增大了放电过程的不稳定，使微细电火花加工变得困难。

② 单个脉冲放电能量很小。为了保证加工精度和表面质量，单个脉冲去除量控制在 $0.01\sim0.1\ \mu m$ 范围内，要求单个脉冲能量控制在 $10^{-6}\sim10^{-7}$ J 之间。

③ 放电间隙很小。放电间隙的大小随加工条件的变化而变化，数值从数微米到数百微米不等，放电间隙的控制与变化规律直接影响加工质量、加工稳定性和加工效率。

④ 工具电极制备困难。要加工尺寸很小的微小孔和微细型腔，必须先获得比其更小的微细工具电极，同时还要求加工系统的主轴回转精度达到极高的水准，一般控制在 $1\ \mu m$ 以内。

⑤ 排屑困难，不易获得稳定火花放电状态。

实现微细电火花加工的关键技术有加工工艺和设备两个方面，包括：微细电极的制作、高精度微进给驱动装置、微小能量脉冲电源技术、加工状态检测与控制系统。

（1）微细电极的在线制作与检测

微细电极制作的传统方法有两种：一种方法是通过冷拔得到细金属丝，矫直后安装到电火花机床上；另一种是用切削、磨削等方法制作，但存在精度和重复性的问题。微细电极在线制作可以克服该缺陷，在线制作方法主要有反拷块加工和线电极电火花磨削。

反拷块方式在线制作微细电极是以反拷块为工具，以待加工微细电极为工件完成电极的在线制作,如图9-2所示。由于反拷块工作面与工作台面存在垂直度误差以及反拷块本身的平面度误差等,加工出的微细电极存在加工锥度等误差,且由于反拷块电极本身的损耗现象,加工的电极尺寸不易控制。

在加工工程中,由于线电极与待制作电极间为点接触,极易实现微能放电。线电极电火花磨削(WEDG)中,线状工具电极沿导向槽缓慢连续移动,金属丝的移动,使加工过程可不考虑电极损耗所带来的影响。导向器沿工件的径向做微进给,而工件随主轴旋转的同时做轴向进给,通过控制工件的旋转与分度及导向器的位置,可以加工出多种不同形状的电极,如图9-3所示。

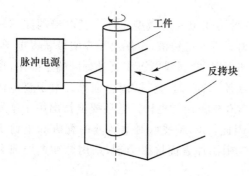

图9-2 反拷块方式在线制作微细电极

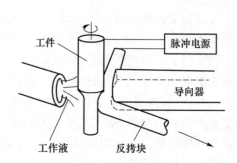

图9-3 WEDG方式在线制作微细电极

目前对微细电极的检测一般采用试切方式进行,即通过电极加工孔的尺寸来间接推算微细电极的直径。图9-2和图9-3中,脉冲电源、高精度微进给驱动装置以及工作液是微细电火花加工的主要组成部分。

1)脉冲电源

微细电火花加工对脉冲电源的要求是单脉冲放电的能量小而且可控。单脉冲放电能量决定了放电凹坑的直径和深度大小,从而也决定了电火花加工的表面质量。放电能量主要决定于峰值电流和放电脉宽。为了满足微细电火花加工要求,放电电流一般不应小于数百毫安,而脉冲宽度减小到 $1\ \mu s$ 左右。这样,就对脉冲电源的频率要求很高。

2)高精度微进给驱动装置

微进给机构是实现微细电火花加工的前提和保证。近年来一些新型微进给机构的出现,很好地解决了微细电火花加工中微小步距进给的难题,如蠕动式压电陶瓷微进给机构、冲击式微进给机构、椭圆式微进给机构和线性超声马达微进给机构等。

3)工作液

工作液在加工中起到多种作用,有利于电蚀产物排除,放电后极间消电离,防止破坏性电弧出现,加速间隙中物质的降温。工作液的种类、成分、特性对加工过程和工艺结果有显著影响。在常规电火花加工中,主要采用油基工作液,如电火花加工专用液、煤油等。

(2)微细电火花加工应用

1)线放电磨削法(WEDG)

电极线沿着导丝器中的槽以5~10 mm/min的低速滑动,可加工圆柱形的轴。如导丝器通过数字控制做相应的运动,还可加工出各种形状的杆件,如图9-4所示。

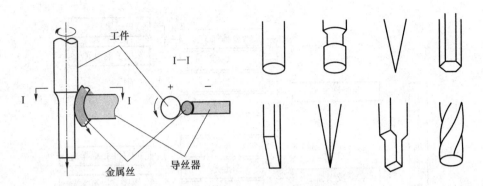

图 9 - 4　WEDG 方法及可加工的各种截面形状杆

2) 基于 LIGA 技术的微细电火花

利用 LIGA 技术为微细电火花加工提供电极制备手段,然后再进行微细放电加工,是近年的一个主要研究方向。LIGA 技术可以制作出具有高深宽比的金属微结构件,但是材料局限于镍和铜。将 LIGA 制造出的铜微结构件作为微细电火花加工的电极,发挥电火花加工可以加工任意导电材料的优点,就能制作出材料综合性能更好的微结构或器件。同时,如果电极损耗得到很好的控制,将可以加工出更高深宽比的微结构件。

3) 微细电火花线切割加工

微细电火花线切割加工是指加工过程中采用钨合金或其他材料的微细电极丝(直径为 10～50 μm)进行切割,主要用于加工轮廓尺寸在 0.1～1 mm 的工件,由于属于非接触式加工,加工过程中不存在切削力,因此能够保证加工过程的一致性。

3. 电子束微细加工

电子束加工是在真空条件下,利用聚焦后能量密度极高(10^6～10^9 W/cm^2)的电子束,以极高的速度冲击到工件表面极小的面积上,在很短的时间(几分之一微秒)内,其能量的大部分转变为热能,使被冲击部分的工件材料达到几千摄氏度以上的高温,从而引起材料的局部熔化和汽化,被真空系统抽走。电子束微细加工有如下特点:

① 束径小、能量密度高。能聚焦到 0.1 μm,功率密度可达 109 W/cm^2 量级。

② 可加工材料的范围广。对非加工部分的热影响小,对脆性、韧性、导体、非导体及半导体材料都可加工。

③ 加工效率高。每秒钟可以在 2.5 mm 厚的钢板上钻 50 个直径为 0.4 mm 的孔。

④ 控制性能好。其加工温度容易控制,且加工过程污染小。

⑤ 电子束加工的缺点是必须在真空中进行,需要专用设备和真空系统,价格较贵。

根据其功率密度和能量注入时间的不同,电子束加工可用于打孔、切割、蚀刻、焊接、热处理和光刻加工等。归纳起来,电子束在微细加工领域中的应用分为两大类:电子束热微细加工和电子束化学微细加工,如图 9 - 5 所示。

(1) 电子束热微细加工

第一类应用为电子束热微细加工,电子束的能量较大(30～几百 keV),又称为高能量密度电子束加工,它是利用电子束的热效应,将电子束的动能在材料表面转换成热能而对材料实施加工的。高能量密度电子束加工因工件表面束流斑点的功率密度的不同又分为几种不同的加

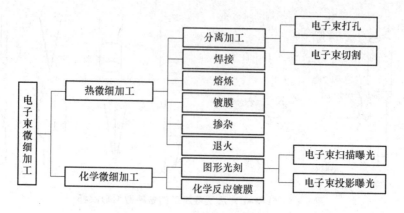

图 9-5 电子束微细加工的分类

工方法：当束流斑点功率密度为 $10\sim10^2$ W/mm² 时，工件表面不熔化，主要用于电子束热处理；当束流斑点功率密度为 $10^2\sim10^5$ W/mm² 时，工件表面熔化，也有少量汽化，主要用于电子束焊接和熔炼；当束流斑点的功率密度为 $10^5\sim10^8$ W/mm² 时，工件产生汽化，主要用于电子束打孔、刻槽、切缝、镀膜和雕刻。

① 电子束打孔：目前电子束打孔的最小直径已经可达 $\phi0.001$ mm 左右，而且还能进行深小孔加工，如孔径在 $0.5\sim0.9$ mm 时，其最大孔深已超过 10 mm，即孔的深径比大于 $15:1$。与其他微孔加工方法相比，电子束的打孔效率极高，通常每秒可加工几十至几万个孔。利用电子束打孔速度快的特点，可以实现在薄板零件上快速加工高密度孔，这是电子束微细加工的一个非常重要的特点。电子束打孔已在航空航天、电子、化纤以及制革等工业生产中得到实际应用。

② 电子束切割：利用电子束在磁场中偏转的原理，使电子束在工件内部偏转，还可以利用电子束加工弯孔和曲面。

③ 电子束微细焊接：电子束焊接是利用电子束作为热源的一种焊接工艺，在焊接不同的金属和高熔点金属方面显示了很大的优越性，已成为工业生产中的重要特种工艺之一。

电子束焊接具有以下的工艺特点：焊接深宽比高；焊接速度高，易于实现高速自动化；热变形小；焊缝物理性能好；工艺适应性强；焊接材料范围广。

(2) 电子束化学微细加工

第二类应用为电子束化学微细加工，电子束的能量较小，一般小于 30 keV，主要用于大规模集成电路(LSI)和超大规模集成电路(VLSI)复杂图形的制备以及光刻掩模图形的制备。它利用电子束流的非热效应，功率密度较小的电子束流与电子胶(又称电子抗蚀剂)相互作用，电能转化为化学能，产生辐射化学或物理效应，使电子胶的分子链被切断或重新组合而形成分子量的变化以实现电子束曝光，包括电子束扫描曝光和电子束投影曝光。电子束曝光微细加工技术，已经成为生产集成电路元件的关键性加工手段。

目前微细加工中采用的曝光技术主要有电子束曝光技术、离子束曝光技术、X 射线曝光技术、准分子激光曝光技术等。其中，离子束曝光技术具有最高的分辨率，紫外准分子激光曝光技术具有最佳的经济性，电子束曝光技术则代表了最成熟的亚微米级曝光技术。

电子束曝光主要分为两类：扫描电子束曝光和投影电子束曝光。扫描电子束曝光是将聚焦到小于 1 μm 的电子束斑在 $0.5\sim5$ mm 的范围内按程序扫描，可曝光出任意图形。扫描电子束曝光除了可以直接描画亚微米图形之外,还可以制作掩模,这是其得以迅速发展的原因之一。投影电子束曝光的方法是使电子束先通过原版,再按比例缩小投影到电致抗蚀剂上进行大规模集成电路图形的曝光。它可以在几毫米见方的硅片上安排十万个以上晶体管或类似的元件。投影电子束曝光技术具有分辨率高、生产效率高和成本低的优点。

4. 离子束微细加工

离子束加工利用氩(Ar)离子或其他带有 10 keV 数量级动能的惰性气体离子,在电场中加速,以极高速度“轰击”工件表面,进行“溅射”加工,如图 9-6 所示。离子束加工的物理基础是离子束射到材料表面时所发生的撞击效应、溅射效应和注入效应。具有一定动能的离子斜射到工件材料(靶材)表面时,可以将表面的原子撞击出来,这就是离子的撞击效应和溅射效应。如果离子能量足够大并垂直工件表面撞击时,离子就会钻进工件表面,这就是离子的注入效应。

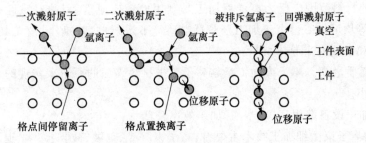

图 9-6　离子碰撞过程模型

离子束加工按照其所利用物理效应的不同目的,可以分为四类,即利用离子撞击和溅射效应的离子刻蚀、离子溅射沉积和离子镀,以及利用注入效应的离子注入。

离子束刻蚀主要分为:离子束溅射刻蚀、反应离子束刻蚀、等离子体刻蚀。离子溅射镀膜工艺适用于合金膜和化合物膜等的镀制;离子镀是在真空镀膜和溅射镀膜的基础上发展起来的一种镀膜技术;离子注入是将工件放在离子注入机的真空靶中,在几十至几百千伏的电压下,把所需元素的离子直接注入工件表面。接下来将依次介绍这四种加工方式。

(1) 离子束溅射去除加工

将被加速的离子聚焦成细束,射到被加工表面上。被加工表面受“轰击”后,打出原子或分子,实现分子级去除加工。加工装置方面采用三坐标工作台实现三坐标直线运动,采用摆动装置实现绕水平轴的摆动和绕垂直轴的转动。离子束溅射去除加工可加工金属和非金属材料。此外离子束溅射去除加工也可用于非球面透镜成形(需要 5 坐标运动),金刚石刀具和冲头的刃磨,大规模集成电路芯片刻蚀等。

(2) 离子束溅射镀膜加工

离子束溅射镀膜加工用加速的离子从靶材上打出原子或分子,并将这些原子或分子附着到工件上,形成“镀膜”,又被称为“干式镀”,其原理如图 9-7 所示。溅射镀膜可镀金属,也可镀非金属。由于溅射出来的原子和分子有相当大的动能,故镀膜附着力极强(与蒸镀、电镀相比)。离子镀氮化钛,既美观,又耐磨,应用在刀具上可提高寿命 1~2 倍。

(3) 离子束溅射注入加工

离子束溅射注入加工是指用高能离子(数十万 keV)轰击工件表面,离子打入工件表层,其

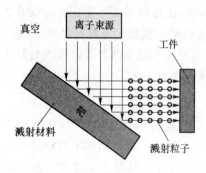

图 9-7　离子束溅射镀膜加工

电荷被中和,并留在工件中(置换原子或填隙原子),从而改变工件材料和性质。本加工方法可用于半导体掺杂(在单晶硅内注入磷或硼等杂质,用于晶体管、集成电路、太阳能电池制作),金属材料改性(提高刀具刃口硬度)等方面。

(4) 离子束曝光

离子束曝光又称为离子束光刻,通常用在大规模集成电路制作中,离子束曝光加工方法具有如下特点:

① 加工精度高,易于精确控制。离子束可以通过电子光学系统进行精确的聚焦扫描,其束流密度及离子能量可以精确控制,离子束轰击材料是逐层去除原子,因此,离子束加工是目前所有特种加工方法中最精密、最微细的加工方法。

② 可加工的材料范围广泛。离子束加工是利用力效应原理,因此对脆性材料、半导体材料、高分子材料等均可加工。由于加工是在真空环境下进行的,污染小,故尤其适于加工易氧化的金属、合金和高纯度半导体材料。

③ 加工表面质量高。离子束加工是靠离子轰击材料表面的原子来实现的,是一种微观作用,宏观压力很小。

④ 离子束加工设备费用高、成本高,加工效率较低。

目前常用的离子束微细加工技术主要有:离子束曝光、刻蚀、镀膜、注入、退火、打孔、切割、净化等。与电子束曝光技术相比,离子束曝光技术具有以下特点:

① 离子的质量比电子大得多,而离子射线的波长又比电子射线的波长短得多,因此离子束曝光比电子束曝光可获得更高的分辨率。

② 离子束曝光灵敏度比电子束曝光灵敏度可高出一到二个数量级,曝光时间可缩短很多。

③ 离子束曝光可以制作十分精细的图形线条。

④ 离子束可以不用任何有机抗蚀剂而直接曝光。

离子束加工装置与电子束加工装置类似,主要包括离子源、真空系统、控制系统和电源等部分,主要的不同点表现在离子源系统。离子源用以产生离子束流。产生离子束流的基本原理和方法是使原子电离:把气态原子电离为等离子体(即正离子数和负电子数相等的混合体),用一个相对于等离子体为负电位的电极(吸极),从等离子体中引出离子束流,而后使其加速射向工件或靶材。

5. 激光束微细加工

激光作为一种新型光源,它和普通光源的区别在于发光的微观机制不同。激光的光发射则是以受激辐射为主,各个发光中心发出的光波都具有相同的频率、方向、偏振态和严格的相位关系。由于这种基本差别,激光具有强度或亮度高、单色性好、相干性好和方向性好这些突出优点。激光加工的机理是热效应,当能量密度极高的激光束照射在加工表面时,一部分从材料表面反射,一部分透入材料内,其光能被吸收,并转换为热能,使照射区域的温度迅速升高、熔化、汽化和熔融溅出而去除材料。其主要有以下特点:加工精度高;加工材料范围广泛;加工性能好;加工速度快、热影响区小、效率高。

（1）激光打孔

激光打孔是用透镜将激光能量聚焦到工件表面的微小区域上，可使物质迅速汽化而成微孔。其已广泛应用于火箭发动机和柴油机的燃料喷嘴加工、化纤喷丝板喷丝孔、钟表及仪表中的宝石轴承打孔、金刚石拉丝模加工等方面。激光打孔的效率极高，适合于自动化连续加工，加工的孔径可以小于 0.01 mm，深径比可达 50∶1 以上，如图 9-8 所示。

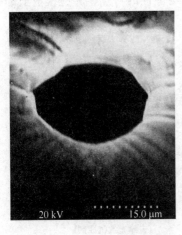  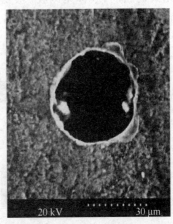

图 9-8　YAG 激光加工系统加工的 25 μm 小孔

（2）激光切割

激光切割的原理与激光打孔基本相同。所不同的是，工件与激光束之间需要相对移动，通过控制二者的相对运动即可切割出不同形状和尺寸的窄缝与工件。激光切割大都采用重复频率较高的脉冲激光器或连续输出的激光器。但连续输出的激光束会因热传导而使切割效率降低，同时热影响层也较深。因此在精密机械加工中，一般都采用高重复频率的脉冲激光器。YAG 激光器输出的激光已成功地应用于半导体划片，重复频率为 5～20 Hz、划片速度为 10～30 mm/s、宽度为 0.06 mm、成品率达 99% 以上，其比金刚石划片优越得多，可将 1 cm² 的硅片切割几十个集成电路块或几百个晶体管管芯。

（3）激光焊接

激光焊接是将激光束直接照射到材料表面，通过激光与材料相互作用，使材料内部局部熔化（这一点与激光打孔、切割时的蒸发不同）实现焊接的。激光焊接可分为脉冲激光焊接和连续激光焊接等；激光焊接按其热力学机制又可分为激光热传导焊接和激光深穿透焊接等。

激光焊接与常规焊接方法相比具有如下特点：①可对高熔点、难熔金属或两种不同金属材料进行焊接；②聚焦光斑小，加热速度快，作用时间短，热影响区小，热变形可以忽略；③激光焊接属于非接触焊接，无机械应力和机械变形、能透过透光物质对密封器内工件进行焊接；④激光焊接装置容易与计算机联机，能精确定位，实现自动焊接。

（4）激光表面改性

利用激光对材料表面进行处理可改变其物理结构、化学成分和金相组织，从而改善材料表面的物理、力学、化学性质，如硬度、耐磨性、耐疲劳性、耐腐蚀性等，称为激光表面改性技术。

（5）激光存储

利用激光进行视频、音频、文字材料、计算机信息等的存取。

6. 光刻微加工

光刻加工又称光刻蚀加工,是刻蚀加工的一种,该技术主要是针对集成电路制作中得到高精度微细线条所构成的高密度微细复杂图形。光刻加工可以分为两个阶段:第一阶段为原版制作,生成工作原版或工作掩模;第二阶段为光刻过程,两者统称为光刻加工。其基本原理是利用光致抗蚀剂(或称光刻胶)感光后因光化学反应而形成耐蚀性的特点,将掩模板上的图形刻制到被加工表面上,如图 9-9 所示。

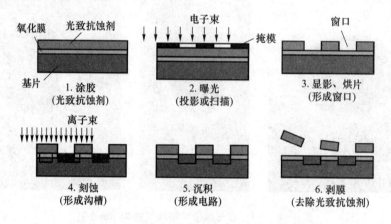

图 9-9 电子束光刻大规模集成电路加工过程图

7. 微细机械加工

微细加工通常指 1 mm 以下微细尺寸零件的加工,其加工误差为 0.1~10 μm。超微细加工通常指 1 μm 以下超微细尺寸零件的加工,其加工误差为 0.01~0.1 μm。微细加工主要采用铣、钻和车三种形式,可加工平面、内腔、孔和外圆表面。其加工刀具多用单晶金刚石车刀、铣刀。铣刀的回转半径(可小到 5 μm)靠刀尖相对于回转轴线的偏移来得到。当刀具回转时,刀具的切削刃形成一个圆锥形的切削面。对于一般尺寸加工,其精度用误差尺寸与加工尺寸比值表示;对于微细加工,其精度用误差尺寸绝对值表示。"加工单位"指去除一块材料的大小,对于微细加工,加工单位可以到分子级或原子级。对于微切削,由于切削在晶粒内进行,切削力要超过晶体内分子、原子间的结合力,单位面积切削阻力急剧增大。

微细机械加工设备具有如下特点:设备为微小位移机构,微量移动应可小至几十纳米;具备高灵敏的伺服进给系统,具备低摩擦的传动系统和导轨支承系统以及高跟踪精度的伺服系统;设备具备高的定位精度和重复定位精度,高平稳性的进给运动;设备具备低热变形结构设计;刀具具备稳固夹持机构和高的安装精度;具备高的主轴转速及动平衡;具备稳固的床身构件并隔绝外界的振动干扰;具有刀具破损检测的监控系统。接下来以 FANUC 公司的微型超精密加工机床为例详细介绍微细机械加工设备,如图 9-10 所示。

机床有 X、Z、C、B 四个轴,在 B 轴回转工作台上增加 A 轴转台后,可实现 5 轴控制,数控系统的最小设定单位为 1 nm。可进行车、铣、磨和电火花加工。旋转轴采用编码器半闭环控制,直线轴则采用激光全息式全闭环控制。为了降低伺服系统的摩擦,导轨、丝杠螺母副以及伺服电机转子的推力轴承和径向轴承均采用气体静压结构。

X 轴导轨和 Z 轴导轨采用直接线性驱动(直线电机驱动)。其工作原理是将载流导体在电场(或磁场)作用下产生的微小形变转化为微位移,从而实现导轨的移动。载流导体通常为逆

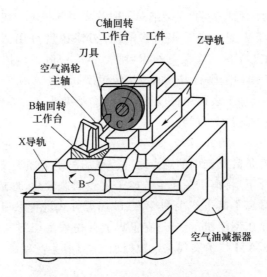

图 9 - 10　FANUC 微型超精密加工机床

压电材料或磁致伸缩材料。逆压电材料(如压电陶瓷 PZT)在电场的作用下可以引起晶体内正负电荷重心位移(极化位移),导致晶体发生形变。磁致伸缩材料(如某些强磁材料)在磁场的作用下可引起晶体发生应变。采用直接线性驱动方式具备结构简单、运行可靠、传动效率高、进给量可调、进给速度范围宽、加速度大、行程不受限制、运动精度高的优点,但技术较为复杂。

(1) 微细切削

微细切削加工是指微小尺寸零件的切削加工技术,其能达到极高的加工精度和极微细的尺寸,已经成为微细加工领域的重要手段。在微细切削时,由于工件尺寸很小,从强度和刚度上不允许有大的吃刀量,同时为保证工件尺寸精度的要求,最终精加工的表面切除层厚度必须小于其精度值,因此切屑极小,吃刀量可能小于晶粒的大小,切削就在晶粒内进行,晶粒被作为一个一个的不连续体来进行切削,这时切削不是晶粒之间的破坏,切削力一定要超过晶体内部非常大的原子、分子结合力,刀刃上所承受的切应力就急速地增加并变得非常大。

从晶格位错的产生和消失情况看,切屑像是被刀具平稳地移走了一样,而位错晶格则渗入切削刃底部的工件表面内。在切削刃走过后,所有渗入工件表面内的位错晶格开始向后移动并且最终在工件表面消失。由于工件材料本身具有弹性恢复功能,因此在工件表面形成了原子级的阶梯。残留在工件表面上的阶梯高度被认为是微切削加工过程中最终获得的表面粗糙度。

微切削时切削力的幅值虽然不大,但其单位切削力却极大。微细切削时,随着切削深度的增加切削力却在减小。微细切削的温度是非常低的,这是由低的切削能量和金刚石刀具和工件的高导热性造成的。由于加工尺度和刀具尺度的微小化,使刀具上很小的温升就会导致刀杆的膨胀并引发加工精度的下降,切削温度通常是决定刀具磨损率的主要因素。

微细车削一般采用金刚石刀具。金刚石车刀一般是把金刚石固定在小刀头上,小刀头用螺钉或压板固定在车刀刀杆上。微细切削要素主要包括切削速度、进给量、修光刃、刀刃锋锐度和积屑瘤等。其中实际选择的切削速度常根据所用机床的动态特性和工艺系统的动态特性选取,即选择振动最小的转速。因为在该转速时表面粗糙度值最小,加工质量最高。

为使加工表面粗糙度降低,微细车削时都采用很小的进给量,并且刀具带修光刃。修光刃可以减小加工表面粗糙度值。实验表明,在微细车削时修光刃的长度一般取 0.05～0.10 mm 较为适宜。刀刃锋锐度对加工表面质量有很大影响,刀刃锋锐度可用刀具刃口半径 ρ 来表征。ρ 是微细和超微细切削加工中的一个关键技术参数。ρ 值一般采用扫描电镜在放大 20 000～30 000倍时测量。目前常用的金刚石刀具的刀刃锋锐度 $\rho=0.2～0.3\ \mu m$。

此外,积屑瘤的产生对加工表面粗糙度影响极大。要减小表面粗糙度值,应消除或减小积屑瘤,使用合理的工作液可达到此目的。

（2）微细铣削

微细铣刀的制作技术是微细铣削的难点之一。采用离子束加工技术制作微细铣刀是一种可行的方法。在真空条件下,将离子源产生的离子束经加速聚焦,形成高速离子束流,轰击刀具材料进行加工。它是靠离子撞击产生的变形、破坏等方式进行微机械加工。FANUC 公司和有关大学合作研制的车床型超精密铣床,在世界上首先采用切削方法实现了自由曲面微细加工,而且可利用 CAD/CAM 技术实现三维数控加工,具有生产率高、加工精度高的特点。

9.2　微细成形装备

成形件尺寸的微小化对成形设备和装置提出了更高要求,如位移精度在几个微米以内甚至更小,成形力在几个到几十个牛顿范围内。使用液压驱动或者滚珠丝杠驱动的传统塑性成形设备不能满足微细成形的要求,这促进了微细成形设备研究的发展。一些新型的驱动装置如线性伺服电机、压电陶瓷和直线电机等应用到微细成形装置中,并借助计算机和微型传感器对成形过程进行控制和数据采集。新研制的成形装置集合了当今大量的先进科研成果,具有集成程度和自动化程度高以及功能多等特点。微细成形中微构件的夹持问题也是工艺装备中的重要内容。

日本学者杨明教授与 Seki 公司联合研发了一台微冲压设备,采用精密模架进行导向,精度明显提高,同时能够提供三个方向同时送料,采用一套模具便能完成微型构件的成形与组装,保证微型三维复杂构件成形质量,提高了成形效率,如图 9-11 所示。

图 9-11　自动化微冲压设备

韩国 Rhim 等针对微孔冲裁技术,采用微细电火花(μ-EDM)加工出最小直径为 ϕ25 μm 的微型冲头。为了保证冲裁过程中,微冲头尖端不受破坏,必须保证其横向定位误差在 1 μm 以内,Rhim 等人设计了一套基于音圈电机驱动的新型的微冲压系统,如图 9-12 所示。

德国的 BIAS 研究中心针对微型零件的成形要求,研制了一台基于直线电机驱动的微冲压设备,如图 9-13 所示。该设备采用气浮导轨进行导向,可以实现无摩擦高速运动,冲程次数可达 1 250 min,最大加速度可达 17g,可以实现箔带材微孔高速冲裁。同时,该设备是上下分别有两个直线电机驱动,能够进行上下两轴运动,可以满足多种成形工艺要求。

图 9-12　音圈电机驱动的微冲压系统　　**图 9-13　直线电机驱动的微冲压设备**

日本 Saotome 教授领导的研究小组设计和制造了具有体积成形功能的微成形系统,如图 9-14 所示。该系统由微型模具装卡装置、加热装置、载荷施加单元和控制单元等部分组成,有对应两种挤压方式的装置,一种是基于磁致伸缩驱动的正向挤压成形装置,另一种是基于压电制动器的反向微挤压成形装置。

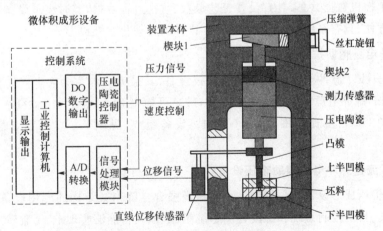

图 9-14　微体积成形设备结构图

哈尔滨工业大学郭斌教授和单德彬教授等设计并制造了的一套集计算机、微压力传感器、微位移传感器和热电偶等各种测量和控制技术一体化的精密微塑性成形系统,如图 9-15 所示。该成形系统可以对微镦粗、微模压以及微模锻等微体积成形过程进行实时监控。

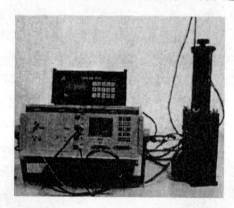

图 9 - 15　精密微塑性成形系统

近年来,随着新型微细成形技术的发展,专用的微细成形装备呈蓬勃发展态势。下面列举几种新型专用微细成形装备。

1. 封严环液压微成形设备

笔者团队开发了国内首台拥有完全自主知识产权的 HF - 50A 型封严环液压微成形装备,如图 9 - 16 所示。其工作平台尺寸为 700 mm×205 mm×380 mm,最大锁模力达 60 t,最大进给力达 2×50 t,双向进给同步精度达 ±0.1 mm,最大胀形压力达 120 MPa,能够成形最大尺寸 ϕ120 mm 的各种截面封严环构件。该型液压微成形装备具有良好的经济性和实用性,可用于实际生产;具有扩展性,可用于新产品的试制和开发;采用最先进的数字控制技术,保证控制精度;可实现自动、半自动及手动三种控制方式;压边力/锁模力和液室压力可根据行程进行分段曲线设置,并实现精确闭环实时控制;数控系统具备数据库功能,自动生成完整的生产报表,可导入历史设置数据和过程数据,可实现工艺过程的再现与重用;触摸屏可随手动控制台自由移动,与工控机数据共享,具有设置工艺参数、监视过程数据,实时显示设备运行状态等功能,操作简单方便;具有系统性,实现了封严环构件的自动化柔性成形。

2. 毛细管电场辅助拉拔设备

笔者团队开发了脉冲电场辅助毛细管拉拔设备,其最大成形力为 8.5 kN,最大拉拔速度为 400 mm/min,脉冲电源峰值功率为 36 kW,最高可输出 24 V 电压和 1 500 A 电流,频率范围为 0.1~990 Hz,占空比范围为 0~0.714。设备组成(见图 6 - 9)及毛细管拉拔过程见第 6 章。

3. 阵列微流道脉冲电场辅助辊压设备

电场辅助辊压成形设备是一种制造大面积高强合金阵列微结构的专用设备,主要由脉冲电源、辊压模具、自动控制系统和温度检测系统组成,该设备能够实现上、下辊转速异步控制及位置精确可调,集成辊压力/电流/温度实时检测等功能。其具体技术参数如下:脉冲电源最大输出电压/电流:36 V/1 000 A;压槽辊最大下压速度:0.2 mm/s;压槽辊最大下压力:40 t;齿轮减速电机最大输出功率:7.5 kW。图 9 - 17 所示为电场辅助辊压设备及其成形的阵列微流道。

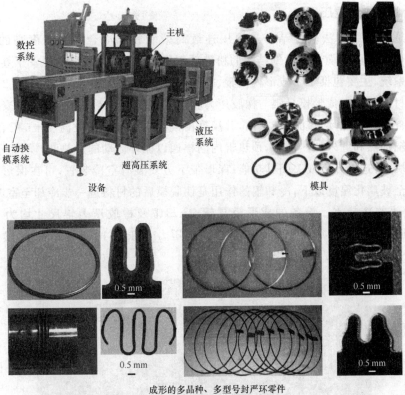

成形的多品种、多型号封严环零件

图 9 - 16　封严环液压微成形设备、模具及成形的多型号封严环零件

图 9 - 17　阵列微流道脉冲电场辅助辊压设备

4. 聚合物粉末热辊压设备

上海交通大学彭林法教授结合热辊压连续高效和粉末冶金技术精度高的优点，提出了一种在聚合物薄膜表面制备微细结构的粉末热辊压成形新工艺，自主研发了卷对卷（R2R）热辊压成形系统，主要包括 1 个成形模具辊、1 个橡胶压力辊、1 个冷却辊和穿过 2 个辊子之间的聚合物基材薄膜。在成形模具辊与橡胶压力辊之间设置有倒粉装置，以实现聚合物粉末的添加。模具辊内通以循环流动的加热油，其温度由模温机控制在预设温度±5 ℃范围内；预热方式有预热辊加热和红外加热两种，预热辊内同样通以循环流动的加热油；模具下方设置有保形带保形模块，可选择开启或关闭其功能；保形带下方安装有空冷装置，可在保形阶段冷却已成形的材料至玻璃化温度以下；冷却辊的作用是使脱模后的材料进一步冷却至室温，冷却辊内通以循环流动的冷却水。设备的成形模具辊、冷却辊及橡胶压力辊尺寸均为 $\phi250$ mm×300 mm，辊压速度范围为 0.1～10 m/min，最大辊压力 50 kgf（1 kgf＝9.8 N），最大加热温度300 ℃，升温速率为 10 ℃/min，如图 9 - 18 所示。

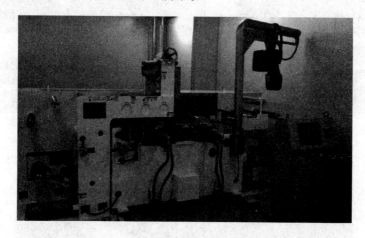

图 9 - 18　聚合物粉末热辊压设备

可见，目前微成形设备主要为完成特定工艺过程的专用设备，功能单一，设备精度高，成本往往较高。为降低设备成本，很多微细成形工艺是在通用设备上完成的，如伺服控制拉伸机、液压机等，但不利于批量生产和工业化推广。因此，开发通用性强、价格合理的微细成形设备具有广阔的前景。

9.3　微型构件的操作

9.3.1　微操作的设计原则

近年来，随着微加工工艺的发展，微操作技术的研究也迎来新的发展契机。微操作一般是指操作器在微视觉的辅助下对微小物体进行自动化的操作，整体系统叫做微操作系统。目前，这种技术已成功地应用于各种场景，如微流体分配任务、高精度微点胶操作、细胞尺度的高精度操作、高精度的插装操作以及高精度表针对齐操作。对于微小物体的操作，一些新颖的夹持器或微镊被设计并有效地集成到机器人系统中，并在微视觉系统下进行精确的微米级和亚微米级的定位和旋转控制。微操作平台在工作时的分辨率、响应速度、外形结构、精度等方面要求非常高,其整体结构紧凑、运动惯性小、定位精度高、承载能力强,在设计时应满足尺寸小、质量轻、姿态稳定、驱动力大、密封性好以及具有微操作功能等要求。

对于传统的宏观操作,在操作手抓取—移动—释放操作对象的过程中,物体的重力起主导作用。但当物体尺寸小于 1 mm 或物体质量小于 10^{-6} kg 时,随着物体半径的减小和质量的减轻,与物体表面积相关的黏附力(如范德华力、静电力和表面张力)的影响会大于重力、惯性力等体积力,此时微器件的表面效应将取代体积效应占支配地位,这就是第 3 章所述的"尺寸效应"。尺寸效应使在微操作过程中微器件抓取相对容易而释放却比较困难,同时还给微器件操作增加了众多不确定性因素。目前对诸如温度、湿度等环境因素对于微器件操作的客观影响也无法给出定量化的描述,因此在设计过程应该兼顾微操作工具(末端执行器)的可靠性、系统结构的合理性和控制策略的有效性三个设计原则。

微操作的核心在于针对微尺寸效应研究合适的微驱动和微夹取技术来克服黏附力等各种微观因素,实现对微器件的精密定位和有效夹取与释放。微夹持器是微系统的重要组成部分,作为微操作的末端执行器,其主要功能是实现对微小对象(零件)进行拾取、运送和释放操作,并可完成一定的装配动作。由于操作对象的材质、形状和几何尺寸的不同,需要研制不同类型的微夹持器来满足对不同类型操作对象的可靠操作。微夹持器技术是微操作设备实现微零件夹取和姿态调整的重要保证和关键技术。微夹持器应具有质量轻和体积小等特点,同时还需有合适的夹持力和夹取范围。根据采用的驱动方式不同微夹持器可以分为真空吸附式微夹持器、静电式微夹持器、压电式微夹持器、电磁式微夹持器、形状记忆合金微夹持器等,如图 9－19 所示。

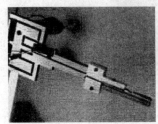

图 9－19　直线型压电陶瓷、弯曲型压电双晶片及真空吸附微夹持器

9.3.2　常用的微操作系统

微操作系统一般是指其机器人操作器在微视觉的辅助下对微小物体进行自动化操作的系统。微操作系统包含硬件和软件系统。硬件系统根据功能不同分为视觉模块、控制模块、执行器模块。接下来将详细介绍微操作系统的主要装置及应用。

1. 典型微电子机械系统装置

(1)集成机构

集成机构(IM)是完整的微型电子机械系统的最简单的一种存在模式。在一块集成板上将微电子和微机械技术的功能与结构巧妙地结合可以形成集成机构。

(2)硅微加速计

微型加速度计最初是为生物医疗应用而开发的。其基本结构是一块沿硅片表面向外伸出的膜片,称为悬臂梁。作用于此梁的加速度会使梁发生相应偏转,检测梁的偏转变化量即可测得加速度。按此思路制得的加速度计,封装尺寸为 2 mm×3 mm×0.6 mm,质量不超过 0.02 g,可以在 100 Hz 带宽内检测小到 0.001g、大到 50g 的加速度(g 表示重力加速度)。

2. 微操作系统实例

(1) 纳米微操作机械手

日本东京大学的 Hatamura 和 Morishita 于 1990 年研制出一套纳米微操作系统,用于超大规模集成电路的铝配线切割实验。纳米操作手如图 9-20 所示,其中右操作手为作业手,为压电陶瓷驱动的三自由度结构,运动范围为 15 μm×15 μm×15 μm,定位精度为 10 nm。左操作手由电机驱动,为粗-精两级定位平台,运动范围为 20 μm×20 μm×20 μm,定位精度为 10 nm。操作手末端执行器为电解研磨的镍针或金刚石针。整个系统在扫描电子显微镜(SEM)下工作,通过微针根部的一维微力传感器实现操作力的感知,操作人员利用力反馈摇杆进行操作。之后 Sato 等在此基础上给左右操作手添加了 2 个音圈电机驱动的旋转自由度,运动精度为 0.1°;融合电子显微镜和光学显微镜形成对装配空间的集中观测,并研制了适用于微粒操作的真空微夹。

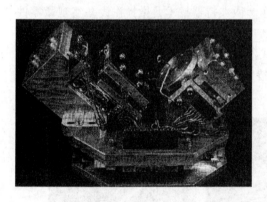
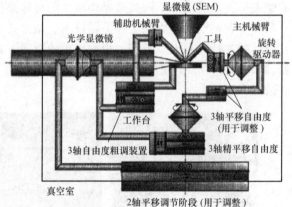

图 9-20 东京大学研制的微操作系统结构

(2) 多尺度装配和封装系统

美国得克萨斯大学的自动化与机器人研究所研制了一种多尺度装配和封装系统用于复杂的微纳米设备的工业化制造。该系统采用可重构的设计模式,其结构模块包括线性、旋转和倾斜的工作台以及可拆卸和组装的多功能机械手,并使用了多个摄像机进行多角度视觉伺服,能够完成多种复杂的微小设备的封装,如图 9-21 所示。

(3) 名古屋大学细胞微纳米操作系统

日本名古屋大学的 Fukuda 教授研制的用于生物工程细胞操作的六自由度微操作手,如图 9-22 所示。微操作机械手由粗动机构和微调机构组成,粗动部分为步进电机驱动的直角坐标机构,微调部分为压电陶瓷驱动的六自由度串联柔性铰链机构。其末端执行器采用聚焦离子束刻蚀的微纳米操作系统,在细胞纳米手术实验中,不同类型的纳米工具可以在单细胞尺度上实现诊断、切割、植入、提取和注射等高难度动作。

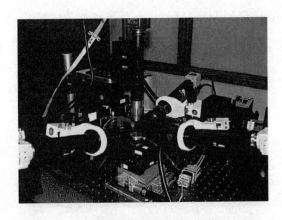

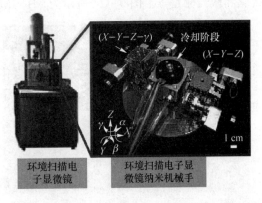

图 9 - 21　得克萨斯大学的微操作机器人系统　　　图 9 - 22　名古屋大学的细胞微纳米操作系统

（4）微操作机器人

位于苏黎世的瑞士联邦技术学院（ETHZ）机器人研究所是欧洲较早开展微装配机器人研究的机构之一，其研制的 ETHZ 微操作机器人能够在 $1\ cm^3$ 的空间内实现精度达 10 nm 的宝石分拣作业，如图 9 - 23 所示。该系统为三手协调结构，第一只手是被称为"Abalone"的压电驱动微型机器人，具有 3 个自由度 (x,y,ψ_z)，平移运动范围为 $0\sim 5\ \mu m$，旋转范围为 0~0.6 mrad，实现微目标在装配空间的定位，其 z 方向位置由重复定位精度达 $1\ \mu m$ 的运动平台控制。第二只手具有 4 个自由度 (x,y,z,ψ_y)，3 个平移自由度由直流伺服电机驱动，重复定位精度为 $1\ \mu m$。旋转自由度由压电陶瓷驱动，分辨率为 $0.1\ \mu rad$，第二只手配备有微夹持器，实现对微目标的夹取和释放操作。第三只手具有两个平移自由度 (y,z)，由直流伺服电机驱动，重复定位精度为 $1\ \mu m$，其末端真空吸附微夹持器实现对宝石的吸取。利用平行双光路显微视觉完成对微操作过程的监测与显微视觉伺服控制。

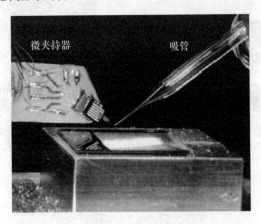

图 9 - 23　ETHZ 微操作机器人

（5）MINIMAN 微操作移动机器人

德国卡尔斯鲁厄大学研制了一种基于微移动机器人 MINIMAN 的桌面型微装配平台，MINIMAN 由压电陶瓷驱动，运动分辨率为 10 nm，最大运动速度为 3 cm/s。在微机器人上集成了不同种类的微操作工具，可以实现对微器件的空间定位与操作。为了形成有效的微信息反馈，系统集成了多种微感知手段，包括基于 CCD 摄像头的全局视觉、基于光学显微镜的局部视觉和激光测量等。图 9 - 24 所示为 MINIMAN - Ⅲ 和 MINIMAN - Ⅳ 微操作移动机器人。

(a) MINIMAN-Ⅲ   (b) MINIMAN-Ⅳ

图 9 - 24   MINIMAN - Ⅲ 和 MINIMAN - Ⅳ 微操作移动机器人

（6）Axis Pro SS 商用微操作系统

    Axis Pro SS 是一种高性能的微操作系统，它由 Micro Support 公司生产，该系统可用于微样品拾取、传送、突起物切除甚至可以在材料上标记，如图 9 - 25 所示。它融合了高性能的变焦显微镜和机械手，操作方便。该系统可以在几个模式中选择一个合适的组合，如单手型、大 XY 型、无转台型等。自动微操作系统可通过 PC 鼠标控制对样品进行对焦、操纵等操作。可以轻松快速地操作 5 μm 尺寸粒子，也可以将其剔除，并放在分析盘上，同时在监视器上进行确认。在此基础上，系统还可设置 FTIR（Kbr、Au 镜、金刚石电池）和无机分析盘。显微镜、微机械臂等硬件由软件控制，可精确重复操作，节省时间。

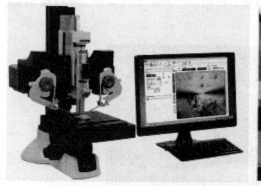

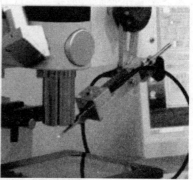

图 9 - 25   Axis Pro SS 微操作系统

习   题

1. 微细成形模具有什么特点？
2. 微细成形模具特定的加工方法有哪些？
3. 微操作的设计原则有哪些？

第 10 章　微装配技术

随着微机电系统技术的不断发展,其呈现了功能不断增多、集成化程度越来越高和系统功能更加复杂化的特点,涉及不同的加工工艺和加工材料,外形结构从传统的平面二维结构向三维复杂结构发展。单纯依靠单件加工工艺很难保证复杂系统的整体工作性能,微装配技术研究成为必然的热点。微装配技术的发展带动了微电子学、微摩擦学、微机构学、微细结构加工技术和微系统技术等许多领域的新发展,跨领域地服务于信息、生化、能源等学科。

10.1　特点与功能

目前 MEMS 产品已成功应用在汽车电子、投影显示、喷墨打印、医学检测、药物研制、光通信、消费电子等领域,近年来又以强劲势头进入物联网和可穿戴设备领域。这些微机电系统日趋复杂,其中包含多种不同材料配合或者需要多种工序来实现。因此,针对微机电系统的微装配研究显得更加重要。

1. 特　点

微装配系统与宏观装配系统相比,有如下特点:

① 零部件几何尺寸小。MEMS 等零件几何尺寸在微米至毫米量级,因此装配精度要求在微米甚至亚微米级。如果仅依靠显微镜等辅助工具,进行人工装配操作,难度系数很高,且工作效率低下。

② 零部件质量轻,微结构零件易于变形和损坏,需要高灵敏度的触觉功能辅助。

③ 零件微结构复杂,尺寸效应明显。微小型零件夹持和操作难度大,不确定因素较多,容易导致失败。

④ 零件材料的多样性。系统各个部件可能由不同材料不同工艺组成,所以在装配过程中需要采用合适的装配工艺才能完成配合。

2. 功　能

与宏观尺度的装配相比,由于几何尺寸的减小,出现了尺寸效应,会使微装配与宏观尺度下装配在功能上有着明显的区别,主要体现在以下几个方面:

① 高精度对位功能。微装配相较于宏观装配的定位精度要求更高。比如,一般用于定位的 4~6 轴串行机器人精度为几百微米,而在微装配中零件尺寸大都在 $1\ \mu m \sim 1\ mm$ 之间,因此微装配的定位精度为亚微米级。同时系统的装配执行机构也必须达到该精度的执行进给最小量,才能保证系统零件的装配精度。这种高精度要求大大超出传统装配能力。

② 微力/微位移反馈控制功能。显微镜及其他传感工具限制了对被装配零件状态的反馈。当零件接触后,零件在空间的遮挡下,视觉反馈失效,将通过微力/微位移反馈来指导装配工作。由于尺寸效应,表面作用力会取代重力发挥主导作用。图 10-1 所示为范德华力、静电

力和表面张力随尺度变化趋势。这些力的作用机理尚未被完全理解,无法完全控制,难以精确控制零件的夹持和释放,这会对微装配过程带来极大的负面作用。

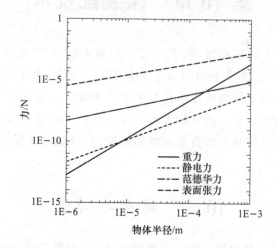

图 10-1　重力、静电力、范德华力和表面张力随尺度变化图

③ 跨尺度配合装配能力。微装配对象几何尺寸从微米到毫米,这要求系统既能装配大尺度的三维零件,也可以专装配数十微米的零件,即要求微装配系统具有跨尺度工作的装配能力。

④ 人机协同操作控制能力。微小型精密系统零件形状多样,装配要求高,难以实现完全自动化装配流程。仅靠人工操作,产品一致性差,效率低下,因此系统需要具有高精度人机协同控制能力,从而保证装配的效率和稳定性。

10.2　类型与组成

根据操作方式的不同,微装配可分为接触型微装配和非接触型微装配。接触型微装配指通过微夹持器来实现对微小零件的操作,如机械式微夹钳、真空微夹钳等。非接触型微装配是指通过特定的物理效应来实现装配的,不需要与零件进行接触,如磁场力、电场力、光学捕捉等。

根据每次装配零件数量的不同,分为串行微装配和并行微装配。串行微装配来源自传统的"pick-and-place"操作,适用于操作复杂的微小零件或系统。串行微装配适应性强,常采用闭环控制方式实现精确定位,所以具有定位精度高、适应性好的特点,但生产效率低、装配成本高。并行微装配可以实现多个相同或不同的零件同时装配,相应的生产效率高、成本低,但并行技术只能进行简单的装配,适应性差,一般采用开环控制,精度较差。

典型的微装配系统主要由显微视觉系统、多自由度工作台、微操作及夹持系统和检测控制系统组成,如图 10-2 所示。待装配微器件当前信息经显微视觉系统传送至控制系统进行分析处理,从而得到相对位姿信息。利用专用软件从位姿信息中提取驱动系统所需定位数据,控制多自由度工作台和微夹持平台运动,带动被装配部件在三维空间运动,最终实现微装配任务。

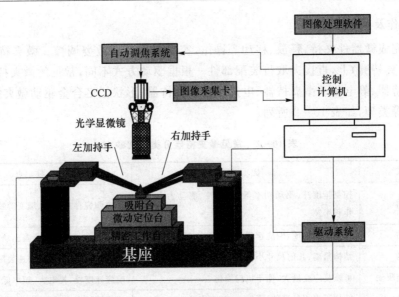

图 10 - 2　微装配系统框图

1. 显微视觉系统

　　显微视觉系统一般由立体显微镜、图像采集卡、CCD 摄像机及监视器等单元组成,用来实现微零件图像采集和操作过程的实时监控。微装配任务需要显微视觉系统辅助进行系统图像对位检测来实现三维空间的精确定位。对高精度微装配系统,精确对位系统是决定装配精度的关键环节。常见的显微视觉系统有单目显微视觉、双目显微视觉和基于单目视觉多视角检测对位系统三种方法,如表 10 - 1 所列。

表 10 - 1　常见显微视觉系统对比

名　称	单目视觉装配系统	多目视觉装配系统	单目视觉多视角装配系统
优　点	结构简单	结构简单	结构复杂
缺　点	精度受机械运动误差影响大	仅获得外轮廓信息, 装配特征面内信息难以获得	光路调整困难,缺乏通用性

2. 多自由度工作台

　　多自由度工作台主要包括精密工作台、微动工作台和吸附台(承载台),是微器件装配的操作平台,实现微器件的承载和动作。图 10 - 3 所示为微装配工作台及承载各系统分布。

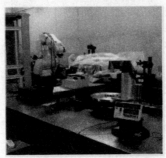

图 10 - 3　微装配平台及承载各系统分布

3. 微操作及夹持系统

该系统完成微器件夹持、释放、移动等操作,实现多自由度位姿调控。微夹持器一般加装在微操作头(夹持臂)上,直接夹取待装配部件。根据驱动方式不同,常见的微夹持器可分为压电驱动微夹持器、静电驱动微夹持器、电热驱动微夹持器、形状记忆合金驱动微夹持器、电磁驱动微夹持器等类型,如表 10 - 2 所列。

表 10 - 2   常见微夹持器分类及优缺点

驱动方式	优　点	缺　点
压电驱动	控制精度高、驱动功率低、响应快、驱动力大、工作频率宽	压电陶瓷存在迟滞、蠕变等特性,变形量小
静电驱动	便于系统集成、响应速度快、不发热、精度高	输出力小、行程小、所需驱动电压高
电热驱动	结构紧凑、几何尺寸小、控制简单	响应时间长、不利于快速装配
形状记忆合金驱动	可恢复应变量大、便于机构简化	响应速度慢、耗电大、频率低
电磁驱动	结构原理相对简单、可靠性高、响应迅速	能量消耗高、驱动频率低

4. 检测控制系统

检测控制系统是微装配系统的核心,完成系统装配控制和装配自动化。由于微装配要求精度高,除了结构设计上需要满足精度要求以外,还需相应的定位测量系统保证系统功能实现。因此,需要各种传感器,如光栅传感器、力传感器、光电传感器等。系统由计算机控制,获得数据并进行处理。

习　　题

1. 微装配过程中,尺寸效应对其有什么影响?
2. 简述微装配系统的分类及组成。

第 11 章　微细成形工艺数值模拟

11.1　微细成形数值模拟基础理论

11.1.1　应变梯度塑性理论

在微细成形过程中,由于制品整体或局部尺度的微小化引起的成形机理、材料变形规律以及摩擦特性改变,宏观的经典塑性理论不包含任何的材料尺寸参数,对于所受外加载荷等外在条件一致,不同微尺度下材料的模拟结果无差异化,不能表征微尺度下与尺寸息息相关的尺寸效应,所以经典塑性本构关系在微尺度范围内已经不再适用。为了更好地描述尺寸效应,学者们先后提出了许多理论,而应变梯度理论就是其中众多学者们所能接受的理论之一。

早在 19 世纪,Voigt 等提出,物体内除了力还有力偶的存在,力与力偶共同作用于物体,因此在传统应力张量的基础上,又引入了偶应力张量 μ 的概念。经过几十年的发展,1909 年 Cosserat 兄弟建立了偶应力理论,也是最早的高阶应变梯度理论。他们假定每个材料点除有 3 个位移自由度之外,还有 3 个独立的旋转自由度,并在本构模型中通过旋转梯度引入了材料的特征长度,能够唯象地反映材料的尺寸效应,若假定材料的旋转自由度不独立,等于位移的旋度,则称之为约束转动 Cosserat 理论。但是,由于缺乏微尺度实验的验证,此理论在推出后半个世纪内无人认同,直到 19 世纪 60 年代,随着微尺度实验的发展以及人们对材料微尺度化的需求,应变梯度理论又引起了大量学者的关注,又一次引发了极为活跃的影响。在 Cosserat 理论基础上,Toupin、Koiter 和 Mindlin 在本构方程中引入应变梯度,提出一种广义理论或称应变梯度理论,也就是更为一般的弹性偶应力理论,引入了全部位移二阶梯度对材料性质的影响,除了旋转梯度,还引入了拉伸梯度。由于在当时并没有一些具有显著尺寸效应的实验来验证这种理论,所以在这之后又沉寂了一段时间。近年来,由于微观实验的发展及微制造技术的兴起,应变梯度塑性理论重新成为力学界研究的热点。

1984 年以来,Muhlhaus 和 Aifantis 讨论了塑性应变梯度模型的各种形式,假设了场应力是来自于塑性应变梯度。他们把应变梯度表示为等效应变的第一和第二拉普拉斯(Laplace)算子,但在其理论中没有定义应变梯度的功共轭量。在此基础上,Muhlhaus 和 Aifantis 给出了定义连续性边界条件的变化法则。随后,Fleck 和 Hutchinson 也用类似的结构,通过不同的方法发展了一种应变梯度塑性理论。位错理论认为,金属塑性变形的内在机理是其内部的位错累积,当有塑性变形发生时,就会有位错产生。位错的累积分为两种,一种是"统计存储位错(Statistically Stored Dislocation,简称 SSD)",这种位错通过随机的方式相互吸引而累积。另一种是"几何必需位错(Geometrically Necessary Dislocation,简称 GND)",是塑性剪切梯度所形成的,与塑性应变梯度密切相关,是变形协调所需要的。几何非均匀和材料本身非均匀所造成的塑性变形都会导致应变梯度,如图 11-1 所示,应变梯度又需要几何必需位错来协调。比如,在棒材扭转或梁弯曲变形过程中,材料表面应变较大,但沿扭转轴或弯曲中性层的应变为 0,如图 11-1(a)所示。再如,在压痕实验中,靠近压头的塑性区应变很大,但离塑性区较远的地方应变为 0。此外,材料断口尖端附近应变较大,而远离断口的应变为 0,如图 11-1(b)

所示。在包含硬相或晶粒取向高度不一致的材料变形过程中,也会产生应变梯度,如图 11 - 1(c)
所示。在宏观下,几何必需位错的密度远小于统计存储位错的密度,可以忽略不计。但在微尺
度下,几何必需位错的密度和统计存储位错的密度处于同一个数量级,几何必需位错对材料的
强化作用则变得十分重要。

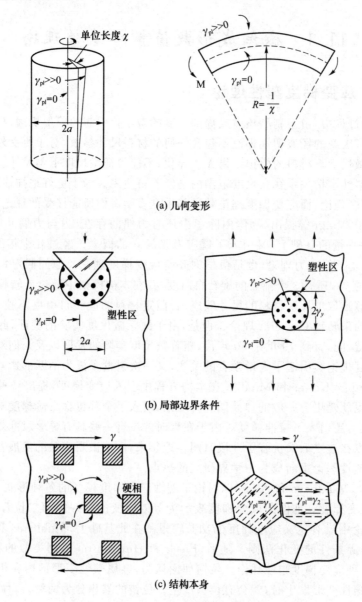

(a) 几何变形

(b) 局部边界条件

(c) 结构本身

图 11 - 1　塑性应变梯度起因

1. 应变梯度塑性偶应力理论

1993 年,Fleck 和 Hutchinson 提出了 CS 应变梯度塑性理论(Couple Stress,偶应力理
论),它是在经典的 J_2 形变及 J_2 流动理论的基础上进行了推广,该理论中引入了应变梯度项
和高阶应力来反映旋转梯度的影响,很好地解释了铜丝扭转实验和薄梁微弯实验,但是对微压
痕实验等现象不能进行很好的解释。

在 CS 理论中,除了定义了应变以外,还考虑了旋转梯度的影响,并且定义了应变 ε_{ij}、旋度 χ_{ij} 与位移 u_i 之间的关系:

$$\varepsilon_{ij} = \frac{1}{2}(u_{i,j} + u_{j,i}), \quad \chi_{ij} = \frac{1}{2}e_{jpk}u_{k,pi} \tag{11.1}$$

式中:e_{jpk} 为置换张量 e 的分量。

在 Fleck 和 Hutchinson 发展的这种本构关系中引入了依赖于材料微结构的材料常数 l 来平衡应变和应变梯度的量纲。因为应变梯度项比应变项的贡献小得多,所以当非均匀变形场的特征尺寸 L 远远大于材料特征尺寸 l 时,即此时应变梯度效应小到可以忽略,该理论就退化为经典的 J_2 塑性理论。但是如果当变形场特征尺寸 L 与材料特征尺寸 l 在一个数量级时,应变梯度效应就表现得很明显,此时就应该考虑应变梯度效应对整体变形的影响。

2. 拉伸和旋转应变梯度理论

1997 年,Fleck 和 Hutchinson 又提出了拉伸和旋转应变梯度塑性理论(Stretch and Rotation Strain Gradient Theory,简称 SG 理论)。在 CS 理论的基础上,引入了拉伸梯度的影响,较好地解释了微压痕实验等现象。该理论涉及两类特征尺寸,分别是弹性特征尺寸和塑性特征尺寸。一般地,均匀金属材料的弹性特征尺寸比塑性特征尺寸小两到三个数量级甚至更小,通常忽略弹性特征尺寸在微尺度塑性变形中的影响。由于同时考虑旋转和拉伸梯度,所以它是一个完整的考虑了位移二阶梯度的塑性理论。

应变 ε_{ij} 和应变梯度 η_{ijk} 与位移 u_k 的关系为

$$\varepsilon_{ij} = \frac{1}{2}(u_{i,j} + u_{j,i}) \tag{11.2}$$

$$\eta_{ijk} = u_{k,ij} = \varepsilon_{ik,j} + \varepsilon_{jk,i} - \varepsilon_{ij,k} \tag{11.3}$$

应变偏量 $\boldsymbol{\varepsilon}'$ 的分量 ε'_{ij} 和应变梯度偏量 $\boldsymbol{\eta}'$ 的分量 η'_{ijk} 分别定义为

$$\varepsilon'_{ij} = \varepsilon_{ij} - \frac{1}{3}\delta_{ij}\varepsilon_{kk} \tag{11.4}$$

$$\eta'_{ijk} = \eta_{ijk} - \eta^{\mathrm{H}}_{ijk} \tag{11.5}$$

$\boldsymbol{\eta}^{\mathrm{H}}$ 为 $\boldsymbol{\eta}$ 的静水部分,其分量间的关系定义为

$$\eta^{\mathrm{H}}_{ijk} = \frac{1}{4}(\delta_{ik}\eta_{jpp} + \delta_{jk}\eta_{ipp}) \tag{11.6}$$

$\boldsymbol{\eta}^{\mathrm{H}}$ 和 $\boldsymbol{\eta}'$ 正交,即

$$\eta^{\mathrm{H}}_{ijk}\eta'_{ijk} = 0 \tag{11.7}$$

这里,应变 ε_{ij} 和应变梯度 η_{ijk} 分别与 Cauchy 应力 σ_{ij} 和高阶应力 τ_{ijk} 功共轭,形变理论的本构关系可以通过应变能密度 W 表示为

$$\sigma_{ij} = \frac{\partial W}{\partial \varepsilon_{ij}}, \quad \tau_{ijk} = \frac{\partial W}{\partial \eta_{ijk}} \tag{11.8}$$

等效应变可表示为

$$\varepsilon_{\mathrm{equ}} = \sqrt{\frac{2}{3}\varepsilon'_{ij}\varepsilon'_{ij}} \tag{11.9}$$

Smyshlyaev 和 Fleck 提出应变梯度偏量有 3 个二阶不变量:

$$\eta'_{iik}\eta'_{jjk}, \quad \eta'_{ijk}\eta'_{ijk}, \quad \eta'_{ijk}\eta'_{kj} \tag{11.10}$$

Fleck 和 Hutchinson 基于这 3 个二阶不变量,将应变偏量引入其中,组合成一个新的等效应变:

$$\varepsilon_{en} = \sqrt{\frac{2}{3}\varepsilon'_{ij}\varepsilon'_{ij} + c_1\eta'_{ikk}\eta'_{jjk} + c_2\eta'_{ijk}\eta'_{ijk} + c_3\eta'_{ijk}\eta'_{kij}} \tag{11.11}$$

式中：c_1，c_2，c_3 为通过实验而得到的拟合常数。SG 理论自其产生以来，得到了广泛的应用，并可以解释很多尺寸效应，尤以 SG 理论在断裂力学中的应用，得到了很好的效果。

3. 基于位错机制的应变梯度塑性理论

1999 年，Gao 和 Huang 提出了基于细观机制的应变梯度塑性理论（Mechanism-based Strain Gradient Plasticity，简称 MSG 理论），这进一步完善了应变梯度理论。在多层次、多尺度的框架下，实现了宏观塑性理论和位错理论的联系，能够很好地模拟压痕实验、孔洞生长和微弯曲等实验中的尺寸效应。经过多年的发展，基于细观机制的应变梯度塑性理论在广大学者的共同努力下已经趋于成熟，并且在塑性梯度理论与 Taylor 位错模型之间建立起了很好的联系。在计算结果和实验的符合程度上，MSG 形变理论相比于 SG 理论符合得更好，其中包括微扭转实验、微弯曲实验、金属基复合材料的实验、多晶铜的微压痕实验，以及对玻璃基底上细铝丝的压痕实验等。

Nix 和 Gao 通过对压痕实验进行位错分析，概括了 Fleek 和 Hutchinson 及 Fleek 等引入的材料特征尺度 l 的意义，并且提供了基于位错机制的应变梯度塑性理论所必须服从的实验规律。Nix 和 Gao 从描述材料的抗剪切强度和材料中位错密度之间关系的 Taylor 律出发：

$$\tau = \gamma Gb\sqrt{\rho_T} = \gamma Gb\sqrt{\rho_s + \rho_G} \tag{11.12}$$

式中：ρ_T 为位错总密度；ρ_s 为统计储存位错密度（SSD）；ρ_G 为几何必需位错密度（GND）；γ 为经验系数（取值为 0.3～0.5）；G 为剪切模量；b 为 Burgers 向量的模。在这里，ρ_s 和 ρ_G 分别对应于单轴拉伸和应变梯度对位错的贡献。所以，材料的拉伸流动应力为

$$\sigma = \bar{m}\tau = \bar{m}\gamma Gb\sqrt{\rho_s + \rho_G} \tag{11.13}$$

式中：$\bar{m}$ 为 Taylor 因子，对于面心立方材料取值为 3.06。在 Nix 和 Gao 的研究过程中，使用的屈服理论为 Mises 屈服准则，所以采用的拉伸和剪切流动应力之间的关系为 $\sigma = \sqrt{3}\tau$，即 $\bar{m} = \sqrt{3}$，同时可以利用不考虑应变梯度效应的单轴拉伸应力-应变关系：

$$\sigma = \sigma_{ref}f(\varepsilon) \tag{11.14}$$

式中：σ_{ref} 为单轴拉伸中的参考应力。等效应变梯度对几何必需位错密度的影响，可以用下式表示：

$$\rho_G = \bar{r}\frac{\eta}{b} \tag{11.15}$$

式中：$\bar{r}$ 为 Nye 因子，反映的是几何必需位错平均密度和最有效位错排列中几何必需位错密度的比值，对于面心多晶材料，其取值一般为 1.9。

由于单轴拉伸中，塑性应变梯度为 0，则通过以上几式可以得出统计储存位错密度，公式如下：

$$\rho_s = \left[\frac{\sigma_{ref}f(\varepsilon^p)}{M\alpha\mu b}\right]^2 \tag{11.16}$$

综合式（11.13）～式（11.16）可以得到 Taylor 硬化律，如下：

$$\sigma = \sigma_{ref}\sqrt{f^2(\varepsilon) + l\eta} \tag{11.17}$$

$$l = \bar{r}\left(\frac{\bar{m}\gamma G}{\sigma_{ref}}\right)^2 b \tag{11.18}$$

式中:l 在塑性应变梯度理论中称为材料特征尺度,其用一种很自然的方式表征了材料弹性(剪切模量 G)、塑性(参考应力)以及原子的空间分布(柏氏矢量)的综合作用。对于典型的金属材料,其特征尺度 l 处于微米量级。

Nix 和 Gao 发展了一种位错模型来估计圆锥形压头下面的几何必需位错密度,再利用 Taylor 硬化律可以得出压痕硬度与压痕深度之间的关系。图 11 - 2 所示为单晶铜(111)方向微压痕硬度与深度的理论及实验关系曲线,图中 H 为给定压痕深度 h 的硬度,H_0 为极限压痕深度下的硬度,h^* 取决于压头的形状、剪切强度与 H_0 的特征长度。从图 11 - 2 中可以看出对微压痕硬度的预测和实验值符合得非常好。经典塑性理论的预测值与压痕深度无关,因此在图中是一条水平直线。只考虑旋转梯度的 CS 理论,以及同时考虑旋转和拉伸应变梯度的 SG 理论对微压痕实验的模拟都与实验符合得不是很好。Nix 和 Gao 所发展的这种微压痕硬度的平方和压痕深度倒数的线性关系说明,Taylor 硬化律表明了材料在微尺度下的一种基本的变形特征。因此以 Taylor 硬化律为基础,成为发展应变梯度塑性理论的动机,也使基于位错机制的应变梯度塑性理论的发展成为可能。

MSG 理论正是 Gao 和 Huang 等人在 Taylor 硬化律的基础上发展的一种基于位错机制的应变梯度塑性理论。MSG 理论通过一个多尺度、分层次的框架,很好地实现了宏观塑性理论和位错理论的联系。图 11 - 3 中给出了 MSG 理论采用的多尺度框架模型,在微尺度胞元上,胞元尺寸比应变场变化的区域小,按照应变梯度律,几何必需位错影响微尺度流动应力。细观尺度胞元内的应变场按线性规律变化,其内部的每一点都可以作为微观尺度胞元。细观变量包括细观应变、细观应力、应变梯度和高阶应力微观变量(包括微观应变和微观应力)。

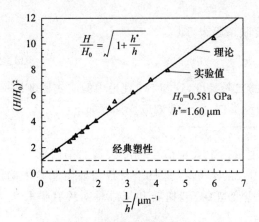

图 11 - 2　单晶铜的压痕硬度与
　　　　　压痕深度的关系

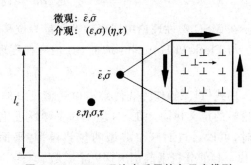

图 11 - 3　MSG 理论中采用的多尺度模型

微观应变和细观应变,以及应变梯度之间具有如下关系:

$$\tilde{\varepsilon}_{ij} = \varepsilon_{ij} + \frac{1}{2}(\eta_{kij} + \eta_{kji})x_k \tag{11.19}$$

式中:x_k 是细观胞元内原点在胞元中心的局部坐标。

细观胞元尺度为 l_ε,细观胞元的选择要足够小,以保证其中的应变可以近似按着线性规律变化。同时,细观胞元也要足够大,远远大于平均位错间距的量级,即包含足够多的位错,可以应用 Taylor 位错模型,给出细观胞元尺度 l_ε 的计算公式如下:

$$l_\varepsilon = \beta \frac{G}{\sigma_Y} b \tag{11.20}$$

式中:β 为数量级是 10 的无量纲系数;G 为剪切模量;b 为 Burgers 向量的模;σ_Y 为屈服应力。在微观尺度胞元内位错的相互作用遵守 Taylor 关系,因而可以用 Taylor 硬化律来描述。也就是说,在微观尺度胞元内,几何必需位错的累积导致流动应力按照 Taylor 硬化律增大,即微尺度下的塑性流动是几何必需位错背景下统计存储位错的滑动,而微尺度塑性仍然保持经典塑性理论的基本结构。几何必需位错和应变梯度的关联则是在细观尺度胞元的层次上建立的。这种多尺度、分层次的模型提供了一种建立细观本构理论的方法,即在代表体元上通过对微尺度塑性律进行平均化处理,然后得到细观尺度的弹塑性本构关系。虽然这种基于位错机制的应变梯度塑性理论符合 Fleck 和 Hutchinson 建立的唯象理论的数学框架,但是以位错理论中 Taylor 硬化律为出发点使它具有了位错机制,因而不同于所有现有的唯象理论。

为了在细观尺度下的应变梯度塑性和微观尺度下的 Taylor 硬化关系之间建立联系,MSG 理论中采用了以下三个假设:

① 微观尺度下的流动应力是由位错的运动控制的,所以需要遵从式(11.17)所给出的 Taylor 硬化律:

$$\sigma = \sigma_{\text{ref}} \sqrt{f^2(\varepsilon) + l\eta} \tag{11.21}$$

② 在微尺度胞元内假设经典塑性理论的基本结构仍然成立,即满足微尺度下的基于 Mises 屈服条件的 J_2 流动理论:

$$\tilde{\sigma}'_{ij} = \frac{2\tilde{\sigma}_e}{3\tilde{\varepsilon}_e}\tilde{\varepsilon}'_{ij}, \quad \tilde{\sigma}_{kk} = 3K\tilde{\varepsilon}_{kk} \tag{11.22}$$

式中:$\tilde{\sigma}_e$ 为微观等效应力;K 为体积模量。

③ 利用塑性功相等将细观尺度和微观尺度联系起来,即

$$\int_{V_{\text{cell}}} \tilde{\sigma}_{ij}\delta\tilde{\varepsilon}_{ij}\mathrm{d}v = (\sigma_{ij}\delta\varepsilon_{ij} + \tau_{ijk}\delta\eta_{ijk})V_{\text{cell}} \tag{11.23}$$

在 MSG 塑性理论中应变梯度张量为位移的二阶梯度,这与 SG 理论中的应变梯度是一致的。与 Fleck 和 Hutchinson 的 SG 应变梯度理论类似,定义等效应变梯度如下:

$$\eta = \sqrt{c_1\eta'_{iik}\eta'_{jjk} + c_2\eta'_{ijk}\eta'_{ijk} + c_3\eta'_{ijk}\eta'_{kji}} \tag{11.24}$$

用式(11.24)作为几何必需位错密度 β 的度量。上式中应变梯度张量的偏斜部分与 SG 理论中的定义相同。在 SG 应变梯度塑性理论中 c_1、c_2 和 c_3 这三个系数需要由实验来确定。同时,可以通过对三个典型的位错模型:平面应变弯曲、纯扭转和二维轴对称孔洞长大(见图 11-4)的分析来确定出这三个系数。

$$c_1 = 0, \quad c_2 = \frac{1}{4}, \quad c_3 = 0 \tag{11.25}$$

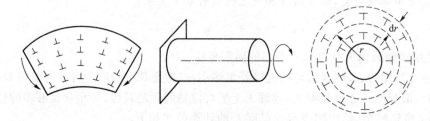

图 11-4　三个典型的位错模型

于是,等效应变梯度的定义变为

$$\eta = \sqrt{\frac{1}{4} \eta'_{ijk} \eta'_{ijk}} \tag{11.26}$$

利用塑性功相等的关系式以及微观应变和细观应变、应变梯度的关系式,得出细观应力和细观高阶应力的定义式

$$\sigma_{ij} = \frac{1}{V_{cell}} \int_{V_{cell}} \tilde{\sigma}_{ij} \, \mathrm{d}v \tag{11.27}$$

$$\tau_{ijk} = \frac{1}{V_{cell}} \int_{V_{cell}} \frac{1}{2} (\tilde{\sigma}_{jk} x_i + \tilde{\sigma}_{ik} x_j) \, \mathrm{d}v \tag{11.28}$$

由上式以及微观塑性流动律导出 MSG 形变理论的本构关系式:

$$\sigma_{ij} = K\varepsilon_{kk}\delta_{ij} + \frac{2\sigma}{3\varepsilon} \varepsilon'_{ij} \tag{11.29}$$

$$\tau_{ijk} = l_z^2 \left[\frac{1}{6} K\eta_{ijk}^H + \frac{\sigma}{\varepsilon} (\Lambda_{ijk} - \Pi_{ijk}) + \frac{\sigma_{ref}^2 f_p(\varepsilon) f'_p(\varepsilon)}{\sigma} \Pi_{ijk} \right] \tag{11.30}$$

式中:

$$\Lambda_{ijk} = \frac{1}{72} \left(2\eta'_{ijk} + \eta'_{kij} + \eta'_{kji} + \frac{1}{2} \delta_{ij} \eta_{kpp} + \frac{1}{3} \eta_{ijk}^H \right) \tag{11.31}$$

$$\Pi_{ijk} = \frac{1}{54\varepsilon^2} \left[\varepsilon'_{mn} (\varepsilon'_{ik} \eta'_{jmn} + \varepsilon'_{jk} \eta'_{imn}) + \frac{1}{4} \eta_{qpp} (\varepsilon'_{ik} \varepsilon'_{jq} + \varepsilon'_{jk} \varepsilon'_{iq}) \right] \tag{11.32}$$

式中:σ 为流动应力,ε 和 ε_{ij} 分别为等效应变和应变偏量,即

$$\varepsilon = \sqrt{\frac{2}{3} \varepsilon'_{ij} \varepsilon'_{ij}}, \quad \varepsilon'_{ij} = \varepsilon_{ij} - \frac{1}{3} \delta_{ij} \varepsilon_{kk} \tag{11.33}$$

MSG 理论和 SG 理论一样,引入了高阶应力,其平衡方程比经典塑性理论的平衡方程阶数高,属于高阶应变梯度塑性理论。其平衡方程为

$$\sigma_{ik,i} - \tau_{ijk,ij} + f_k = 0 \tag{11.34}$$

式中:f_k 为单位体积的体力。物体表面上的应力拽力和高阶应力拽力分别为

$$t_k = n_i (\sigma_{ik} - \tau_{ijk,j}) + n_i n_j \tau_{ijk} (D_p n_p) - D_j (n_i \tau_{ijk}), \quad r_k = n_i n_j \tau_{ijk} \tag{11.35}$$

式中:n 为物体表面的单位外法向矢量,$D_j(\cdot) = \partial(\cdot)/\partial x_j - n_j n_k \partial(\cdot)/\partial x_k$ 为表面梯度算子。

4. 基于晶体塑性的应变梯度理论

应变梯度理论一般分为高阶应变梯度理论以及低阶应变梯度理论。高阶应变梯度理论包含高阶应力、高阶的边界条件控制方程,并且需要额外的边界条件来求解。而低阶的应变梯度理论并不需要高阶应力以及额外的边界条件。因此,基于低阶应变梯度的晶体塑性理论不仅延续了传统的晶体塑性力学的经典框架,并且同样不包含高阶应力以及额外的边界条件,便于有限元求解。当应变梯度为 0,或者材料非均匀变形的尺寸远大于材料特征尺度 l 时,基于晶体塑性的应变梯度理论(MSG-CP)便退化为传统的晶体塑性理论。

与 MSG 低阶应变梯度理论类似,基于晶体塑性的应变梯度理论(MSG-CP)仍采用 Taylor 位错模型。统计存储位错密度可以与传统的晶体塑性力学中的滑移强度(g^α)联系起来,公式如下:

$$g^\alpha = \alpha\mu b \sqrt{\rho_s} \tag{11.36}$$

即统计储存位错密度为

$$\rho_s = \left(\frac{g^\alpha}{\alpha\mu b}\right)^2 \tag{11.37}$$

代入 Taylor 位错模型,得到

$$g_T^\alpha = g_0 \sqrt{(g^\alpha/g_0)^2 + l\eta_G^\alpha} \tag{11.38}$$

式中:g_0 为参考滑移强度;l 为材料特征长度。g_0 的表达式如下:

$$l = \frac{\alpha^2\mu^2 b}{g_0^2} \tag{11.39}$$

式中:b 为柏氏矢量的模,大小约为 1/10 nm,μ 为剪切模量;α 为经验系数取值在 0.3～0.5 之间。g_0 的取值约为剪切模量的一百分之一,即 $g_0 = \mu/100$。

在基于晶体塑性的应变梯度理论(MSG - CP)中,等效滑移强度由两部分组成,即由统计存储位错密度所导致的强度以及由几何必需位错密度所导致的强度。用公式表达如下:

$$g_T^\alpha = \sqrt{(g_S^\alpha)^2 + (g_G^\alpha)^2} \tag{11.40}$$

由统计存储位错导致的强度的求解仍沿用晶体塑性力学中的公式:

$$\dot{g}_S^\alpha = \sum_\beta h_{\alpha\beta}\dot{\gamma}^\beta \tag{11.41}$$

由几何必需位错导致的强度为 $g_G^\alpha = \alpha\mu \sqrt{b\eta_G^\alpha}$。从而,材料特征长度 l 通过由几何必需位错密度所导致的强度的方式引入到等效滑移强度中。

等效塑性变形梯度可用如下方式计算:

$$\eta^P = \left|\frac{\partial\gamma^\alpha}{\partial x}\right| \tag{11.42}$$

可变换成如下形式:

$$\eta^P = \left|m^\alpha \times \sum_\beta s^{\alpha\beta} \nabla\gamma^\beta \times m^\beta\right| \tag{11.43}$$

式中:m^α 为滑移面法向向量;s^α 为滑移方向;$s^{\alpha\beta} = s^\alpha \cdot s^\beta$。×代表向量的叉乘。

晶体塑性力学中的滑移率的求解可以修正如下:

$$\gamma^\alpha = a^\alpha f^\alpha(\tau^\alpha/g_T^\alpha) \tag{11.44}$$

至此,基于晶体塑性的应变梯度理论框架已经全部给出。

5. 其他应变梯度理论

2016 年,Lu 和 Soh 提出了一种应变梯度弹塑性理论(Strain Gradient Elastic-Plasticity,简称 SGEP 理论)。基于完全有效应变梯度大部分是由弹性应变梯度提供的这个事实,强调弹性应变梯度在微尺度金属材料中的重要性,根据 Taylor 模型建立一个新的屈服函数,强调弹性变形相关位错的可逆性,在 SGEP 理论框架内着重考虑弹性变形的贡献。在循环载荷下模拟了细金属丝扭转以及薄梁微弯曲,并能很好地捕捉四种尺寸效应:塑性强化、弹性极限尺寸效应、超强包辛格效应、塑性软化,以上基于 Taylor 模型引入应变梯度的理论,被统称为应变梯度塑性理论(Strain Gradient Plasticity,SGP)。应变增量被分解为体应变增量部分和偏应变增量部分,在应变增量的分解中,由于旋转梯度反对称部分的高阶应力不做机械功,不予考虑,将其分解为三个部分:膨胀梯度增量、偏拉伸梯度增量和旋转梯度对称部分增量。假设在整个塑性变形过程中材料不可压缩,所以体应变增量部分和膨胀梯度增量是纯弹性的,其他的应变增量和应变梯度增量分解为一个弹性部分和一个塑性部分:

$$\dot{\varepsilon}'_{ij} = \dot{\varepsilon}'^{e}_{ij} + \dot{\varepsilon}^{p}_{ij}, \quad \dot{\eta}^{(1)}_{ijk} = \dot{\eta}^{(1)e}_{ijk} + \dot{\eta}^{(1)p}_{ijk}, \quad \dot{\chi}^{S}_{ij} = \dot{\chi}^{S,e}_{ij} + \dot{\chi}^{S,p}_{ij} \tag{11.45}$$

用弹性本构法则将应力与弹性应变联系起来,表达式为

$$\sigma_{ij} = \lambda\delta_{ij}\varepsilon^{e}_{mm} + 2\mu\varepsilon^{e}_{ij}, \quad p_i = 3KL_0^2\varepsilon^{e}_{,i}, \quad \tau^{(1)}_{ijk} = 2\mu L_1^2\eta^{(1)e}_{ijk}, \quad m^{S}_{ij} = 2\mu L_2^2\chi^{S,e}_{ij} \tag{11.46}$$

式中:σ_{ij} 是柯西应力;p_i、$\tau^{(1)}_{ijk}$ 和 m^{S}_{ij} 是高阶应力;λ 和 μ 是拉梅常数;K 是弹性体积模量;L_0、L_1 和 L_2 是三个弹性尺寸参数。从式中可以看出,应变梯度弹性理论计算应变梯度分量的功共轭与弹性尺寸参数有关,而与塑性尺寸参数无关。

与屈服条件相关联的塑性流动法则为

$$\dot{\varepsilon}^{p}_{ij} = \dot{\Lambda}\sigma'_{ij}, \quad l_1\dot{\eta}^{(1)p}_{ijk} = \dot{\Lambda}\left(\frac{\tau^{(1)}_{ijk}}{l_1}\right), \quad l_2\dot{\chi}^{S,p}_{ij} = \dot{\Lambda}\left(\frac{m^{S}_{ij}}{l_2}\right) \tag{11.47}$$

式中:l_1 和 l_2 是材料的塑性尺寸参数;$\dot{\Lambda}$ 是一个系数,表达式为

$$\dot{\Lambda} = \frac{3}{2}\left[\frac{\dot{\varepsilon}_e^{2\beta} + (l_1\dot{\eta}_e^{(1)})^{2\beta} + (l_2\dot{\chi}_e^{S})^{2\beta}}{\sigma_e^{2\beta} + (\tau_e^{(1)}/l_1)^{2\beta} + (m_e^{S}/l_2)^{2\beta}}\right]^{\frac{1}{2\beta}} = \frac{3\dot{\varepsilon}_e^t}{2\sigma_e^t} \tag{11.48}$$

式中:

$$\dot{\varepsilon}_e^t = \left[\dot{\varepsilon}_e^{2\beta} + (l_1\dot{\eta}_e^{(1)})^{2\beta} + (l_2\dot{\chi}_e^{S})^{2\beta}\right]^{\frac{1}{2\beta}}, \quad \sigma_e^t = \left[\sigma_e^{2\beta} + \left(\frac{\tau_e^{(1)}}{l_1}\right)^{2\beta} + \left(\frac{m_e^{S}}{l_2}\right)^{2\beta}\right]^{\frac{1}{2\beta}}$$

$$\dot{\varepsilon}_e = \sqrt{\frac{2}{3}\dot{\varepsilon}^{p}_{ij}\dot{\varepsilon}^{p}_{ij}}, \quad \dot{\eta}_e^{(1)} = \sqrt{\frac{2}{3}\dot{\eta}^{(1)p}_{ijk}\dot{\eta}^{(1)p}_{ijk}}, \quad \dot{\chi}_e^{S} = \sqrt{\frac{2}{3}\dot{\chi}^{S,p}_{ij}\dot{\chi}^{S,p}_{ij}} \tag{11.49}$$

$$\sigma_e = \sqrt{\frac{3}{2}\sigma'_{ij}\sigma'_{ij}}, \quad \tau_e^{(1)} = \sqrt{\frac{3}{2}\tau^{(1)}_{ijk}\tau^{(1)}_{ijk}}, \quad m_e^{S} = \sqrt{\frac{3}{2}m^{S}_{ij}m^{S}_{ij}}$$

β 是控制应变和应变梯度结合的参数,其范围为 $0.5\sim1$。

为了更好地预测弹性极限尺寸效应,SGP 理论强调了弹性变形的作用,指出了在微尺度理论中考虑弹性应变梯度的必要性,为了对应所提出的 SGEP 理念和框架,基于 Taylor 位错模型,建立了一个新的屈服函数。该函数引入了相关弹性应变梯度参数,选用了塑性尺寸参数来衡量应变梯度对整个有效变形所做的贡献,塑性尺寸参数代表着位错结构的关键信息,如平均位错间距,规定了完全有效弹塑性应变 $\varepsilon_e^{t,ep}$ 的表达式,即

$$\varepsilon_e^{t,ep} = \{(\varepsilon_e^e + \varepsilon_e)^{2\beta} + [l_1(\eta_e^{(1)e} + \eta_e^{(1)})]^{2\beta} + [l_2(\chi_e^{S,e} + \eta_e^{S})]^{2\beta}\}^{\frac{1}{2\beta}} \tag{11.50}$$

根据经典塑性理论的屈服准则:

$$\sigma = \sigma_Y f(\varepsilon) = \begin{cases} \sigma_Y\left(\dfrac{\varepsilon}{\varepsilon_Y}\right), & \varepsilon \leqslant \varepsilon_Y \\ \sigma_Y\left(\dfrac{\varepsilon}{\varepsilon_Y}\right)^N, & \varepsilon > \varepsilon_Y \end{cases} \tag{11.51}$$

SGEP 理论提出了新的屈服准则:

$$\sigma^t = \begin{cases} \sigma_Y + (\sigma_0^t - \sigma_Y)\left(\dfrac{\varepsilon_e^{t,ep}}{\varepsilon_0^t}\right), & \varepsilon_e^{t,ep} \leqslant \varepsilon_0^t \\ \sigma_0^t\left(\dfrac{\varepsilon_e^{t,ep}}{\varepsilon_0^t}\right)^N, & \varepsilon_e^{t,ep} > \varepsilon_0^t \end{cases} \tag{11.52}$$

式中:

$$\varepsilon_0^t = \left(\frac{\varepsilon_e^{t,ep}}{\varepsilon_e^e + \varepsilon_e}\right)^{\gamma_\varepsilon}\varepsilon_Y, \quad \sigma_0^t = \left(\frac{\varepsilon_e^{t,ep}}{\varepsilon_e^e + \varepsilon_e}\right)^{\gamma_\sigma}\sigma_Y \tag{11.53}$$

N 代表硬化指数,σ_0^t 和 ε_0^t 分别代表参考屈服应力和参考屈服应变,相较于经典塑性理论

中恒定不变的屈服应力 σ_Y 和屈服应变 ε_Y，参考屈服应力和参考屈服应变是变化值，是预测弹性极限尺寸效应的前提。γ_σ 和 γ_ε 是尺寸参数，基于流动法则，为了简化计算，规定了 $\gamma_\sigma = 2\gamma_\varepsilon = 2\beta$。一方面，该屈服函数塑性尺寸参数为零时，其能够成功地退化到不含内在尺寸参数的经典塑性理论屈服准则，即式（11.51）；另一方面，塑性尺寸参数的存在使该屈服准则具备了对尺寸效应的表征能力。

11.1.2 晶体塑性基本理论

1934 年，Taylor 发现金属单晶和岩盐单晶的拉伸和压缩变形可分解为平行特定晶面的晶体薄层间的相对剪切变形，且剪切方向为某些特定的晶体轴。因此推断单晶体塑性变形本质上是大量位错在特定晶面（滑移面）上沿特定晶向（滑移方向）滑移引起的晶体切变，并给出了相应的数学模型，从位错增殖的角度解释了加工硬化现象。

1. 晶体塑性变形运动学

宏观试样在进行加载过程中，首先发生弹性变形，试样内部的晶格发生畸变和转动，可以看成是连续介质的弹性变形。随着加载的持续进行，材料进入塑性，内部的晶格发生滑移，而且从宏观角度可以认为是均匀的，可以采用连续介质力学的场变量变形梯度来描述内部晶格滑移所导致的宏观外部效应。

晶体塑性变形总的变形梯度 $\boldsymbol{F}$ 为

$$\boldsymbol{F} = \frac{\partial \boldsymbol{x}}{\partial \boldsymbol{X}} = \boldsymbol{F}^e \boldsymbol{F}^p \tag{11.54}$$

式中：$\boldsymbol{x}$、$\boldsymbol{X}$ 分别表示在初始和当前构形中点的位置坐标；$\boldsymbol{F}^e$、$\boldsymbol{F}^p$ 分别表示晶格的畸变转动和滑移所产生的弹性和塑性变形梯度，如图 11-5 所示。

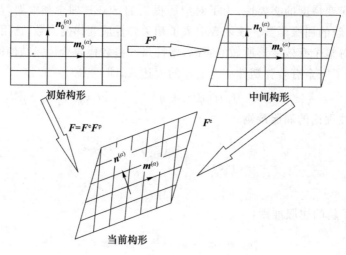

图 11-5 晶体变形运动学

图 11-5 中，$\boldsymbol{m}_0^{(\alpha)}$ 和 $\boldsymbol{n}_0^{(\alpha)}$ 分别表示在初始构形中第 α 个滑移系的滑移方向的单位向量和滑移面的单位法向量，两个向量相互垂直，即 $\boldsymbol{m}_0^{(\alpha)} \cdot \boldsymbol{n}_0^{(\alpha)} = 0$。

从图 11-5 中可以看出，晶体从初始构形开始，经历 $\boldsymbol{F}^p$ 成为中间构形，在这个过程中晶体发生了滑移，但是只产生了塑性变形，并没有发生晶格的畸变与转动，即向量 $\boldsymbol{m}_0^{(\alpha)}$ 和 $\boldsymbol{n}_0^{(\alpha)}$ 没有

发生数值与方向的变化,仍然是单位向量且满足正交关系,此时,塑性变形梯度 F^p 可以表示为

$$F^p = \sum_{\alpha=1}^{N} F^{(\alpha)p} = \sum_{\alpha=1}^{N} (I + \gamma^{(\alpha)} m_0^{(\alpha)} \otimes n_0^{(\alpha)}) \qquad (11.55)$$

式中:$F^{(\alpha)p}$ 表示第 α 个滑移系产生的塑性变形梯度;I 为二阶单位张量;$\gamma^{(\alpha)}$ 为第 α 个滑移系的剪切应变;$\otimes$ 为克罗内克积运算符号,$m_0^{(\alpha)} \otimes n_0^{(\alpha)}$ 表示两个向量的张量积,也可写为 $m_0^{(\alpha)} n_0^{(\alpha)}$,称为并矢;$N$ 为滑移系的开动数目。

然后,从中间构形经过 F^e 变成当前构形,在该过程中晶格发生了畸变和转动,产生弹性变形,向量 $m_0^{(\alpha)}$ 和 $n_0^{(\alpha)}$ 经过 F^e 变为向量 $m^{(\alpha)}$ 和 $n^{(\alpha)}$,不再是单位向量,但依然是正交的,可表示为:

$$m^{(\alpha)} = F^e \cdot m_0^{(\alpha)} \qquad (11.56)$$

$$n^{(\alpha)} = F^e \cdot n_0^{(\alpha)} \qquad (11.57)$$

引入速度变形梯度 L,其被定义为物质点速度 v 对点坐标 x 的导数,可以表示为

$$L = \frac{\partial v}{\partial x} = \dot{F} \cdot F^{-1} = L^e + L^p \qquad (11.58)$$

式中:L^e 和 L^p 分别表示晶格的畸变转动和滑移所导致的速度变形梯度张量。设第 α 个滑移系的滑移剪切应变率为 $\dot{\gamma}^{(\alpha)}$,则 L^p 由各个滑移系的贡献求和得到,可表示为

$$L^p = \sum_{\alpha=1}^{N} \dot{\gamma}^{(\alpha)} m_0^{(\alpha)} \otimes n_0^{(\alpha)} \qquad (11.59)$$

另外,速度变形梯度 L 还可以分解为一个对称部分 D 和一个非对称部分 W 的和,于是可以得到

$$L = D + W, \quad L^e = D^e + W^e, \quad L^p = D^p + W^p \qquad (11.60)$$

式中:D^e 和 D^p 分别表示晶格弹性和塑性变形速率;W^e 和 W^p 分别表示晶格弹性和塑性旋转速率。D^p 和 W^p 可由对式(11.59)的分解得到

$$D^p = [L^p + (L^p)^T]/2 = \sum_{\alpha=1}^{N} P^{(\alpha)} \dot{\gamma}^{(\alpha)} \qquad (11.61)$$

$$W^p = [L^p - (L^p)^T]/2 = \sum_{\alpha=1}^{N} \omega^{(\alpha)} \dot{\gamma}^{(\alpha)} \qquad (11.62)$$

式中:

$$P^{(\alpha)} = \frac{1}{2} (m_0^{(\alpha)} \otimes n_0^{(\alpha)} + n_0^{(\alpha)} \otimes m_0^{(\alpha)}) \qquad (11.63)$$

$$\omega^{(\alpha)} = \frac{1}{2} (m_0^{(\alpha)} \otimes n_0^{(\alpha)} - n_0^{(\alpha)} \otimes m_0^{(\alpha)}) \qquad (11.64)$$

2. 单晶体塑性本构模型

Hill 和 Rice 通过对单晶体塑性变形的研究,建立了晶体滑移理论来分析包含晶格畸变及滑移的变形机制,他们指出 D^e 与 σ 的 Jaumann 速率 $\hat{\sigma}^e$,即绕晶轴同步旋转的应力速率之间的关系为

$$\hat{\sigma}^e + \sigma(I : D^e) = C^e : D^e \qquad (11.65)$$

式中:C^e 为包含 21 个独立的弹性常数的具有对称性的弹性模量张量,即

$$C^{e} = \begin{bmatrix} C_{11} & C_{12} & C_{12} & 0 & 0 & 0 \\ C_{12} & C_{11} & C_{12} & 0 & 0 & 0 \\ C_{12} & C_{12} & C_{11} & 0 & 0 & 0 \\ 0 & 0 & 0 & C_{44} & 0 & 0 \\ 0 & 0 & 0 & 0 & C_{44} & 0 \\ 0 & 0 & 0 & 0 & 0 & C_{44} \end{bmatrix} \tag{11.66}$$

式中：$C_{11} = E(1-v)/(1+v)(1-2v)$，$C_{12} = Ev/(1+v)(1-2v)$，$C_{44} = A(C_{11}-C_{12})/2$，其中，$E$ 为弹性模量；v 为泊松比；A 为反映立方晶格中相对于各向同性偏差的齐纳系数（$A \geqslant 1$）。晶体的对称性越高，其独立的弹性常数也就越少，对于 FCC 晶体而言，独立的弹性常数只有 3 个为 E, v, A。

$\hat{\boldsymbol{\sigma}}^{e}$ 与绕材料轴同步旋转的应力速率 $\dot{\boldsymbol{\sigma}}$ 之间的关系为

$$\hat{\boldsymbol{\sigma}}^{e} = \hat{\boldsymbol{\sigma}} + (\boldsymbol{W}-\boldsymbol{W}^{e}) \cdot \boldsymbol{\sigma} - \boldsymbol{\sigma} \cdot (\boldsymbol{W}-\boldsymbol{W}^{e}) \tag{11.67}$$

$$\hat{\boldsymbol{\sigma}} = \dot{\boldsymbol{\sigma}} - \boldsymbol{W} \cdot \boldsymbol{\sigma} + \boldsymbol{\sigma} \cdot \boldsymbol{W} \tag{11.68}$$

假设晶体滑移服从 Schmid 法则，且在任一滑移系 α 中 $\dot{\gamma}^{(\alpha)}$ 都独立地依赖于 $\boldsymbol{\sigma}$，表示为 $\tau^{(\alpha)}$，称为 Schmid 应力，在晶格弹性扭曲可以忽略的情况下就是界面剪切应力，其定义为

$$\tau^{(\alpha)} = \boldsymbol{n}^{(\alpha)} \cdot \boldsymbol{\sigma} \cdot \boldsymbol{m}^{(\alpha)} \tag{11.69}$$

Schmid 应力的变化率为

$$\dot{\tau}^{(\alpha)} = \boldsymbol{n}^{(\alpha)} \cdot [\hat{\boldsymbol{\sigma}}^{e} + \boldsymbol{\sigma}(\boldsymbol{I}:\boldsymbol{D}^{e}) - \boldsymbol{D}^{e} \cdot \boldsymbol{\sigma} + \boldsymbol{\sigma} \cdot \boldsymbol{D}^{e}] \cdot \boldsymbol{m}^{(\alpha)} \tag{11.70}$$

通过上述方法可以计算剪切应力，然后利用硬化方程来计算 $\dot{\gamma}$，硬化方程可分为两种：率无关和率相关。在率无关模型中，第 α 个滑移系上的屈服准则可以表示为

$$|\tau^{(\alpha)}| = g^{(\alpha)} \tag{11.71}$$

式中：$\tau^{(\alpha)}$ 和 $g^{(\alpha)}$ 为分别为第 α 个滑移系的滑移剪切应力和临界剪切应力，在塑性变形过程中，晶体的滑移会受到一定的阻力，即 $g^{(\alpha)}$。当剪切应力超过这个阻力时，晶体就开始发生滑移。

$\dot{\gamma}^{(\alpha)}$ 需要满足下列条件：

$$\dot{\gamma}^{(\alpha)} = \begin{cases} \geqslant 0, & |\tau^{(\alpha)}| = g^{(\alpha)} \text{ 且 } |\dot{\tau}^{(\alpha)}| = \dot{g}^{(\alpha)} \\ 0, & |\tau^{(\alpha)}| < g^{(\alpha)} \text{ 或 } |\tau^{(\alpha)}| = g^{(\alpha)}, \text{ 且 } |\dot{\tau}^{(\alpha)}| < \dot{g}^{(\alpha)} \end{cases} \tag{11.72}$$

在该模型中，各个滑移系的开动情况和 $\dot{\gamma}$ 都需要根据变形量的改变而重新计算和求解。与之不同的是，在率相关模型中，每个滑移系的开动是唯一的，这使计算求解变得更加方便快捷，结果接近实际情况，因此也得到了广泛的应用。

在率相关的晶体塑性本构关系中，以 Schmid 法则为基础，采用率相关粘塑性模型作为晶体材料的硬化模型，$\dot{\gamma}^{(\alpha)}$ 可以由其相应的分解剪应力 $\tau^{(\alpha)}$ 来确定：

$$\dot{\gamma}^{(\alpha)} = \dot{\gamma}_{0}^{(\alpha)} f^{(\alpha)} \left(\frac{\tau^{(\alpha)}}{g^{(\alpha)}} \right) \tag{11.73}$$

式中：$\dot{\gamma}_{0}^{(\alpha)}$ 为第 α 个滑移系上的参考剪切应变；$f^{(\alpha)}$ 为无量纲函数，用来描述应变率依赖于应力关系的通用函数。

Hutchinson 采用幂分布来描述多晶变形，即

$$f^{(\alpha)}(x) = x |x|^{n-1} \tag{11.74}$$

式中：n 为率敏感指数，当 $n \to \infty$ 时，这个方程又接近率无关方程的描述。因此根据式(11.73)和式(11.74)和可以得到

$$\dot{\gamma}^{(\alpha)} = \dot{\gamma}_0^{(\alpha)} \mathrm{sgn}(\tau^{(\alpha)}) \left(\frac{\tau^{(\alpha)}}{g^{(\alpha)}} \right)^n \tag{11.75}$$

式中：$\mathrm{sgn}(x)$ 为符号函数。

为了构建完整的本构方程，还需给出滑移阻力的演变方程，可用以下增量形式进行表示：

$$\begin{cases} \dot{g}^{(\alpha)}(\gamma) = \sum_\alpha h_{\alpha\beta} \mid \dot{\gamma}^{(\beta)} \mid \\ \gamma = \int \sum_{\beta=1}^N \mid \mathrm{d}\gamma^{(\beta)} \mid \end{cases} \tag{11.76}$$

式中：当 $\alpha \neq \beta$ 时，$h_{\alpha\beta}$ 为潜硬化模量，即不同滑移系之间产生的硬化影响；当 $\alpha = \beta$ 时，$h_{\alpha\beta}$ 为自硬化模量，也可表示为 $h_{\alpha\alpha}$，即相同滑移系自身变形对自身的硬化影响；$\dot{g}^{(\alpha)}(\gamma)$ 是第 α 个滑移系的滑移硬化函数 $g^{(\alpha)}(\gamma)$ 的变化率；积分值 γ 为所有滑移系的滑移剪切应变的综合表征；$\mathrm{d}\gamma^{(\beta)}$ 为第 β 个滑移系的微小滑移增量。对于硬化模量 $h_{\alpha\beta}$ 的确定，应用较为广泛的是 Asaro 硬化模型及 Bassani 和 Wu 提出的硬化模型。

Asaro 硬化模型的表达式为

$$\begin{cases} h_{\alpha\alpha} = h_0 \mathrm{sech}^2 \dfrac{h_0\gamma}{\tau_s - \tau_0} \\ h_{\alpha\beta} = qh_{\alpha\alpha}, \quad \alpha \neq \beta \end{cases} \tag{11.77}$$

式中：h_0 为屈服时的初始硬化模量；τ_0 为初始分解剪应力的临界值，也称初始滑移强度；τ_s 为阶段Ⅰ的应力；q 为一个常数，是 $h_{\alpha\beta}$ 与 $h_{\alpha\alpha}$ 的比值，一般取 $1 \leqslant q \leqslant 1.4$。这些参数的表达忽略了晶体中的包辛格效应。

Bassani 和 Wu 使用另一种方法来描述硬化模量的演化，其表达式为

$$\begin{cases} h_{\alpha\alpha} = \left\{ (h_0 - h_s) \mathrm{sech}^2 \left[\dfrac{(h_0 - h_s)\gamma^2}{\tau_s - \tau_0} \right] + h_s \right\} \left[1 + \sum_{\beta=1}^N f_{\alpha\beta} \tanh\left(\dfrac{\gamma^\beta}{\gamma^0} \right) \right], & \alpha \neq \beta \\ h_{\alpha\beta} = qh_{\alpha\alpha}, & \alpha \neq \beta \end{cases} \tag{11.78}$$

式中：γ^0 为参考剪切应变；新引入的 h_s 为阶段Ⅰ强化中易滑移过程的硬化模量；$f_{\alpha\beta}$ 代表滑移系 α 和 β 之间的相互影响系数。

另外，还有 Anand - Kalidindi 硬化模型：

$$\dot{g}_{\mathrm{sp}}^\alpha = \sum_\beta h_{\alpha\beta} \dot{\gamma}_{\mathrm{sp}}^\beta$$

$$h_{\alpha\beta} = h_0 \left[q + (1 - q)\delta^{\alpha\beta} \right] \left| 1 - \frac{g_{\mathrm{sp}}^\beta}{g_\infty} \right|^a \tag{11.79}$$

Voce 硬化模型：

$$\dot{g}_{\mathrm{sp}}^\alpha = g_0^\alpha + (g_1^\alpha + \theta_1^\alpha \Gamma) \left[1 - \exp\left(-\frac{\theta_0^\alpha}{g_1^\alpha} \Gamma \right) \right] \tag{11.80}$$

式中：Γ 为累计分切应变；g_0^α、g_1^α、θ_0^α、θ_1^α 分别为初始临界分切应力(CRSS)、饱和 CRSS、初始硬化模量和饱和硬化模量。

3. 多晶体塑性本构模型

材料中不同位相的单晶体堆叠形成了多晶集合体，其塑性行为等状态变量是由所有单晶

体单元的塑性响应总和均匀化后获得的,作为预测多晶体材料塑性力学响应的一种重要手段,多晶均匀化模型很好地将介观尺度与宏观尺度的变形研究联系起来。不同的平均化方法,也可得到不同的多晶平均化模型,以更好地满足对不同材料及其性能的预测。

目前,常用的 3 种均匀化模型分别为 1928 年提出的 Sachs 模型、1938 年提出的 Talor 模型及后来提出的自洽模型。

(1) Sachs 模型

1928 年由 Sachs 提出的 Sachs 模型,该模型认为组成多晶体的各单晶体的应力状态与多晶体一致,满足以上假设自然就达到晶界处的应力平衡,但就不能满足晶界两侧的应变协调。Sachs 模型可以有效地预测单晶体塑性形变过程,但不能准确地预测多晶体塑性变形过程,后人不断改进 Sachs 模型,可以模拟预测部分多晶体材料。

(2) Taylor 模型

1938 年提出的 Taylor 模型认为组成多晶体的各单晶体的应变状态与多晶体一致,各个单晶体的应力总和平均化后得到多晶体的应力状态,即 Taylor 模型只能满足晶界周围的应变协调,没有考虑晶界处应力的影响。从晶体变形的速度梯度的约束方程数量的角度看,Taylor 模型也可称为全约束模型。Taylor 模型比 Sachs 模型易于实现计算,采用该模型预测多晶体材料的应力-应变曲线及织构演变与实验结果有较高的吻合度,目前该模型也广泛应用于多晶体研究当中。

(3) 自洽模型

1954 年由 Hershey 提出的自洽模型,其本质是将单晶体近似成多晶体基体中的均匀变形体,能同时满足应力平衡与应变协调的多晶均匀化模型。近年来,学者们对于多晶体塑性有限元模型的选用,是根据实验结果,对不同尺寸晶粒进行有限元网格的划分。不同的晶粒赋予不同的晶粒取向,网格单元与晶粒边界相同,即可以达到晶粒间的应力平衡与应变协调的条件。

除了上述的平均场均匀化方法外,还有其他先进的均匀化方法,如针对轧制织构的 ALAMEL 模型、RGC 模型和 GIA 模型等。平均场晶体塑性模拟可作为材料点模拟器,如 Taylor - Bishop - Hill(TBH)晶体塑性模型、VPSC 和 EVSPC 等,也可和有限元软件结合构成平均场,即晶体塑性有限元模型(CPFEM)。CPFEM 的优势在于能够处理复杂物理边界条件下的晶体塑性力学问题,例如在金属成形工艺中,CPFEM 可以模拟拉深、轧制、锻造等塑性加工过程的织构演化、变形不均匀性和制耳等,极大地拓宽了晶体塑性理论的应用范围。

平均场均匀化晶体塑性模型(如自洽模型)可以很好地预测多晶体的宏观力学行为(应力-应变曲线)和统计的织构演化,但是难以预测局部的、晶粒尺度的微观力学行为。不同于平均场晶体塑性模型,全场晶体塑性模型借助于偏微分方程求解器,如有限元(FEM)和谱方法(Spectral Method,SM)等,通过单元(网格)对晶粒进行离散,即一个晶粒通常由若干个单元组成,如图 11-6 所示。采用这种全场建模的技术,可通过系统的平衡方程(或动量方程)自然地保证晶粒间的力平衡条件和变形协调条件,而且对晶粒间相互作用的描述也更符合实际情况。目前比较主流的全场晶体塑性方法主要有全场 CPFEM 和以开源软件 DAMASK 为代表的基于快速傅里叶变换(Fast Fourier Transform,FFT)的全场晶体塑性谱方法(CPSM)。

全场晶体塑性模拟可以考虑多晶体材料真实的微观组织信息,包括晶粒大小、形貌、晶粒

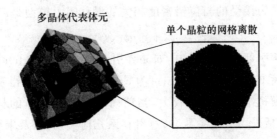

图 11-6　全场晶体塑性模拟多晶体代表体元模型

拓扑关系、晶界和界面力学以及多相组织等,如图 11-6 所示。当然,这种对每个晶粒进行网格划分的建模方法所需的计算时间至少比平均场晶体塑性模拟大 1 个数量级,这使全场 CPFEM 尚不适合大尺度和大规模的有限元模拟。得益于 FFT,CPSM 具有极高的计算效率,可以在 PC 上开展百万级单元的高分辨率晶体塑性模拟,适合研究多晶体材料微观力学行为。然而,基于 FFT 的 CPSM 无法处理自然边界条件,且在大变形阶段因网格畸变而收敛性较差。尽管如此,近年来随着计算硬件的升级和建模技术的不断发展,全场晶体塑性模拟的使用已越来越普遍。

4. 基于物理机制的晶体塑性模型

唯象型晶体塑性模型多为经验公式,缺乏对塑性变形微观物理现象的描述。从晶体材料塑性变形的微观机理出发,以位错密度作为状态变量建立位错密度晶体塑性(Dislocation Density Based CP,DDB-CP)模型,即所谓的基于物理机理的晶体塑性模拟,可以便捷地在连续介质力学框架内研究材料的各种微观物理机理交互作用和演化。近年来,DDB-CP 理论得到蓬勃发展,相关材料模型涵盖从基础的位错增殖、湮灭模型到考虑位错扩散攀移位错偶极、位错胞元亚结构、位错与晶界、第二相粒子等的交互作用的复杂模型。但其核心的数学模型依然是塑性流动模型、加工硬化模型和微观组织演化模型。

(1) 塑性流动模型

位错运动是一个热激活过程,受各种短程障碍和长程障碍的影响,描述位错运动引起的塑性流动较通用的统计学模型是 MTS(Mechanical Threshold Stress)模型,即

$$\dot{\gamma}_{sp}^{a} = b\rho_{m}^{a} l^{a} w_{D} \cdot \exp\left\{-\frac{G_{sp}}{k_{B}T}\left[1 - \left(\frac{|\tau_{sp}^{a} - \chi^{a}| - \tau_{a}^{a}}{\tau_{0}}\right)^{p}\right]^{q}\right\} \text{sign}(\tau^{a} - \chi^{a}) \quad (11.81)$$

式中:b 为柏氏矢量的模;ρ_{m}^{a} 为移动位错密度;l^{a} 为与温度无关的位错运动平均自由程(Mean Free Path,MFP),w_{D} 为 Debye 频率;G_{sp} 为位错滑移激活能;k_{B} 为 Boltzmann 常数;T 为温度;τ_{0} 为短程阻力(如固溶强化强度和晶格 Peierls 阻力等),τ_{a}^{a} 为长程阻力;p 和 q 分别为描述热激活能垒形状的数值常数。

τ_{0} 为影响位错的热激活运动难易程度;τ_{a}^{a} 则主要包括由其他静止位错(林位错)和晶界的弹性应力场等引起的阻力,长程阻力几乎不直接受温度和应变率的影响,因此 τ_{a}^{a} 也叫绝热阻力。在中低温度情况下(如 $T < T_{m}$,T_{m} 为材料的熔点温度),式(11.81)可简化成唯象流动模型。需要强调的是,和式(11.81)同源的热激活流动模型很多,较普遍的是将 $b\rho_{m}^{a} l^{a} w_{D}$ 简化为参考滑移速率 $\dot{\gamma}_{0}$。

(2) 硬化模型

在金属晶体材料的塑性变形过程中,各滑移系上的位错存在明显的交互作用,导致位错运

动的长程阻力 τ_a^a，目前广为接受的与位错密度相关的滑移阻力模型是广义 Taylor 模型，即

$$\tau_a^\alpha = \tau_a^0 + c_1 \mu b \sqrt{G^{\alpha\beta} \rho^\beta} \tag{11.82}$$

式中：τ_a^0 为其他微观结构引起的长程阻力，如晶界引起的 Hall - Petch 效应；c_1 为数值常数；μ 为剪切模量；$G^{\alpha\beta}$ 为滑移系的交互强度系数；ρ^β 为具体滑移系上的位错密度。在式（11.82）中，交互强度 $G^{\alpha\beta}$ 的取值对模拟结果的影响较大，当前尚难以针对具体的材料给出专用的交互强度系数。常见的做法包括采用经验系数、通过滑移系几何关系，以及采用更小尺度的离散位错动力学等来确定。

（3）微观组织演化模型

基于物理机理的材料模型是描述微观结构（如位错密度和位错亚结构）演化的模型，针对不同的材料和变形条件建立具体的微观组织演化模型也是该领域的研究热点。描述位错密度演化的模型不胜枚举，但最基础的位错运动模型是 Kocks - Mecking（K - M）模型，即

$$\dot{\rho}^\alpha = \frac{1}{b} \left(\frac{1}{l^\alpha} - 2 y_c \rho^\alpha \right) | \dot{\gamma}^\alpha | \tag{11.83}$$

式中：y_c 为位错湮灭的临界距离。位错运动平均自由程（MFP）l^α 的模型如下：

$$l^\alpha = \frac{c_2}{d} + \frac{\sqrt{L^{\alpha\beta} \rho^\beta}}{K} \tag{11.84}$$

式中：d 为平均晶粒尺寸，即晶界对位错 MFP 的贡献；c_2 和 K 为材料常数；$L^{\alpha\beta}$ 为滑移系之间的林位错贡献系数。

需要指出的是 K - M 模型考虑的变形机制较少，且无法描述温度对位错演化的影响。通过引入更多的状态变量，考虑多种变形机制的先进位错密度演化模型不断涌现。例如，PeetERS 等引入 3 类与位错密度相关的状态变量，建立可描述应变路径对 BCC 金属材料流动应力硬化/软化效应的晶体塑性模型。这 3 类位错密度分别是胞元内的静止位错密度、胞元墙内的静止位错密度和具有方向性的移动位错密度。显然，以位错密度为状态变量的本构理论可描述更多的变形机制和微观组织，显著拓宽晶体塑性的应用范围。

11.2　微细成形数值模拟建模方法

11.2.1　介观尺度模型

宏观数学模型通常只能对材料组织演变的综合统计信息进行预测，如晶粒尺寸分布和转变动力学等，无法对组织演变过程中的微观结构信息进行描述，如微观组织形貌特征、织构，以及合金元素浓度分布等。这些微观结构的演变过程决定了材料的最终组织和性能，因此通过数值模拟技术实现材料加工过程微观组织演变的预测和控制具有重要的意义。随着计算机性能的不断提高以及数值计算方法的发展，在介观甚至微观尺度对材料生产和加工过程微观组织演变的动态和定量模拟已成为可能。介观尺度模拟方法以材料组织转变的微观物理机理为基础，通过相应的物理模型对微观组织结构变量的演变进行定量描述，并通过空间和时间的离散对实际问题进行求解，从而实现转变过程材料微观组织演变的动态模拟。目前，介观尺度模拟已被广泛应用于金属材料加工的多个领域，包括铸造、焊接、塑性成形以及热处理等。金属

材料的塑性变形、再结晶和相变过程微观组织演变常用的介观尺度模拟方法包括：代表体积单元(RVE)方法、蒙特卡罗(Monte Carlo)方法、相场(Phase Field)法以及元胞自动机(Cellular Automaton)法。下面将主要针对这四种常用方法进行介绍。

1. 代表体积单元方法

代表体积单元(Representative Volume Element,RVE),是指能够代表材料整体平均性能的代表性体积样本。对于随机非均质材料,当某个体积样本相对于材料的细观结构而言足够大,能够囊括材料的组分信息以及微结构分布信息(包括组分含量、形貌特征以及分布状态等),同时相对于材料宏观结构体而言足够小时,在宏观连续介质近似条件下可认为该体积样本与材料本身具有等价的力学性能。代表体积单元方法在随机非均质材料性能预测中具有重要作用。双相钢具有典型的复相或多相组织,就微观组织而言,双相钢可被看作是一种非均质材料。采用 RVE 介观力学建模进行虚拟拉伸模拟是研究多相组织材料流变与断裂行为的有效手段。RVE 模拟可以有效地在介观甚至微观尺度对材料微结构的变形行为以及变形过程中应力和应变在不同组织间的分配和演变进行描述,同时可以直接考虑材料微结构特征和空间分布的影响。RVE 模型的表示方法按照其对材料组织的相组分、形貌、尺寸以及空间分布等信息描述能力的差异可分为三类:单胞法(Unit Cell,UC)、统计近似法(Statistically Similar RVE,SSRVE)和数字化材料表示法(Digital Material Representation,DMR),如图 11 - 7 所示。

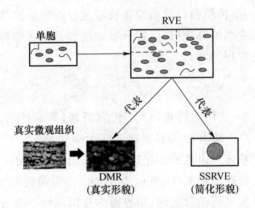

图 11 - 7 不同种类的 RVE 模型

单胞法主要用于对材料微观组织中某个特别区域的组织特性进行分析。对于随机非均质材料而言,单胞模型相对于材料整体结构而言通常不具有代表性,只适用于局部分析。例如,铁素体-马氏体界面处的几何必需位错(GND)导致铁素体晶粒在晶界附近和晶内存在明显的硬度差异。

统计近似法是一种材料微结构的简化表示方法。该方法在建模时对组织内不同相组分的体积分数通过规则的基本几何体对材料的微观组织形貌特征进行近似简化表示。统计近似模型在一定程度上能够反映材料的整体属性,但由于对材料微观组织形貌的过度简化处理,统计近似模型无法考虑复杂组织形貌的影响,Voronoi 剖分算法(Voronoi Tessellation,VT)是建立多晶材料微结构近似简化模型的常用方法之一。

数字化材料表示法是一种基于实验数据直接建立材料微观组织模型的方法。该方法相对于单胞法和统计近似法在材料微观组织形貌特征描述方面具有明显的优势。数字化材料表示方法通常直接以材料组织的光学显微照片或电子显微照片等微结构信息为基础进行处理，因而由此建立的微结构模型能够真实地反映材料微观组织的形貌特征和空间分布。

2. 蒙特卡罗方法

蒙特卡罗（Monte Carlo，MC）是一类基于概率统计理论的模拟方法的统称。蒙特卡罗方法要求所求解的问题本身具有内在的随机性或者可以转化为某种随机分布特征。由于晶体形核与生长的随机特性，蒙特卡罗方法被广泛应用于材料微观组织演变模拟。蒙特卡罗模拟的一大优势在于材料微观组织状态的转变由离散系统的能量决定，转变过程确保了整个模拟体系符合能量最小化原则。界面移动在蒙特卡罗模拟中由系统能量变化自发判断，不需要额外引入相关的唯象模型，因此蒙特卡罗模拟的核心在于系统能量模型的确定。

20 世纪 80 年代，蒙特卡罗方法被首次引入材料微观组织模拟领域，Anderson 等人开创性地采用蒙特卡罗方法对晶粒生长过程进行了模拟。随后，Srolovitz 等人在此基础上重点研究了晶粒异常生长以及第二相颗粒对晶粒生长过程的影响。Rolt 等人用蒙特卡罗方法在静态和动态再结晶组织演变模拟中做了许多开创性的工作。目前，蒙特卡罗方法仍是再结晶和晶粒生长组织演变模拟的常用方法之一。

3. 相场方法

相场（Phase Field，PF）法是材料微观组织演变模拟的另外一种重要方法。在过去几十年中，相场法在凝固、固态相变、再结晶以及晶粒生长等过程的组织演变模拟中得到了广泛应用。相场法相对于其他介观尺度模拟方法（如蒙特卡罗方法和元胞自动机方法）的一大优势在于其具有明确物理意义的相场方程，如：

$$\frac{\partial \phi}{\partial t} = M\left\{\gamma\left[\nabla^2\phi - \frac{18}{\eta^2}(1-\phi)\phi\left(\frac{1}{2}-\phi\right)\right] + \frac{6\Delta G}{\eta}(1-\phi)\phi\right\} \tag{11.85}$$

式中：ϕ 为相场变量，通常 $\phi=0$ 代表母相，$\phi=1$ 代表新相，界面处的 ϕ 值在 $0\sim1$ 之间连续变化；η 为界面厚度；M 为界面迁移率；γ 为界面能；ΔG 为驱动力。

相场方程的求解基于系统自由能最小化进行，这符合热力学的一般规律。相场方程的求解需要引入具有一定厚度的扩散界面（Diffuse Interface），界面处相场变量由 $0\sim1$ 连续变化。相场法求解时无需对相界面进行实时追踪，相界面的几何属性已隐含于相变量中，这使相场法适用于对复杂组织形貌的演变过程进行描述，如柱状晶形成过程等。近年来，随着计算机计算能力、数值计算方法以及材料热力学与动力学数据库的发展，相场法模拟受到了越来越多的关注。为了方便相场方法的推广并降低其使用门槛，在众多科研机构和研究者的努力下，一些基于相场方法的组织模拟软件相继面世，包括德国亚琛工业大学开发的多相场模拟软件 MICRESS、德国波鸿大学 Steinbach 教授团队开发的开源多相场模拟软件 Open Phase，以及德国卡尔斯鲁厄应用技术大学和卡尔斯鲁厄理工学院联合开发的大型三维相场模拟软件 PACE3D 等。这些软件和开源程序算法已被广大科研工作者成功应用于再结晶和固态相变等过程的微观组织演变模拟研究。为了控制计算成本，相场模型中的扩散界面厚度通常比真实界面厚度大几个数量级，这使界面区域处理成为相场模拟的关键问题之一。同时，为了获得较高精度的模拟结果，相场模型的单元尺寸必须远小于相界面厚度，对于大型复杂模型的相场模拟，其对计算资源的要求较高，计算效率也相对较低，这也限制了相场法在工程问题上的应用。

4. 元胞自动机法(CA)

CA 法的基本原理是利用一种数学方法表征离散系统在时间、空间上的演变规律,最早由数学家 Neumann 创立的,主要应用于生物研究领域,包括细胞的增殖与生长过程。近 20 年来,由于元胞自动机能准确地实现单元间数据的传递,不用进行大量的微分方程的求解,且易于实现,因此元胞自动机法越来越引起各界研究学者们的重视。目前,元胞自动机法在众多科学领域得到广泛使用,包括生物学、地质学、材料学、道路交通学等。

(1) 基本组成

从数学维度出发,可将元胞自动机分为一维、二维、三维及高维四种类型。目前,元胞自动模型模拟大量实际问题大多采用二维和三维。按网格类型排列可将二维元胞模型分为三角形、四边形及六边形三种结构,如图 11-8 所示。由于四边形网格结构容易描述和实现,已被广大科研工作者采用。四边形网格一般采用两种相邻关系:①Von Neumann 型相邻类型,含有 4 个邻近元胞,如图 11-9(a)所示;②Moore 型相邻类型,除了含有 4 个最相邻元胞还存在在 4 个对角位置的次相邻元胞,如图 11-9(b)所示。

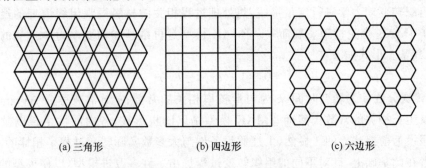

(a) 三角形　　　　　　　(b) 四边形　　　　　　　(c) 六边形

图 11-8　元胞自动机的二维网格类型

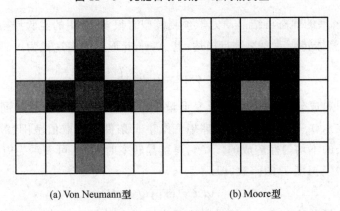

(a) Von Neumann型　　　　　　　　　(b) Moore型

图 11-9　四边形相邻类型

元胞自动机边界条件有周期边界、固定边界和映射边界三种。其中周期边界条件下元胞网格可无限延伸至无边界状态,且元胞自动机在时间和空间尺度上任意分布,是由于体系中局部规则没有以一个特定的元胞或一个时间步作为参考标度。在微观尺度上,元胞自动机模拟非线性复杂系统时,由严格的动力学物理方程或函数进行描述,并具有以下特征:

① 齐性:元胞单元的大小、形状均相同,且均匀规则分布于离散的格点上。

② 离散型:分为时间离散型和空间离散型,即元胞单元按一定等间隔的时间分布和某种

构形分布在离散元胞空间上。

③ 同质和一致性：每个元胞单元的变化都按照相同的原则并在空间整齐规则分布。

④ 计算的并行性：每个元胞状态随时间变化都是独立发生的，适用于并行计算。

⑤ 时空局限性：每个元胞状态取决于邻近元胞当前时刻的状态，并在局部范围内发生，且受周围相邻元胞的影响。

(2) JMAK 模型

材料的显微组织形貌及组织演化规律的定量数学描述一直是材料研究领域的难点，其演变过程复杂且呈动态随机变化，而 CA 法的出现可以近似简化地解决这个问题。1980 年以来 Rappaz 和 Brown 等学者相继用元胞自动机法对金属凝固过程中结晶进行模拟预测，后来发展出很多模拟材料组织演化的模型，包括模拟晶粒长大、再结晶及相变等过程。采用上述元胞自动机模型引入随机性的状态演变规则，来更准确地描述材料内部微观组织演化过程，称为随机元胞自动机。

Johnson、Mehl 与 Avram 等人在 20 世纪 40 年代提出了 JMAK 理论模型，用于对形核和生长过程组织转变动力学进行定量描述，热处理过程相关的材料微观组织演变的经验数学模型大都基于 JMAK 理论模型发展而来。JMAK 模型是再结晶和相变动力学预测的重要理论模型之一，其基本形式如下：

$$f = 1 - \exp(-kt^n) \tag{11.86}$$

式中：f 为转变分数；t 为转变时间；k 为与形核率相关的常数；n 通常被称为 Avrami 系数，是与形核以及生长相关的常数。然而，JMAK 模型是以随机形核、各向同性生长以及形核生长速率恒定假设为前提建立的。显然，上述假设条件与大多数实际转变过程是相悖的。因此，后来的研究者在此基础上，针对不同的组织转变过程提出了许多改进模型，以使模型的预测结果更加贴近实际。

基于 JMAK 模型的静态再结晶动力学预测模型有很多，常用的经验型模型以 50% 再结晶时间 $t_{0.5}$ 的形式对整体转变动力学进行描述，其 Avrami 形式的表达式为

$$f_{SRX} = 1 - \exp\left[-0.693\left(\frac{t}{t_{0.5}}\right)^n\right] \tag{11.87}$$

对于不同的材料成分、微观组织以及变形量，$t_{0.5}$ 和 n 的表述也不尽相同。Avrami 指数 n 的取值范围通常在 $1.0 \sim 2.0$ 之间，小于理想三维生长条件下的取值范围（$3.0 \sim 4.0$），这是由再结晶形核和生长的不均匀性造成的。50% 再结晶转变时间 $t_{0.5}$ 可表示为应变 ε、应变速率 $\dot{\varepsilon}$、初始晶粒尺寸 d 以及温度 T 的函数，即

$$t_{0.5} = Ad^a\varepsilon^b\dot{\varepsilon}^c\exp(Q_{SRX}/RT) \tag{11.88}$$

式中：A、a、b 与 c 为模型参数；Q_{SRX} 为再结晶激活能；R 为气体常数。模型参数和再结晶激活能需要经过实验数据拟合确定。A 和 Q_{SRX} 通常与材料化学成分有关，Q_{SRX} 的取值范围通常在 $200 \sim 400$ kJ/mol 之间。

DEFORM 有限元软件以模拟金属变形和热处理过程为主要目的，在不断深入研究发展中，加入了金属微观组织演变模拟，能够从宏观和介观两个尺度下模拟金属材料变形行为和组织演变过程，不但具有经典的 JMAK 法用于金属再结晶模拟，而且包含了当前流行的元胞自动机法和蒙特卡洛法，能够直观地分析观察晶粒演变过程，如图 11 - 10 所示。

变形过程　　　　　　P_1 点的晶粒大小　　　　　P_1 点的位错密度　　　　　P_1 点的晶界

图 11 - 10　压缩变形过程中位置点的晶粒、晶界及位错密度的分布

11.2.2　Voronoi 模型

自从 Peirce 等人在 1982 年首次将晶体塑性与有限元方法相结合,晶体塑性有限元模型(Crystal Plasticity Finite Element Model,CPFEM)已经广泛应用于晶体学问题的各个方面。CPFEM 最大的优势之一是能够求解具有复杂内外边界问题的晶粒的力学行为。这是晶体力学固有的物理特性,因为它能够解决晶粒之间和晶粒内部交互作用引起的边界问题。然而,CPFEM 的成功不仅在于可以有效地处理复杂边界条件;同时还对各种塑性流动模型和硬化模型具有极大的兼容性。近年来,CPFEM 模型向基于物理机理的多尺度内变量塑性模型发展,模型中包含了多种尺寸相关的力学效应和界面力学机制。

国内外诸多学者提出了很多方法,如 Voronoi 图法、蒙特卡洛法和元胞自动机法等,来建立多晶体模型并模拟晶体的变形实现 CPFEM,其中以 Voronoi 图法应用最为广泛,基于 Voronoi 图所建立的模型可以灵活地分析不同材料微结构演变的物理机制,而且方便与有限元软件进行结合来建立相应的多晶体有限元模型。

1. Voronoi 图的基本原理

俄罗斯数学家 Georgy Fedoseevice voronoi 首次提出了 Voronoi 图的基本概念,并在 1908 年对 n 维 Voronoi 图作了相关的定义。它是由 2 个种子点连线的垂直平分线组成的连续的多边形组成,任意内点到该多边形种子点的距离小于其他多边形的种子点。具体定义如下:

$$V(p_i) = \bigcap_{i \neq j} \{p \mid d(p,p_i) < d(p,p_j)\}$$
$$(i,j = 1,2,\cdots,n) \tag{11.89}$$

式中:$d(p,p_i)$ 代表任意点 p 与 p_i 的欧几里得距离;p_i 和 p_j 为 Voronoi 平面上的互不相同的点;$V(p_i)$ 称为点 p_i 的 Voronoi 结构或 Voronoi 多边形。而这 n 个 Voronoi 结构组成的图叫 Voronoi 图,如图 11 - 11 所示。

2. Voronoi 图的几何建模

目前已有非常成熟的 Voronoi 图生成算法,如在 MATLAB 的 Multi-Parametric Toolbox(MPT)工具箱中有专门构建二维与三维 Voronoi 图的函数,通过该函数生

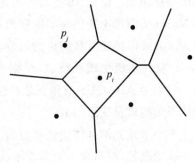

图 11 - 11　Voronoi 图的示意图

成 Voronoi 图,并将其顶点信息按一定的顺序保存为数据文件,然后通过 ABAQUS 中的 Python 程序接口利用 Python 脚本语言读入数据信息就可以生成 Voronoi 多晶体有限元模型,该方法可以很好地表达晶粒的外形,但是过程较为复杂,且在网格划分时可能会出现局部晶体网格过密或过疏的现象,不利于模拟过程。

另外,还可以通过 Python 编写程序进行有限元建模,如兰州理工大学的李旭东教授团队开发了基于 ABAQUS 的插件 Polycrystal Toolkit,利用该插件可以快速建立多晶体模型,并赋予其初始晶体取向,显著提高了前处理建模的效率。在 LINUX 系统下,可以利用 Neper 或 DAMASK 软件来实现 Voronoi 图的建立与网格的划分,可以生成多种格式的文件,方便了 Voronoi 多晶体模型的建立。Neper 的 Voronoi 算法可以直接生成 inp 文件,并利用模块 M 对晶粒进行网格化,有效地避免了网格质量的影响。在 Neper 中用单元分组法划分网格,生成的多晶体的每一个晶粒不是光滑的而是锯齿状的,但晶粒内部的网格单元都是由正六面体组成的,这样可以保证模型所有的单元都是相同的规则的六面体,同时可防止材料因不收敛而导致的计算无法进行。Neper 现在有一个配套程序 FEPX。Neper 现在与 FEPX 携手合作,FEPX 是一种用于多晶可塑性的新型开源有限元软件包。FEPX 可以轻松地使用 Neper 的输出网格进行仿真,而 Neper 可以处理 FEPX 的输出结果并对其进行可视化。通过 EBSD 实验,可以获得材料的微观组织形貌,利用 MTEX 工具箱对 EBSD 数据进行处理可以获得每个晶粒的尺寸和取向分布,进而导入到 ABAQUS 或 DAMASK 中进行建模模拟;通过国外的开源软件 DREAM.3D 也可以快速地对 EBSD 数据进行处理,并导出相应的文件与 ABAQUS 或 Neper 的 FEPX 结合进行模拟。

11.3 微细成形数值模拟实例

11.3.1 微压印成形有限元仿真

1. 建模及装配

(1) 建立二维晶体塑性模型

晶体塑性模型是在细观尺度下建立包含晶粒大小、形状等材料信息的多晶体有限元模型。晶体塑性模型有很多种建模方法,比如 Voronoi 图法、蒙特卡洛法和元胞自动机法等,Voronoi 图法是应用最广泛的,方便与有限元软件结合分析材料微观结构演变的物理机制。下面将基于 Voronoi 图理论来构建不锈钢微观组织几何模型。在 LINUX 系统下利用 Neper 软件来实现 Voronoi 图的建立和网格的划分。根据变形区面积和平均晶粒尺寸计算的晶粒数量,利用 Neper 软件随机生成晶核点,根据 Voronoi 函数划分变形区,生成不锈钢材料微观的几何结构。然后与 ABAQUS 有限元软件结合来模拟不同初始晶粒尺寸材料在电场辅助辊压工艺后的成形形貌以及变形行为。

本小节建立的晶体塑性模型为 1.5 mm×1 mm 的二维模型,平均晶粒尺寸为 95 μm,共包含 166 个晶粒,网格大小为 0.004 mm,采用共节点法生成晶界,晶界厚度近似为 8 μm,单个晶粒为独立单元,全部晶界为一个单位,如图 11-12 所示。使用 LINUX 系统下的 Neper 软件建立晶体塑性模型并划分网格。

建立晶体塑性模型的程序如下：

neper -T -n 166 -id 1 -dim 2 -domain 'square(1.5,1)' -regularization 1

划分网格的程序如下：

neper -M n166 -id1. tess -elttype quad -cl 0.004 -format inp

（2）建立模具

图 11-13 所示为电场辅助微流道辊压工艺的二维仿真模型。上凸模（punch）总长为 1.18 mm，下模具（holder）长为 3 mm，模具凹槽宽为 0.6 mm，所需成形的微流道宽为 0.29 mm，深为 0.39 mm。电流从板材左侧流入，右侧流出。设置上模具与工件接触的下表面为 Surf-punch，设置下模具与工件接触的上表面为 Surf-holder。

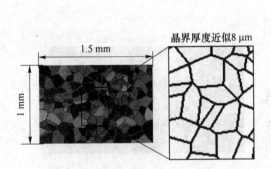

图 11-12　考虑晶界的晶体塑性模型

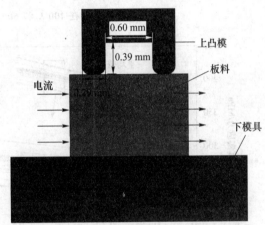

图 11-13　电场辅助辊压二维仿真模型

2. 设置材料属性

赋予的材料属性分为热、电和力三部分。图 11-14 所示为试样在 400 ℃ 和 600 ℃ 的通电温度下压缩得到的力学曲线。由于晶粒尺寸较大使单晶粒的各向异性对成形结果的影响较大，因此需要给粗晶试样内部晶粒赋予不同的晶粒属性。材料流动曲线的误差被认为是不同尺寸、形状的晶粒分布不均造成的分散效应，因此可以将流动应力曲线在误差范围内分散成多条曲线，分别赋予不同的晶粒来模拟其变形行为，如图 11-15 所示，数学模型如下：

$$\sigma(\varepsilon) = \sum_{i=1}^{n} V_i \cdot \sigma_i(\varepsilon) \tag{11.90}$$

式中：n 为晶粒总数；V_i 为第 i 个晶粒的面积分数；$\sigma_i(\varepsilon)$ 为第 i 个晶粒的流动应力-应变曲线。晶界的力学性能曲线是按照晶界强化理论以及面积比例分配得到的。根据晶界强化理论，假设在同一应变下晶界的应力是晶粒的 1.2 倍。数学模型如下：

$$V_G \cdot \sigma_G(\varepsilon) + V_{GB} \cdot \sigma_{GB}(\varepsilon) = \sigma(\varepsilon) \tag{11.91}$$

$$\sigma_{GB}(\varepsilon) = 1.2\sigma_G(\varepsilon) \tag{11.92}$$

式中：V_G 为模型中晶粒的面积分数；V_{GB} 为模型中晶界的面积分数；$\sigma_G(\varepsilon)$ 为晶粒的流动应力-应变关系；$\sigma_{GB}(\varepsilon)$ 为晶界的流动应力-应变关系。

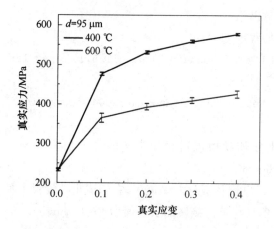

图 11-14　不锈钢在 400 ℃和 600 ℃电场辅助压缩的应力-应变曲线

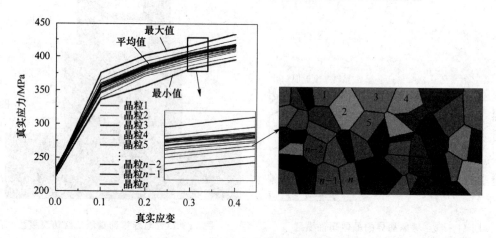

图 11-15　晶粒属性分配示意图

在本示例中,设定晶界的电导率为晶粒内部的 0.8 倍,假设晶粒内部和晶界的热力学参数一致,晶粒内部的材料属性如表 11-1 所列,晶界的材料属性如表 11-2 所列,凸模的材料属性如表 11-3 所列。

表 11-1　晶粒内部的材料属性

材　料	温度/℃	热导率/[W·(m·℃)$^{-1}$]	比热容/[J·(kg·℃)$^{-1}$]	Joule 热份额	密度/(kg·m^{-3})	膨　胀	电导率/(S·m^{-1})
SUS304 晶粒内部	0	14.6	462	1	7 810	1.8E-05	1 436 781
	100	15.1	496				—
	200	16.1	512				—
	300	17.9	525				—
	400	18	540				—
	600	20.8	577				—
	800	23.9	604				870 322

表 11-2　晶界的材料属性

材　料	温度/℃	热导率/[W·(m·℃)⁻¹]	比热容/J·(kg·℃)⁻¹]	Joule 热份额	密度/(kg·m⁻³)	膨　胀	电导率/(S·m⁻¹)
SUS304 晶界	0	14.6	462	1	7 810	1.8E−05	1 149 424.8
	100	15.1	496				—
	200	16.1	512				—
	300	17.9	525				—
	400	18	540				—
	600	20.8	577				—
	800	23.9	604				696 257.6

表 11-3　凸模的材料属性

材　料	温度/℃	热导率/[W·(m·℃)⁻¹]	比热容/[J·(kg·℃)⁻¹]	Joule 热份额	密度/(kg·m⁻³)	膨　胀	电导率/(S·m⁻¹)
Cr12MoV	20	45.2	460 000	1	7 850	1.8E−05	754 000
	200	42.7	507 000				
	400	37.3	536 000				
	600	30.1	586 000				
	700	27.2	624 000				
	900	21.8	687 000				

3. 装　配

将零件实例化,调整位置,装配结果如图 11-16 所示。

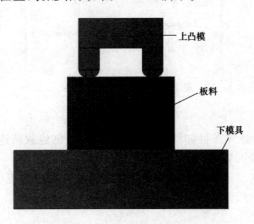

图 11-16　实例化零件及装配

4. 设置通电分析步

创建通电分析步 Step-Electric,从主菜单栏选择模型中的编辑模型属性,需要设置绝对零度(-273.15)和 Stefan - Boltzmann 常数(5.67E-8)。同时需要创建重启动程序,指定从 Job - Electric 作业中读取重启动分析的数据,并指定重启动的出发点位于分析步 Step - Electric 的结束处。

5. 约束条件设置

首先编辑接触属性 IntProp - 1,需分别设置力学、热传导和生热。选择力学(Mechanical)中的切向行为(Tangential),摩擦公式(Friction Formulation)选择罚(Penalty)函数,摩擦系数(Friction Coeff)设定为 0.1,如图 11-17 所示。选择热学中的热传导和生热,设定接触热传导系数为 0.85 kW/(m² · ℃)。创建上模具 Punch 的下表面 Surf - punch 与试件上表面接触,接触作用属性选择 IntProp - 1。同样地,创建下模具 Holder 的上表面 Surf - holder 与试件下表面接触,接触作用属性选择 IntProp - 1。其他自由表面为空气自然对流换热,传导系数为 5~125 W/(m² · ℃),本示例取 10 W/(m² · ℃)。热辐射一般取 0.05~1 W/(m² · K⁴),本示例取 0.5 W/(m² · K⁴)。

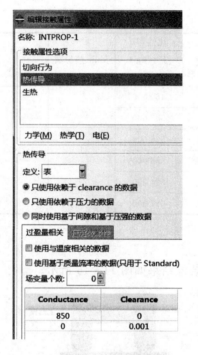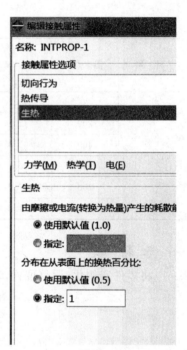

图 11-17　设置接触属性

6. 设置边界条件

在试件左侧设置载荷边界条件如图 11-18(a)所示。创建载荷边界条件 Load - 1,选择表面电流,输入电流密度为 30 A/mm²,如图 11-18(b)所示。

在通电加热分析步中,上凸模和下模具都设置为完全固定,电流从试件流出一端的电势设为 0。初始温度为环境温度,定为 25 ℃。

7. 划分网格

上凸模和下模具的网格划分在 ABAQUS 自带的网格模块完成。其中上凸模的网格要细化,网格尺寸为 0.02 mm;下模具的网格尺寸为 0.1 mm。试件和模具的网格单元类型均选择热电单元。

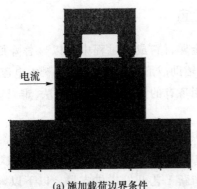

(a) 施加载荷边界条件　　　　(b) 创建边界条件

图 11 - 18　设置载荷

8. 作　业

创建作业 Job-Electric,提交任务。计算完成后得到通电后的试样温度场分布如图 11 - 19 所示。

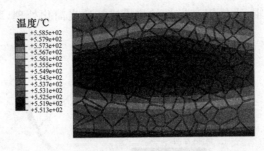

图 11 - 19　通电后温度场分布

9. 数据传递

(1) 创建分析步

复制前一步所建立的模型并重命名,删除原有的电热分析步,建立静态隐式分析步 Step - Press。

(2) 创建边界条件及预定义场

将载荷条件 Load - 1 删除。将上凸模的完全固定约束改为在 y 轴方向上有位移,即类型选位移/转角,U1、UR3 设置为 0,U2 设置为 - 0.4mm。下压过程是在上一步通电得到的温度场条件下进行的,因此需要对 3 个部件都设置预定义场。分布选择"来自结果或输出数据库文件",文件名为上一步通电所得到的 .odb 文件,分析步指通电的分析步,因为只有一步,因此设置为 1。通电结果最后一帧的结果为第 18 帧,因此增量步设置为 18,网格兼容性设置为兼容(Compatible),同时勾选插入中间节点(Interpolate midside nodes)。

网格尺寸不变,网格类型更改为平面应力单元。创建任务 Job - Press,提交任务,查看结果。仿真结果如图 11 - 20 所示。

图 11 - 20　下压分析步的仿真结果

11.3.2 电场辅助辊压成形仿真

由第 8 章内容可知,将高密度电流引入金属材料成形过程中可以显著降低材料的变形抗力,提高金属材料的成形性能。但是,在电场辅助成形工艺中,工件材料中电流密度、温度以及应变分布是相互影响、紧密耦合的过程。采用现有的数值仿真分析方法,难以实现如此复杂多场耦合过程的精确模拟。

本书基于 ABAQUS 软件系统,研究电、热、力多场耦合的数值分析算法,建立电场辅助成形工艺过程的多场耦合数值仿真模型,分析工艺参数对成形工件变形程度、微观结构变化等的影响规律,为电场辅助成形工艺的参数优化和新工艺开发提供支撑。以下以阵列微流道电辅助辊压成形工艺为例,建立工艺过程的有限元数值分析模型。

基于带槽辊的设计理论,结合微流道制造需求(微流道宽度 0.29 mm,微流道深度大于 0.30 mm),所设计的带槽辊尺寸参数为:半径 $R=62.5$ mm、辊齿宽度 $w_1=0.29$ mm、辊齿间隙 $w_2=0.6$ mm、辊齿高度 $h=0.39$ mm。在保证准确表征电场辅助辊压工艺约束的前提下,为提高计算效率,对带槽辊、无槽辊和板材的建模进行适当简化处理,取部分辊齿特征建立1/4模型,如图 11-21 所示。

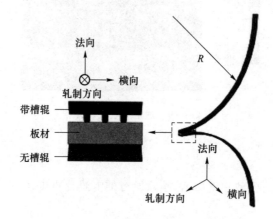

图 11-21 电场辅助辊压有限元模型

1. 模型属性

在热-电-结构耦合仿真中,热部分通常涉及物体之间的热传导、物体与空气的热交换以及热辐射条件,所以首先应设置模型的基本属性,如图 11-22 所示,如果绝对零度设置数值为 -273.15,则后续温度单位为℃;如需要后续温度单位为 K,则无需填此项参数;如后续涉及到热辐射条件,则需设置 Stefan-Boltzmann 常数,数值通常为 5.67×10^{-8} W/(m² · K⁴)。

2. 创建部件

通常情况下模具与工件存在热交换,因此所有涉及热交换的部件类型均采用各向同性弹塑性模型,电学及热学模型均为各向同性。在辊压工艺中,涉及 3 个部件:带槽辊、无槽辊和坯料,如图 11-23 所示。

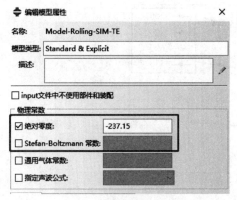

图 11-22　模型属性设置

图 11-23　辊压工艺装配

3. 材料参数和单元类型

板材为 SUS304 不锈钢,厚度为 1.0 mm。带槽辊和无槽辊均使用 Cr12MoV 材料。材料的物理属性如表 11-4 所列,SUS304 不锈钢在不同温度下的真应力-应变曲线由沿厚度方向的电场辅助压缩实验获得,如图 11-24 所示。在上述有限元仿真模型中,带槽辊、无槽辊与板材之间存在热传导作用,因此定位为可变形体,其材料性能参数如表 11-4 所列。网格采用六面体线性减缩积分单元 Q3D8R。板材的弹塑性、电学和热学模型均为各向同性,后续需要对变形后板材的电流密度分布、温度分布和应力分布等进行重点分析,因此板材网格也采用六面体线性减缩积分单元 Q3D8R。

表 11-4　SUS304 不锈钢和 Cr12MoV 材料的物理属性

属　性		SUS304	Cr12MoV
密度/(kg·m^{-3})		7 560	7 850
弹性模量/GPa		194	210
电导率/(S·m^{-1})		1.36×10^6	7.54×10^5
热导率/[W·(m·℃)$^{-1}$]	20 ℃	15.93	45.22
	600 ℃	23.84	30.16
	1 000 ℃	28.02	21.87
比热容/[J·(kg·℃)$^{-1}$]	20 ℃	510	460 000
	600 ℃	569	586 000
	1 000 ℃	598	687 000

4. 分析步设置

分析步类型选择热-电-结构耦合(瞬态),在增量步设置中,初始增量步尽量小一些,每个载荷步允许的最大温度改变值尽量大一些,与材料的比热容有关,并且打开非线性开关。

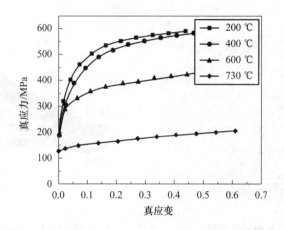

图 11-24　SUS304 不锈钢板在厚度方向压缩的应力-应变曲线

5．相互作用

带槽辊和无槽辊在辊压工艺中都需要运动，所以需要先将两者进行耦合处理，以便后续边界条件设置，耦合点分别选取两辊的圆心。

接触区域主要由两部分组成：一部分是带槽辊辊齿与板材上表面的接触区域（以下称为接触区域1）；另一部分是无槽辊表面与板材下表面的接触区域（以下称为接触区域2）。接触区域1中存在摩擦作用和热传导，摩擦作用选择罚函数接触法，大小设置为0.15。热传导设置依赖于间隙类型，对于钢的塑性成形来说，轧辊和轧件的接触热传导系数为 $15\sim25$ kW/(m²·℃)，此处设置 20 kW/(m²·℃)。生热设置使用默认值；接触区域2的所有接触设置皆与接触区域1相同。同时设置上下辊与板料之间的接触区域。

热交换除了金属之间的热传导之外，金属与空气还存在的热对流，整个成形过程均处于与空气自然对流状态，对流换热系数常取 $5\sim25$ W/(m²·℃)，带槽辊、无槽辊和板材表面均设置为 10 W/(m²·℃)。

6．载荷与边界条件设置

运动边界条件与常规仿真设置一致，与实际工况相同即可。在热-电-结构耦合中，特有的边界条件为电载荷的施加。在辊压工艺中，选择板材的一端施加表面电流载荷，即熟知的电流密度。选择另一端施加边界条件，设置电势为0，此时电流将从板材一端流入，流经板材长度方向，从另一端流出。选取整个模型设置预定义场，设置环境温度为25 ℃。

7．网格划分

在热-电-结构耦合中，所有的网格类型选取 Q3D8R。此处需特别注意，由于 Q3D8R 网格类型的特殊性，需尽可能将部件切割进行划分网格，如图 11-25 所示，带槽辊的凸起部分被分割开进行了局部布种。如若存在大塑性变形，则应将涉及变形区域的网格尽量画密一些，并且使模具接触部分与板材变形区域网格大小接近。

8．提交计算

完成所有前处理操作后，提交计算即可，计算时长与网格大小和模具行程有关。

9．后处理

图 11-26 所示为辊压变形后板材的温度分布云图，图中图标的单位为℃。图 11-27 所

示为辊压变形后板材横截面电流密度分布。

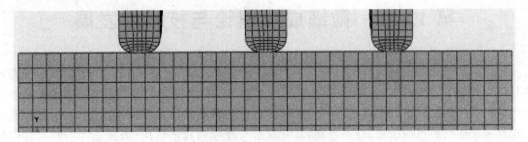

图 11-25 网格划分结果

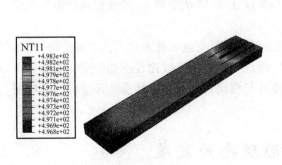

图 11-26 温度分布云图

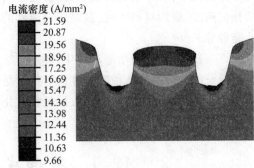

图 11-27 20 A/mm² 下板材横截面电流密度分布

习 题

1. 微细成形数值模拟的建模方法各有什么特点？
2. 简述应变梯度塑性理论的发展。
3. 介观尺度模拟方法主要包括哪些？

第12章　微细成形理论与技术的发展

　　塑性微细成形是机械工程学科制造领域的一个重要分支,它是利用材料的塑性,一般通过模具施加作用力,使材料产生塑性变形,成形出所要求的具有一定尺寸与形状的零件毛坯或零件的成形制造方法。由于塑性成形不但能够制造出各种不同尺寸不同形状的工件,而且能通过塑性变形使材料组织改善、性能提高,具有成形与改性的双重作用,因而成为一种重要零件毛坯或零件的成形制造方法。由于工艺本身的特点,它虽然有很长的发展历史却又在不断的研究和创新之中,新理论、新工艺和新方法层出不穷。这些研究和创新的基本目的在于提升工艺的预测精度、增加材料塑性、提高成形零件的精度及性能、降低变形力、增加模具使用寿命和节约能源等。

　　高可靠性、轻量化和功能高效化,特别是结构减重,是航空航天技术追求的永恒主题,超薄高性能跨尺度构件的整体精密塑性成形技术是实现这一目标的有效途径。如何降低载荷解决成形能力不足、成形成性一体化、成形过程优化设计与精确控制成为高性能跨尺度构件成形制造面临的迫切需要解决的难题。

12.1　微细成形理论的发展

　　微细成形技术经过近30年的发展与创新,在基础理论与工艺方法等方面取得了很多的成果,但是不管从微细成形的工艺还是微尺度塑性变形理论来说都不是很成熟,还有一些关键的问题有待解决,为了解决这些问题,微细成形技术将需要在以下几个方面取得进一步发展。

12.1.1　基本理论体系的构建

　　宏观尺度的塑性成形的理论已经发展得非常好,但是微型零件的成形理论还没有形成自己的框架,现在很多的研究都只是研究工艺参数和材料微观以及构件尺寸之间的关系,而对尺寸变化对材料变形行为的原理还缺乏深入研究。因此,有必要在微小的尺寸下对材料的力学本构关系进行建模,对微细成形的基本理论进行完善。

1. 复杂加载路径下超薄金属板材屈服强化行为

　　尺寸效应是研究微细成形的根本问题。在微塑性变形中,试样几何尺寸、材料晶粒大小和微观组织结构对屈服强化特性具有不可忽略的影响,而对材料屈服行为和强化规律的研究又是掌握微塑性变形机理、优化工艺参数和模具设计的基础。在屈服强化方面,屈服强化特性和屈服准则一直是材料界、力学界和塑性成形领域研究的重点,长期以来备受关注。深入研究微尺度下板料的屈服强化行为,建立能够精确解析金属薄板微塑性变形行为的本构模型,并结合有限元模拟技术实现对薄板微成形问题的精确预测是亟待解决的问题。由于不同尺度下材料屈服行为和强化规律存在差异,宏观尺度下的塑性变形知识无法完全适用于指导微细成形技术的工程应用。同时,由于缺乏对多尺度下材料屈服强化特性的全面认知以及屈服准则和强化模型有效性的研究,使微细成形技术多局限于实验研发阶段,不能满足产品微型化的需求。

此外,微细成形过程中参与塑性变形的区域往往只有一个或几个晶粒,单个晶粒的性质对成形过程影响很大。为准确描述材料在微尺度下的变形行为,几何和晶粒尺寸效应对材料屈服强化特性以及屈服准则有效性的影响规律亟待探索。按照传统的准静态屈服规律和强化模型来分析微成形这一新工艺的塑性变形过程很难准确控制其成形精度,致使产品缺陷问题严重、废品率较高,这些问题的存在限制了微细成形技术的应用和推广。因此,对微尺度下材料屈服强化特性进行系统深入的研究,建立相关知识体系以及微尺度下的屈服准则和强化模型对推进高质量微型产品的研发和微成形制造技术的工业化应用都是至关重要的。

2. 金属超薄板材循环塑性变形行为

除了尺寸效应外,微尺度下材料塑性行为还表现出明显的包辛格效应,即反向加载时的屈服强度与卸载时显著不同。包辛格效应的存在改变了材料的应变回复模式。几何尺寸、晶粒大小和材料微观组织对包辛格效应都会产生不可忽略的影响。然而,现有理论在描述微尺度包辛格效应方面往往得出不一致的结果,如在位错动力学和部分晶体塑性理论卸载过程中表现出明显的包辛格效应,而通过 Taylor 率引入硬化的晶体塑性模型中包辛格效应却不存在。尽管近年来提出了许多理论模型和数值方法来描述微尺度下的材料变形机制和尺寸效应,这些模型能够合理解释材料在单调变形模式下的尺寸依赖性,但对于微尺度循环加载条件下的塑性行为却得到了不一致的结果,其内在机理尚不明确。另一方面,目前描述尺寸效应的理论模型主要针对铜、铝、不锈钢等成形性能较好的传统材料,其在描述钛合金、高温合金等难变形材料塑性变形行为的有效性尚待验证。因此,目前的弹塑性理论尚无法解释难变形高强度材料在微米和亚微米量级时表现出来的尺寸效应以及循环塑性变形下的力学响应。

12.1.2　超薄材料成形性能评估

随着新能源市场的持续走热,金属箔带材的应用越来越广泛。然而,目前针对金属超薄材料的成形性能数据及测试方法尚不完善,给工艺设计与工程应用带来了严重困扰。受到尺寸效应的影响,在尺寸非常小的时候,材料的性能和变形特点会发生变化,这时已经无法用宏观的材料评测方法对其进行测量,而且目前还没有形成与微细成形相关的统一的标准实验体系,包括测量方法和实验方法,这不利于材料微细成形性能的建立。由于尺寸效应的存在,金属箔带材在力学性能、成形特征等方面与宏观尺寸的板材有着很大的区别。厚度为 0.1~0.3 mm 的带材,属于超薄板,其成形性能及实验方法均与 0.5 mm 以上的板材不同。为准确获取金属箔带材的成形性能,需进行多尺度下的成形性能实验,如弯曲、拉深、杯突、锥杯、液压胀形、成形极限、对角拉伸等,利用实验确定箔带材成形性能,建立超薄金属板材成形性能评估实验方法与标准体系,为微型零件工艺设计与优化提供基础数据。

12.2　微细成形工艺的发展

12.2.1　数值模拟方法

1. 难变形材料复合能场成形跨尺度建模与参数智能识别技术

为实现难变形材料复杂薄壁构件的形性协同调控,复合能场成形制造技术应用越来越广泛,复合能场作用下材料塑性变形本构建模已经成为国际塑性成形领域的研究前沿与热点之一。然而,现有建模方法均为基于宏观经验公式或细观晶体塑性等单一尺度下,未考虑模型涉及的多尺度问题,尚未实现宏观变形信息与细微观组织及位错等多尺度间的信息传递,也未充分考虑多能场对材料组织演化与变形机制的作用机理,限制了复合能场成形制造技术的应用。因此,需在建模中全面考虑复合能场交互物理机制及其涉及的多尺度模型间的数据传递与关联关系,开发先进模型参数智能识别方法,实现复合能场作用下宏观变形行为与细微观组织演变机理的定量表征,对实现难变形材料复杂构件成形过程的变形行为与组织演化精确预测与调控具有重要意义。

复合能场成形跨尺度建模与参数智能识别技术综合考虑了复杂的电-磁-热-力耦合作用及多尺度物理演化本质现象,能够真实反映难变形材料在热、电、磁、超声、力等复合能场作用下的变形行为与组织演化,解决不同尺度下模型间数据传递难题,直接应用于复杂薄壁构件的设计和制造中,解决目前此类构件成形精度差、质量检测条件缺失、性能难保障等问题,同时缩短生产研制周期,降低制造成本,提高经济效益。

2. 微型构件成形过程数字孪生模型构建与智能评估技术

高性能微型构件在新一代航空发动机、飞机等重大装备中占有相当比重,在减轻重量、改善和提高性能等方面发挥着日益重要的作用,如用于飞机液压系统的微型折叠滤网。然而,微型构件的成形制造质量严重依赖于在线数据采集与分析、基于数字孪生模型的产品形性表征与感知预测以及工艺参数自寻优等技术。由于微型构件成形制造过程约束条件动态多变,现有的制造技术尚无法实现智能闭环控制和智能决策,往往需要人工介入,生产效率低下。微型构件成形过程数字孪生模型构建与智能评估是实现其成形过程质量监控的重要手段,是成形过程工艺优化设计的重要数据来源。结合数字孪生技术研究现状以及复杂薄壁构件特点,提出数字孪生驱动的制造过程参数优化与评估技术,为开发复杂微型构件高性能制造新工艺奠定基础。

数字孪生驱动的工艺过程优化与评估技术能够及时发现成形过程中存在的质量缺陷,有效减少废品的产生及加速工艺优化设计的迭代,解决微型构件成形质量不稳定、生成效率低、试制周期长等问题,实现成形工艺参数在线评估和智能决策。

12.2.2 创新工艺方法

随着新材料、新制造技术的发展,飞机、航天器、发动机等典型国防工业产品性能要求不断提升,节能环保绿色化、低成本和结构功能一体化的发展趋势日益明显,高性能微细结构设计制造的发展朝着轻质高效、低成本、高精度等方向发展。航空航天装备产品节能环保绿色化、结构功能一体化、感知融合智能化的发展趋势日益明显,其表面功能作用日渐突出。如航空发动机复杂薄壁件形性一体化制造技术已呈现控形控性一体化、结构/功能一体化的发展趋势。控形控性一体化制造技术将充分考虑应力场、温度场等工艺条件对材料性能变化的影响规律,通过制造过程调节和控制材料宏观性能和微观组织,保障成形制造的产品疲劳寿命和使用性能。

受尺寸效应的影响,微尺度下材料的成形能力下降,各种缺陷如破裂、起皱等更易出现,微型构件的精密加工往往较宏观尺寸更难。为此,目前针对微细成形的创新工艺技术主要基于以下两方面进行:一是引入特种能场(如声、电、磁等)以改善材料的成形性能,减弱尺寸效应的影响;二是改变传统工艺过程中的约束条件(如设计可移动模具、多工艺复合成形等)以改善材料变形过程中的应力状态,抑制缺陷产生,如图 12-1 所示。按照这两种创新思路,分别衍生出特种能场辅助微细成形、多向加载复合微细成形等新型微成形工艺。

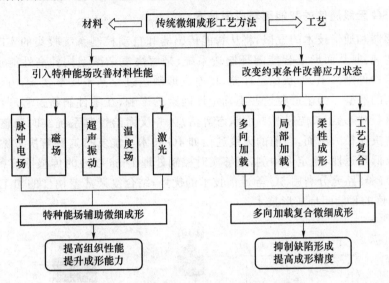

图 12-1　微细成形工艺技术创新发展思路

下面列举几种微细成形技术的创新发展案例。

1. 高性能微结构特种能场辅助微细成形技术

在微细结构形性协同一体化制备技术方面,国外已将其广泛应用于航空发动机等领域并取得了显著的经济效益。国外已掌握能场辅助成形、超声增材制造、超塑性成形-扩散连接等技术,制造出高温高强金属材料、高强陶瓷材料的微结构零部件。国内的应用刚刚起步,迫切需要推进该技术的发展。预计到 2025 年,国内微细结构形性协同一体化制备技术将会取得突破性进展。

能场辅助成形包括基于激光、电磁场、超声波、高压流体和微波等新能源的塑性成形新技术。其中,激光热应力成形利用激光扫描金属薄板时,在热作用区域内产生强烈的温度梯度,引起超过材料屈服极限的热应力,使板料实现热塑性变形。激光冲击成形是在激光冲击强化基础上发展起来一种全新的板料成形技术,其基本原理是利用高功率密度、短脉冲的强激光作用于覆盖在金属板料表面上的能量转换体,使其汽化电离形成等离子体,产生向金属内部传播的强冲击波。电磁成形工艺是利用金属材料在交变电磁场中产生感生电流(涡流),而感生电流又受到电磁场的作用力,在电磁力的作用下坯料发生高速运动而与单面凹模贴模产生塑性变形,适用于超薄板材的成形以及不同管材间的快速连接、管板连接等加工过程。超声辅助成形是对变形体或工装模具施加高频振动,坯料与工装模具之间的摩擦力可以显著降低,结果引起坯料变形阻力和设备载荷显著降低,并且还能大幅提高产品的质量和材料成形极限。脉冲电场辅助塑性成形技术作为一种新型金属材料加工手段,能够对难变形材料热加工变形抗力大、温度区间窄等问题进行有效改善。在脉冲电流的辅助作用下,材料通常会出现塑性提高、流动应力降低的现象,即所谓的电致塑性效应。目前,脉冲电场辅助技术所带来的电致塑性效应已被证明在促进材料时效、减小再结晶所需温度、增加形核率和晶粒细化等方面有着明显的促进作用,进而成为了增大难变形材料热变形温度区间、提升零件可加工性的有效方法之一。液压成形技术通过液体压力的直接作用使材料变形,分为板材液压成形技术、管材液压成形技术,由于其成形的构件重量轻、质量好,加上产品设计灵活,工艺过程简捷,因此其具有近净成形与绿色制造的特点。

2. 基于 5G 无线通信的智能闭环成形技术

随着传感器和通信技术的发展,将从智能传感器和自动控制系统收集的实时数据用于高度复杂的工艺规划,从而形成智能闭环制造系统,是解决复杂微型构件高性能加工的有效途径。复杂薄壁构件刚性弱、形状稳定性差,目前成形制造过程基于反复实验,方法低效、耗时,并依赖于工人的经验。为了避免这些不确定性因素的影响,在零件制造过程利用无线传感器中实时采集材料状态、工具与模具界面状态等信息,并反馈给控制系统实时调整工艺参数,是一种有效的解决途径。然而,当前的无线通信如 4G 技术不能支持这种解决方案。5G 技术的主要优势在于低延迟性、稳定可预测,能够实时控制处理 1 ms 以内的传感器信息,如图 12-2 所示。智能控制环路充分利用 5G 等通信技术的优势,结合复杂薄壁构件的加工特点,提出基于 5G 无线通信的智能闭环成形技术。

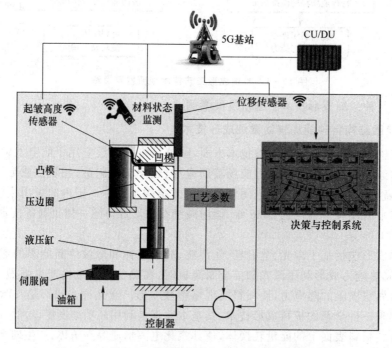

图 12-2　基于 5G 无线通信的智能闭环成形系统示意图

对于超薄壁复杂构件,其对制造精度、部件安全性和生产效率的要求均大幅提升,对目前的加工技术提出了严峻挑战。特别是弱刚性薄壁构件需要极其稳定的制造工艺和高度复杂的工艺规划,以避免在制造过程中产生不可接受的缺陷。尽管目前的加工技术已经克服了构件几何形状方面的挑战,但未来的薄壁构件设计仍在不断发展,并且将很快超越当今生产系统的功能。目前复杂薄壁构件整体加工面临的一大问题就是制造过程很难监测其质量状态,导致单个构件加工过程可能持续一整天甚至 100 小时或更长时间,并且返工率通常高达 25%,总生产时间很长。因此通过实时监控过程数据,在制造过程中根据加工对象的实时状态优化调整工艺参数,是改善产品质量、提高生产效率的有效途径。

德国 Aachen 的 Fraunhofer IPT 于 2019 年开始与爱立信合作开发通过 5G 实现航空航天原型设计的自适应工艺设计。Fraunhofer IPT 项目测试了航空发动机整体构件生产过程的自动化生产、监控和实时控制,通过向系统引入人工智能来识别可以进行改进的问题。国内尚未开展针对复杂几何形状薄壁构件智能成形技术方面的探索。

3. 特种能场激励智能介质微细成形技术

特种能场微细成形在解决难变形超薄壁异型构件成形制造方面仍然面临两个方面的难题:①特种能场直接作用于坯料或模具,对工艺过程要求严格,如脉冲电场要求绝缘,超声振动要求避免共振,高压流体辅助成形需要密封等,不适用于工序多、模具结构复杂的异型结构零件;②异型结构零件的截面复杂,尺寸跨度大,如封严环局部特征圆角半径仅为 0.25 mm,而直径可达数百毫米,特种能场参数无法满足不同结构尺寸的成形需求,导致对局部微小特征的调控效果有限。为解决上述问题,可以尝试将磁流变液、电流变液等智能材料应用到超薄壁异型构件塑性成形过程,利用交变磁场或电场的激励作用改变智能介质材料的物理状态以及宏观流变特性,实现在材料变形过程中动态调控介质物态和流动特性,改善难变形材料加工性能,提高构件制造精度,如图 12 - 3 所示。

在特种能场激励智能介质微细成形中,作为成形介质的磁流变液或电流变液能根据不同的外加磁场或电场实现液态—半固态—固态之间的相互转换。在液态时,智能介质能够在超薄壁构件内部自由填充,有利于加载与卸载;在半固态时,智能介质附着于构件内侧表面且应变速率敏感性高,能够有效地抑制构件壁厚减薄;在固态时,智能介质刚度与硬度增大,传力作用明显,保证了构件微小特征尺寸的成形精度。通过主动调控激励能场参数,改变智能介质的物态属性及流变行为,克服了传统成形工艺中介质性能单一且不可调控的缺点,为协同调控超薄壁异型微结构变形及组织性能提供了新的思路。因此,智能材料充分发挥了不同类型介质的优势,满足异型构件不同特征尺寸的成形要求,能够有效抑制缺陷产生与发展,提高成形质量。然而,作为一种新技术,特种能场激励智能介质微细成形过程受尺寸效应、物态转变、激励能场与材料耦合作用等诸多因素影响,相关基础理论与技术储备欠缺。

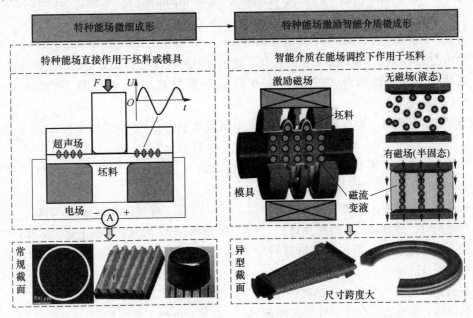

图 12 - 3　特种能场激励智能介质微细成形原理

参考文献

[1] Vollertsen F. Micro metal forming[M]. Berlin：Springer，2013.

[2] Vollertsen F，Friedrich S，Kuhfuß B，et al. Cold micro metal forming：Research report of the collaborative research center "Micro Cold Forming"（SFB 747），Bremen，Germany [M]. Berlin：Springer Nature，2019.

[3] 张凯锋. 微成形制造技术[M]. 北京：化学工业出版社，2008.

[4] 单德彬，徐杰，王春举，等. 塑性微成形技术研究进展[J]. 中国材料进展，2016，35 （4）：251-261.

[5] Qin Y. Micromanufacturing engineering and technology[M]. New York：William Andrew，2010.

[6] Fu M W，Chan W L. Micro-scaled products development via microforming[M]. London：Springer，2014.

[7] Jiang Z，Zhao J，Xie H. Microforming technology：Theory，simulation and practice[M]. London：Academic Press，2017.

[8] 张凯锋，雷鹍. 面向微细制造的微成形技术[J]. 中国机械工程，2004，15（12）：1121-1127.

[9] Lai X M，Fu M W，Peng L F. Sheet metal meso and microforming and their industrial applications[M]. Boca Raton：CRC Press，2018.

[10] Geiger M，Kleiner M，Eckstein R，et al. Microforming[J]. CIRP Annals，2001，50 （2）：445-462.

[11] 申昱，于沪平，阮雪榆，等. 金属微成形技术[J]. 塑性工程学报，2003，10（6）：5-8.

[12] 郭祎，姚罡，陆辛. 微成形工艺的研究进展[J]. 中国电力教育，2007，（S1）：336-339.

[13] 刘德振. 薄板微成形工艺的研究现状及发展趋势[J]. 科技视界，2018，（35）：116-118.

[14] 李经天，董湘怀，黄菊花. 微细塑性成形研究进展[J]. 塑性工程学报，2004，11（4）：1-8.

[15] 单德彬，袁林，郭斌. 精密微塑性成形技术的现状和发展趋势[J]. 塑性工程学报，2008，15（2）：46-53.

[16] 崔忠圻，覃耀春. 金属学与热处理[M]. 2版. 北京：机械工业出版社，2007.

[17] Priester L. 晶界与晶体塑性[M]. 江树勇，张艳秋，译. 北京：机械工业出版社，2016.

[18] 潘金生，全健民，田民波. 材料科学基础[M]. 修订版. 北京：清华大学出版社出版，2011.

[19] 赵长生. 材料科学与工程基础[M]. 3版. 北京：化学工业出版社，2020.

[20] 俞汉清，陈金德. 金属塑性成形原理[M]. 北京：机械工业出版社，1999.

[21] 李宏烨，庄新村，赵震. 材料常用流动应力模型研究[J]. 模具技术，2009（5）：1-4，48.

[22] 张飞飞，陈劼实，陈军，等. 各向异性屈服准则的发展及实验验证综述[J]. 力学进展，2012，42(1)：68-80.

[23] 王仲仁，胡卫龙，胡蓝. 屈服准则与塑性应力-应变关系理论及应用[M]. 北京：高等教育出版社，2014.

[24] Yoshida F, Uemori T. A model of large-strain cyclic plasticity and its application to springback simulation[J]. International Journal of Mechanical Sciences, 2003, 45 (10)：1687-1702.

[25] Choi Y, Han C S, Lee J K, et al. Modeling multi-axial deformation of planar anisotropic elasto-plastic materials, part I：Theory[J]. International Journal of Plasticity, 2006, 22 (9)：1745-1764.

[26] Barlat F, Gracio J J, Lee M G, et al. An alternative to kinematic hardening in classical plasticity[J]. International Journal of Plasticity, 2011, 27(9)：1309-1327.

[27] 万敏，程诚，孟宝，等. 金属板材屈服行为与塑性失稳力学模型在微尺度下的应用[J]. 精密成形工程，2019，11(3)：1-13.

[28] 王蕾，胡道春. 介观尺度磷青铜薄板韧性断裂和变形行为的尺寸效应[J]. 中国机械工程，2017，28(8)：983-990.

[29] Fu M W, Chan W L. A review on the state-of-the-art microforming technologies[J]. The International Journal of Advanced Manufacturing Technology, 2013, 67 (9)：2411-2437.

[30] Meng B, Zhang Y Y, Cheng C, et al. Effect of plastic anisotropy on microscale ductile fracture and microformability of stainless steel foil[J]. International Journal of Mechanical ences, 2018, 148：620-635.

[31] Meng B, Fu M W, Fu C M, et al. Ductile fracture and deformation behavior in progressive microforming[J]. Materials & Design, 2015, 83：14-25.

[32] 程诚. 不锈钢箔材微尺度屈服准则与成形极限研究[D]. 北京：北京航空航天大学，2019.

[33] 熊晶洲，万敏，孟宝，等. 基于多轴同步控制的微尺度双向加载实验系统[J]. 北京航空航天大学学报，2019，45(1)：174-182.

[34] He W L, Meng B, Song B Y, et al. Grain size effect on cyclic deformation behavior and springback prediction of Ni-based superalloy foil[J]. Transactions of Nonferrous Metals Society of China, 2022, 32 (4)：1188-1204.

[35] Tarn T J, Chen S B, Zhou C. Robotic Welding, Intelligence and Automation[M]. Berlin：Springer, 2007.

[36] Meng B, Liu Y Z, Wan M, et al. A multiscale constitutive model coupled with martensitic transformation kinetics for micro-scaled plastic deformation of metastable metal foils[J]. International Journal of Mechanical Sciences, 2021, 202：106503.

[37] Meng B, Fu M W, Fu C M, et al. Multivariable analysis of micro shearing process customized for progressive forming of micro-parts[J]. International Journal of Mechanical Sciences, 2015, 93：191-203.

[38] Shang X Q，Zhang H M，Cui Z S，et al. A multiscale investigation into the effect of grain size on void evolution and ductile fracture：Experiments and crystal plasticity modeling [J]. International Journal of Plasticity，2020，125：133-149.

[39] 贺伦坤. 微辊弯成形工艺的有限元模拟研究[D]. 北京：北方工业大学，2021.

[40] 王储. 飞机复杂钣金零件充液成形加载路径快速设计技术及应用[D]. 北京：北京航空航天大学，2018.

[41] 朱宇. 航空发动机复杂薄壁钣金结构件液压成形技术研究[D]. 北京：北京航空航天大学，2013.

[42] Sato H，Manabe K I，Ito K，et al. Development of servo-type micro-hydromechanical deep-drawing apparatus and micro deep-drawing experiments of circular cups[J]. Journal of the Japan Society for Technology of Plasticity，2015，224：233-239.

[43] Ngaile G，Lowrie J. New Micro Tube hydroforming system based on floating die assembly concept[J]. Springer Berlin Heidelberg，2014，2(4)：041004.

[44] Sekine T，Obikawa T. Single point micro incremental forming of miniature shell structures[J]. Journal of Advanced Mechanical Design，Systems，and Manufacturing，2010，4(2)：543-557.

[45] Meng B，Fu M W，Shi S Q. Deformation characteristic and geometrical size effect in continuous manufacturing of cylindrical and variable-thickness flanged microparts[J]. Journal of Materials Processing Technology，2018，252：546-558.

[46] Preedawiphat P，Mahayotsanun N，Sucharitpwatskul S，et al. Finite element analysis of grain size effects on curvature in micro-extrusion [J]. Applied Sciences，2020，10 (14)：4767.

[47] 潘豪. 微成形技术的研究概述[J]. 电子世界，2013(18)：171-172.

[48] 李勇，邱长军. 微锻造作用下激光熔覆层应力变化数值模拟[J]. 热加工工艺，2012，41(2)：137-139.

[49] 闫超. 微传动件精密体积成形及其机理研究[D]. 深圳：深圳大学，2020.

[50] Han G C，Wan W Q，Zhang Z C，et al. Experimental investigation into effects of different ultrasonic vibration modes in micro-extrusion process [J]. Journal of Manufacturing Processes，2021，67：427-437.

[51] Han Y H，Liu Y，Li M，et al. A review of development of micro-channel heat exchanger applied in air-conditioning system[J]. Energy Procedia，2012，14：148-153.

[52] 王博. 平面板材表面辊压成形微沟槽数值模拟研究[D]. 吉林：吉林大学，2015.

[53] 王传果. 板材表面微沟槽滚压成形工艺研究[D]. 吉林：吉林大学，2016.

[54] 黄贞益，王萍，孔维斌，等. 无模拉伸工艺及发展[J]. 安徽工业大学学报(自科版)，2000，17(2)：118-121.

[55] 赵越超. 脉冲电流辅助高温合金微成形技术基础研究[D]. 北京：北京航空航天大学，2019.

[56] Caballero F G. Encyclopedia of Materials：Metals and Alloys. Oxford：Elsevier，2022.

[57] 曹伯楠. 超声场下高温合金超薄板变形行为与组织演变规律研究[D]. 北京：北京航

空航天大学，2019.

[58] Furushima T，Manabe K. Superplastic Forming of Advanced Metallic Materials[M]. Britain：Woodhead Publishing，2011.

[59] Boland E L，Shine C J，Kelly N，et al. A review of material degradation modelling for the analysis and design of bioabsorbable stents[J]. Annals of biomedical engineering，2016，44 (2)：341-356.

[60] Mcallister D V，Wang P M，Davis S P，et al. Microfabricated needles for transdermal delivery of macromolecules and nanoparticles：fabrication methods and transport studies[J]. Proceedings of the National Academy of Sciences，2003，100(24)：13755-13760.

[61] Park T Y，Kim S H，Kim H，et al. Experimental investigation on the feasibility of using spring-loaded pogo pin as a holding and release mechanism for CubeSat's deployable solar panels[J]. International Journal of Aerospace Engineering，2018：1-10.

[62] 王凯，张亚军，金志明，等. 微型注塑机研究进展[J]. 现代塑料加工应用，2019，31 (5)：57-60.

[63] 吴波，王保山，李合增，等. 微注射成型技术的现状与发展[J]. 机电产品开发与创新，2008，21(4)：17-18,21.

[64] 张攀攀，王建，谢鹏程，等. 微注射成型与微分注射成型技术[J]. 中国塑料，2010，24(6)：13-18.

[65] 王雷刚，倪雪峰，黄瑶，等. 微注射成型技术的发展现状与展望[J]. 现代塑料加工应用，2007，19(1)：55-58.

[66] 钟世云，陈铤. 微型注塑——工艺、模具及其应用[J]. 上海塑料，2002(1)：9-12, 22.

[67] Straley K S，Foo C W P，Heilshorn S C. Biomaterial design strategies for the treatment of spinal cord injuries[J]. Journal of neurotrauma，2010，27(1)：1-19.

[68] Tosello G. Micro Injection Molding[M]. Munich：Hanser，2019.

[69] Rota A，Imgrund P，Petzoldt F. Fine powders give micro producers the cutting edge [J]. Met Powder Rep，2004，59：14-17.

[70] Attia U M，Alcock J R. A review of micro-powder injection moulding as a microfabrication technique[J]. Journal of Micromechanics and microengineering，2011，21(4)：043001.

[71] 鲁艳军，陈福民，伍晓宇，等. 微结构模芯的精密磨削及其在微注塑成形中应用[J]. 中国机械工程，2020，31(11)：1270-1276.

[72] Fu G，Loh N H，Tor S B，et al. Analysis of demolding in micro metal injection molding[J]. Microsystem Technologies，2006，12(6)：554-564.

[73] Heckele M，Schomburg W. Review on micro molding of thermoplastic polymers[J]. Journal of Micromechanics and Microengineering，2003，14(3)：R1-R4.

[74] 仇中军，郑辉，房丰洲，等. 纵向超声波辅助微注塑方法[J]. 纳米技术与精密工程，2012，10(2)：170-176.

[75] 戴亚春，王匀，董芳，等. 用超细粉末注射成型金属微细结构的方法[J]. 模具工业，2006，32(2)：52-56.

[76] 张红杰. 粉末注射成形 ZrO_2 微结构件[D]. 哈尔滨：哈尔滨工业大学，2008.

[77] 日尔曼，宋久鹏. 粉末注射成形：材料、性能、设计与应用[M]. 北京：机械工业出版社，2011.

[78] 罗铁钢，蔡一湘. 粉末微注射成形的现状与展望[J]. 粉末冶金工业，2013，23(4)：54-64.

[79] 陈金晶. ZL101 铝合金半固态微尺度下充型能力研究[D]. 上海：上海交通大学，2010.

[80] 乔云，于沪平，张钧铭，等. 微细制造新技术——半固态微成形研究进展[J]. 塑性工程学报，2019，26(1)：15-25.

[81] Cao P, Hayat M D. Feedstock technology for reactive metal injection molding：Process, design, and application[M]. New York：Elsevier，2020.

[82] 王燕. 非晶合金的微成形性能研究[D]. 上海：上海交通大学，2008.

[83] 惠希东，陈国良. 块体非晶合金[M]. 北京：化学工业出版社，2007.

[84] 张凯锋，王国峰. 先进材料超塑成形技术[M]. 北京：科学出版社，2012.

[85] 曹伯楠，孟宝，赵越超，等. 特种能场辅助微塑性成形技术研究及应用[J]. 精密成形工程，2019，11(3)：14-27.

[86] 徐杰，王春举，汪鑫伟，等. 特种能场微成形技术研究进展[J]. 自然杂志，2020，42(3)：170-178.

[87] 张玲，詹肇麟，李莉. Zr 基非晶合金力学性能的研究进展[J]. 热加工工艺，2008，37(16)：103-107.

[88] 程明，张士宏. 大块非晶合金在过冷液相区微塑性成形的研究进展[J]. 材料导报，2007，21(1)：4-8.

[89] 李春燕，朱福平，丁娟强，等. 非晶合金热塑性微成型技术研究概况及发展趋势[J]. 功能材料，2018，49(11)：11033-11040.

[90] 王振龙. 微细加工技术[M]. 北京：国防工业出版社，2005.

[91] 于云霞. 微细电火花加工技术的最新进展及应用实例[J]. 电加工与模具，2003(4)：4-6，61.

[92] 杜喆. 生物可降解锌合金血管支架超塑成形技术基础研究[D]. 北京：北京航空航天大学，2019.

[93] Wang X P, Ma Y, Meng B, et al. Effect of equal-channel angular pressing on microstructural evolution, mechanical property and biodegradability of an ultrafine-grained zinc alloy[J]. Materials Science and Engineering：A, 2021, 824：141857.

[94] 姚可夫，王沛玉. 脉冲电流对金属材料塑性变形和组织结构与性能的影响[J]. 机械强度，2003，25(3)：340-342.

[95] 汪鑫伟. AZ31 镁合金电流辅助微成形建模及机理研究[D]. 哈尔滨：哈尔滨工业大学.

[96] 丁俊豪，李恒，边天军，等. 电塑性及电流辅助成形研究动态及展望[J]. 航空学报，2018，39(1)：20-37.

[97] 杜默. 阵列微流道换热器电场辅助一体化设计制造技术研究[D]. 北京：北京航空航天大学，2021.

[98] 张自勇. 高温合金电场辅助烧结成形与组织调控研究[D]. 北京：北京航空航天大学，2021.

[99] 徐琅. 预载荷下铝合金板激光弯曲成形的应用基础研究[D]. 北京：北京航空航天大学，2018.

[100] 石永均. 激光热变形机理及复杂曲面板材热成形工艺规划研究[D]. 上海：上海交通大学，2007.

[101] 赵庆娟. 金属双极板电磁微成形工艺研究[D]. 哈尔滨：哈尔滨工业大学，2016.

[102] 张望，王于東，李彦涛，等. 基于双向电磁力加载的管件电磁翻边理论与实验[J]. 电工技术学报，2021，36(14)：2904-2911.

[103] 崔晓辉，周向龙，杜志浩，等. 电磁脉冲成形技术新进展及其在飞机蒙皮件制造中的应用[J]. 航空制造技术，2020，63(3)：22-32.

[104] Ge Y, Gaines J A, Nelson B J. A supervisory wafer-level 3D microassembly system for hybrid MEMS fabrication[J]. Journal of Intelligent & Robotic Systems，2003，37(1)：43-68.

[105] 左雪平，赵万生，袁松梅，等. 蠕动式压电驱动微小型电火花加工装置的单片机控制系统[J]. 电加工与模具，1999，(6)：14-18.

[106] 赵波，程雪利，刘传绍，等. 微细加工与装备技术进展[J]. 现代制造工程，2006(6)：143-146.

[107] 李燕. 高精度微装配对位检测系统与关键技术研究[D]. 北京：北京理工大学.

[108] 陈士金. 面向同轴对位微装配的装配力与系统性能研究[D]. 北京：北京理工大学.

[109] 肖兴维. 基于机器视觉的高精度自动微装配系统的关键技术研究[D]. 重庆：西南科技大学.

[110] 周开欢. 精密柔性微夹持器的设计与控制[D]. 天津：天津大学，2017.

[111] Wang L, Wei Y, Zhan X, et al. Simulation of dendrite growth in the laser welding pool of aluminum alloy 2024 under transient conditions[J]. Journal of Materials Processing Technology，2017，246：22-29.

[112] 段智勇，罗康. 电磁辅助纳米压印[J]. 电子工艺技术，2010(3)：132-134.

[113] 舒赟翌. 聚合物薄膜表面微细结构粉末热辊压成形工艺研究[D]. 上海：上海交通大学，2017.

[114] 毛卫民. 金属材料的晶体学织构与各向异性[M]. 北京：科学出版社，2002.

[115] 魏光普. 晶体结构与缺陷[M]. 北京：中国水利水电出版社，2010.

[116] 章海明，徐帅，李倩，等. 晶体塑性理论及模拟研究进展[J]. 塑性工程学报，2020，27(5)：12-32.

[117] 门明良. 宏细观条件下金属板料的复杂变形规律[D]. 北京：北方工业大学，2020.

[118] 王倩. 不同表面层特性对纯铝微成形性能影响的研究[D]. 上海：上海交通大学，2016.

[119] Pañeda E M. Strain gradient plasticity-based modeling of damage and fracture[M].

Spain：Springer，2017.

[120] 申刚. 双相钢连续退火过程组织演变的计算模拟[D]. 上海：上海交通大学，2018.

[121] Zhang H M，Liu J，Sui D S，et al. Study of microstructural grain and geometric size effects on plastic heterogeneities at grain-level by using crystal plasticity modeling with high-fidelity representative microstructures［J］. International Journal of Plasticity，2018，100：69-89.

[122] 童伟. 基于应变梯度晶体塑性本构理论的材料尺度相关力学行为研究[D]. 武汉：华中科技大学，2015.

[123] 张兵. MSG 塑性流动理论在岩土介质中的应用[D]. 天津：天津大学，2009.

[124] 胡励. NiTi 形状记忆合金包套压缩塑性变形机理及局部非晶化机制研究[D]. 哈尔滨：哈尔滨工程大学，2017.

[125] 闻瑶. TA15 钛合金形变过程的微观机理研究及其介观晶体塑性有限元模拟[D]. 合肥：合肥工业大学，2015.